金大玮
张春华
华　欣 / 编著

中文版

UG NX 12.0
完全实战技术手册

清华大学出版社
北京

内 容 简 介

本书全面介绍 UG NX 12.0 的基础操作及其零件、曲面、装配、加工、模具等模块的具体应用和实战。

全书分 4 篇共 26 章，包括基础入门篇、机械设计篇、产品造型篇和其他模块设计篇。本书内容按照行业应用进行划分，基本上囊括了现今热门的设计与制造行业，可读性较强。

本书是以一个指令或相似指令＋案例的形式进行讲解的，生动而不乏味，动静结合、相得益彰。全书给出 100 多个实战案例，涵盖相关专业。

本书既可以作为院校机械 CAD、模具设计、钣金设计、电气设计、产品设计等专业的教材，也可作为对制造行业有浓厚兴趣的读者的自学参考书。

图书在版编目（CIP）数据

中文版 UG NX 12.0 完全实战技术手册 / 金大玮，张春华，华欣编著 . -- 北京：清华大学出版社，2018
（2024.2重印）

ISBN 978-7-302-50128-2

Ⅰ . ①中… Ⅱ . ①金… ②张… ③华… Ⅲ . ①计算机辅助设计—应用软件—手册 Ⅳ . ① TP391.72-62

中国版本图书馆 CIP 数据核字 (2018) 第 106238 号

责任编辑：陈绿春
封面设计：潘国文
责任校对：徐俊伟
责任印制：丛怀宇

出版发行：清华大学出版社

网　　址：https://www.tup.com.cn, https://www.wqxuetang.com
地　　址：北京清华大学学研大厦 A 座　　　　　邮　编：100084
社 总 机：010-83470000　　　　　　　　　　邮　购：010-62786544
投稿与读者服务：010-62776969, c-service@tup.tsinghua.edu.cn
质量反馈：010-62772015, zhiliang@tup.tsinghua.edu.cn

印 装 者：三河市君旺印务有限公司
经　　销：全国新华书店
开　　本：188mm×260mm　　　　　印　张：36.75　　　　字　数：965 千字
版　　次：2018 年 8 月第 1 版　　　　印　次：2024 年 2 月第 5 次印刷
印　　数：4801～5100
定　　价：98.00 元

产品编号：075305-01

前言

UG 是近年来应用非常广泛，且极具竞争力的 CAD/CAE/CAM 大型集成软件，囊括了产品设计、零件装配、模具设计、NC 加工、工程图设计、模流分析、自动测量和机构仿真等多种功能。该软件完全能够改善整体流程及提高该流程中每个步骤的效率，广泛应用于航空、航天、汽车、造船和通用机械等工业领域。

本书内容

本书基于 UG NX 12.0 软件的全功能模块，对各个模块进行了全面、细致的讲解，由浅到深、循序渐进地介绍了 UG NX 12.0 基本操作及命令的使用，并配以大量的制作实例。

全书分 4 篇共 26 章，包括基础入门篇、机械设计篇、产品造型篇和其他模块设计篇。

> ➢ 基础入门篇（第 1 ～ 9 章）：以循序渐进的方式介绍了 UG NX 12.0 软件的基本概况、常见的基本操作技巧、软件设置与界面设置、参考几何体的创建、草图指令及其应用、曲线构建与编辑等内容。
> ➢ 机械设计篇（第 10 ～ 18 章）：主要讲解与机械零件设计相关的功能指令，包括基础特征、工程与构造特征、特征编辑与操作、同步建模、GC 工具箱、参数化设计、机械运动与仿真设计、零件装配设计、机械工程图设计等内容。
> ➢ 产品造型篇（第 19 ～ 24 章）：主要讲解与产品外观造型相关的功能指令及其应用，包括基本曲面设计、高级曲面设计、曲面编辑与分析、产品高级渲染等内容。
> ➢ 其他模块设计篇（第 25 和 26 章）：UG 除了上述模块及插件的应用外，行业应用也十分广泛，包括模具设计模块和数控加工编程模块，本篇着重讲解了关于这两个模块的基本应用。

本书特色

本书从软件的基本应用及行业知识入手，以 UG NX 12.0 软件的模块和插件程序的应用为主线，以实例为引导，由浅入深、循序渐进地讲解软件的新特性和操作方法，使读者能快速掌握 UG 软件的设计技巧。

在本书的编写过程中得到了设计之门教育培训机构的大力帮助，在此深表谢意。设计之门教育培训机构是专门从事 CAD/CAM/CAE 技术的研究、开发、咨询及产品设计与制造服务的机构，并提供专业的 SolidWorks，Pro/Engineer，UG，CATIA，Rhino、Alias、3d Max、Creo 以及 AutoCAD 等软件的培训及技术咨询。

本书由空军航空大学的金大玮、张春华和华欣老师编著，参与编写的还有李勇、孙占臣、罗凯、刘金刚、王俊新、董文洋、孙学颖、鞠成伟、杨春兰、刘永玉、陈旭、黄晓瑜、田婧、王全景、马萌、高长银、戚彬、张庆余、赵光、刘纪宝、王岩、郝庆波、任军、黄成等。

本书配套素材及视频教学文件请扫描各章首的二维码进行下载。

本书配套素材及视频教学文件也可以通过右侧的二维码进行下载。

如果在素材下载过程中碰到问题，请联系陈老师，邮箱 chenlch@tup.tsinghua.edu.cn。

感谢您选择了本书，希望我们的努力对您的工作和学习有所帮助，也希望您把对本书的意见和建议告诉我们。

作者

2018 年 4 月

目录

第3篇　产品造型篇

第 19 章　常规类型曲面

第 20 章　高级曲面指令一

第 21 章　高级曲面指令二

第4篇 其他模块设计篇

第 25 章 模具设计

第 26 章 数控加工

第1篇　基础入门篇

第1章　UG NX 12.0 概述

UG NX 12.0 是由 Siemens 公司推出的最新版本 UG 软件，它是一种交互式计算机辅助设计、辅助制造和辅助分析（CAD/CAM/CAE）高度集成的软件系统，其功能强大，适用于产品的整个开发过程，涵盖设计、建模、装配、模拟分析、加工制造和产品生命周期管理等功能，广泛应用于机械、模具、汽车、家电、航天等领域。

知识要点

◆　UG NX 12.0
◆　UG NX 12.0的安装方法
◆　UG NX 12.0工作界面
◆　UG NX 12.0的功能模块
◆　UG NX 12.0系统参数配置

第 1 章视频

1.1　UG NX 12.0 软件基础

SIEMENS 公司的 UG NX 12.0 产品组合，全面集成工业设计和造型的解决方案，能使用户利用一个比以前版本软件更大的工具包，得到建模、装配、模拟、制造和产品生命周期管理功能。由于其功能强大，所以在各个行业中的应用越来越普遍。本节将主要介绍 UG 新版软件的特点、功能等基础知识，帮助用户快速认识 UG NX 12.0 软件。

1.1.1　UG NX 12.0 的特点

UG NX CAD/CAM/CAE 系统提供了一个基于过程的产品设计环境，使产品开发从设计到加工真正实现了数据的无缝集成，从而优化了企业的产品设计与制造。UG 面向过程驱动的技术是虚拟产品开发的关键技术，在面向过程驱动技术的环境中，用户的全部产品及精确的数据模型能够在产品开发全过程的各个环节保持相关，从而有效实现并行工程。

UG 软件不仅具有强大的实体造型、曲面造型、虚拟装配和产生工程图等设计功能，而且在设计过程中可进行有限元分析、机构运动分析、动力学分析和仿真模拟，提高设计的可靠性。同时，该软件可用建立的三维模型直接生成数控代码，用于产品的加工，其后处理程序支持多种类型的数控机床。另外它所提供的二次开发语言 UG/open GRIP、UG/open API 简单易学，实现功能多，便于用户开发专用的 CAD 系统。具体来说，该软件具有以下特点：

> ➤　具有统一的数据库，真正实现了 CAD/CAE/CAM 等各模块之间的无数据交换的自由切换，可采用复合建模技术，将实体建模、曲面建模、线框建模、显示几何建模与参数化建模融为一体。
>
> ➤　用基于特征（如孔、凸台、型胶、槽沟、倒角等）的建模和编辑方法作为实体造型的基础，形象直观，类似于工程师传统的设计办法，并能用参数驱动。

➢ 曲面设计采用非均匀有理B样条作为基础，可用多种方法生成复杂的曲面，特别适合汽车外形设计、汽轮机叶片设计等复杂曲面造型。

➢ 出图功能强，可十分方便地从三维实体模型直接生成二维工程图；能按ISO标准和国标标注尺寸、形位公差和汉字说明等，并能直接对实体做旋转剖、阶梯剖和轴测图挖切生成各种剖视图，增强了绘制工程图的实用性。

➢ 以Parasolid为实体建模核心，实体造型功能处于领先地位。目前著名的CAD/CAE/CAM软件均以此作为实体造型基础。

➢ 提供了界面良好的二次开发工具GRIP和UFUNC，并能通过高级语言接口，使UG的图形功能与高级语言的计算功能紧密结合起来。

➢ 具有良好的用户界面，绝大多数功能都可通过图标实现。进行对象操作时，具有自动推理功能，同时，在每个操作步骤中，都有相应的提示信息，便于用户做出正确的选择。

1.1.2 UG NX 12.0 功能模块

UG NX 12.0包含的功能模块有几十个，调用不同的功能模块，可以实现不同的工作需要。在UG入口模块界面窗口上，单击工具条中的"开始"按钮，在弹出的下拉菜单中显示了功能模块，包括建模、加工、运动仿真、装配、钣金、外观造型设计等一系列模块。根据本软件的实际应用，可分为CAD模块、CAM模块、CAE模块。

1. CAD 模块

CAD模块主要用于产品、模具等的设计，包括实体造型和曲面造型的建模模块、装配模块、制图模块、外观造型设计模块、模具设计模块、电极设计模块、钣金设计模块、管线设计模块、船舶设计模块等。UG广泛应用于军事、民航、船舶、电器电子等多个行业，本书主要以机械行业为主、其他行业为辅，介绍UG的基础模块。

2. CAM 模块

CAM将所有的编程系统中的元素集成到一起，包括刀具轨迹的创建与确认、后处理、机床仿真、流程规划、数据转换盒车间文档，使制造过程根据参数的设定使生产任务实现自动化。其模块包括加工基础模块、后处理器、车削加工模块、铣削加工模块、线切割加工模块和样条轨迹生成器。

3. CAE 模块

CAE模块的主要作用是进行产品分析，包括设计仿真、高级仿真、运动仿真。其中包括强度向导、设计仿真模块、高级仿真模块、运动仿真模块、注塑流动分析模块等。

1.1.3 UG NX 12.0 的新功能

UG NX 12.0软件在现有功能的基础上增加了一些新功能和许多客户驱动的增强功能。这些改进有助于缩短创建、分析、交换和标注数据所需的时间。UG NX 12.0引入了一些新仿真功能，增加了新的优化和多物理场解算方式，有助于更快速地制作和更新精度更高的分析模型，并大幅缩短结构分析、热分析和流体分析的解算时间（幅度高达25%）。新的功能不仅能够加快NC编程和加工速度、形成质量检测闭环、管理工装库，而且可以将NC工作数据包直接连接至车间，从而提升零件制造的生产效率。

1.2 安装 UG NX 12.0 软件

UG NX 12.0 是一个高度集成的 CAD/CAM/CAE 软件系统，可应用于整个产品的开发过程，包括产品的概念设计、建模、分析和加工等。它不仅具有强大的实体造型、曲面造型、虚拟装配和生成工程图等设计功能，而且在设计过程中可以进行有限元分析、机构运动分析、动力学分析和仿真模拟，以提高设计的可靠性。

1.2.1 安装 UG NX 12.0 软件

下面讲解 UG NX 12.0 软件的安装方法。

动手操作——软件安装步骤

1. 安装 License Server

操作步骤

01 放入自行购买的安装光盘，光盘会自动运行，如果光盘没有自动运行，直接进入光盘，执行光盘里的 Launch.exe 文件来载入 UG NX 12.0 的安装界面，如图 1-1 所示。

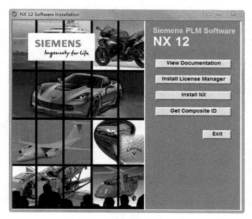

图 1-1

技术要点：

如果是从网上下载的应用程序，如iso文件，可以直接解压，或者利用虚拟光驱来运行UG应用程序，即可顺利安装。

02 单击初始安装界面上的 Install License Manager 按钮，打开语言选择对话框，如图 1-2 所示。

技术要点：

安装前必须先运行软件光盘中的JAVA_WIN64.exe。否则不能继续进行安装进程。

图 1-2

03 单击"确定"按钮，弹出许可证服务器安装"简介"界面。单击"下一步"按钮，弹出"选择安装文件夹"界面，如图 1-3 所示。

图 1-3

04 保留默认的安装路径，单击"下一步"按钮，弹出"选择许可证文件"界面。单击"选择"按钮，打开软件安装包中的 splm5.lic 文件，最后单击"下一步"按钮，如图 1-4 所示。

图 1-4

05 单击"安装"按钮完成许可证服务器的安装，如图 1-5 所示。

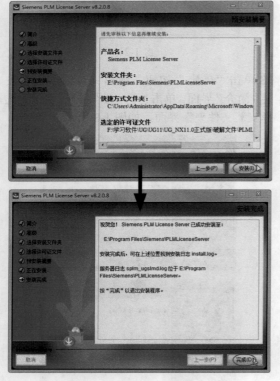

图 1-5

06 安装完成后，单击"完成"按钮返回主程序初始安装界面。

2. 安装 NX 应用程序

01 单击 Install NX 按钮，打开如图 1-6 所示的安装程序语言选择对话框，选择"中文（简体）"，单击"确定"按钮。

图 1-6

02 随后打开准备安装界面，如图 1-7 所示，然后弹出"欢迎使用 Siemens NX 12.0 InstallShield Wizard"界面，如图 1-8 所示，单击"下一步"按钮。

图 1-7

图 1-8

03 打开选择"安装类型"的界面，选择默认的类型，如图 1-9 所示，单击"下一步"按钮。在弹出指定目的地文件夹的界面中，保留默认的安装路径设置，单击"下一步"按钮，如图 1-10 所示。

技术要点：

在"目的地文件夹"界面，可以单击"更改"按钮，选择主程序安装的路径。

图 1-9

图 1-10

04 随后弹出输入许可证界面，当在前面安装了 License Manager 后，此界面会自动显示安装成功的许可证。单击"下一步"按钮，如图 1-11 所示。

图 1-11

05 在如图 1-12 所示的对话框中选中"简体中文"单选按钮，单击"下一步"按钮。

图 1-12

06 弹出如图 1-13 所示的对话框，提示已做好安装程序的准备，查看相关信息，看是否正确，无误后单击"安装"按钮。

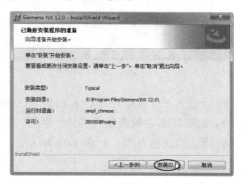

图 1-13

技术要点：

注意，图1-13中，"@"后面是笔者测试的计算机名，要注意，@后面一定是计算机名，且计算机名中不可以有中文等复杂字符，最好是英文字母、数字等。

07 软件安装完毕，弹出如图 1-14 所示的完成安装对话框，单击"完成"按钮。

图 1-14

1.2.2 UG NX 12.0 工作界面

UG NX 12.0 的界面采用了与微软 Office 类似的带状工具条界面环境。

1. UG NX 12.0 欢迎界面

在桌面上双击 NX 12.0 图标 或者执行"开始" | "程序" | UGS NX 12.0 | NX 12.0 命令，启动 UG NX 12.0，如图 1-15 所示。

图 1-15

随后进入 UG NX 12.0 的入口模块（欢迎界面），欢迎界面中包含软件模块、角色、定制、命令等功能的简易介绍，如图 1-16 所示。

图 1-16

2. UG NX 12.0 建模环境

建模环境界面是用户应用 UG 软件的产品设计环境界面。在欢迎界面窗口中"标准"工具条上单击"新建"按钮，弹出"新建"对话框，用户可通过此对话框为新建立的模型文件重命名、重设文件保存路径，如图 1-17 所示。

图 1-17

技术要点：

在UG NX 12.0软件中，可以打开中文路径下的部件文件，也可将文件保存在以中文命名的文件夹中。

重设文件名及保存路径后单击"确定"按钮，即可进入 UG NX 12.0 的建模环境界面，如图 1-18 所示。

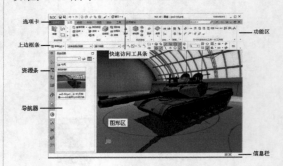

图 1-18

建模环境界面窗口主要由快速访问工具条选项卡、功能区、上边框条、信息栏、资源条、导航器和图形区组成。如果喜欢经典的 UG 环境界面，可以按 Ctrl+2 快捷键打开"用户界面首选项"对话框，然后在"主体"选项卡中选择"经典"选项，如图 1-19 所示。

图 1-19

经典界面如图 1-20 所示。

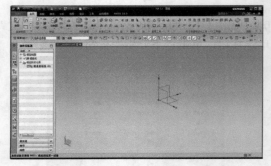

图 1-20

第 2 章　踏出 UG NX 12.0 的第一步

学习 UG 的第一步就是认识软件。第 1 章介绍了软件的安装与基本界面，这仅仅是一个开始，还没有进行关键性的一步。本章将介绍 UG NX 12.0 软件模块插件的应用、文件管理、系统参数配置、中文帮助等。

知识要点与资源二维码

◆　UG功能模块的进入
◆　UG系统参数配置
◆　UG NX 12.0文件的操作

第 2 章源文件　　第 2 章结果文件　　第 2 章视频

2.1　UG 功能模块的进入

UG 是一种功能齐全、操作便捷的三维设计软件，包括多个设计领域的功能模块，这些模块以功能区选项卡的形式集中在如图 2-1 所示的"应用模块"中，主要有建模、制图、钣金、外观造型设计、PMI、高级仿真等模块。

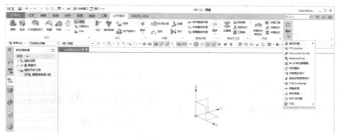

图 2-1

当用户启动 UG 并创建 UG 新文件后进入主界面时，就是在"建模"应用模块中，可以进行二维、三维设计。在"应用模块"选项卡选择其他功能模块后，就可以进行相关的设计工作了。

2.2　UG 系统参数配置

UG 的系统参数配置一般为程序的默认设置，但为了设计需要，用户可自定义配置参数。UG 的系统参数配置分为"语言环境变量设置""用户默认设置"和"首选项设置"。下面简要介绍这几个参数的设置。

2.2.1　设置语言环境变量

在 Windows 7 操作系统中，软件的工作路径是由系统注册表和环境变量来设置的。在安装

UG NX 12.0 后，会自动创建 UG 的语言环境变量。语言环境变量的设置可使 UG 操作界面语言由中文改为英文或其他国家语言，或者由英文或其他国家语言改为中文。

技术要点：

UG NX 12.0不再支持Windows XP系统。

动手操作——设置语言环境变量

操作步骤

01 在桌面上右击"我的电脑"，执行"属性"命令，弹出"控制组"主页窗口。在窗口左侧选择"高级系统设置"选项，弹出"系统属性"对话框，如图 2-2 所示。

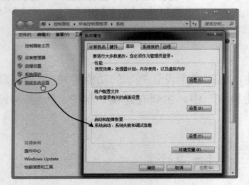

图 2-2

02 在"系统属性"对话框中进入"高级"选项卡，然后在此选项卡中单击"环境变量"按钮，如图 2-3 所示。

图 2-3

03 随后弹出"环境变量"对话框。在"系统变量"选项组的下拉列表中选择要编辑的系统变量 UGII_LANG simpl_chinese，接着单击"编辑"按钮，如图 2-4 所示。

图 2-4

04 将"编辑系统变量"对话框中的变量值 simpl_chinese 改为 simpl_english，并单击"确定"按钮完成由中文改为英文的环境变量设置，如图 2-5 所示。

图 2-5

05 重新启动 UG 软件，相应设置的环境变量参数即刻生效。

2.2.2 用户默认设置

"用户默认设置"是指在站点、组、用户级别控制命令、对话框的初始设置和参数。

动手操作——用户默认设置

操作步骤

01 执行"文件"|"实用工具"|"用户默认设置"命令，如图 2-6 所示。

图 2-6

02 弹出"用户默认设置"对话框，如图2-7所示。

图 2-7

03 该对话框左边的下拉列表中包含了所有的功能模块（站点）及其模块中的各工具条（组），选择相应模块及工具条后，即可在对话框右边的参数设置选项卡中进行参数设置。参数设置完成后需重启 UG 软件才能生效。

2.2.3　首选项设置

首选项设置主要用于设置一些 UG 程序的默认控制参数。在菜单栏的"首选项"菜单中为用户提供了全部参数设置的功能，如图 2-8 所示。在设计之初用户可根据需要对这些项目进行设置，以便后续的工作顺利进行。

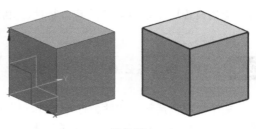

图 2-8

下面简要介绍一些常用的参数设置，如对象设置、用户界面设置、背景设置、栅格和工作平面设置等。

技术要点：

需要注意的是，首选项中的许多设置只对当前工作部件有效，打开或新建部件时，需要重新设置。

1．对象设置

对象设置主要用于编辑对象（几何元素、特征）的属性，如线形、线宽、颜色等。执行"首选项"|"对象"命令，弹出"对象首选项"对话框。"对象首选项"对话框中包含有 3 个功能选项卡："常规"选项卡、"分析"选项卡和"线宽"选项卡。

> "常规"选项卡（图 2-9）：主要进行工作图层的默认显示设置；模型的类型、颜色、线形和宽度的设置；实体或片体的着色、透明度显示设置。如图 2-10 所示为设置线宽及颜色前后的效果对比。

图 2-9

图 2-10

> "分析"选项卡（图2-11）：主要控制曲面连续性显示、截面分析显示、偏差测量显示和高亮线的显示等。

> "线宽"选项卡：设置传统宽度转换，如图2-12所示。

色和渐变效果。执行"首选项"|"背景"命令，弹出"编辑背景"对话框，如图2-14所示。

图 2-14

图 2-11　　　　　图 2-12

2. 用户界面设置

用户界面设置主要是设置用户界面和操作记录录制行为，并加载用户工具。执行"首选项"|"用户界面"命令，弹出"用户界面首选项"对话框，如图2-13所示。

图 2-13

3. 背景设置

背景设置用于设定屏幕的背景特性，如颜

屏幕背景一般为普通（仅有一种底色）和渐变（由一种或两种颜色呈逐渐淡化趋势而形成）两种情况。默认为"渐变"背景，若用户喜欢普通屏幕背景，选中"着色视图"选项区的"普通"单选按钮，然后再单击"普通颜色"按钮，并在随后弹出的"颜色"对话框中任意选择一种颜色来作为背景颜色，如图2-15所示。

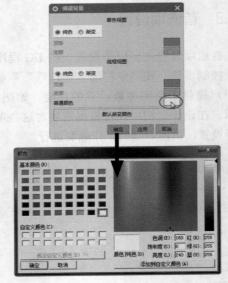

图 2-15

2.3　UG NX 12.0 文件的操作

文件管理包括新建文件、打开文件、保存文件、关闭文件和文件的导入与导出等操作。这些操作可通过如图2-16所示的"菜单"上的工具来完成，或者通过选择如图2-17所示的"文件"菜单中的相关命令来完成。

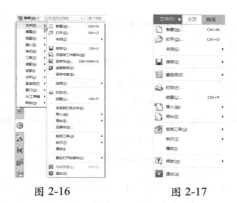

图 2-16　　　　　　　图 2-17

技术要点:

文件操作命令是常用命令，可以通过执行"定制"命令，打开"定制"对话框，将文件操作的相关命令添加到快速访问工具条中，如图2-18所示。

图 2-18

2.3.1　新建文件

动手操作——新建文件

　　操作步骤

01 执行"文件"|"新建"命令或者在"标准"工具条上单击"新建"按钮，弹出如图 2-19 所示的"新建"对话框。通过此对话框，可以创建模型文件、图纸文件和仿真文件。

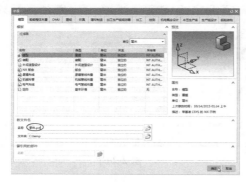

图 2-19

技术要点:

UG NX 12.0与旧版本不同的是，可以创建中文名的文件，可以打开中文路径中的模型文件。这对于中国用户来说，无疑是一个利好。

02 保留程序默认的模型文件的创建，首先设置模型模板文件的单位（通常为毫米），在"模板"选项的列表框中包括了多个模板，如模型、装配、外观造型设计、NX 钣金设计等。

03 选择"模型"模板，在对话框下方的"新文件名"选项区中重命名文件及设置新文件存放的系统路径，最后单击该对话框中的"确定"按钮，完成新模型文件的创建。

2.3.2　打开文件

动手操作——打开文件

　　操作步骤

01 执行"文件"|"打开"命令或者在"快速访问"工具条上单击"打开"按钮，弹出如图 2-20 所示的"打开"对话框。

图 2-20

02 通过该对话框，在存放模型文件的路径中选择一个模型文件后，右边即刻显示该模型的预览，单击 OK 按钮即可打开文件。

技术要点:

一般情况下打开E:\Program Files\Siemens\NX 12.0路径下的UGII的文件夹，这时可通过"查找范围"下拉列表找到想要打开的文件路径。在UG NX中包含文件转接口，可将其他格式的文件导入并转换为UG图形文件，也可以将UG格式图形转换为其他格式文件。例如可执行"文件"|"导入"命令，在打开的"导入"子菜单中选择对应类型并设置导入方式，即可获得UG对应图形；执行"文件"|"导出"命令，使用相似方法可导出UG文件。

03 如果想要打开先前打开过的模型文件，则通过资源条上的"历史记录"工具或在菜单栏的"窗口"菜单中选择该文件即可，如图2-21所示。

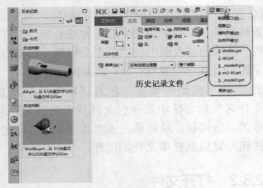

图 2-21

2.3.3 保存文件

动手操作——保存文件

操作步骤

01 保存文件时，既可以保存当前文件，也可以另存文件，还可以只保存工作部件或者保存书签文件。执行"文件"菜单中的文件保存的相关命令，如图2-22所示。

图 2-22

技术要点：

"文件"菜单中各保存命令的含义如下。

➢ 保存：仅保存当前工作部件的编辑结果。

➢ 仅保存工作部件：若对零件模型装配体中的单个部件（设为工作部件）进行编辑，则最后执行此命令时仅对该工作部件编辑结果进行保存，其他非工作部件的更改或编辑结果不被保存。

➢ 另存为：使用其他名称或其他系统路径保存部件文件。

➢ 全部保存：保存已修改的部件和所有的顶级装配部件，在三维模型设计过程中经常执行此命令进行文件的保存。

➢ 保存书签：在书签文件中保存装配关联，包括组件可见性、加载选项和组件组。在"文件"菜单中可见上述保存命令。

02 如果仅保存当前工作部件的编辑结果，则执行"文件"|"保存"命令或者单击"标准"工具条上的"保存"按钮。

03 如果需要全部保存，则执行"全部保存"命令，弹出"命名部件"对话框，如图2-23所示。通过该对话框，可重新对文件命名及保存路径进行更改。

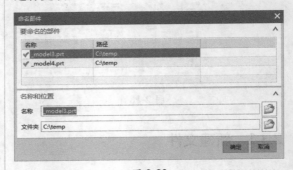

图 2-23

04 如果需要将文件另外保存，则执行"文件"|"另存为"命令，打开"另存为"对话框，如图2-24所示。在该对话框中选择保存路径、文件名再单击OK按钮，即可对文件进行另外保存。

图 2-24

技术要点：

如果需要更改保存的方式，可执行"文件"|"选项"|"保存选项"命令，打开"保存选项"对话框，在该对话框中指定新的保存方式。

2.3.4 关闭文件

在完成建模工作以后，需要将文件关闭，这样就将用户所设计的相关数据及信息完全保存下来，以便后续工作。关闭文件可以通过执行"文件"|"关闭"命令来完成，如图2-25所示（框选部分）。

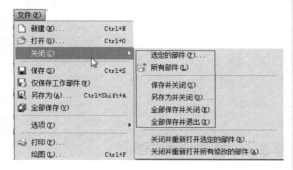

图 2-25

"关闭"子菜单的各关闭命令含义如下。

- ➤ 选定的部件：通过选择模型部件来关闭。
- ➤ 所有部件：关闭程序中所有运行的和非运行的模型文件。
- ➤ 保存并关闭：先保存运行的文件再将其关闭。
- ➤ 另存为并关闭：将运行的文件另存后再将其关闭。
- ➤ 全部保存并关闭：将所有运行的和非运行的模型文件先保存后关闭。
- ➤ 全部保存并退出：将所有运行的和非运行的模型文件先保存后退出UG程序。

2.3.5 文件的导入与导出

"文件的导入"是指加载以其他格式类型保存的文件，此类文件可以是UG保存的，也

可以是其他三维/二维软件保存的。"文件的导出"是在UG中以其他格式类型来保存文件。文件的导入与导出有两种方法：直接导入与导出；使用UG转换工具。

动手操作——直接导入与导出

操作步骤

01 在打开或另存为文件时，可以直接将其他格式的文件导入与导出。在打开文件时，在"打开部件文件"对话框的"文件类型"选型中选择要打开的文件类型，单击OK按钮即可，如图2-26所示。

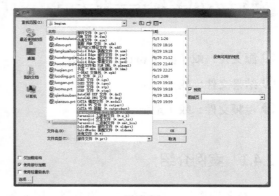

图 2-26

02 在保存文件时，执行"文件"|"另存为"命令，在弹出的"另存为"对话框的"保存类型"下拉列表中选择要保存的文件类型，单击OK按钮即可保存为指定的文件格式类型，如图2-27所示。

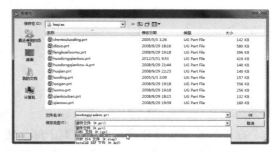

图 2-27

03 在"文件"菜单中的"导入"和"导出"命令就是利用UG自身的格式转换工具来进行的。如果要导入其他格式文件，如STEP，则执行"文件"|"导入"|STEP203命令，弹出"导

入至 STEP203 选项"对话框，单击该对话框中的"浏览"按钮，在保存路径中找到 .stp 格式的文件，再单击"确定"按钮即可打开该文件，如图 2-28 所示。

04 同理，若要导出为其他格式文件，如IGES，则执行"文件"|"导出"|IGES 命令，接下来的操作与导入格式文件的操作相同。

图 2-28

2.4 入门案例——蚊子造型设计

◎ **源文件：蚊子曲线.prt**

◎ **结果文件：蚊子.prt**

◎ **视频文件：蚊子造型.avi**

2.4.1 案例介绍

蚊子造型是一个左右对称的造型，因而各部件在创建过程可使用对称设计。也就是说，为了简化创建操作，相同的部件只需创建一个，其余的部件则采用镜像方法来获得。蚊子造型曲线及模型如图 2-29 所示。

图 2-29

在进行蚊子实体建模过程中，躯干部分使用"通过曲线网格"工具创建，头部与眼睛使用"球"工具创建，腿、触角和吸血管则使用"管道"工具创建，翅膀使用"有界平面"工具创建。

2.4.2 案例设计过程

操作步骤

01 打开源文件"蚊子曲线 .prt"。

02 在"曲面"选项卡中单击"通过曲线网格"按钮，选择如图 2-30 所示的主曲线和交叉曲线，然后查看预览。

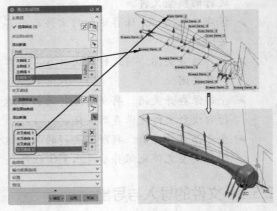

图 2-30

03 单击对话框的"确定"按钮，创建蚊子的躯干特征。

04 在功能区"特征"选项卡中单击"球"按钮◎，弹出"球"对话框。然后按如图2-31所示的操作步骤创建蚊子头部实体特征。

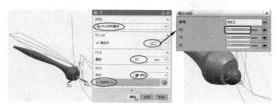

图 2-31

技术要点：

如果启动软件后发现没有"球"命令，可以执行"定制"命令进行添加，也可执行"插入"｜"设计特征"｜"球"命令。但凡没有的命令，都可以通过"定制"操作进行添加。

05 同理，再使用"球"工具，在头部特征上创建出直径为12、中心点坐标为 $X=12$、$Y=4$、$Z=-12$ 的球体（眼睛特征），如图2-32所示。

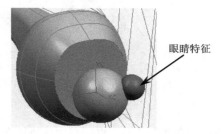

图 2-32

06 构建躯干部分特征的曲线隐藏。使用"边倒圆"工具，选择如图2-33所示的边进行倒圆角，且圆角半径为8。

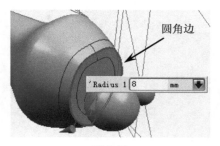

图 2-33

07 使用"边倒圆"工具，选择如图2-34所示的边进行倒圆角，且圆角半径为2。

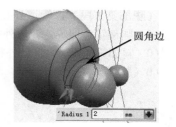

图 2-34

08 使用"边倒圆"工具，选择如图2-35所示的边进行倒圆角，且圆角半径为1.5。

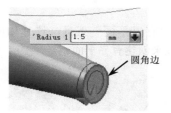

图 2-35

09 在"曲面"选项卡的"更多"命令组中单击"管道"按钮，弹出"管道"对话框。然后按如图2-36所示的操作步骤创建管道特征。

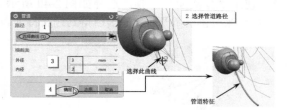

图 2-36

10 同理，再使用"管道"工具，创建管道截面外径为1、内径为0的触角特征，如图2-37所示。

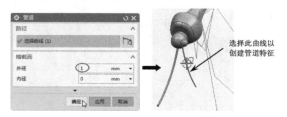

图 2-37

11 蚊子有4条腿。使用"管道"工具，选择如图2-38所示的曲线分别创建管道尺寸不相同的腿部管道特征。分别设置管道外径为3、内径尺寸为 0（腿部第 1 段），管道外径为 2.5、内径尺寸为 0（腿部第 2 段），管道外径为 2、内径尺寸为 0（腿部第 3 段），管道外径为 1.5、内径尺寸为 0（腿部第 4 段）。

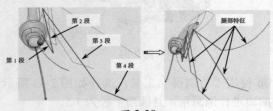

图 2-38

12 使用"有界平面"工具，选择如图 2-39 所示的曲线来创建有界平面。

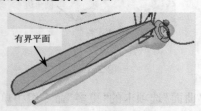

图 2-39

13 使用"分割面"工具，选择如图 2-40 所示的曲线来分割有界平面，分割后得到翅膀特征。

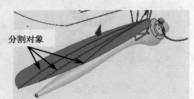

图 2-40

14 使用"基准平面"工具，以 *XC-YC* 平面作为平移参照来创建平移距离为 0 的新基准平面，如图 2-41 所示。

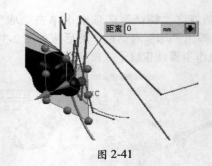

图 2-41

15 使用"镜像体"工具，以新基准平面作为镜像平面，将先前创建完成的翅膀特征、腿部特征、眼睛特征和触角特征做镜像操作，以此得到另一侧的对称特征，如图 2-42 所示。

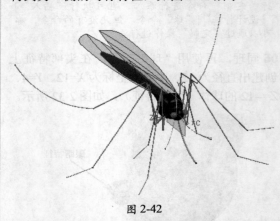

图 2-42

16 使用"合并"工具，将所有实体特征合并。至此蚊子造型的建模工作完成，最后保存结果数据。

第3章 踏出 UG NX 12.0 的第二步

学习 UG NX 12.0 的第二步就是熟练掌握图层、坐标系和其他一些常用工具的基本用法，这对于建模是非常有帮助的。

知识要点与资源二维码

- ◆ UG坐标系
- ◆ 常用基准工具
- ◆ 对象的选择方法

第3章源文件　　第3章课后习题　　第3章结果文件　　第3章视频

3.1 UG 坐标系

坐标系是软件用来进行工作的空间基准，所有的操作都是相对于坐标系进行的。UG 软件中包含 3 种坐标系，分别是绝对坐标系（Absolute Coordinate System，ACS）、工作坐标系（Work Coordinate System，WCS）和机械坐标系（Machine Coordinate System，MCS），这些坐标系都满足右手法则。

> ➤ ACS：默认坐标系，其原点位置永远不变，在用户新建文件时就已经存在，是软件开发人员预置的内定坐标。
>
> ➤ WCS：是 UG 提供给用户的坐标系，用户可以根据需要任意移动位置，也可以进行旋转及新建 WCS 等操作。
>
> ➤ MCS：机械坐标系用于模具设计、数控加工、配线等向导操作中。

在通常的设计工作中，用户可以通过对 WCS 的调整，快速变换工作方位，提高设计工作的效率。

执行"格式"|WCS 命令，即可对 WCS 进行操作，如图 3-1 所示。

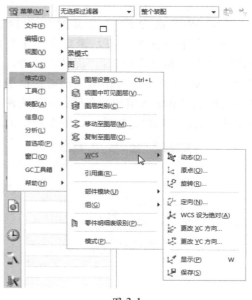

图 3-1

3.1.1 动态

动态 WCS 命令可以通过鼠标直接控制动态坐标系上的平移手柄和旋转球来移动和旋转 WCS，也可以直接在输入框中输入平移的距离和旋转的角度，如图 3-2 所示。

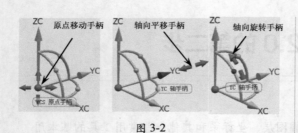

图 3-2

3.1.2 原点

通过定义当前坐标系的原点来更改 WCS 的位置。该命令只能改变坐标系的位置，不会改变坐标轴的朝向。

采用原点定义 WCS 主要用在不需要调整轴向，只需要坐标系原点的位置时使用，由于只需要选取一个点即可完成原点 WCS 的操作。

3.1.3 旋转

旋转 WCS 命令通过当前的 WCS 绕其中一条轴旋转一定的角度，来定义一个新的 WCS。执行"格式"|WCS|"旋转"命令，弹出"旋转 WCS 绕…"对话框，该对话框用来选取旋转的轴和输入旋转的角度。正值为逆时针旋转，负值为顺时针旋转，如图 3-3 所示。

图 3-3

3.1.4 定向

定向 WCS 是对 WCS 采用对话框定义的方式进行定向的，定向的方式有多种。执行"格式"|WCS|"定向"命令，弹出 CSYS 对话框，在该对话框的"类型"栏中单击下拉按钮，弹出下拉列表,定向类型共有 16 种,如图3-4所示。

图 3-4

可以通过定向坐标系工具很方便地对 WCS 进行定向，其中对象的 CSYS、原点、X 点、Y 点等方式比较常用。在此不再一一赘述。

技术要点：

可以通过按W键快速显示WCS坐标系，然后直接双击WCS，即可动态调整WCS坐标系。

动手操作——坐标系操作

采用坐标系操作绘制如图 3-5 所示的图形。

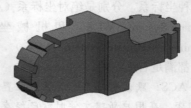

图 3-5

操作步骤

01 绘制草图。在"主页"选项卡的"直接草图"组中单击"草图"按钮，选取草图平面为 XY 平面，绘制草图如图 3-6 所示。

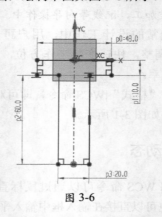

图 3-6

02 拉伸实体。单击"拉伸"按钮，弹出"拉伸"对话框，选取刚才绘制的草图，指定矢量，拉伸高度为对称48，结果如图3-7所示。

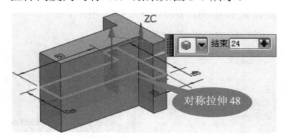

图3-7

03 倒圆角。单击"边倒圆"按钮，弹出"边倒圆"对话框，选取要倒圆角的边，输入倒圆角半径值24后，单击"确定"按钮，结果如图3-8所示。

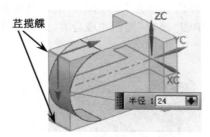

图3-8

04 动态建立WCS坐标系。双击坐标系，出现坐标系操控手柄和参数输入框，先动态移动原点到圆心，再动态旋转。动态旋转WCS，如图3-9所示。

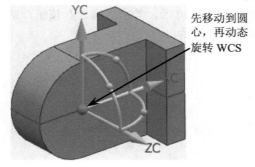

图3-9

05 绘制草绘。执行"插入"|"在任务环境中插入草图"命令，选取草图平面为XY平面，绘制草图，如图3-10所示。

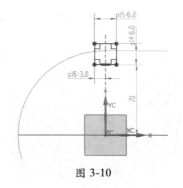

图3-10

06 拉伸实体。单击"拉伸"按钮，弹出"拉伸"对话框，选取刚才绘制的直线，指定矢量，输入拉伸参数，结果如图3-11所示。

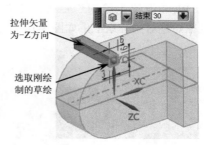

图3-11

07 角度移动对象。执行"编辑"|"移动对象"命令，选取要移动的对象，单击"确定"按钮，弹出"移动对象"对话框，设置运动变换类型为角度，指定旋转矢量和轴点，输入旋转角度和副本数，单击"确定"按钮完成移动，结果如图3-12所示。

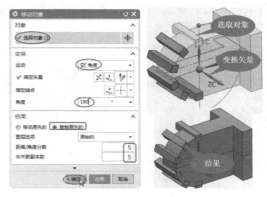

图3-12

08 布尔减去。在"特征"组单击"减去"按钮，弹出"求差"对话框，选取目标体和工具体，单击"确定"按钮完成减去，结果如图3-13所示。

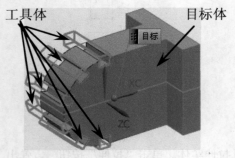

图 3-13

09 坐标系恢复到绝对坐标系。执行"格式"|WCS| "WCS 设置为绝对"命令，即将 WCS 恢复到原始绝对坐标系上，如图3-14所示。

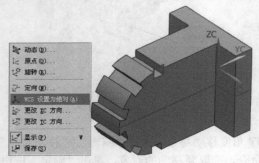

图 3-14

10 以直线镜像。选中要镜像的对象，然后执行"编辑"|"变换"命令，弹出"变换"对话框，选取变换类型为"通过一直线镜像"选项，选取实体边为镜像轴线，变换类型为复制，结果如图3-15所示。

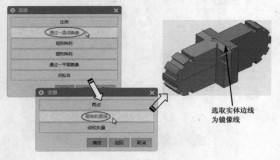

选取实体边线
为镜像线

图 3-15

11 动态移动。执行"编辑"|"移动对象"命令，选取要移动的对象，单击"确定"按钮，弹出"移

动对象"对话框，设置运动变换类型为动态，直接操控手柄和旋转球旋转90°，单击"确定"按钮完成移动，结果如图 3-16 所示。

选取旋转球
动态旋转

图 3-16

12 布尔合并。在"特征"组单击"合并"按钮，弹出"合并"对话框，选取目标体和工具体，单击"确定"按钮完成合并，结果如图3-17所示。

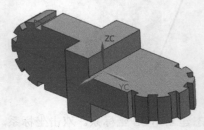

图 3-17

13 倒圆角。单击"边倒圆"按钮，弹出"边倒圆"对话框，选取要倒圆角的边，输入倒圆角半径值为10后，单击"确定"按钮，结果如图3-18所示。

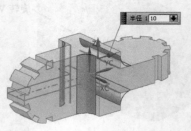

图 3-18

14 隐藏曲线。按 Ctrl+W 快捷键，弹出"显示和隐藏"对话框，单击曲线栏的隐藏按钮"—"，即可将所有的曲线全部隐藏，结果如图3-19所示。

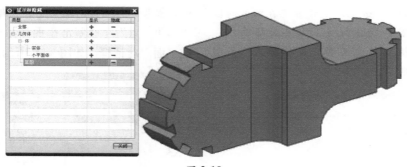

图 3-19

常用基准工具

在使用 UG 进行建模、装配的过程中，经常需要使用到点构造器、矢量构造器、坐标系等工具，这些工具不直接建构模型，但能起到很重要的辅助作用。下面将进行详细讲解。

3.2.1 基准点工具

无论是创建点，还是创建曲线，甚至是创建曲面，都需要使用到点构造器。执行"插入"|"基准/点"|"点"命令，弹出"点"对话框，如图 3-20 所示。

图 3-20

使用点构造器时，点的类型有自动判断、光标位置、端点等。一般情况下默认用自动判断完成点的捕捉。其他类型的点在自动判断不能完成的情况下再选择使用点过滤器。

各选项含义如下。

➤ 端点╱：捕捉曲线或者实体、片体边缘端点。

➤ 交点┼：捕捉线与线的交点、线与面的交点。

➤ 存在点十：捕捉存在点的位置。

➤ 象限点○：捕捉圆、圆弧、椭圆的四分点。

➤ 圆心点⊙：捕捉圆心点、球心点、椭圆中心点。

➤ 控制点⌐：捕捉样条曲线的端点、极点，直线的中点等。

➤ 点在面上：设置 U 向和 V 向的位置百分比捕捉点。如图 3-21 所示，需要选择的曲面，然后输入 U 向参数、V 向参数值即可完成捕捉点。

图 3-21

> 点在曲线/边上 ✐：设置点在曲线的位置的百分比捕捉点，需要选择曲线，然后输入U向参数完成捕捉点，如图3-22所示。

图 3-22

> 两点之间 ✐：在两点之间按位置的百分比创建点。需要选择两个点，然后输入百分比完成捕捉点，如图3-23所示。

图 3-23

> 圆弧/椭圆上的角度点 ⌒：沿圆弧或椭圆成角度的位置步骤点。需要选择圆弧或椭圆，然后输入角度完成捕捉点。

3.2.2 基准平面工具

平面构造器主要用于绘图时定义基准平面、参考平面或者切割平面等。执行"插入"|"基准/点"|"基准平面"命令，弹出"基准平面"对话框，如图3-24所示。

图 3-24

在"基准平面"对话框中单击类型栏，弹出下拉列表，列表中共列了14种创建基准平面的方法。

3.2.3 基准轴工具

直接应用基准轴工具的情况并不多，通常被矢量工具代替，矢量经常用于拉伸、创建基准轴、拔模等命令以及用于移动、变换等方向矢量中，执行"插入"|"基准/点"|"基准轴"命令，弹出"基准轴"对话框，在该对话框的"类型"栏中单击三角形下拉按钮，即可弹出"类型"下拉列表，如图3-25所示。

图 3-25

矢量工具不能直接调出，通常镶嵌在其他工具内，执行"编辑"|"移动对象"命令，弹出"移动对象"对话框。

在"移动对象"对话框中选择"距离"运动类型，再单击"矢量"按钮，弹出"矢量"对话框，如图3-26所示。"矢量"对话框与"基准轴"对话框相似，用来定义矢量方向。

图 3-26

3.2.4 基准坐标系工具

基准坐标系工具用来创建基准 CSYS。执行"插入"|"基准 / 点"|"基准 CSYS"命令，弹出"基准 CSYS"对话框，在该对话框中可选择坐标系类型选项，如图 3-27 所示。

图 3-27

技术要点：

基准坐标系与坐标系的不同在于，基准坐标系在创建时不仅建立了WCS，还建立了3个基准平面XY、YZ、ZX面，以及3个基准轴X、Y、Z轴。

动手操作——基准工具的应用

采用基准平面等工具绘制如图 3-28 所示的图形。

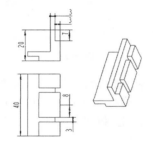

图 3-28

操作步骤

01 绘制直线。在"曲线"选项卡中单击"直线"按钮 ✎，弹出"直线"对话框，设置沿 Z 轴，长度为 13，结果如图 3-29 所示。

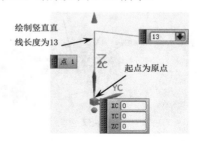

图 3-29

02 拉伸实体。单击"拉伸"按钮 ⫝̸，弹出"拉伸"对话框，选取刚才绘制的直线，指定矢量，输入拉伸参数，开启偏置，结果如图 3-30 所示。

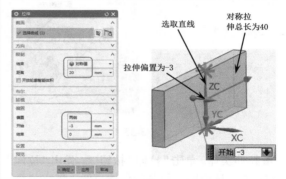

图 3-30

03 绘制直线。在"曲线"选项卡中单击"直线"按钮 ✎，弹出"直线"对话框，设置支持平面和直线参数，结果如图 3-31 所示。

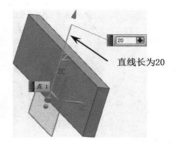

图 3-31

04 拉伸实体。单击"拉伸"按钮 ⫝̸，弹出"拉伸"对话框，选取刚才绘制的直线，指定矢量，输入拉伸参数，设置布尔合并并开启偏置，结果如图3-32所示。

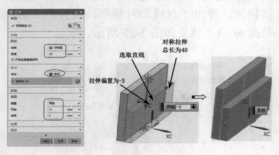

图 3-32

05 偏置曲线。单击"曲线"选项卡中的"偏置"按钮，选取刚绘制的线，再指定偏置点后输入偏置距离，结果如图3-33所示。

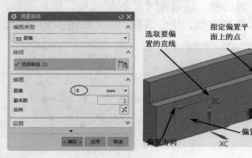

图 3-33

06 拉伸实体。单击"拉伸"按钮，弹出"拉伸"对话框，选取刚才绘制的偏置直线，指定矢量，输入拉伸参数，开启对称偏置，结果如图3-34所示。

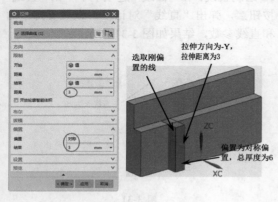

图 3-34

07 创建直线镜像变换。执行"编辑"|"变换"

命令，选取要变换的对象后单击"确定"按钮，弹出"变换"对话框，选取变换类型为"通过一直线镜像"选项，选取中间直线为镜像直线，变换类型为复制，结果如图3-35所示。

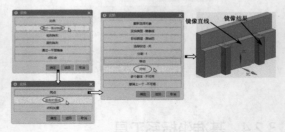

图 3-35

08 创建基准平面。执行"插入"|"基准/点"|"基准平面"命令，弹出"基准平面"对话框，选取轴和平面创建和平面呈45°角的基准平面，如图3-36所示。

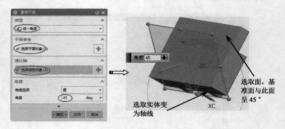

图 3-36

09 以平面镜像。执行"编辑"|"变换"命令，选取要变换的所有实体对象后单击"确定"按钮，弹出"变换"对话框，选取变换类型为"通过一平面镜像"选项，指定平面为刚才创建的平面，变换类型为复制，结果如图3-37所示。

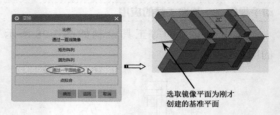

图 3-37

10 布尔合并。在"特征"组单击"合并"按钮，弹出"合并"对话框，选取目标体和工具体，单击"确定"按钮完成合并，结果如图3-38所示。

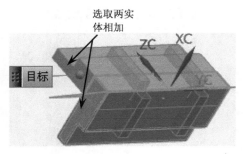

图 3-38

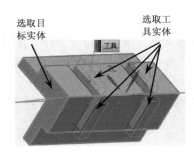

图 3-39

11 布尔减去。在"特征"组中单击"减去"按钮 🔲，弹出"求差"对话框，选取目标体和工具体，单击"确定"按钮完成减去，结果如图3-39所示。

12 隐藏曲线和平面。按Ctrl+W快捷键，弹出"显示和隐藏"对话框，单击曲线和平面栏的"—"按钮，即可将所有的曲线全部隐藏，结果如图3-40所示。

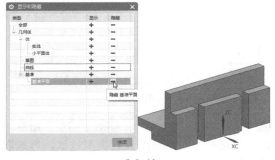

图 3-40

3.3 **对象的选择方法**

对象选择是一个使用最普遍的操作，在很多操作中，特别是对对象编辑操作时都需要精确选取要编辑的对象，选择对象通常是通过"类选择"对话框、鼠标单击、选择工具栏、"快速拾取"对话框和部件导航器等来完成的。

3.3.1 类选择

"类选择"对话框是在很多命令执行时都会出现的对话框，是选择对象的一种通用方法。在执行某些命令时，弹出的"类选择"对话框如图3-41所示。

动手操作——转层

对如图3-42所示的图形中的线框进行转层，并将线框层隐藏。结果如图3-43所示。

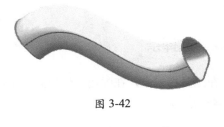

图 3-42

图 3-41

图 3-43

操作步骤

01 调取源文件。单击"打开文件"按钮，弹出"打开"对话框，如图3-44所示，选取文件3-1.prt，单击 OK 按钮，即可打开文件。

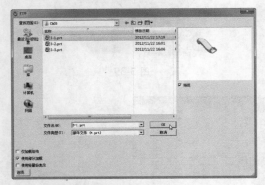

图 3-44

02 转层。执行"格式"|"移动至图层"命令，在"类选择"对话框中设置类型过滤，再选取所有的曲线，如图3-45所示。

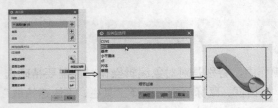

图 3-45

03 单击"确定"按钮后，弹出"图层移动"对话框，输入目标图层为2，单击"确定"按钮，即可将选取的曲线移动至第2层，如图3-46所示。

图 3-46

04 关闭图层。按Ctrl+L快捷键，弹出"图层设置"对话框，在该对话框中取消选中第2层前的复选框，即可关闭第2层，结果如图3-47所示。

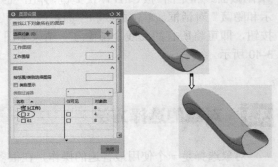

图 3-47

技术要点：

在关闭图层时要注意，其他层都可以关闭，当前工作层是不能关闭的。要关闭工作层所在的图层，可以先切换工作层到其他层再关闭该层。

3.3.2 选择条

在工具栏右击，在弹出的快捷菜单中选中"选择条"复选框，则在工具栏添加了选择条，如图3-48所示。

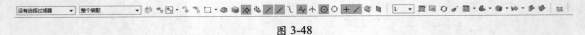

图 3-48

可以利用选择条中的过滤工具进行选取。

动手操作——过滤选取

采用选择工具条过滤器将魔方着色，结果如图3-49所示。

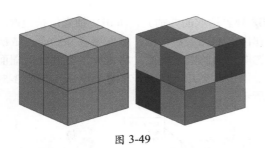

图 3-49

按钮，完成着色，结果如图 3-53 所示。

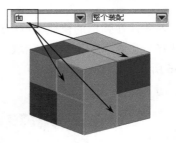

图 3-52

操作步骤

01 打开源文件 3-2.prt。

02 选取面。在选择过滤器中将过滤选项设置为面，然后依次选取 3 个面，选中的面高亮显示，如图 3-50 所示。

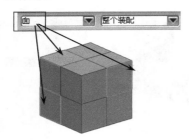

图 3-50

技术要点：

直接在工具栏中选取过滤器 "面" 类型进行过滤，则用户只能选取面，不能选取其他的对象。此种方式一旦设置，则应用在其后的所有操作，直到用户更改此过滤器为止。

03 着色。按 Ctrl+J 快捷键，弹出"编辑对象显示"对话框，将颜色修改为紫色，单击"确定"按钮，完成着色，结果如图 3-51 所示。

图 3-51

04 选取面。在选择过滤器中将过滤选项设置为"面"选项，然后依次选取另外 3 个面，选中的面高亮显示，如图 3-52 所示。

05 着色。按 Ctrl+J 快捷键，弹出"编辑对象显示"对话框，将颜色修改为洋红色，单击"确定"

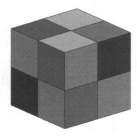

图 3-53

06 选取面。在选择过滤器中将过滤选项设置为"面"，然后依次选取另外 3 个面，选中的面高亮显示，如图 3-54 所示。

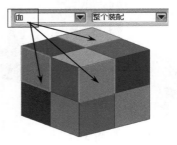

图 3-54

07 着色。按 Ctrl+J 快捷键，弹出"编辑对象显示"对话框，将颜色修改为青色，单击"确定"按钮，完成着色，结果如图 3-55 所示。

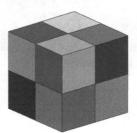

图 3-55

3.3.3 列表快速拾取

右击对象，在弹出的快捷菜单中选取"从列表中选择"选项，弹出"快速拾取"对话框，如图3-56所示。

图 3-56

采用"抽壳"命令对如图3-57所示的三通管接头进行薄壳，结果如图3-58所示。

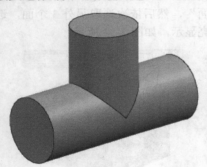

图 3-57

图 3-58

操作步骤

01 打开源文件 3-3.prt。

02 列表选取面并抽壳。单击"抽壳"按钮 🔲，弹出"抽壳"对话框，选取要移除的面，依次选取正面的圆柱端面，将鼠标放在圆柱后端面上停止一会儿出现"···"号后单击，如图3-59所示。

图 3-59

03 随后弹出"快速拾取"对话框，切换到圆柱后端面后选取，结果如图3-60所示。

图 3-60

技术要点：

在"拾取"对话框中，一般情况下被遮挡的对象排列在后面。

04 选择面后，在"抽壳"对话框中输入抽壳厚度为2，最后单击"确定"按钮完成抽壳操作，结果如图3-61所示。

图 3-61

05 透明化显示。按 Ctrl+J 快捷键，选取实体后确定，弹出"编辑对象显示"对话框，将颜色修改为紫色，透明度设置为10%，单击"确定"按钮，完成着色。

3.4 综合实训——利用基准轴造型花朵

◎ **源文件：无**

◎ **结果文件：花朵.prt**

◎ **视频文件：利用基准轴造型花朵.avi**

基准轴的作用不仅仅可以作为旋转轴，还可以作为矢量参考、阵列中心等。下面用花造型实例来详解其具体应用。花造型结构如图3-62所示。

图 3-62

操作步骤

01 新建命名为"花朵"的模型文件。

02 单击"基准轴"按钮↑，打开"基准轴"对话框。

03 在"类型"列表中选择"ZC轴"类型，单击"确定"按钮完成基准轴的创建，如图3-63所示。

图 3-63

04 在"特征"组中单击"旋转"按钮，打开"旋转"对话框。单击"绘制截面"按钮，弹出"创建草图"对话框。选择ZC-XC平面为草图平面，单击"确定"按钮进入草图环境，如图3-64所示。

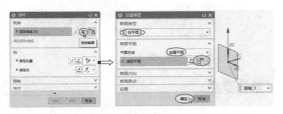

图 3-64

05 在草图环境中绘制如图3-65所示的草图。

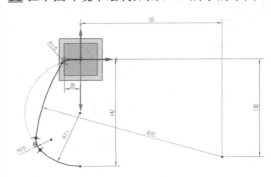

图 3-65

06 单击"草图"组中"完成"按钮，退出草图环境并返回"旋转"对话框。

07 选择前面创建的基准轴作为旋转轴，再单击"确定"按钮完成旋转曲面的创建，如图3-66所示。

图 3-66

08 此时需要UG程序自动创建的基准坐标系作为参考，在部件导航器中选中"基准坐标系"选项，显示基准坐标系，如图3-67所示。

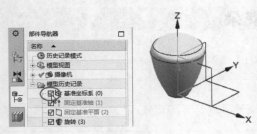

图 3-67

09 利用"基准平面"工具，创建如图 3-68 所示的基准平面。

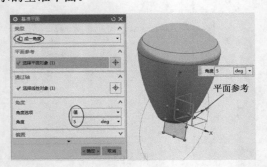

图 3-68

10 在"特征"组中单击"拉伸"按钮 ，弹出"拉伸"对话框。直接选择新建的基准平面作为草图平面并进入草图环境，如图 3-69 所示。

图 3-69

11 在草图环境中绘制如图 3-70 所示的草图。

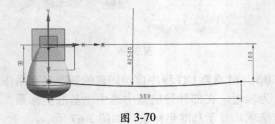

图 3-70

12 退出草图环境并在"拉伸"对话框中设置拉伸参数，单击"确定"按钮完成拉伸曲面 1

的创建，如图 3-71 所示。

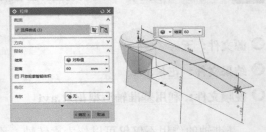

图 3-71

13 利用"拉伸"工具，在 XC-YC 基准平面上绘制样条曲线并创建如图 3-72 所示的拉伸曲面 2。

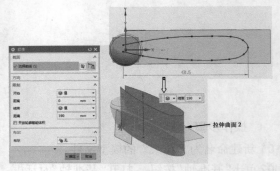

图 3-72

14 在"特征"组的"更多"命令库中选择"修剪片体"命令，打开"修剪片体"对话框。选择拉伸曲面 1 作为目标，选择拉伸曲面 2 为修剪边界，确定拉伸曲面 2 范围外的区域为舍弃区域，单击"确定"按钮完成曲面的修剪，如图 3-73 所示。

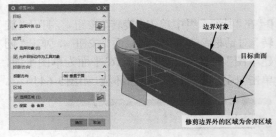

图 3-73

技术要点：

如果选择目标片体时，光标所选取的位置在修剪边界范围内，则是要保留的区域；反之，则是要舍弃的区域。

15 选中拉伸曲面2，按Ctrl+B快捷键将其隐藏。执行"插入"|"关联复制"|"阵列几何特征"命令，打开"阵列几何特征"对话框。

16 选择"圆形"布局类型，再选择基准轴（或者基准坐标系中的ZC轴）作为旋转轴，设置数量为18，节距值为20，最后单击"确定"按钮完成阵列操作，结果如图3-74所示。

17 至此，利用基准轴进行花朵造型的简单操作就完成了。

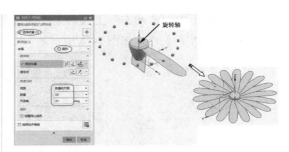

图 3-74

3.5　课后习题

1．壳体造型

利用基准平面、基准轴和基准坐标系工具，再结合曲面造型工具构建如图3-75所示的壳体造型。

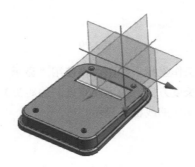

图 3-75

2．创建基准平面

操作提示：

（1）打开练习文件"课后习题\第3章\lingjian.prt"。

（2）以"按某一距离"的类型选择如图3-76所示的零件表面作为参照，并输入偏置值为50，创建新基准平面。

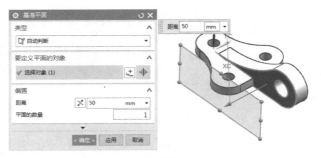

图 3-76

（3）使用"WCS 动态"工具将工作坐标系绕 *XC* 轴正向旋转 90°，如图 3-77 所示。然后拖曳 *YC* 轴手柄平移 15，如图 3-78 所示。

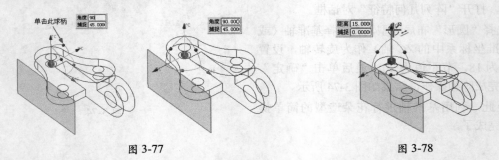

图 3-77   图 3-78

（4）在零件上的一个孔中心创建一个基准坐标系，如图 3-79 所示。

图 3-79

（5）使用"隐藏"工具将工作坐标系隐藏，再使用"显示"工具将工作坐标系显示。

（6）测量模型的长（模型长度方向上最远两点之间的距离）、宽和高。

（7）将视图渲染为"带淡化边的线框"显示。

第4章　踏出 UG NX 12.0 的第三步

本章主要讲解图层管理、移动对象的操作、对象的显示方式、对象的变换方式，以及图层、测量距离等工具的使用。

知识要点与资源二维码

◆　图层管理
◆　对象视图和显示操作
◆　测量距离
◆　移动对象操作

第4章源文件　第4章课后习题　第4章结果文件　第4章视频

4.1　图层管理

图层就是 UG 用来管理对象的"仓库"，将对象分别放入不同的仓库，通过开启和关闭操作来控制对象的显示和隐藏，达到辅助设计的目的。

UG 有 256 个层，每层上可以包含任意数量的对象，因此一个图层可以含有部件上的所有对象，一个对象上的部件也可以分布在多个层，但是当前工作层只允许有一个。当前层都处于激活状态，所有的操作都是相对于当前激活工作层的，所有操作也只能在工作层上进行，其他非工作层可以通过可见性、可选择性等设置进行辅助设计工作。

4.1.1　图层分类

对相应的图层进行分类管理，可以很方便地通过层来实现对其中各层的对象进行操作，从而提高设计效率。用户可以按自己的公司标准来对图层进行命名和管理，也可按自己的习惯进行图层的命名和管理。

执行"格式"|"图层类别"命令，弹出"图层类别"对话框，如图 4-1 所示。该对话框可以对图层进行分类设置。

各选项含义如下。

➢ 过滤器：该文本框用来输入已经存在的图层种类的名称从而进行筛选，当输入"*"时则会显示所有的图层种类。用户可以直接选取要编辑的图层种类。

➢ 图层类别列表框：用于显示满足过滤条件的所有图层类别。

➢ 类别：用于输入图层种类的名称，从而新建图层或者对已经存在的图层进行编辑。

图 4-1

- 创建/编辑：该选项用于创建和编辑图层。若类别中输入名称已经存在则进行编辑，若不存在则进行创建。
- 删除/重命名：对选取的图层进行删除或重命名。
- 加入描述：新建图层类别时，添加图层相关描述文字信息。

4.1.2 图层设置

图层设置是用户可以在任何层上或一组图层上设置该图层是否显示和是否变换工作图层等操作。执行"格式"|"图层设置"命令，弹出"图层设置"对话框，如图4-2所示。该对话框可以用来设置工作层、设置可选取性、可见性、查看图层包含的信息等。

图 4-2

各选项含义如下。

- 工作图层：输入需要设置为工作层的图层号。输入图层号后确定，自动将其设置为当前工作层。
- 按范围/类别选择图层：用于输入范围或图层种类的名称进行图层筛选操作。
- 类别过滤器：在文本框中输入通配符"*"，表示接受所有图层种类。
- 名称：此显示框能够显示此零件的所有图层的名称、所属种类、对象数目，可以按 Ctrl+Shift 快捷键进行多项选择。
- 仅可见：将指定的图层设置为仅可见状态。当图层被设置为仅可见状态后，此图层上的对象只能可见不能被选取和

编辑。

- 显示：该选项用来控制图层状态列表中显示的情况，可以切换的选项有，含有所有图层、含有对象的图层、所有可选图层、所有可见图层 4 个选项（此选项在对话框中处于隐藏状态，单击右侧滑动条可显示）。

4.1.3 移动至图层

"移动至图层"命令可以用来更改选定对象的图层位置。可以将该对象从一个层移动到另一个图层，达到隐藏或者分类的目的。在设计过程中，用户不可能在设计任何一个对象时都进行一次图层设置，这样会将操作变得非常烦琐，可以在设计初期不需要理会对象的图层放置，等设计完后，再来对对象进行移动，达到分层管理的目的。

执行"格式"|"移动至图层"命令，选取要移动的对象后，单击"确定"按钮，弹出"图层移动"对话框，如图4-3所示。

图 4-3

在目标图层或类别栏输入要移动到的图层号码，单击"确定"按钮后，即将刚才选取的对象移动到相应的图层中。

4.1.4 复制至图层

"复制至图层"命令可以用来复制选定对象并进行更改图层。可以将该对象从一个图层复制到另外一个图层，达到创建副本并进行分

类的目的。在设计过程中，用户往往需要将某对象进行多次编辑，在编辑后希望下次还能使用，因此可以先复制一个副本转移到别的图层，后续需要再使用时可以随时调取。

执行"格式"|"复制至图层"命令，选取要复制的对象后，单击"确定"按钮，弹出"图层复制"对话框，如图4-4所示。

图4-4

在目标图层或类别栏中输入要复制到的图层号码，单击"确定"按钮后，即可将选取的对象复制一个副本后移动到相应的图层中。

动手操作——图层操作

绘制M6的螺母，如图4-5所示。

图4-5

操作步骤

01 绘制正六边形。单击"曲线"选项卡中的"多边形"按钮⬡，边数为6，选取原点为中心，输入内切圆半径为5，如图4-6所示。

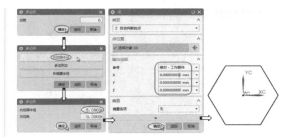

图4-6

02 拉伸实体。单击"拉伸"按钮⬛，弹出"拉伸"对话框，选取刚才绘制的直线，指定矢量，输入拉伸参数，结果如图4-7所示。

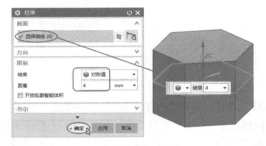

图4-7

03 创建圆柱体。执行"插入"|"设计特征"|"圆柱体"命令，弹出"圆柱"对话框，指定定位点为（0,0，-5），Z轴为矢量方向。输入圆柱直径为5，高度为10，单击"确定"按钮完成圆柱体的创建，结果如图4-8所示。

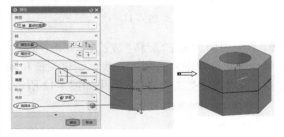

图4-8

04 倒角C0.5。单击"倒角"按钮🔲，弹出"倒斜角"对话框，选取要倒角的边，输入倒角值为0.5后单击"确定"按钮，结果如图4-9所示。

05 绘制螺纹。执行"插入"|"设计特征"|"螺纹"命令，弹出"螺纹"对话框，选取类型为"详细"，选取螺纹放置面，设置螺纹参数，结果如图4-10所示。

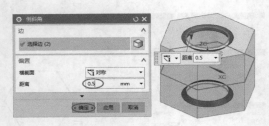

图 4-9

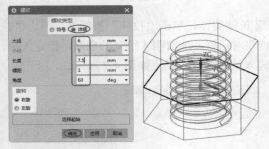

图 4-10

06 绘制线。在"曲线"选项卡中单击"直线"按钮，弹出"直线"对话框，设置支持平面为 *YZ* 平面，角度为 330°，结果如图 4-11 所示。

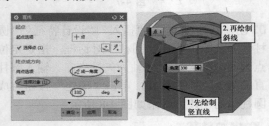

图 4-11

07 旋转曲面。单击"旋转"按钮，弹出"旋转"对话框，选取刚才绘制的直线，指定矢量和轴点，设置创建类型为片体，结果如图 4-12 所示。

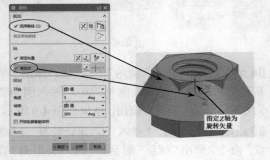

图 4-12

08 以平面镜像。执行"编辑"|"变换"命令，选取要变换的对象（旋转曲面）后单击"确定"按钮，弹出"变换"对话框，选取变换类型为"通过一平面镜像"，指定平面为 *XC-YC* 平面，变换类型为"复制"，结果如图 4-13 所示。

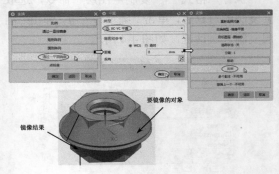

图 4-13

09 在"特征"选项卡的"更多"命令组中单击"修剪体"按钮，弹出"修剪体"对话框。选取实体为目标体，再选取曲面为分割工具，单击"确定"按钮完成修剪，结果如图 4-14 所示。

图 4-14

10 同理，继续修剪实体，最终结果如图 4-15 所示。

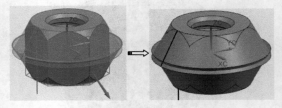

图 4-15

11 移动到第 2 层。执行"格式"|"移动至图层"命令，选取所有的曲线，单击"确定"按钮，弹出"图层移动"对话框，输入目标图层 2，单击"确定"按钮，即可将选取的曲线移动至第 2 层，如图 4-16 所示。

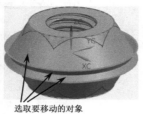

选取要移动的对象

图4-16

弹出"图层设置"对话框，在该对话框中取消选中第2层和第3层即可，结果如图4-17所示。

图4-17

12 同理，将曲面移动至第3层。

13 关闭第2层和第3层。按Ctrl+L快捷键，

4.2　特征的显示与隐藏

UG特征的显示与隐藏功能极大地方便了用户对视图及模型的管理。在上边框条的"视图"组上显示与隐藏功能如图4-18所示。接下来简要介绍这些功能。

图4-18

4.2.1　编辑对象显示

"编辑对象显示"是指修改对象的图层、颜色、线形宽度、栅格数量、透明度、着色和显示分析状态等。当在图形区选择一个对象后，然后在上边框条"实用"工具组上单击"编辑对象显示"按钮⬛，选择要编辑的对象后，弹出"编辑对象显示"对话框，如图4-19所示。

"编辑对象显示"对话框中有两个选项卡——常规和分析。

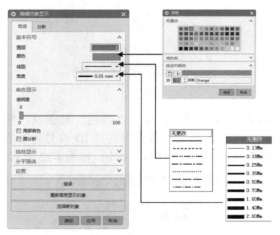

图4-19

1. "常规"选项卡

"常规"选项卡主要是修改对象的图层、颜色、线形宽度、栅格数量、透明度、着色和显示等。

动手操作——设置模型的显示

操作步骤

01 打开源文件4-1.prt。

02 在"实用"工具组上单击"编辑对象显示"按钮⬛，弹出"类选择"对话框，然后选择打开的模型作为对象，如图4-20所示。

图 4-20

03 单击"确定"按钮，弹出"编辑对象显示"对话框。从该对话框中可以看见模型的原有基本参数，如图 4-21 所示。

图 4-21

04 单击颜色图块，打开"颜色"对话框，然后从该对话框的收藏夹中选择 ID 编号为 1 的白色图块，并单击"确定"按钮，如图 4-22 所示。

图 4-22

05 从"编辑对象显示"对话框的"宽度"下拉列表中选择模型边线的宽度值为 0.13mm，并拖曳透明度滑块至 50% 的位置，如图 4-23 所示。

06 单击"编辑对象显示"对话框中的"确定"按钮，完成对象显示的编辑，结果如图 4-24 所示。

图 4-23

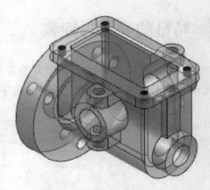

图 4-24

技术要点：

如果选中"面分析"复选框，则退出对话框后可以显示模型的面分析结果；否则不会显示面分析的结果，如图4-25所示。

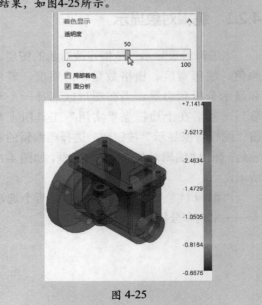

图 4-25

2."分析"选项卡

"分析"选项卡的作用并非是对选择的对象进行有限元分析,它仅是以颜色和线型来显示分析的结果。"分析"选项卡中的功能选项如图4-26所示。

图 4-26

4.2.2 显示和隐藏

"显示和隐藏"是根据类型的不同来显示或隐藏对象。

动手操作——显示和隐藏

操作步骤

01 打开源文件 4-2.prt。

02 在上边框条的"实用"工具组中单击"显示和隐藏"按钮,弹出"显示和隐藏"对话框。

03 由于图形区中已创建了实体特征,所以在"显示和隐藏"对话框的列表框中可见有一种类型(几何体)和两个分类型(体和基准)。

04 选择草图类型和基准类型,再单击列表框中的"隐藏"按钮—,即可隐藏图形区中的草图曲线和基准坐标系,如图4-27所示。

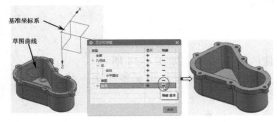

图 4-27

技术要点:

基准坐标系是用户创建几何特征时临时建立的参照基准,并非工作坐标系。

4.2.3 隐藏

"隐藏"就是使选择的对象在视图中不可见。

动手操作——隐藏模型

操作步骤

01 打开源文件 4-3.prt。

02 在上边框条的"实用"工具组中单击"隐藏"按钮,弹出"类选择"对话框。

03 按信息提示选择要隐藏的对象(球体),然后单击"类选择"对话框的"确定"按钮,该球体立即隐藏,如图4-28所示。

图 4-28

4.2.4 立即隐藏

"立即隐藏"就是一旦选定要隐藏的对象后,就立即隐藏。"立即隐藏"比"隐藏"减少了操作步骤。

动手操作——立即隐藏

操作步骤

01 打开源文件 4-4.prt。

02 在上边框条的"实用"工具组中单击"立即隐藏"按钮,弹出"立即隐藏"对话框。

03 在图形区中选择要立即隐藏的对象(长方体)后,该对象立即被隐藏,如图4-29所示。

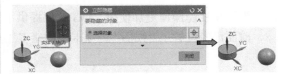

图 4-29

4.2.5 反向显示和隐藏

"反向"就是反转显示或隐藏的所有对象。

动手操作——反向显示和隐藏

操作步骤

01 打开源文件 4-5.prt。

02 在前一操作中隐藏了长方体。

03 如图 4-30 所示，在上边框条的"实用"工具组中单击"反转显示和隐藏"按钮，图形区中随后只显示隐藏的长方体。

图 4-30

4.2.6 显示

"显示"是使选定的对象在视图中可见。下面以实例来说明"显示"的操作过程。

动手操作——显示模型

操作步骤

01 打开源文件 4-6.prt。

02 在上边框条的"实用"工具组中单击"显示"按钮，弹出"类选择"对话框，同时显示隐藏的特征，如图 4-31 所示。

图 4-31

03 按信息提示选择要显示的对象（长方体），然后单击该对话框中的"确定"按钮，选定的对象显示在工作视图中，如图 4-32 所示。

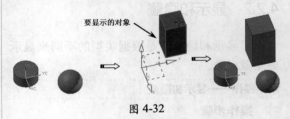

图 4-32

4.3 视图工具

用户在建模过程中，利用视图工具来操作视图，可使工作效率大幅提高，也可以使设计过程顺利进行。视图工具大致分为方位、可见性、样式和可视化 4 类。"视图"选项卡上的各视图工具如图 4-33 所示。

图 4-33

为了使视图操作更加便捷，UG 软件提供了快捷的屏幕菜单，如图 4-34 所示。

前面已经讲解了"视图"选项卡中的诸多工具，接下来将介绍其他比较重要的视图控制工具。

图 4-34

4.3.1　视图操作

视图操作部分的视图工具包括刷新、适合窗口、根据选择调整视图、缩放、放大／缩小、旋转、平移和设置旋转点。它们的主要作用就是调整视图及视图中模型的大小。

"根据选择调整视图"是指根据选择对象来调整该对象在视图中的合适位置，便于设计者观察视图中的单个特征对象。如图 4-35 所示，在视图中选择装配模型的一个小部件进行单独放大观察。

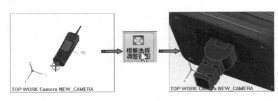

图 4-35

动手操作——视图缩放操作

　　操作步骤

01 打开源文件 4-7.prt。当执行"缩放"命令后，按住左键并在模型上要放大区域处画一个矩形，然后再释放左键，矩形区域内的模型立即被放大，如图 4-36 所示。

图 4-36

02 "放大／缩小"主要用于视图的放大或缩小。当执行"放大／缩小"命令后，按住左键并在视图中移动鼠标，即可将视图放大或缩小。

03 如图 4-37 所示，在视图中选择一个缩放点，然后将鼠标向下或向右平移，随着"橡皮筋"的拉长，视图被逐步放大。

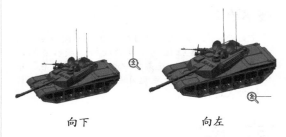

向下　　　　　　向左

图 4-37

04 如图 4-38 所示，在视图中选择一个缩放点，然后将鼠标向上或向左平移，随着"橡皮筋"的拉长，视图被逐步缩小。

向上　　　　　　向右

图 4-38

技术要点：

视图的放大或缩小，其鼠标平移的方向以缩放点为基点来划分只有4种，但每个方向所包含的弧度为90°，如图4-39所示。因此，在90°弧度内向同一方向任意移动鼠标，视图只会放大或者缩小。

图 4-39

05 如图 4-40 所示，执行"设置旋转点"命令，然后在视图中选择一个位置作为旋转点位置，随后程序在该位置上自动创建一个旋转点。

选取点位置　　　旋转点

图 4-40

技术要点：

"设置旋转点"就是用户自行设置一个旋转点，将视图绕旋转点进行任意角度的旋转。旋转点的设置可通过执行屏幕快捷菜单中的"设置旋转点"命令或者按住鼠标滚轮延迟几秒后自动创建一旋转点的方式进行。

4.3.2 样式

"样式"工具是针对模型而言的，"样式"工具可使模型着色显示、呈边框显示、局部着色显示等。"样式"组中包括带边着色、着色、带有淡化边的线框、带有隐藏边的线框、静态线框、艺术外观、面分析和局部着色等。

1．带边着色

"带边着色"是指用光顺着色并辅以自然光渲染，且显示模型面的边。如图 4-41 所示为带边着色显示的模型。

图 4-41

2．着色

"着色"是指用光顺着色并辅以自然光渲染，且不显示模型面的边。如图 4-42 所示为着色显示的模型。

图 4-42

3．带有淡化边的线框

"带有淡化边的线框"是指旋转视图时，用边缘几何体（只有边的渲染面）渲染（渲染成黄色）光标指向的视图中的面，使模型的隐藏边淡化并动态更新面。如图 4-43 所示为带有淡化边的线框显示的模型。

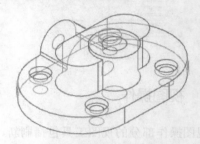

图 4-43

4．带有隐藏边的线框

"带有隐藏边的线框"是指仅以渲染面边缘且不带隐藏边的模型显示。如图 4-44 所示为带有隐藏边的线框显示的模型。

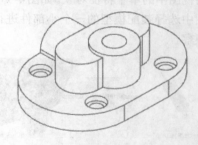

图 4-44

5．静态线框

"静态线框"是指用边缘几何体渲染模型上的所有面。如图 4-45 所示为静态线框显示的模型。

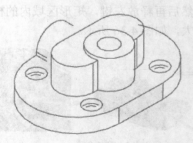

图 4-45

6. 艺术外观

"艺术外观"是指根据指派的材质、纹理和光源实际渲染视图中的模型及屏幕背景。如图4-46所示为艺术外观视图中的模型及背景。

图 4-46

7. 面分析

"面分析"是用曲面分析数据来渲染视图中的面，用边缘几何体来渲染剩余的面。如图4-47所示为已进行面分析的面分析显示的模型。

图 4-47

技术要点：

要想用曲面分析数据来渲染面，则需要先使用"实用"工具条中的"对象显示"工具对模型进行面分析。否则，显示的仅是边缘几何体渲染的模型。

8. 局部着色

"局部着色"是指通过选择装配体或多个实体模型中的单个体，使其单独着色显示。同理，要想使模型局部着色，需先使用上边框条的"实用"工具组中的"对象显示"工具选择单个体以取消其局部着色显示，接着关闭"编辑对象显示"对话框。最后使用"局部着色"工具来显示局部着色的模型，如图4-48所示为取消"局部着色"显示的设置过程。

图 4-48

技术要点：

每个着色显示的模型，同时也是局部着色显示的模型。

4.3.3 定向视图

用户在建模时，为便于观察视图中的模型状态，需要不时地进行视图的定向。UG视图的定向有8种，即正三轴测图、正等测图、俯视图、前视图、右视图、后视图、仰视图、左视图。设置定向视图，可执行如图4-49所示的快捷菜单命令或上边框条的"实用"工具组中的按钮命令。

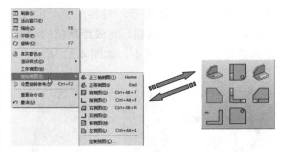

图 4-49

4.3.4 背景

"背景"就是屏幕背景。在上边框条的"实用"工具组中提供了4种背景色，即浅色背景、渐变浅灰色背景、渐变深灰色背景和深色背景，如图4-50所示。

浅色背景

渐变浅灰色背景

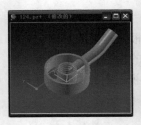
渐变深灰色背景

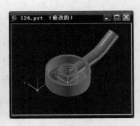
深色背景

图 4-50

4.4 测量距离

测量距离，顾名思义就是测量图形区中两对象之间的距离值。在上边框条的"实用"工具组中单击"测量距离"按钮，弹出"测量距离"对话框，如图 4-51 所示。

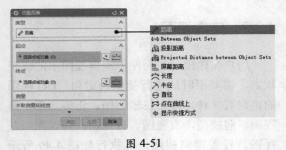

图 4-51

通过在类型中进行选取，可以测量相应的距离值。选取一个类型后，该对话框也将相应改变，通过对话框的提示，对各个参考进行选取后，单击"确定"按钮，完成距离值的测量，距离值将显示在图形区中，如图 4-52 所示。

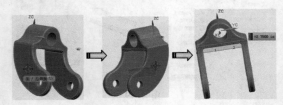

图 4-52

动手操作——测量操作

操作步骤

01 打开源文件 4-8.prt。

02 单击"测量距离"按钮，弹出"测量距离"对话框，在类型中选择"半径"，如图 4-53 所示。

图 4-53

03 根据对话框提示，选取要测量半径值的圆弧曲线或者圆弧边或圆弧面，如图 4-54 所示。

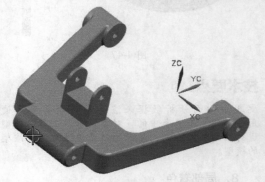

图 4-54

04 选取完成后，即可在图形区中看到测量的圆弧的半径值了，如图 4-55 所示。

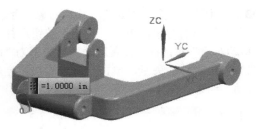

图 4-55

05 再次将类型更改为"投影距离"，该对话框变为如图 4-56 所示的状态。

图 4-56

06 根据对话框的提示，先进行矢量的确定，在矢量选项区中，打开下拉列表，在列表中选择 *XC* 作为矢量参考，如图 4-57 所示。

图 4-57

07 根据对话框的提示，选取起点对象，然后选取终点对象，完成后即可在图形区中看到在投影方向 *XC* 上的两个面的距离值，如图 4-58 所示。

图 4-58

4.5 移动对象操作

移动对象操作可以将选取的对象通过动态移动、点到点移动、距离、角度等方式到目标点。执行"编辑"|"移动对象"命令，弹出"移动对象"对话框，如图 4-59 所示。

图 4-59

移动对象的运动方式有多种，下面详细讲解运动变换的方式。

4.5.1 距离

距离是将选取的对象由原来的位置移动一定的距离到新的位置。需要指定移动的方向矢量和移动的距离，如图 4-60 所示。

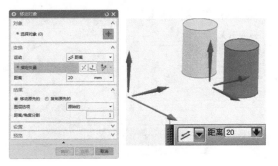

图 4-60

动手操作——距离移动操作

采用基本操作绘制如图 4-61 所示的图形。

图 4-61

操作步骤

01 创建圆柱体。执行"插入"|"设计特征"|"圆柱体"命令，弹出"圆柱"对话框，指定原点为轴点，Y 轴为矢量方向。输入圆柱的直径为 90，高度为 70，单击"确定"按钮完成圆柱体的创建，结果如图 4-62 所示。

图 4-62

02 创建圆柱体。执行"插入"|"设计特征"|"圆柱体"命令，弹出"圆柱"对话框，指定原点为轴点，Y 轴为矢量方向。输入圆柱的直径为 40，高度为 70，单击"确定"按钮完成圆柱体的创建，结果如图 4-63 所示。

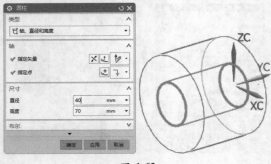

图 4-63

03 距离移动。执行"编辑"|"移动对象"命令，选取要移动的对象，单击"确定"按钮后弹出"移动对象"对话框，设置运动变换类型为"距离"，指定移动矢量，单击"确定"按钮完成移动，结果如图 4-64 所示。

图 4-64

04 双击坐标系，弹出坐标系操控手柄和参数输入框，动态旋转 WCS，如图 4-65 所示。

图 4-65

05 绘制基本曲线。在"曲线"选项中单击"基本曲线"按钮，弹出"基本曲线"对话框，选取类型为"圆"，选取两圆柱端面的圆心，大圆半径为 55，小圆半径为 30，再切换至基本曲线为直线，绘制切线，结果如图 4-66 所示。

图 4-66

06 拉伸实体。单击"拉伸"按钮，弹出"拉伸"对话框，选取刚才绘制的直线，指定矢量，输入拉伸参数，结果如图 4-67 所示。

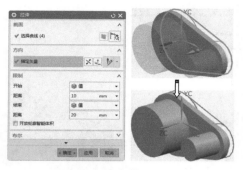

图 4-67

07 距离移动复制对象。执行"编辑"|"移动对象"命令，选取要移动的对象，单击"确定"按钮后弹出"移动对象"对话框，设置运动变换类型为"距离"，指定移动矢量，单击"确定"按钮完成移动，结果如图 4-68 所示。

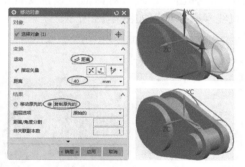

图 4-68

08 布尔合并。在特征工具栏中单击"合并"按钮，弹出"合并"对话框，选取目标体和工具体，单击"确定"按钮完成合并，结果如图 4-69 所示。

图 4-69

09 倒圆角。单击"倒圆角"按钮，弹出"倒圆角"对话框，选取要倒圆角的边，输入倒圆角半径值为3后，单击"确定"按钮，结果如图 4-70 所示。

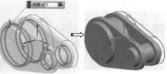

图 4-70

10 隐藏曲线。按 **Ctrl+W** 快捷键，弹出"显示和隐藏"对话框，单击曲线栏中的"—"按钮，即可将所有的曲线全部隐藏。结果如图 4-71 所示。

图 4-71

4.5.2 角度

角度是将选取的对象绕旋转轴旋转一定的角度。需要指定旋转矢量和枢轴点，并输入旋转角度，如图 4-72 所示。

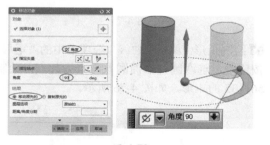

图 4-72

动手操作——角度移动操作

采用基本操作绘制如图 4-73 所示的图形。

图 4-73

操作步骤

01 绘制圆柱体。执行"插入"|"设计特征"|"圆柱体"命令，弹出"圆柱"对话框，指定原点为轴点，Y 轴为矢量方向。输入圆柱的直径为 56，高度为 100，单击"确定"按钮完成圆柱体的创建，结果如图 4-74 所示。

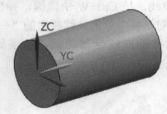

图 4-74

02 旋转 WCS。双击坐标系，弹出坐标系操控手柄和参数输入框，动态旋转 WCS，如图 4-75 所示。

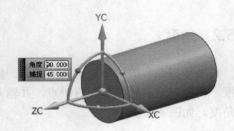

图 4-75

03 绘制矩形。单击"曲线"选项卡中的"矩形"按钮▢，选取圆柱端面圆象限点为起点，绘制 56×35 的矩形，如图 4-76 所示。

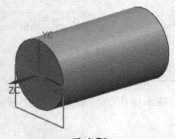

图 4-76

04 创建拉伸实体。单击"拉伸"按钮▦，弹出"拉伸"对话框，选取刚才绘制的直线，指定矢量，输入拉伸参数，创建布尔合并，结果如图 4-77 所示。

图 4-77

05 隐藏曲线。选取刚绘制的矩形，按 Ctrl+B 快捷键，即可将选取的曲线隐藏。

06 绘制直线。在"曲线"选项卡中单击"直线"按钮╱，弹出"直线"对话框，设置支持平面和直线参数，结果如图 4-78 所示。

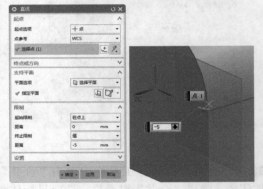

图 4-78

07 拉伸实体。单击"拉伸"按钮▦，弹出"拉伸"对话框，选取刚才绘制的直线，指定矢量，输入拉伸参数，结果如图 4-79 所示。

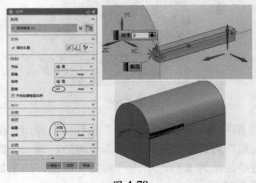

图 4-79

08 角度移动复制。执行"编辑"|"移动对象"命令，选取要移动的对象，单击"确定"按钮后弹出"移动对象"对话框，设置运动变换类型为"角度"，指定旋转矢量和轴点，输入旋转角度和副本数，单击"确定"按钮完成移动，结果如图4-80所示。

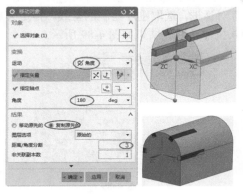

图 4-80

09 布尔减去。在特征工具栏中单击"求差"按钮 ，弹出"求差"对话框，选取目标体和工具体，单击"确定"按钮完成减去，结果如图4-81所示。

图 4-81

10 边倒圆。单击"边倒圆"按钮 ，弹出"边倒圆"对话框，选取要边倒圆的边，输入边倒圆半径值为10后，单击"确定"按钮，结果如图4-82所示。

图 4-82

技术要点：

本案例中，拉伸实体并没有直接进行布尔减去运算，因为后续的移动操作是针对对象的，做了布尔操作将无法进行对象角度的旋转操作。因此，操作顺序不同，对结果会产生不同的影响。

4.5.3　点之间距离

点之间距离是将选取的对象移动一段距离，此距离是通过选取的原点和测量点沿指定的矢量方向上的投影距离。这会在选取的原点和测量点处创建临时垂直于矢量的平面，两平面之间的距离即是对象移动的距离，如图4-83所示。

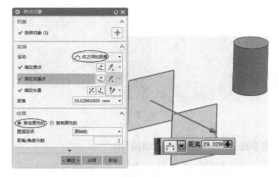

图 4-83

4.5.4　径向距离

径向距离是将选取的对象移动一段距离，需要选取轴点作为旋转中心，选取矢量作为旋转轴，选取测量点作为圆周上的点，测量点到轴点的径向距离即为半径，输入的移动距离以轴点为基准，轴点指向测量点为移动方向进行移动。原对象移动的实际距离即是输入的距离减去测量点到轴点的径向距离的差值，如图4-84所示。

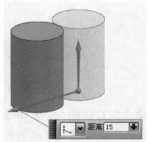

图 4-84

4.5.5 点到点

"点到点"是用户可以选取参考点和目标点,则将选取的对象从参考点移动到目标点,移动的距离即是参考点到目标点的距离,方向即是参考点指向目标点的方向,如图4-85所示。

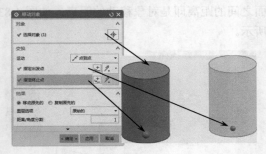

图 4-85

动手操作——点到点移动操作

采用基本操作绘制如图4-86所示的图形。

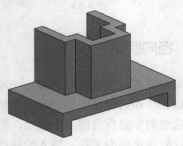

图 4-86

操作步骤

01 绘制两个矩形。单击"曲线"选项卡中的"矩形"按钮▢,选取原点为起点,绘制18×29的矩形,再绘制9×19的矩形,如图4-87所示。

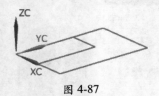

图 4-87

02 点到点移动。执行"编辑"|"移动对象"命令,选取要移动的对象,单击"确定"按钮,弹出"移动对象"对话框,设置运动变换类型为"点到点",指定移动起点和终点,单击"确定"按钮完成移动,结果如图4-88所示。

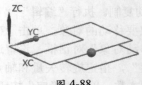

图 4-88

03 拉伸实体。单击"拉伸"按钮▥,弹出"拉伸"对话框,选取刚才绘制的直线,指定矢量,输入拉伸参数,结果如图4-89所示。

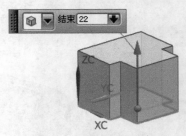

图 4-89

04 抽壳。单击"抽壳"按钮▨,弹出"抽壳"对话框,选取要移除的面,再输入抽壳的厚度为4,结果如图4-90所示。

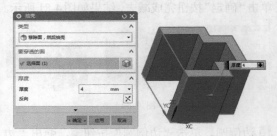

图 4-90

05 创建长方体。执行"插入"|"设计特征"|"长方体"命令,弹出"块"对话框,指定原点为(0,0,0),输入长为32、宽为54、高为10后,单击"确定"按钮完成创建,结果如图4-91所示。

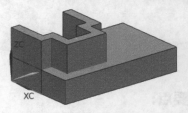

图 4-91

06 点到点移动。执行"编辑"|"移动对象"命令,选取要移动的对象,单击"确定"按钮,弹出

"移动对象"对话框，设置运动变换类型为"点到点"，指定移动起点和终点，单击"确定"按钮完成移动，结果如图4-92所示。

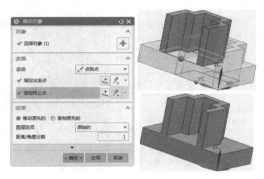

图4-92

07 抽壳。单击"抽壳"按钮 🔲，弹出"抽壳"对话框，选取要移除的面，再输入抽壳的厚度为4，结果如图4-93所示。

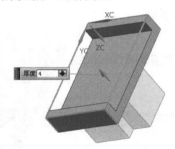

图4-93

技术要点：

此处抽壳必须在布尔合并之前进行，如果放在布尔合并之后再进行抽壳，得到的结果就不是我们想要的了。

08 布尔合并。在特征工具栏中单击"合并"按钮 🔲，弹出"合并"对话框，选取目标体和工具体，单击"确定"按钮完成合并，结果如图4-94所示。

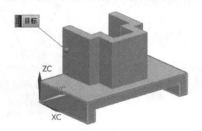

图4-94

09 隐藏曲线。按 Ctrl+W 快捷键，弹出"显示和隐藏"对话框，单击曲线栏中的"—"按钮，即可将所有的曲线全部隐藏。结果如图4-95所示。

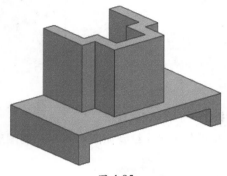

图4-95

4.5.6 根据三点旋转

"根据三点旋转"是指定矢量和 3 个位于同一平面内且垂直于矢量轴的参考点，分别是旋转中心点 – 枢轴点、参考点 – 起点、目标点 – 终点，则对象会以枢轴点为旋转中心，从参考点旋转到目标点，如图4-96所示。

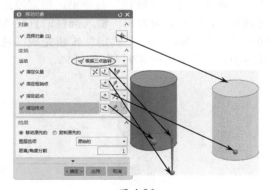

图4-96

4.5.7 将轴与矢量对齐

将轴与矢量对齐是将选取的对象绕枢轴点旋转一定的角度。旋转中心为选取的枢轴点，并选取起始矢量和终止矢量，起始矢量和终止矢量之间的角度即旋转角度，如图4-97所示。

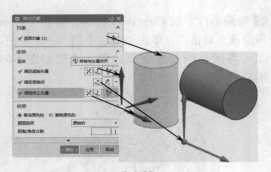

图 4-97

动手操作——轴与矢量对齐

采用基本操作绘制如图4-98所示的图形。

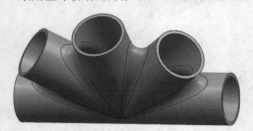

图 4-98

操作步骤

01 创建圆柱体。执行"插入"|"设计特征"|"圆柱体"命令，弹出"圆柱"对话框，指定原点为轴点，Z轴为矢量方向。输入圆柱的直径为50，高度为100，单击"确定"按钮完成圆柱体的创建，结果如图4-99所示。

图 4-99

02 轴与矢量对齐移动操作。执行"编辑"|"移动对象"命令，选取要移动的对象，单击"确定"按钮，弹出"移动对象"对话框，设置运动变换类型为"将轴与矢量对齐"，指定其起始矢量、

终止矢量以及轴点，再设置移动参数，单击"确定"按钮完成移动，结果如图4-100所示。

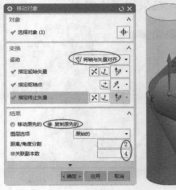

图 4-100

03 布尔合并。在特征工具栏中单击"合并"按钮，弹出"合并"对话框，选取目标体和工具体，单击"确定"按钮完成合并，结果如图4-101所示。

图 4-101

04 边倒圆。单击"边倒圆"按钮，弹出"边倒圆"对话框，选取要边倒圆的边，输入边倒圆的半径值为10，单击"确定"按钮，结果如图4-102所示。

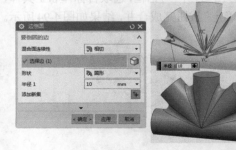

图 4-102

05 抽壳。单击"抽壳"按钮![icon]，弹出"抽壳"对话框，选取要移除的面，再输入抽壳的厚度为 3，结果如图 4-103 所示。

图 4-103

4.5.8　CSYS 到 CSYS

"CSYS 到 CSYS"是将选取的对象从一个坐标系移动到另外一个坐标系，移动的距离即是坐标系之间的距离，移动的方向即是起始坐标系指向终止坐标系，如图 4-104 所示。

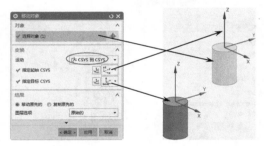

图 4-104

动手操作——CSYS 到 CSYS 移动操作

采用移动命令对如图 4-105 所示的产品进行移动，使其产品中心在坐标系原点上，如图 4-106 所示。

图 4-105

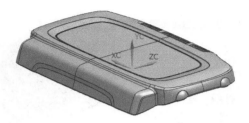

图 4-106

操作步骤

01 打开源文件 4-9.prt。

02 定向 WCS。在"实用"工具组中单击"WCS 定向"按钮![icon]，弹出"CSYS"对话框，选取类型为"对象的 CSYS"，选取模型中的平面，如图 4-107 所示。

图 4-107

03 动态旋转 WCS。双击坐标系，弹出坐标系操控手柄和参数输入框，动态旋转 WCS，如图 4-108 所示。

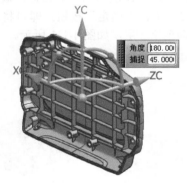

图 4-108

04 建立基准坐标系。执行"插入"|"基准/点"|"基准 CSYS"命令，弹出"基准 CSYS"对话框，参考 WCS 建立坐标系，如图 4-109 所示。

图 4-109

05 执行"编辑"|"移动对象"命令，选取要移动的对象，单击"确定"按钮，弹出"移动对象"对话框，设置运动变换类型为"CSYS到 CSYS"选项，指定移动起始 CSYS 和终止 CSYS，单击"确定"按钮完成移动，结果如图 4-110 所示。

图 4-110

06 移动坐标系到第 2 层。执行"格式"|"移动至图层"命令，选取所有的曲线，单击"确定"按钮后，弹出"图层移动"对话框，输入目标图层为 2，单击"确定"按钮，即可将选取的曲线移动至第 2 层，如图 4-111 所示。

图 4-111

07 关闭第 2 层。按 Ctrl+L 快捷键，弹出"图层设置"对话框，在该对话框中取消选中第 2 层即可，结果如图 4-112 所示。

图 4-112

技术要点：

"坐标系到坐标系"移动操作通常用来调整导入的产品的正方向，使产品的外观面朝向Z轴，方便后续的观察、添加特征、CAM编程，以及模具设计等工作。

4.5.9 动态

"动态"是将选取的对象采用鼠标左键拖动的方式直接拖曳动态坐标系的原点和手柄进行动态移动，如图 4-113 所示。

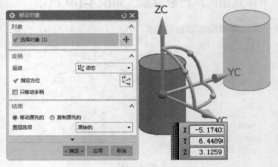

图 4-113

动手操作——动态移动操作

采用动态移动操作绘制如图 4-114 所示的图形。

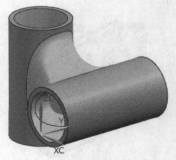

图 4-114

操作步骤

01 创建圆柱体。执行"插入"|"设计特征"|"圆柱体"命令，弹出"圆柱"对话框，指定原点为轴点，Z轴为矢量方向。输入圆柱的直径为50，高度为100，单击"确定"按钮完成圆柱体创建，结果如图4-115所示。

图 4-115

02 动态移动。执行"编辑"|"移动对象"命令，选取要移动的对象，单击"确定"按钮，弹出"移动对象"对话框，设置运动变换类型为"动态"，直接操控手柄和旋转球，单击"确定"按钮完成移动，结果如图4-116所示。

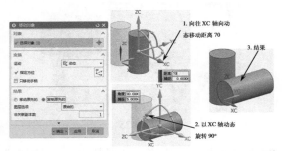

图 4-116

03 倒圆角。单击"倒圆角"按钮，弹出"倒圆角"对话框，选取要倒圆角的边，输入倒圆角的半径值为25，单击"确定"按钮，结果如图4-117所示。

图 4-117

技术要点：

此处采用的是普通倒圆角中的两个定义的面链方式进行倒圆角；也可以采用面倒圆角方式选取两个圆柱面进行倒圆角，倒圆角后，UG系统自动将两个圆柱体合并为一个实体。

04 抽壳。单击"抽壳"按钮，弹出"抽壳"对话框，选取要移除的面，再输入抽壳的厚度为4，结果如图4-118所示。

图 4-118

4.5.10 增量 XYZ

"增量 XYZ"是直接在"移动对象"对话框中输入 *XYZ* 距离值，将选取的对象相对于原始坐标移动一段距离，此距离即是用户所输入的相对距离，如图4-119所示。

图 4-119

动手操作——增量移动操作

采用增量移动对象操作绘制如图4-120所示的图形。

图 4-120

操作步骤

01 创建圆柱体。执行"插入"|"设计特征"|"圆柱体"命令，弹出"圆柱"对话框，指定原点为轴点Z轴为矢量方向。输入圆柱的直径为16，高度为40，单击"确定"按钮完成圆柱体的创建，结果如图4-121所示。

图 4-121

02 创建倒圆角。单击"倒圆角"按钮 ，弹出"边倒圆角"对话框，选取要倒圆角的边，输入倒圆角的半径值为8，单击"确定"按钮，结果如图4-122所示。

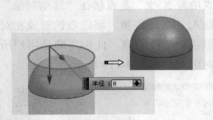

图 4-122

03 创建长方体。执行"插入"|"设计特征"|"长方体"命令，弹出"块"对话框，指定原点为（0,0,0），输入长为5、宽为20、高为20，单击"确定"按钮完成创建，结果如图4-123所示。

图 4-123

04 增量移动。执行"编辑"|"移动对象"命令，选取要移动的对象，单击"确定"按钮，弹出

"移动对象"对话框，设置运动变换类型为"增量"，移动距离增量为（4,−10,24），单击"确定"按钮完成移动，结果如图4-124所示。

图 4-124

05 创建直线镜像变换。执行"编辑"|"变换"命令，选取要变换的对象后单击"确定"按钮，弹出"变换"对话框，选取变换类型为"通过一直线镜像"，选取原点和Y轴矢量为镜像直线，变换类型为"复制"，结果如图4-125所示。

图 4-125

06 布尔减去。在"特征"工具栏中单击"减去"按钮 ，弹出"求差"对话框，选取目标体和工具体，单击"确定"按钮完成减去，结果如图4-126所示。

图 4-126

07 创建圆柱体。执行"插入"|"设计特征"|"圆柱体"命令，弹出"圆柱"对话框，指定原点

为轴点，X轴为矢量方向。输入圆柱的直径为8，高度为20，单击"确定"按钮完成圆柱体的创建，结果如图4-127所示。

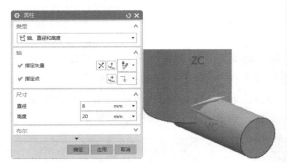

图 4-127

08 增量移动。执行"编辑"|"移动对象"命令，选取要移动的对象，单击"确定"按钮，弹出"移动对象"对话框，设置运动变换类型为"增量"，移动距离增量为（–10,0,32），单击"确定"按钮完成移动，结果如图4-128所示。

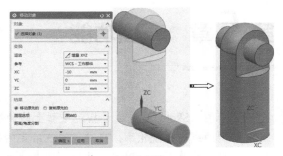

图 4-128

09 布尔减去。在"特征"工具栏中单击"求差"按钮，弹出"求差"对话框，选取目标体和工具体，单击"确定"按钮完成减去，结果如图4-129所示。

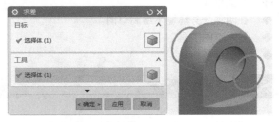

图 4-129

4.6 课后习题

采用移动对象中的角度命令绘制如图4-130所示的齿轮图形，并将绘制的曲线隐藏。

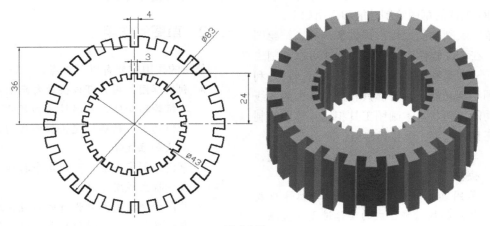

图 4-130

第5章 草图功能

草图（Sketch）是位于指定平面上的曲线和点的集合，设计者按照自己的意图可以随意绘制曲线的大概轮廓，再通过用户给定的条件约束来精确定义图形的几何形状。

建立的草图还可以用实体造型工具进行拉伸、旋转等操作，生成与草图相关联的实体模型。修改草图时，关联的实体模型也会自动更新。本章主要讲解草图绘制指令。

知识要点与资源二维码

◆ 草图概述
◆ 草图平面
◆ 在两种任务环境下绘制草图
◆ 基本草图工具
◆ 草图绘制命令

第 5 章源文件　　第 5 章课后习题　　第 5 章结果文件　　第 5 章视频

5.1　草图概述

草图绘制（简称"草绘"）功能是 UG NX 12.0 为用户提供的一种十分方便的绘图工具。用户可以首先按照自己的设计意图，迅速勾画出零件的粗略二维轮廓，然后利用草图的尺寸约束和几何约束功能，精确确定二维轮廓曲线的尺寸、形状和相互的位置。

5.1.1　草图的功能

UG 软件的草图绘制功能和作用如下。

草图绘制功能为用户提供了一种二维绘图工具。在 UG 软件中，有两种方式可以绘制二维图：一种是利用基本画图工具；另一种是利用草图绘制功能。两者都具有十分强大的曲线绘制功能，但与基本画图工具相比，草图绘制功能还具有以下 3 个显著特点。

> 草图绘制环境中，修改曲线更加方便、快捷。

> 草图绘制完成的轮廓曲线与拉伸或旋转灯扫描特征生成的实体造型相关联，当草图对象被编辑以后，实体造型也紧接着发生相应的变化，即具有参数设计的特点。

> 在草图绘制过程中，可以对曲线进行尺寸约束和几何约束，从而精确确定草图对象的尺寸、形状和相互位置，满足相应的设计要求。

5.1.2　草图的作用

草图的作用主要有以下 4 点。

> 利用草图。用户可以快速勾画出零件的二维轮廓曲线，再通过施加尺寸约束和几何约束，精确确定轮廓曲线的尺寸、形状和位置等。

> 草图绘制完成后，可以用来拉伸、旋转或扫掠生成实体造型。

> 草图绘制具有参数设计的特点，这对于在设计某一需要进行反复修改的组件时非常有用。因为只需要在草图绘制环境中修改二维轮廓曲线即可，而不用去修改实体造型，这样可节省很多修改的时间，且提高工作效率。

➢ 草图可以最大限度地满足用户的设计要求，这是因为所有的草图对象都必须在某一指定的平面上进行绘制，而该指定平面可以是任意平面，既可以是坐标平面和基准平面，也可以是某一实体的表面，还可以是某一片体或碎片。

5.2 草图平面

在绘制草图之前，首先要根据绘制需要选择草图工作平面（简称草图平面）。草图平面是指用来附着草图对象的平面，它可以是坐标平面，如 XC—YC 平面，也可以是实体上的某个平面，如长方体的某一个面，还可以是基准平面。因此草图平面可以是任意平面，即草图可以附着在任意平面上，这给设计者带来了极大的设计空间和创作自由。

5.2.1 创建或者指定草图平面

在"直接草图"组中单击"草图"按钮🖼，弹出如图 5-1 所示的"创建草图"对话框。同时在绘图区高亮度显示 XC、YC 平面和 X、Y、Z 三个坐标轴。

图 5-1

在"创建草图"对话框的"类型"下拉列表中（图 5-2），包含"🖉 在平面上"和"🖉 基于路径"两个选项，用户可以选择其中的一种作为新建草图的类型。按照默认设置，选择"在平面上"选项，即设置草图类型为在平面上的草图。

图 5-2

5.2.2 在平面上

将草图绘制在选定的平面或者基准平面上。用户可以自定义草图的方向、草图原点等。此类型所包含的选项内容如图 5-1 中的"创建草图"对话框。

该类型中所包含的选项及按钮含义如下。

➢ 草图平面：该选项区用于确定草图平面。

➢ 平面方法：创建草图平面的方法包括自动判断、现有平面、创建平面和创建基准坐标系。"自动判断"表示程序自动选择草图平面，一般为 XC-YC 基准平面，如图 5-3（a）所示；"现有平面"是指图形区中所有的平面，包括基准平面和模型上的平面，如图 5-3（b）所示；"创建平面"是以创建基准平面的方法来创建草图平面；"创建基准坐标系"是以基准坐标系的创建方法来选定草图平面，草图平面默认为基准坐标系中的 XC-YC 平面，如图 5-3（c）所示。

(a) 自动判断 (b) 现有平面 (c) 创建基准坐标系

图 5-3

- ➤ 反⊠：单击此按钮，将改变草图的方向。
- ➤ "草图方向"选项区：该选项区可控制参考平面中 X 轴、Y 轴的方向。
- ➤ "草图原点"选项区：设置草图平面坐标系的原点位置。

5.2.3 基于路径

当为特征（如变化的扫掠）构建输入轮廓时，可以选择"基于路径"绘制草图。如图 5-4 所示为完全约束的基于轨迹绘制草图，以及产生变化的扫掠。

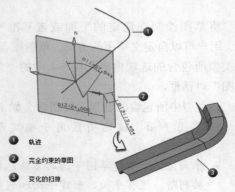

① 轨迹
② 完全约束的草图
③ 变化的扫掠

图 5-4

选择此类型，将在曲线轨迹路径上创建垂直于轨迹、平行于轨迹、平行于矢量和通过轴的草图平面，并在草图平面上创建草图。"基于路径"类型的选项设置，如图 5-5 所示。

该对话框中的各功能选项含义如下。

- ➤ 路径：即在其上创建草图平面的曲线轨迹。
- ➤ 平面位置：草图平面在轨迹上的位置。
- ➤ 弧长百分比：当轨迹为圆、圆弧或直线时，通过设置弧长的百分比来控制平面的位置。

- ➤ 通过点：当轨迹为任意曲线时，通过点构造器来设置路径上的点，以此创建草图平面。
- ➤ 平面方位：确定平面与轨迹的方位关系。
- ➤ 垂直于路径：草图平面与轨迹垂直。
- ➤ 垂直于矢量：草图平面与指定的矢量垂直。
- ➤ 平行于矢量：草图平面与指定的矢量平行。
- ➤ 通过轴：草图平面将通过或平行于指定的矢量轴。
- ➤ 草图方向：确定草图平面中工作坐标系的 XC 轴与 YC 轴方位。
- ➤ 自动：程序默认的方位，在下拉列表中还可以选择"相对于面"和"使用曲线参数"。
  - 相对于面：以选择面来确定坐标系的方位。一般情况下，此面必须与草图平面呈平行或垂直关系。
  - 使用曲线参数：使用轨迹与曲线的参数关系来确定坐标系方位。

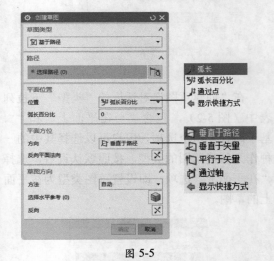

图 5-5

5.3 在两种任务环境下绘制草图

在 UG NX 12.0 中，包括两种不同的任务环境绘制草图方式，即直接草图和在草图任务环境中打开。

5.3.1　直接草图（建模环境）

在"直接草图"组中单击"草图"按钮，选择草图平面后显示直接草图绘制工具，如图5-6所示。

图 5-6

如图5-7所示为在建模环境下绘制的草图。

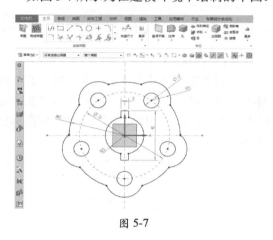

图 5-7

5.3.2　在草图任务环境中绘制草图

在"直接草图"组的"更多"命令组中选择"在草图任务环境中打开"命令，将由直接草图方式切换到草图任务环境。

由于直接草图中所能使用的草图编辑命令较少，想要获得更多的编辑命令，最好选择"在草图任务环境中打开"方式。

如图5-8所示为在草图环境中绘制的草图。

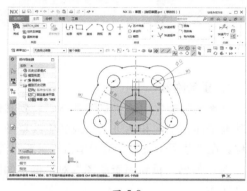

图 5-8

5.4　基本草图工具

草图任务环境中的草图工具主要是对创建的草图进行确认、重命名、视图定向、评估草图、更换模型等操作，如图5-9所示。接下来将对这些操作工具进行介绍。

图 5-9

1. 完成草图

"完成草图"命令用于对创建的草图进行确认并退出草图环境。

2. 定向到草图

"定向到草图"用于将视图调整为草图的俯视视图，在创建草图过程中，当视图发生变化，不便于观察对象时，可通过此功能将视图调整为俯视视图，如图5-10所示。

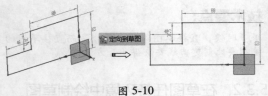

图 5-10

3．定向视图到模型

"定向到模型"用于将视图调整为进入草图环境之前的视图，便于观察绘制的草图与模型之间的关系。例如，进入草图之前的视图为默认的轴测视图，如图 5-11 所示。

图 5-11

4．重新附着

"重新附着"用于将草图重新附着到其他的基准平面、平面和轨迹上，或者更改草图的方位。在"草图生成器"组中单击"重新附着"按钮 ，弹出"重新附着草图"对话框，如图 5-12 所示。

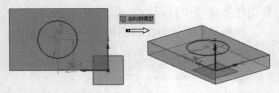

图 5-12

通过此对话框重新指定要附着的实体表面或基准面，单击"确定"按钮，草图将附着到新的参考平面上，如图 5-13 所示。

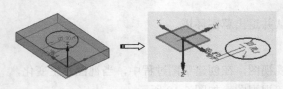

图 5-13

技术要点：

"重新附着草图"对话框的功能与"创建草图"对话框的功能完全一致，因此这里就不再对功能选项设置进行重复介绍。

5．定位尺寸

"定位尺寸"工具用来定义、编辑草图曲线与目标对象之间的定位尺寸。它包括创建定位尺寸、编辑定位尺寸、删除定位尺寸、重新定义定位尺寸 4 种工具，如图 5-14 所示。

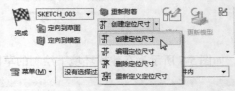

图 5-14

（1）创建定位尺寸

"创建定位尺寸"是指相对于现有的几何体来定位草图。在"草图"组中单击"创建定位尺寸"按钮 ，弹出"定位"对话框，如图 5-15 所示。

图 5-15

技术要点：

在UG NX 12.0之前的版本中，若要创建定位尺寸，在定义草图平面时，需务必取消选中"关联原点"，并且不要创建自动约束（包括尺寸约束和几何约束），否则会弹出警告对话框，如图5-16所示。UG NX 12.0不支持此项功能。

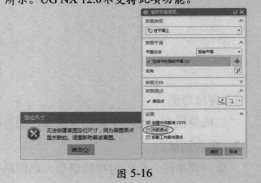

图 5-16

该对话框中包含水平定位、垂向定位、平行定位、正交定位、按一定距离平行定位、角度定位、点到点定位、点到线定位及线到线定位 9 种定位方式。

技术要点：

当用户绘制草图时，在默认情况下，程序会自动生成定位尺寸，如图5-17所示。此时再执行"创建定位尺寸"命令，同样会弹出"错误"提示对话框。

图 5-17

那么，这里怎样移除外部对象的草图约束呢？执行"任务"|"草图设置"命令，弹出"草图设置"对话框。在该对话框中取消选中"连续自动标注尺寸"，即可完成设置，如图 5-18 所示。随后在草图绘制过程中将不会自动生成尺寸标注。

图 5-18

技术要点：

如果草图已经产生了自动草图标注，再进行草图样式的设置，不会改变当前草图的尺寸标注状态。

（2）编辑定位尺寸

"编辑定位尺寸"用于对已创建的定位尺寸进行编辑，使草图移动。在"草图"组中单击"编辑定位尺寸"按钮，弹出"编辑表达式"对话框，如图 5-19 所示。

图 5-19

在该对话框的定位距离文本框中输入新的定位尺寸，单击"确定"按钮后，草图会随着定位尺寸的更改而重新定位。

（3）删除定位尺寸

"编辑定位尺寸"用于删除已创建的定位尺寸。在"草图"组中单击"编辑定位尺寸"按钮，弹出"移除定位"对话框，如图 5-20 所示。

图 5-20

要删除创建的定位尺寸，选择定位尺寸再单击对话框中的"确定"按钮即可。

（4）重新定义定位尺寸

"重新定义定位尺寸"用于更改定位尺寸中的原目标对象。

当用户为草图定义定位尺寸（不管是什么类型的定位尺寸）后，在"草图"组中单击"重新定义定位尺寸"按钮，随后程序提示选择要重新定义的定位尺寸，当选择了某定位尺寸后会弹出"垂直"对话框，如图 5-21 所示。重新选择新的目标对象后，单击"确定"按钮即可完成定位尺寸的重新定义。

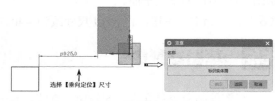

图 5-21

技术要点：

在重新定义定位尺寸时，定位尺寸类型决定了弹出的对话框。例如，定位类型有9种，将会弹出9种不同的定位对话框。

动手操作——重定位草图

操作步骤

01 打开源文件 5-1.prt，如图 5-22 所示。

图 5-22

02 打开"部件导航器"选中"拉伸（2）"，右击选中"可回滚编辑"选项，打开"拉伸"对话框，如图 5-23 所示。

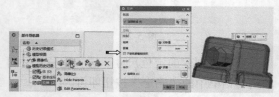

图 5-23

技术要点：

还可以在模型中双击该拉伸特征，打开"拉伸"对话框。

03 在截面选项区中单击"绘制截面"按钮，进入草绘环境。

04 在"草图"组中单击"重新附着"按钮，打开"重新附着草图"对话框。

05 选择"在平面上"的类型，并选择如图 5-24 所示的平面作为草图平面。

06 单击"确定"按钮，将 p919 尺寸改为 −40。

单击"完成草图"按钮 退出草绘环境，如图 5-25 所示。

图 5-24

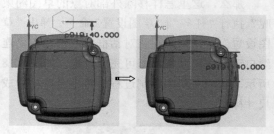

图 5-25

07 单击"拉伸"对话框中的"确定"按钮，完成草图的重新附着，如图 5-26 所示。

图 5-26

5.5 草图绘制命令

草图绘制命令包含常见的轮廓、直线、圆弧、圆、圆角、矩形、多边形、椭圆、样条曲线、二次曲线等。

5.5.1 轮廓（型材）

进入草图环境后，执行"插入"|"曲线"|"轮廓"命令，或者直接单击"曲线"组中的"轮廓"

按钮 ◡，弹出"轮廓"对话框，如图 5-27 所示。

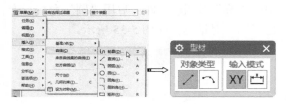

图 5-27

技术要点：

此绘图工具命名为"型材"，应该是翻译出现的问题，原意应该是"轮廓"。

各选项含义如下。

- ➢ 直线 ✎：选取两点绘制直线。
- ➢ 圆弧 ╮：当直接绘制圆弧时，可以绘制三点圆弧，当已经绘制直线时，此命令可以绘制与直线相切的切弧。
- ➢ 坐标模式 XY：使用 XY 坐标的方式创建曲线点。
- ➢ 参数模式 ⊟：使用直线的长度和角度或者圆弧的半径参数来绘制。

动手操作——轮廓线绘图

采用轮廓线绘制草图如图 5-28 所示。

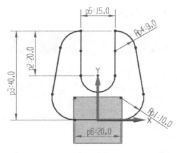

图 5-28

操作步骤

01 绘制轮廓。在"曲线"组中单击"绘制轮廓"按钮 ◡，先单击"直线"按钮 ✎绘制直线，再切换"圆弧"按钮 ╮ 绘制圆弧，绘制的大概形状如图 5-29 所示。

02 镜像曲线。在"曲线"组中单击"镜像曲线"按钮 ⚏，弹出"镜像曲线"对话框，选取要镜像的曲线，再选取中心线，单击"确定"按钮完成镜像，结果如图 5-30 所示。

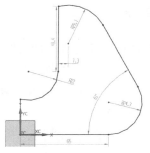

图 5-29

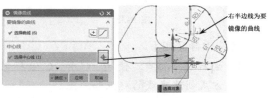

图 5-30

03 曲线约束，在"曲线"组中单击"约束"按钮 ⚏，弹出"约束"对话框，选取要约束的类型，再选取约束的对象，单击"确定"按钮完成约束，结果如图 5-31 所示。

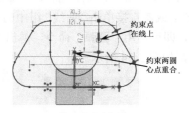

图 5-31

04 标注。在"曲线"组中单击"标注"按钮 ⚏，弹出"标注"对话框，选取要标注的对象和拉出尺寸，单击放置位置点，即可完成标注，结果如图 5-32 所示。

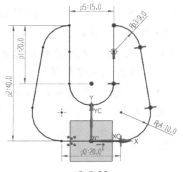

图 5-32

5.5.2　直线

进入草图环境后，执行"插入"|"曲线"|"直线"命令，或者直接单击"曲线"组中的"直线"按钮，即可启用"直线"命令，弹出"直线"对话框，如图 5-33 所示。

图 5-33

各选项含义如下。

➤ 坐标模式 $\boxed{XY}$：使用 XC 和 YC 坐标的方式创建直线的起点和终点。

➤ 参数模式 $\boxed{}$：使用直线的长度和角度来创建直线。

5.5.3　圆弧

进入草图环境后，执行"插入"|"曲线"|"圆弧"命令，或者直接单击"曲线"组中的"圆弧"按钮，即可启用"圆弧"命令，弹出"圆弧"对话框，如图 5-34 所示。

图 5-34

各选项含义如下。

➤ 三点定圆弧 $\boxed{}$：利用通过三点的方式来绘制圆弧。

➤ 圆心和端点定圆弧 $\boxed{}$：通过圆心、起点和终点来创建圆弧。

➤ 坐标模式 $\boxed{XY}$：使用坐标值来定义圆弧的圆心或者端点坐标值。

➤ 参数模式 $\boxed{}$：使用圆弧的半径和角度来定义圆弧。

5.5.4　圆

进入草图环境后，执行"插入"|"曲

线"|"圆"命令，或者直接单击"曲线"组中的"圆"按钮，即可启用"圆"命令，弹出"圆"对话框，如图 5-35 所示。

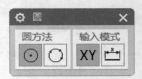

图 5-35

各选项含义如下。

➤ 圆心和直径定圆 $\boxed{}$：通过圆心和直径来创建圆。

➤ 三点定圆 $\boxed{}$：通过指定三点来创建圆。

➤ 坐标模式 $\boxed{XY}$：使用坐标的方式来定义圆的圆心坐标值。

➤ 参数模式 $\boxed{}$：使用圆的直径值来定义圆的大小。

5.5.5　圆角

进入草图环境后，执行"插入"|"曲线"|"圆角"命令，或者直接单击"曲线"组中的"圆角"按钮，即可启用"圆角"命令，弹出"圆角"对话框，如图 5-36 所示。

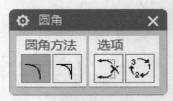

图 5-36

各选项含义如下。

➤ 修剪 $\boxed{}$：在创建圆角的同时修剪圆角边。

➤ 取消修剪 $\boxed{}$：在创建圆角的同时不进行任何修剪操作。

➤ 删除第三条曲线 $\boxed{x}$：创建 3 条曲线圆角时，将第 3 条曲线删除，采用圆角代替。

➤ 备选解 $\boxed{}$：单击此按钮进行切换互补的圆角结果。

动手操作——直线和圆

采用直线和圆等命令绘制草图，如图 5-37 所示。

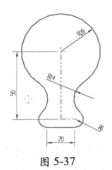

图 5-37

操作步骤

01 绘制轮廓。在"曲线"组中单击"直线"按钮✎，绘制竖直线和水平线，再在"曲线"组中单击"圆"按钮○，在直线端点绘制圆，然后在"曲线"组中单击"倒圆角"按钮◥，创建倒圆角，结果如图 5-38 所示。

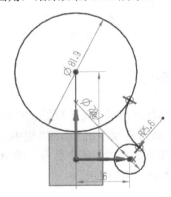

图 5-38

02 镜像。在"曲线"组中单击"镜像曲线"按钮⚡，弹出"镜像曲线"对话框，选取要镜像的曲线，再选取中心线，单击"确定"按钮完成镜像，结果如图 5-39 所示。

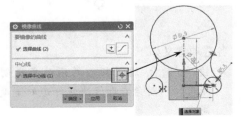

图 5-39

03 绘制水平切线。在"曲线"组中单击"直线"按钮✎，靠近圆选取两个圆，拉出水平的切线，结果如图 5-40 所示。

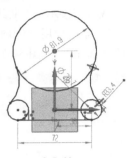

图 5-40

04 快速修剪。在"曲线"组中单击"快速修剪"按钮⛏，按住鼠标左键拖动至要修剪的线条或者直接单击选取要修剪的线条，即将其删除，结果如图 5-41 所示。

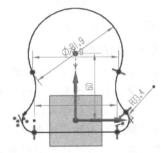

图 5-41

05 标注尺寸。在"约束"组中单击"标注"按钮，弹出"标注"对话框，选取要标注的对象，拉出尺寸单击放置位置点，并进行修改，完成标注的结果，如图 5-42 所示。

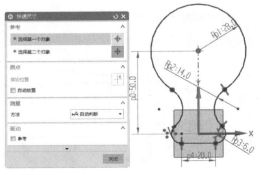

图 5-42

5.5.6 倒斜角

进入草图环境后，执行"插入"|"曲线"|"倒斜角"命令，或者直接单击"曲线"组中的"倒斜角"按钮，即可启用"倒斜角"命令，弹出"倒斜角"对话框，如图5-43所示。

图 5-43

各选项含义如下。

1. 要倒斜角的曲线

➢ 选择直线：依次选取要倒角的直线或者按住鼠标左键划过要倒圆角直线交叉处，即自动进行倒角。

➢ 修剪输入的曲线：选中此项，即可在创建倒角的同时进行修剪倒角边。

2. 偏置

定义倒斜角的方式有3种，分别是对称、非对称、偏置和角度。

➢ 对称：对倒斜角两条边到同样的距离，如图5-44所示。

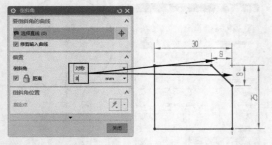

图 5-44

➢ 非对称：以不同的距离对倒角边进行倒角，如图5-45所示。先选取的边为"距

离1"的参考边，后选取的边为"距离2"的参考边。

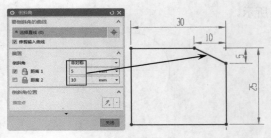

图 5-45

➢ 偏置和角度：以一条边为参考，自定义倒角的距离和夹角，如图5-46所示。

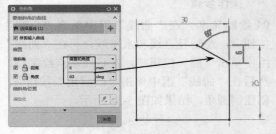

图 5-46

5.5.7 矩形

进入草图环境后，执行"插入"|"曲线"|"矩形"命令，或者直接单击"曲线"组中的"矩形"按钮，即可启用"矩形"命令，弹出"矩形"对话框，如图5-47所示。

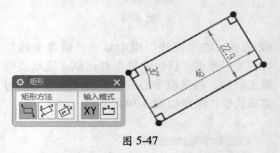

图 5-47

各选项含义如下。

➢ 按两点：通过矩形的两对角点创建矩形，两对角点即可决定矩形的宽度和高度。

➢ 按3点：通过矩形的3个对角点创

建矩形。通过第一点和第二点决定矩形的高度和角度，第三点决定矩形的宽度。

➢ 从中心 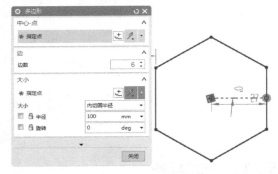：通过矩形的中心点和矩形边中点，以及角点来创建矩形，当矩形的中心确定后，矩形的边中点决定矩形的角度，角点决定矩形的宽度。

➢ 坐标模式 XY：使用坐标的方式来定义矩形对角点的坐标值。

➢ 参数模式 ⊟：使用矩形宽度和高度来定义矩形的大小。

5.5.8 多边形

进入草图环境后，执行"插入"|"曲线"|"多边形"命令，或者直接单击"曲线"组中的"多边形"按钮 ⊙，即可启动"多边形"命令，弹出"多边形"对话框，如图5-48所示。

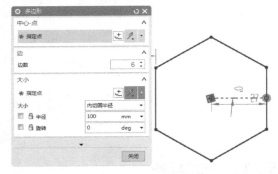

图 5-48

各选项含义如下。

➢ 中心-点：指定矩形的中心点。

➢ 边：输入多边形的边数。

➢ 大小：指定多边形的外形尺寸类型，包括内切圆半径、外接圆半径和边长。

• 内切圆半径：采用以多边形中心为中心，内切于多边形边的圆来定义多边形。

• 外接圆半径：采用以多边形中心为中心，外接于多边形顶点的圆来定义多边形。

• 边长：采用多边形边长来定义多边形的大小。

➢ 半径：指定内切圆半径值或外接圆半径值。

➢ 旋转：指定旋转角度。

5.5.9 椭圆

进入草图环境后，执行"插入"|"曲线"|"椭圆"命令，或者直接单击"曲线"组中的"椭圆"按钮 ⊕，即可启用"椭圆"命令，弹出"椭圆"对话框，如图5-49所示。

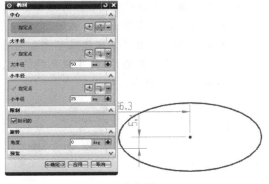

图 5-49

各选项含义如下。

➢ 中心：指定椭圆的中心。

➢ 大半径：指定椭圆的长半轴。

➢ 小半径：指定椭圆的短半轴。

➢ 封闭的：选中此项，将创建封闭的整椭圆。取消选中此项，将创建极坐标椭圆。

➢ 旋转角度：输入长半轴相对于 XC 轴沿逆时针旋转的角度。

5.5.10 拟合样条

进入草图环境后，执行"插入"|"曲线"|"拟合样条"命令，或者直接单击"曲线"组中的"拟合曲线"按钮 ⊠，即可启用"拟合样条"命令，弹出"拟合曲线"对话框，如图5-50所示。

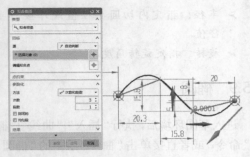

图 5-50

各选项含义如下。

➤ 类型：指定拟合的类型，包括拟合样条、拟合直线、拟合圆和拟合椭圆。

• 拟合样条：对样条曲线或者一系列的点进行平滑拟合处理，生成光顺曲线，如图 5-51 所示。

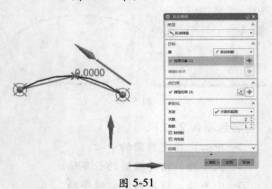

图 5-51

• 拟合直线：选取一连串的点、点集、点组以及点构造器等，将多个点拟合成直线，如图 5-52 所示。

图 5-52

• 拟合圆：通过选取的点、点集、点组和点构造器指定一系列的点生成拟合的圆。点数不少于 3 点，如图 5-53 所示。

图 5-53

• 拟合椭圆：通过选取的点、点集、点组和点构造器指定一系列的点生成拟合的椭圆。点数不少于 3 点，如图 5-54 所示。

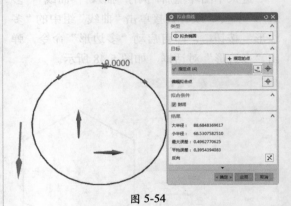

图 5-54

5.5.11 艺术样条

进入草图环境后，执行"插入"|"曲线"|"艺术样条"命令，或者直接单击"曲线"组中的"艺术样条"按钮 ，即可启用"艺术样条"命令，弹出"艺术样条"对话框，如图 5-55 所示。

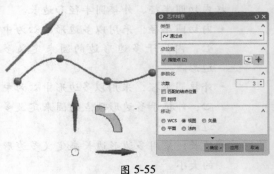

图 5-55

各选项含义如下。

➤ 类型：指定创建样条曲线的方式，由通过点和根据极点的方式创建。

   • 通过点：创建通过选取的点创建样条曲线。

   • 根据极点：创建通过选取控制点拟合生成样条曲线。

➤ 次数：指定样条曲线的阶次。

➤ 封闭：选中此项，生成的曲线起点和终点重合且相切，构成封闭曲线。

技术要点：

通过点方式创建样条曲线时，定义的点数必须比参数化选项中的次数即曲线的阶次大，否则无法生产通过点曲线。

5.5.12 二次曲线

进入草图环境后，执行"插入"|"曲线"|"二次曲线"命令，或者直接单击"曲线"组中的"二次曲线"按钮⟩·，即可启用"二次曲线"命令，弹出"二次曲线"对话框，如图 5-56 所示。

图 5-56

各选项含义如下。

➤ 指定起点：指定二次曲线的起点。

➤ 指定终点：指定二次曲线的终点。

➤ 控制点：指定二次曲线的控制点，此点是起点的切线和终点的切线相互延伸后相交的交点。

➤ Rho：表示曲线的锐度。Rho 值在 0 ～ 1 之间。当 0<Rho<0.5 时，二次曲线为椭圆；当 0.5<Rho<1 时，二次曲线为双曲线；当 Rho=0.5 时，二次曲线为抛物线。

5.6 综合实战

本节通过实例详细说明草图的绘制操作，包括创建草图，创建草图对象，对草图对象添加尺寸约束和几何约束，以及其他相关的操作。

5.6.1 绘制垫片草图

◎ **源文件：无**

◎ **结果文件：垫片草图.prt**

◎ **视频文件：绘制垫片草图.avi**

本例绘制一幅金属垫片草图，绘制完成的结果如图 5-57 所示。

绘制草图的思路：首先确定整个草图的定位中心，其次根据由内向外、由主定位中心到次定位中心的绘制步骤逐步绘制草图曲线。草图的绘制需要经过 3 个基本过程，即进入草图环境、绘制草图、尺寸标注（草图约束）。

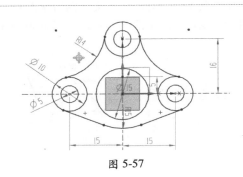

图 5-57

操作步骤

1. 进入草图环境

01 在"直接草图"组中单击"草图"按钮 🖳，弹出"创建草图"对话框。

02 此时，程序默认的草图平面为"XC-YC平面"，单击对话框中的"确定"按钮，再单击"在草图任务环境中打开"按钮进入草图环境，如图5-58所示。

图 5-58

2. 绘制草图

01 单击"曲线"组中的"圆"按钮 ◯，弹出"圆"对话框和尺寸文本框，如图5-59所示。

图 5-59

02 保留"圆"对话框的"圆方法"和"输入模式"选项设置，在尺寸文本框内输入圆心坐标 $XC=-250$、$YC=90$，并按 Enter 键确认。此时弹出"直径"文本框，在此文本框内输入15后，按 Enter 键，完成基圆的创建，如图5-60所示。

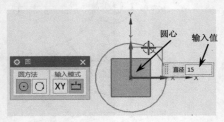

图 5-60

03 在"圆"命令没有关闭的情况下，将圆直径由15更改为5，接着在"圆"对话框中选择"坐标模式"，并在坐标尺寸文本框内输入 $XC=15$、$YC=0$，按 Enter 键，创建小圆，如图5-61所示。

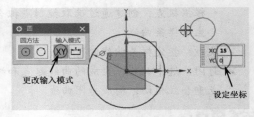

图 5-61

技术要点：

在文本框内输入数值时可以按Tab键切换文本框。

04 保留对话框的设置不变，接着在坐标文本框内输入第2个小圆的圆心坐标值为 $XC=-15$、$YC=0$，第3个小圆的圆心坐标值为 $XC=0$、$YC=16$，绘制的小圆如图5-62所示。

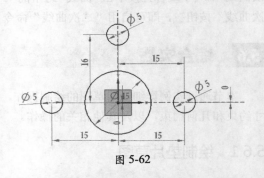

图 5-62

05 在"圆"对话框中选择输入模式为"参数模式"，接着在"直径尺寸"文本框内输入10，并按 Enter 键确认。接着依次选择3个小圆的圆心来绘制小圆的同心圆，如图5-63所示。

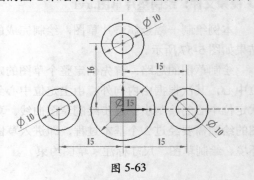

图 5-63

技术要点：

为了更清楚地显示尺寸，右击某个尺寸，在弹出的快捷菜单中选择"设置"命令，打开"设置"对话框，设置如图5-64所示的尺寸文字。如果要设置所有的尺寸文字形成统一，可以执行"编辑"|"设置"命令，打开"设置"对话框。展开该对话框下方的"继承"选项区，选择"选定的对象"设置源，选择要继承的对象（就是对单个尺寸文字进行设置后的结果），即可完成所有尺寸文字的设置。

图 5-64

技术要点：

除了在"设置"对话框定义尺寸文本高度外，尺寸文本的高度还可以执行"任务"|"草图设置"命令，打开"草图设置"对话框，然后定义"文本高度"即可，如图5-65所示。

图 5-65

06 单击"曲线"组中的"圆弧"按钮，弹出"圆弧"对话框。然后依次选择如图 5-66 所示的同心圆上的点来作为圆弧起点与终点，并在"半径"文本框内输入14，按Enter键确认后再单击，创建圆弧。

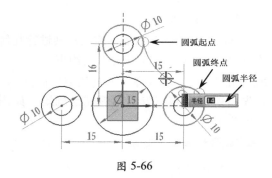

图 5-66

07 同理，按此方法在对称的另一侧创建相等半径的圆弧。

08 在"圆弧"对话框中将圆弧方法设为"中心和端点定圆弧"，接着在圆心坐标文本框中输入 XC=0、YC=5，并按 Enter 键确认。确定圆心后，在弹出的尺寸文本框中输入半径为15，扫掠角度为100，并在图形区中选择如图5-67 所示的位置作为圆弧起点与终点。

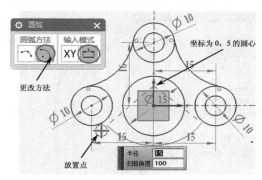

图 5-67

09 单击"曲线"组中的"直线"按钮，弹出"直线"对话框。保留对话框中默认的选项设置，然后绘制如图 5-68 所示的两条直线。

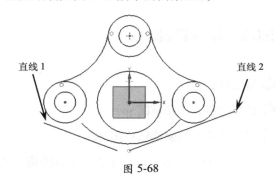

图 5-68

4．草图约束

草图曲线绘制完成后，需要对其进行几何约束和尺寸约束，首先进行几何约束。

01 单击"约束"组中的"几何约束"按钮，首先将所有圆和下方的圆弧完全固定，如图5-69所示。

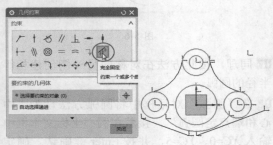

图 5-69

02 单击"几何约束"对话框中的"相切"按钮，设置圆弧与圆为相切约束，如图5-70所示。

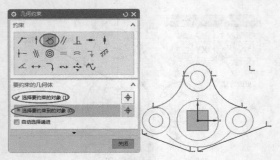

图 5-70

技术要点：

在删除尺寸标注的情况下，如果不固定一些图形，那么在使用手动约束工具时，这些图形会产生位移。

5.6.2 绘制旋钮草图

◎ **源文件：无**

◎ **结果文件：旋钮草图.prt**

◎ **视频文件：绘制旋钮草图.avi**

本例中将采用阵列、镜像等方法绘制旋钮草图。要绘制的旋钮草图如图5-73所示。

03 同理，依次选择其余的圆弧和圆，以及圆弧和直线进行相切约束，完成结果如图5-71所示。

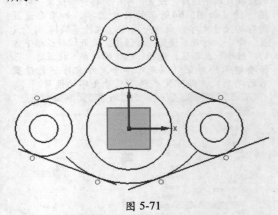

图 5-71

04 在"曲线"组中单击"快速修剪"按钮，将草图中多余的曲线修剪掉，结果如图5-72所示。

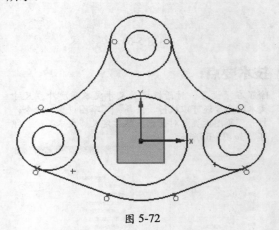

图 5-72

05 最终垫片草图完成，保存结果。

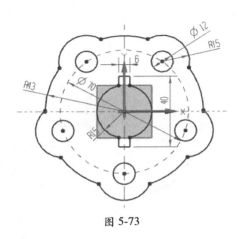

图 5-73

操作步骤

01 新建命名为"旋钮"的零件文件。

02 在"直接草图"组中单击"草图"按钮 ，以默认的草绘平面绘制草图，如图 5-74 所示。

图 5-74

03 将视图切换为俯视图，利用"直线"命令绘制如图 5-75 所示的相互垂直的两条直线。

04 单击"转换至 / 自参考对象"按钮 ，将两条直线转换成参考直线（即中心线），如图 5-76 所示。

图 5-75   图 5-76

技术要点:

还可以选择两条直线，然后将其"编辑对象显示"，并在"编辑对象显示"对话框中设置线型为"点画线"，如图5-77 所示。

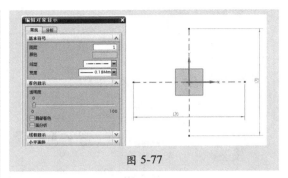

图 5-77

05 利用"圆"命令，绘制如图 5-78 所示的多个圆。

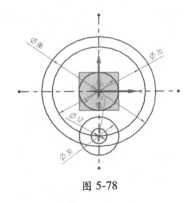

图 5-78

技术要点:

同心圆可以使用"圆"命令或"偏置曲线"命令来绘制，但"圆"命令的绘制速度要优于"偏置曲线"命令。

06 将直径为 70 的圆的线型设置为"点画线"，因为此圆是定位基准线，如图 5-79 所示。

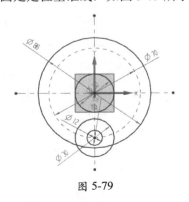

图 5-79

07 单击"阵列曲线"按钮 ，弹出"阵列曲线"对话框。将直径为 30 和 12 的两个同心圆进行圆形阵列，如图 5-80 所示。

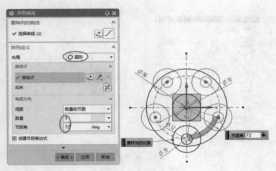

图 5-80

08 单击"确定"按钮完成阵列。

09 利用"快速修剪"命令，对绘制的图形进行先期处理，修剪结果如图 5-81 所示。

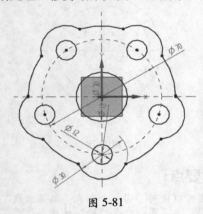

图 5-81

10 单击"派生"按钮，绘制如图 5-82 所示的 3 条派生直线，参考为中心线。

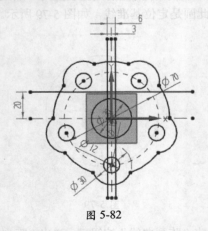

图 5-82

11 利用"快速修剪"命令修剪 3 条派生直线，结果如图 5-83 所示。

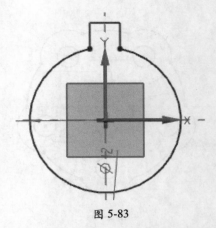

图 5-83

12 利用"镜像曲线"命令，将修剪的派生直线镜像至另一侧，如图 5-84 所示。

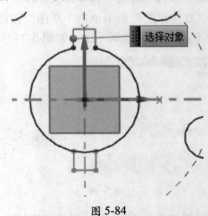

图 5-84

13 再次修剪图形，以此得到最终的旋钮草图，如图 5-85 所示。

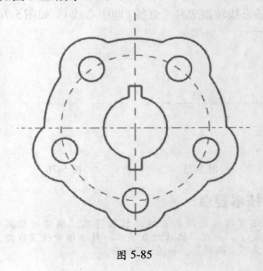

图 5-85

5.7　课后习题

1．绘制挂钩草图

本练习绘制的是挂钩草图，绘制完成的结果如图 5-86 所示。

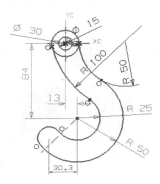

图 5-86

练习要求与步骤：

（1）进入草图环境。

（2）按综合实例中的草图绘制思路，在草图环境界面中绘制草图。

（3）对草图进行几何约束（相切约束，可参考图中的相切符号）。

（4）对草图进行尺寸约束。

2．绘制曲柄草图

本练习绘制的是曲柄草图，绘制完成的结果如图 5-87 所示。

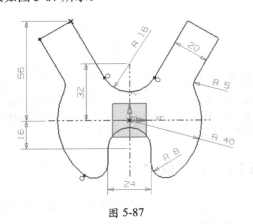

图 5-87

练习要求与步骤：

（1）进入草图环境。

（2）绘制尺寸基准线。

（3）依次绘制出已知线段、中间线段和连接线段。

（4）修剪多余的草图曲线。

（5）合理地标注草图。

3．绘制阀座铸件草图

本练习绘制的是阀座草图，绘制完成的结果如图 5-88 所示。

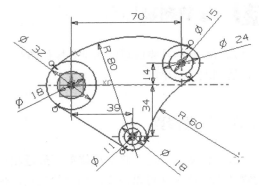

图 5-88

练习要求与步骤：

（1）进入草图环境。

（2）绘制尺寸基准线。

（3）依次绘制已知线段、中间线段和连接线段。

（4）修剪多余的草图曲线。

（5）合理地标注草图。

第 *6* 章　草图编辑指令

草图轮廓绘制完毕后，必须经过编辑和约束后才能得到最终结果。草图编辑指令包括镜像、拖曳、修剪、延伸、偏置等。

6.1　修剪和延伸

修剪和延伸是完成草图的重要操作指令。当利用多指令绘制草图形状后，需要对图形进行修剪，达到理想结果。

6.1.1　快速修剪

快速修剪命令可以将曲线修剪至最近相交的物体上，此相交可以是实际相交的交点，也可以是虚拟相交的交点。在"曲线"组中单击"快速修剪"按钮 ，弹出"快速修剪"对话框，如图 6-1 所示。

图 6-1

各选项含义如下。

➢ 边界曲线：用于作为修剪曲线的边界条件曲线，用户可以预先定义，也可以自动选取。

➢ 要修剪的曲线：选取需要修剪的曲线，可以依次选取，也可以按住 MB1 滑动绘制曲线，与其相交的曲线都被自动修剪。

如图 6-2 所示为修剪草图的示意图。

图 6-2

技术要点：

删除曲线时，注意光标选取的位置。光标选择位置为删除部分。如果修剪没有交点的曲线，则该曲线会被删除。

6.1.2　快速延伸

"快速延伸"命令可以将曲线延伸至最近相交的物体上，此相交可以是实际相交的交点，也可以是虚拟相交的交点。在"曲线"组中单击"快速延伸"按钮，弹出"快速延伸"对话框，如图6-3所示。

图6-3

技术要点：

快速延伸的操作和快速修剪操作相同，可以将对象向靠近鼠标单击的那一侧进行延伸，延伸到下一个最靠近物体的交点上。可以依次单击选取延伸曲线，也可以按住鼠标滑动选取。

如图6-4所示为快速延伸的操作示意图。

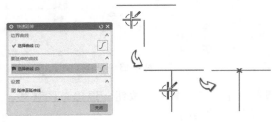

图6-4

6.1.3　制作拐角

使用此命令可通过将两条输入曲线延伸和/或修剪到一个公共交点来创建拐角。如果创建自动判断的约束选项处于打开状态，软件会在交点处创建一个重合约束。

单击"制作拐角"按钮，打开"制作拐角"对话框，如图6-5所示。

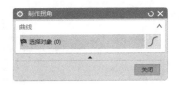

图6-5

如图6-6所示为制作拐角的操作过程。

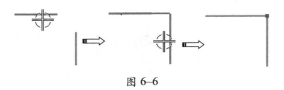

图6-6

6.1.4　修剪配方曲线

使用"修剪配方曲线"命令可关联地修剪关联投影到草图或关联相交到草图的曲线。投影到草图或相交到草图的多条曲线称为"配方链"。

在以下示例中，蓝色曲线投影到草图中，红色圆弧是用作修剪的边界对象的草图曲线，配方链的修剪部分称为"参考曲线"，如图6-7所示。

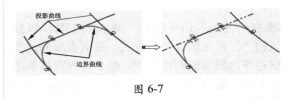

图6-7

动手操作——绘制叶片草图

操作步骤

01 新建命名为"叶片草图"的模型文件。

02 在"直接草图"组中单击"草图"按钮，弹出"创建草图"对话框，选择使用"在平面上"类型，然后在平面方法中选用"创建平面"，在指定平面后面的下拉列表中选择使用YC平面，如图6-8所示。

图6-8

03 单击"确定"按钮，进入草图，单击"在草图任务中打开"按钮，进入草图任务环境。

04 在"曲线"组中使用"圆"工具，以原点为圆心绘制一个直径为50的圆，如图6-9所示。

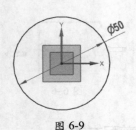

图 6-9

05 在"曲线"组中使用"直线"工具，然后同样捕捉原点为起点，绘制一条水平向右的长度为50的直线，如图6-10所示。

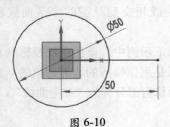

图 6-10

06 在"曲线"组中使用"圆弧"工具，以默认的"三点定圆弧"的方式，选取直线的两个端点作为圆弧的两个端点，然后输入圆弧的半径为25。随后，在直线的上方单击确定第3点，完成绘制的圆弧如图6-11所示。

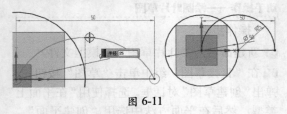

图 6-11

07 使用"快速修剪"工具（快捷键T），随后弹出"快速修剪"对话框。对图形区中要修剪的曲线进行修剪，完成后的效果如图6-12所示。

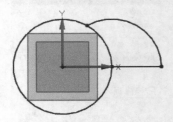

图 6-12

08 在"曲线"组中单击"阵列曲线"按钮 ，弹出"阵列曲线"对话框，在该对话框中设置圆形布局及其阵列参数，单击"确定"按钮完成阵列，如图6-13所示。

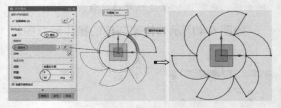

图 6-13

09 单击"完成草图"按钮，退出草图环境，完成草图的绘制。

6.2 曲线复制

在草图中也有复制类型的曲线指令，也就是基于源曲线而得到的新曲线。

6.2.1 镜像曲线

执行"插入"|"曲线"|"镜像曲线"命令，或者直接单击"曲线"组中的"镜像曲线"按钮 镜像曲线(M)，即可启用"镜像曲线"命令，弹出"镜像曲线"对话框，如图6-14所示。

图 6-14

动手操作——镜像曲线

采用镜像曲线命令绘制如图6-15所示的图形。

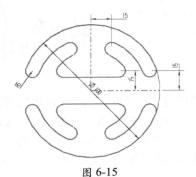

图 6-15

操作步骤

01 新建文件并执行"草图"命令，在默认平面上绘制草图，进入草图任务环境。

02 绘制圆。在"曲线"组中单击"圆"按钮 ◯，选取原点为圆心再单击一点或者输入值确定半径，结果如图6-16所示。

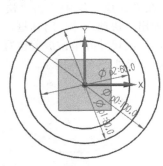

图 6-16

03 绘制直线。在"曲线"组中单击"直线"按钮 ✐，选取圆心和圆上象限点，绘制水平线和竖直线，结果如图6-17所示。

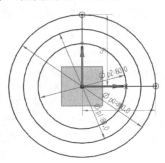

图 6-17

04 快速修剪。在"曲线"组中单击"快速修剪"按钮 ✄，按住鼠标左键拖动至要修剪的线条，或者直接单击选取要修剪的线条，即将其删除，结果如图6-18所示。

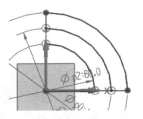

图 6-18

05 绘制圆。在"曲线"组中单击"圆"按钮 ◯，选取两圆之间的点为圆心，再单击一点或者输入值确定半径，结果如图6-19所示。

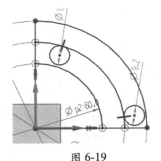

图 6-19

06 约束。在"约束"组中单击"几何约束"按钮 ⊿，弹出"几何约束"对话框，选取要约束的类型为相切，再选取约束的对象，单击"确定"按钮完成约束，结果如图6-20所示。

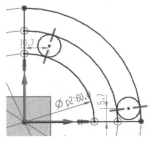

图 6-20

07 标注尺寸。在"约束"组中单击"快速尺寸"按钮 ⤢，弹出"快速尺寸"对话框，选取要标注的对象，拉出尺寸单击放置位置点，并进行修改，完成标注的结果如图6-21所示。

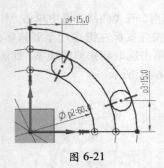

图 6-21

08 绘制直线并倒圆角。在"曲线"组中单击"直线"按钮 ✏，绘制水平线，再在"曲线"组中单击"倒圆角"按钮 ◥，创建倒圆角，结果如图 6-22 所示。

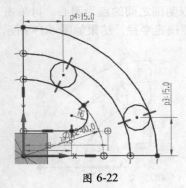

图 6-22

09 修剪。在"曲线"组中单击"快速修剪"按钮 ✂，按住鼠标左键拖动至要修剪的线条，或者直接单击选取要修剪的线条，将其删除，结果如图 6-23 所示。

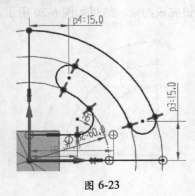

图 6-23

10 约束圆角和圆相等。在"约束"组中单击"几何约束"按钮 ✏，弹出"几何约束"对话框，选取要约束的类型为"等半径"，再选取约束的对象，单击"确定"完成约束，结果如图 6-24 所示。

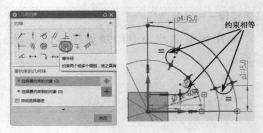

图 6-24

11 镜像曲线。在"曲线"组中单击"镜像曲线"按钮 ⚏，弹出"镜像曲线"对话框，选取要镜像的曲线，再选取中心线，单击"确定"按钮完成镜像，结果如图 6-25 所示。

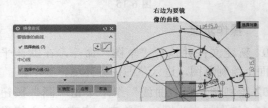

图 6-25

12 标注。在"约束"组中单击"快速尺寸"按钮 ✑，弹出"快速尺寸"对话框，选取要标注的对象，拉出尺寸并单击放置位置点，即可完成标注，结果如图 6-26 所示。

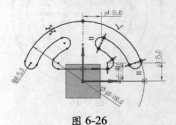

图 6-26

13 镜像。在"曲线"组中单击"镜像曲线"按钮 ⚏，弹出"镜像曲线"对话框，选取要镜像的曲线，再选取中心线，单击"确定"按钮完成镜像，结果如图 6-27 所示。

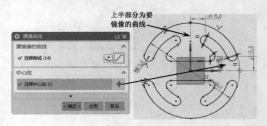

图 6-27

技术要点：

对于对称的曲线，通常一般性思路都是只绘制一半，此案例上、下、左、右都对称，因此，只需要绘制1/4即可，然后进行两次镜像曲线即可完成。

6.2.2 偏置曲线

执行"插入"|"曲线"|"偏置曲线"命令，或者直接单击"曲线"组中的"偏置曲线"按钮 偏置曲线(V)，即可启用"偏置曲线"命令，弹出"偏置曲线"对话框，如图6-28所示。

图 6-28

动手操作——偏置曲线

采用偏置曲线命令绘制如图6-29所示的草图。

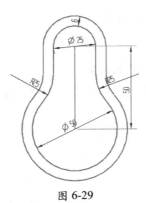

图 6-29

操作步骤

01 新建文件并执行"草图"命令，在默认平面上绘制草图，进入草图任务环境。

02 采用直线和圆绘制基本轮廓。在"曲线"

组中单击"直线"按钮 ，绘制竖直线，再在"曲线"组中单击"圆"按钮 ○，绘制圆，结果如图6-30所示。

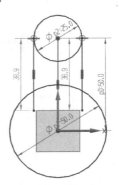

图 6-30

03 倒圆角。在"曲线"组中单击"倒圆角"按钮 ，选中要倒圆角的直线和圆弧，输入半径为25，倒圆角结果如图6-31所示。

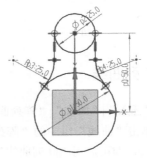

图 6-31

04 修剪。在"曲线"组中单击"快速修剪"按钮 ，按住鼠标左键拖动至要修剪的线条，或者直接单击选取要修剪的线条，将其删除，结果如图6-32所示。

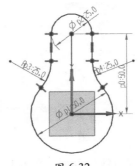

图 6-32

05 偏置曲线。在"曲线"组中单击"偏置曲线"

按钮 🔘，弹出"偏置曲线"对话框，选取要偏置的曲线，再指定偏置方向和偏置距离，单击"确定"按钮完成偏置曲线的创建，结果如图6-33所示。

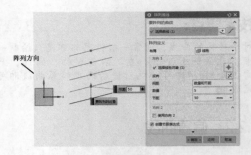

图 6-35

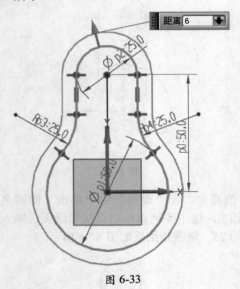

图 6-33

6.2.3 阵列曲线

执行"插入"|"曲线"|"阵列曲线"命令，或者直接单击"曲线"组中的"阵列曲线"按钮 🔘 阵列曲线(P)，即可启用"阵列曲线"命令，弹出"阵列曲线"对话框，如图6-34所示。

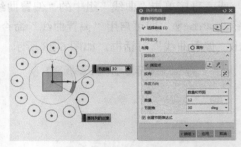

图 6-36

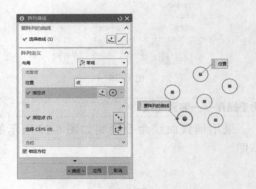

图 6-37

动手操作——阵列曲线

采用阵列曲线命令绘制如图6-38所示的图形。

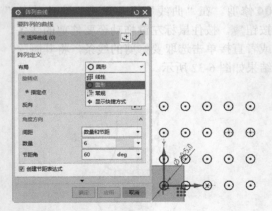

图 6-34

阵列方式有线性阵列（图6-35）、圆形阵列（图6-36）和通用阵列（图6-37）。

图 6-38

操作步骤

01 新建文件并执行"草图"命令,在默认平面上绘制草图,进入草图任务环境。

02 采用直线和圆绘制基本轮廓。在"曲线"组中单击"直线"按钮 ✏,绘制竖直线和水平线,再在"曲线"组中单击"圆"按钮 ◯,绘制过直线的圆,结果如图 6-39 所示。

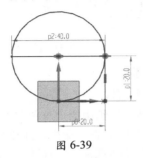

图 6-39

03 修剪。在"曲线"组中单击"快速修剪"按钮 ✄,按住鼠标左键拖动至要修剪的线条,或者直接单击选取要修剪的线条,将其删除,结果如图 6-40 所示。

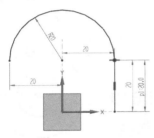

图 6-40

04 约束点在线上。在"约束"组中单击"几何约束"按钮 ⊿,弹出"几何约束"对话框,选取要约束的类型,再选取约束的对象,单击"确定"按钮完成约束,结果如图 6-41 所示。

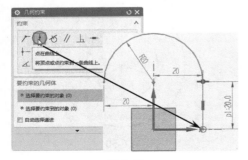

图 6-41

05 偏置曲线。在"曲线"组中单击"偏置曲线"按钮 ◌,弹出"偏置曲线"对话框,选取要偏置的曲线,再指定偏置方向和偏置距离,单击"确定"按钮完成偏置曲线的创建,结果如图 6-42 所示。

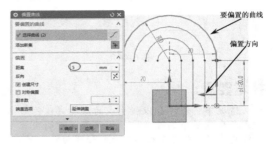

图 6-42

06 阵列曲线。在"曲线"组中单击"阵列曲线"按钮 ⊞,弹出"阵列曲线"对话框,选取阵列对象,将布局切换为圆形,指定阵列中心点,设置阵列参数,结果如图 6-43 所示。

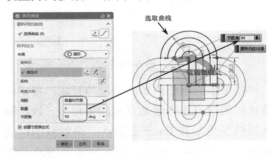

图 6-43

技术要点:

对于图形中具有相同结构的曲线,如果逐个绘制,将会耗费大量的时间,因此通常将具有相同结构的曲线部分抽取出来绘制完毕后再进行阵列,以快速绘制整个图形。

6.2.4 派生曲线

使用该命令可以根据选取的曲线为参考来生成新的直线。

在"曲线"组中单击"派生直线"按钮 ⬿,此时程序要求选取参考直线,根据选取直线的情况会出现不同的提示。

如果选取一条直线,那么将对该直线进行

偏置，如图6-44所示。输入偏置值后按Enter键确认得到新的直线，再按鼠标中键结束命令。

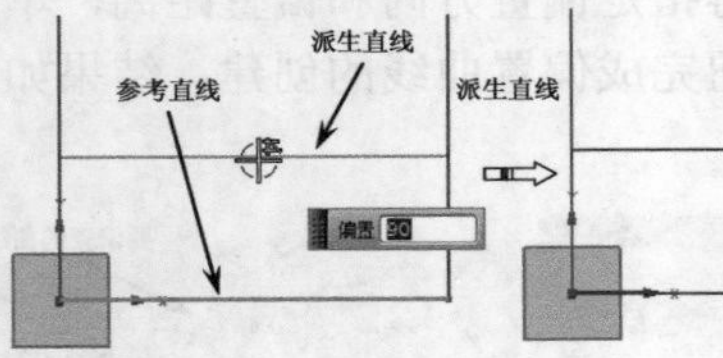

图 6-44

技术要点：

默认情况下，程序会以新生成的派生直线作为参考线来生成多条偏置直线。如果靠光标确定派生直线的位置，则每个移动基点的距离为5。

依次选取两条平行直线，将生成两条直线的中心线。输入直线长度后按Enter键确认，得到新直线。如图6-45所示，左图为选择的两条直线，右图为生成的中心线。

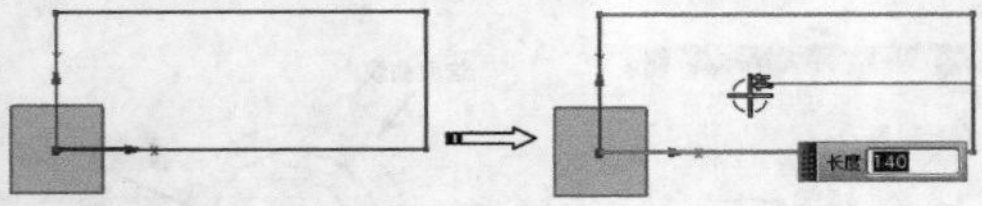

图 6-45

如果依次选取两条不平行的直线，将以两条直线的交点作为起始点创建夹角平分线。输入直线长度后按Enter键确认，得到新的构造直线。如图6-46所示，左图为选择的两条参考直线，右图为生成的派生夹角平分线。

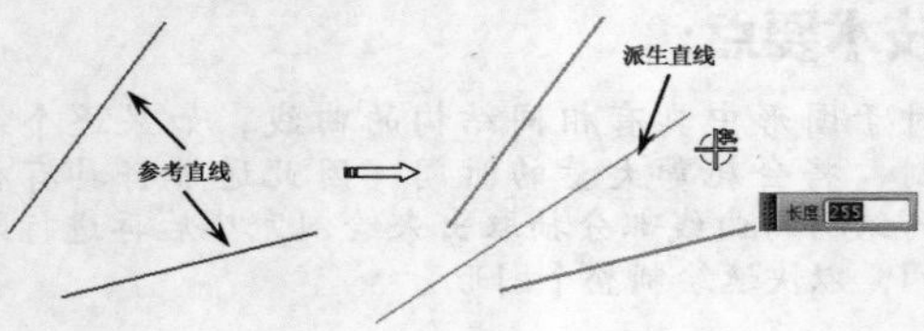

图 6-46

动手操作——利用派生曲线绘制草图

通过对本实例（图6-47）的学习，读者可掌握如下内容。

（1）绘制基本图元。

（2）修改草图。

（3）创建尺寸约束。

（4）应用几何约束。

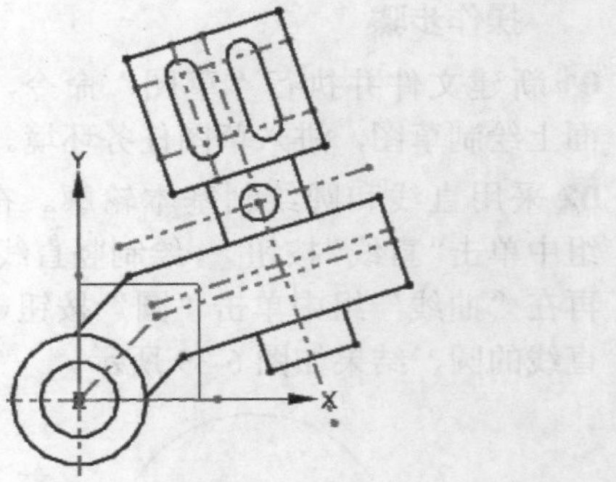

图 6-47

操作步骤

01 新建模型文件。

02 单击“特征”组中的“草图”按钮，或者执行“插入”|“草图”命令，打开“创建草图”对话框。选择基准面*XC-YC*作为草绘平面，单击“确定”按钮，进入草图绘制环境。

03 在“曲线”组中单击“圆”按钮，按照如图6-48所示选择绘制圆的方式，以原点为圆心绘制两个圆，如图6-49所示。

图 6-48

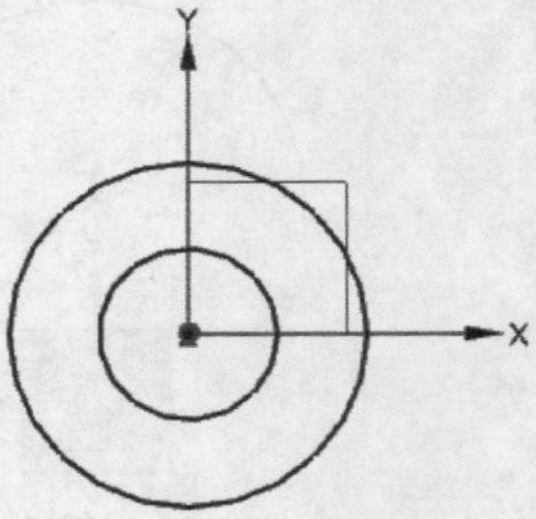

图 6-49

04 单击“快速尺寸”按钮，对草图进行尺寸约束，两个圆的直径分别为12和21，如图6-50所示。

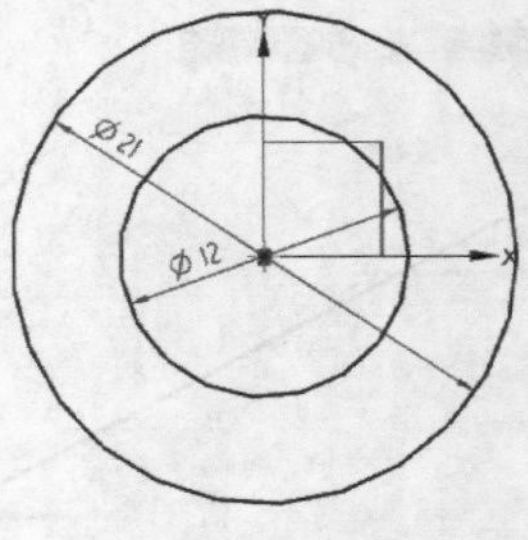

图 6-50

05 单击"直线"按钮✍和"轮廓"按钮✍，绘制两条通过圆心的直线和一条折线，并对它们进行尺寸约束，然后选择直线及折线，单击"约束"组中的"转换至/自参考对象"按钮⅄，将其转化为参考曲线，如图6-51所示。

离为18的直线，单击"转换至/自参考对象"按钮⅄，将其转化为竖直的参考曲线，如图6-54所示。

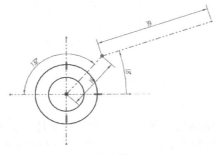

图 6-51

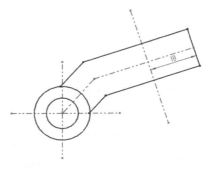

图 6-54

06 单击"派生直线"按钮✍，分别在折线的两侧生成两条派生直线，偏置距离均为7.5，如图6-52所示。

09 创建如图6-55所示的派生直线，偏移距离为2，然后将其转换为自参考对象。

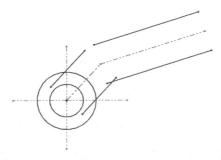

图 6-52

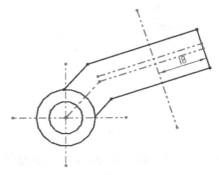

图 6-55

07 利用"快速延伸"按钮✍和"快速修剪"按钮✍，修改派生的直线，其结果如图6-53所示。

10 单击"矩形"按钮▦，按照如图6-56所示选择绘制矩形方式，以刚刚绘制的偏置直线和上一步绘制的竖直参考线的交点为中心，输入数值，完成的矩形绘制。

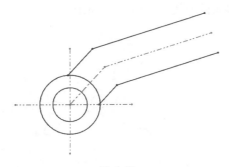

图 6-53

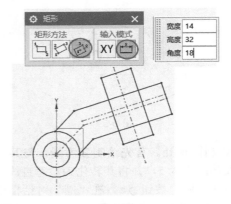

图 6-56

08 单击"直线"按钮✍，绘制连接偏置直线两端点的直线，并利用垂直约束绘制与该直线距

11 单击"快速修剪"按钮 ，修剪图形，修剪后的结果如图 6-57 所示。

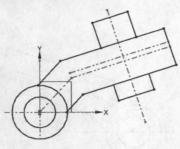

图 6-57

12 单击"矩形"按钮 ，以上一步绘制的矩形宽度边的中点为中心，绘制如图 6-58 所示的矩形。

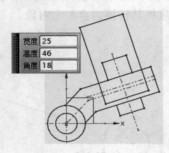

图 6-58

13 利用"快速延伸"按钮 和"快速修剪"按钮 修改绘制的矩形，修改后的结果如图 6-59 所示。

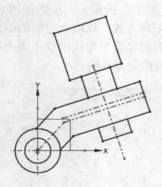

图 6-59

14 绘制圆形孔。首先绘制参考线，与其下方直线的距离为 5，并将其转化为参考直线，然后单击"圆"按钮 ，在"圆"对话框中选择"圆心和直径定圆"方法，绘制直径为 6 的圆，

结果如图 6-60 所示。

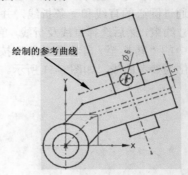

绘制的参考曲线

图 6-60

15 绘制键槽位置的参考直线。首先延伸参考线，然后绘制 3 条派生直线，将它们转化为参考直线，其尺寸如图 6-61 所示。

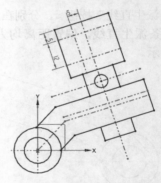

图 6-61

16 绘制键槽。单击"圆"按钮 ，分别以 3 条派生直线的两个交点为圆心，绘制直径为 5 的圆。单击"直线"按钮 ，绘制两条两个圆外公切线，最后单击"快速修剪"按钮 ，去除多余的曲线，如图 6-62 所示。

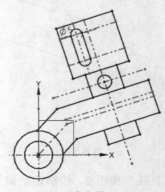

图 6-62

17 镜像键槽。单击"镜像曲线"按钮，打开"镜像曲线"对话框，在绘图区选择如图 6-63 所示的参考线作为镜像中心线，然后选择键槽的所有曲线，单击该对话框中的"确定"按钮，关闭对话框，生成镜像曲线。

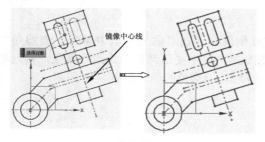

图 6-63

18 单击"完成草图"按钮，退出草绘环境。

6.2.5 添加现有曲线

执行"插入"|"曲线"|"添加现有曲线"命令，或者直接单击"曲线"组中的"现有曲线"按钮，即可启用"添加现有曲线"命令，弹出"添加曲线"对话框，如图 6-64 所示。

图 6-64

6.2.6 投影曲线

执行"插入"|"曲线"|"投影曲线"命令，或者直接单击"曲线"组中的"投影曲线"按钮，即可启用"投影曲线"命令，弹出"投影曲线"对话框，如图 6-65 所示。

图 6-65

6.3 拓展训练——绘制草图

本节将通过一些具体的案例讲解二维综合草图的绘制技巧，以及通常使用的绘制方法和思维方法。

6.3.1 草图训练一

◯ **源文件：无**

◯ **结果文件：草图训练一.prt**

◯ **视频文件：草图训练一.avi**

采用基本的草图命令绘制如图 6-66 所示的图形。

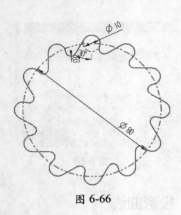

图 6-66

操作步骤

01 新建文件并执行"草图"命令，在默认平面上绘制草图，进入草图任务环境。

02 绘制圆，在"曲线"组中单击"圆"按钮○，选取原点为圆心再输入直径为80和半径为5，结果如图 6-67 所示。

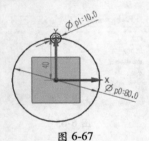

图 6-67

03 旋转圆。在"曲线"组中单击"阵列曲线"按钮，弹出"阵列曲线"对话框，选取阵列对象，将布局切换为圆形，指定阵列中心点，设置阵列参数，结果如图 6-68 所示。

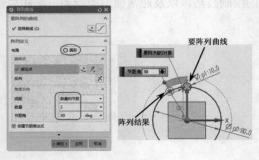

图 6-68

04 绘制切线。在"曲线"组中单击"直线"按钮，靠近圆选取圆切点，拉出倾斜的切线，结果如图 6-69 所示。

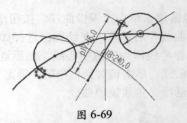

图 6-69

05 倒圆角，在"曲线"组中单击"倒圆角"按钮，选中要倒圆角的直线和圆弧，输入半径为3，倒圆角的结果如图 6-70 所示。

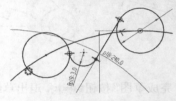

图 6-70

06 绘制竖直线。在"曲线"组中单击"直线"按钮，选取圆上象限点，绘制竖直线，结果如图6-71所示。

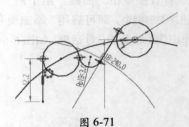

图 6-71

07 修剪。在"曲线"组中单击"快速修剪"按钮，按住鼠标左键拖动至要修剪的线条或者直接单击选取要修剪的线条，将其删除，结果如图 6-72 所示。

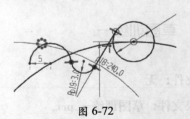

图 6-72

08 转成建构线。在"约束"组中单击"转换至/自参考对象"按钮，弹出"转换至/自参考对象"对话框，选取要转换的对象，单击"确定"按钮完成转换，结果如图 6-73 所示。

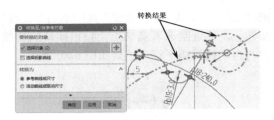

图 6-73

技术要点：

此处如果删除圆，可能会破坏先前的阵列特征和约束特征，因此，可以将其转换为建构圆，使其不参与建模。

09 阵列曲线。在"曲线"组中单击"阵列曲线"按钮，弹出"阵列曲线"对话框，选取阵列对象，将布局切换为圆形，指定阵列中心点，设置阵列参数，结果如图 6-74 所示。

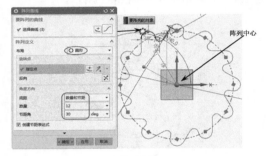

图 6-74

10 右击，在弹出的快捷菜单中选择"完成草图"选项，完成后的结果如图 6-75 所示。

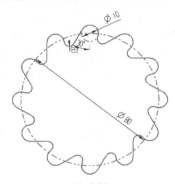

图 6-75

技术要点：

本例主要是绘制旋转结构的草图，此类草图是通过基本的形状沿中心点旋转一定的数量获得的，因此，绘制此类草图需要先抽取基本的旋转单元，再将此旋转单元进行圆形阵列，即可绘制出所需的草图。

6.3.2　草图训练二

◎ **源文件：无**

◎ **结果文件：草图训练二.prt**

◎ **视频文件：草图训练二.avi**

采用基本的草图命令绘制如图 6-76 所示的图形。

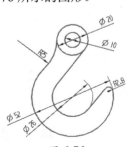

图 6-76

操作步骤

01 新建文件并执行"草图"命令，在默认平面上绘制草图，进入草图任务环境。

02 绘制圆。在"曲线"组中单击"圆"按钮○，选取原点为圆心再输入值确定半径，以同样的方式绘制其他圆，结果如图6-77所示。

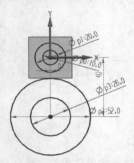

图 6-77

03 绘制切线。在"曲线"组中单击"直线"按钮／，靠近圆选取圆切点，拉出倾斜的公切线，结果如图6-78所示。

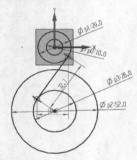

图 6-78

04 绘制倒圆角。在"曲线"组中单击"圆角"按钮◥，选中要倒圆角的直线和圆弧，输入半径为25，倒圆角结果如图6-79所示。

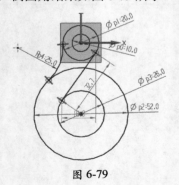

图 6-79

05 绘制平行切线。在"曲线"组中单击"直线"按钮／，靠近圆选取圆切点，拉出倾斜的切线并与自动捕捉相平行，结果如图6-80所示。

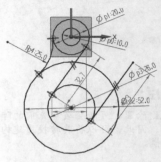

图 6-80

06 倒圆角。在"曲线"组中单击"圆角"按钮◥，选中要倒圆角的直线和圆弧，输入半径为2.8，倒圆角结果如图6-81所示。

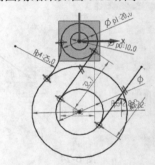

图 6-81

07 修剪。在"曲线"组中单击"快速修剪"按钮，按住鼠标左键拖动至要修剪的线条或者直接单击选取要修剪的线条，将其删除，结果如图6-82所示。

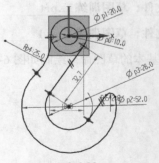

图 6-82

08 约束点在线上。在"约束"组中单击"几何约束"按钮，弹出"几何约束"对话框，选取要约束的类型为"点在曲线上",再选取约束的对象,单击"确定"按钮完成约束,结果如图6-83所示。

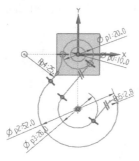

图 6-83

09 在绘图区右击,在弹出的快捷菜单中选择"完成草图"选项,退出草图环境,结果如图6-84所示。

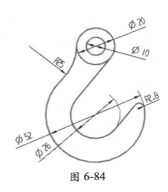

图 6-84

技术要点:

本例主要用来练习约束的操作方法,用户需要分析图形中的图素之间的几何约束关系,合理添加约束条件,约束条件并不是唯一的,可以通过不同的约束条件达到相同的效果。

6.3.3 草图训练三

◯ **源文件:无**

◯ **结果文件:草图训练三.prt**

◯ **视频文件:草图训练三.avi**

采用基本的草图命令绘制如图6-85所示的图形。

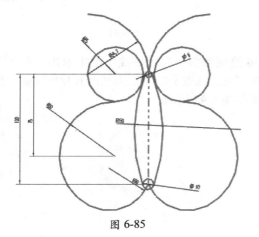

图 6-85

操作步骤

01 新建文件并执行"草图"命令,在默认平面上绘制草图,进入草图任务环境。

02 绘制圆和直线。在"曲线"组中单击"直线"按钮 ，绘制竖直线,再在"曲线"组中单击"圆"按钮 ○，在直线端点绘制圆,结果如图6-86所示。

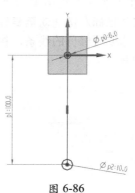

图 6-86

03 绘制圆弧并约束相切。在"曲线"组中单击"圆弧"按钮 ，选取大概位置绘制弧,再在"约束"组中单击"几何约束"按钮 ，弹出"几何约束"对话框，选取要约束的类型为"相切"，再选取约束的对象，单击"确定"按钮完成约束，结果如图 6-87 所示。

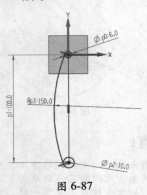

图 6-87

04 绘制圆。在"曲线"组中单击"圆"按钮 ○，选取任意点为圆心再靠近圆弧使其相切，结果如图 6-88 所示。

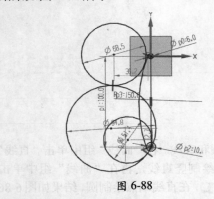

图 6-88

05 修剪。在"曲线"组中单击"快速修剪"按钮 ，按住鼠标左键拖动至要修剪的线条或者直接单击选取要修剪的线条，将其删除，结果如图 6-89 所示。

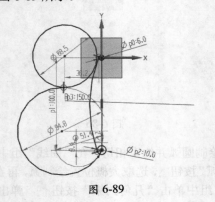

图 6-89

06 标注。在"约束"组中单击"快速尺寸"按钮 ，弹出"快速尺寸"对话框，选取要标注的对象，拉出尺寸单击放置位置点，并进行修改，完成标注结果如图 6-90 所示。

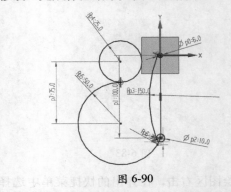

图 6-90

07 约束。在"约束"组中单击"几何约束"按钮 ，弹出"几何约束"对话框，选取要约束的类型为"相切"，再选取约束的对象，单击"确定"按钮完成约束，结果如图 6-91 所示。

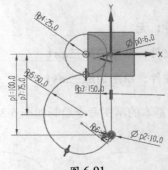

图 6-91

08 绘制圆弧。在"曲线"组中单击"圆弧"按钮 ，选取圆的中点为圆心并拉出圆弧，结果如图 6-92 所示。

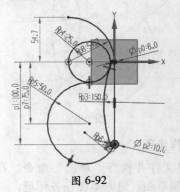

图 6-92

09 镜像曲线。在"曲线"组中单击"镜像曲线"按钮，弹出"镜像曲线"对话框，选取要镜像的曲线，再选取中心线，单击"确定"按钮完成镜像，结果如图 6-93 所示。

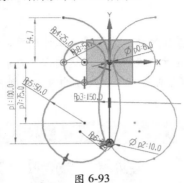

图 6-93

10 在绘图区右击，在弹出的快捷菜单中选择"完成草图"选项，退出草图环境，结果如图 6-94 所示。

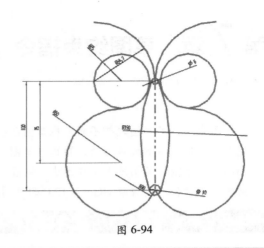

图 6-94

技术要点：

本例主要绘制蝴蝶型草图，该草图是左右对称的结果，因此，在绘制对称的结果草图时，为提高草绘效率并降低难度，通常只绘制一半，再镜像出另一半。

6.4 课后习题

1. 绘制 M 形图案

使用草图工具创建 M 形图案，如图 6-95 所示。可以在图形对称完成一半后镜像。

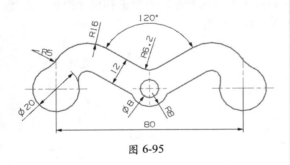

图 6-95

2. 绘制挂轮架草图

使用草图工具创建如图 6-96 所示的挂轮架草图，设计时注意技巧：先左右、后中间，先内后外。

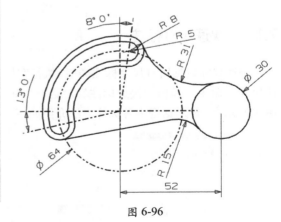

图 6-96

第 7 章　草图约束指令

用户在创建草图之初不必考虑草图曲线的精确位置和尺寸，为了提高工作效率，先绘制草图几何对象的大致形状，再通过草图约束对几何进行精确约束，以达到设计要求。草图约束用于限制草图的形状和大小，包括了几何约束（限制形状）和尺寸约束（限制大小）两种。本章将主要讲解 UG NX 12.0 的草图约束指令。

知识要点与资源二维码

◆　尺寸约束
◆　几何约束
◆　定制草图环境

第 7 章课后习题　第 7 章结果文件　第 7 章视频

7.1　尺寸约束

尺寸约束就是为草图标注尺寸，使草图满足设计者的要求并使草图固定。UG NX 12.0 中的尺寸约束共有 5 种，如图 7-1 所示。

图 7-1

7.1.1　快速尺寸标注

快速尺寸包括所有尺寸标注类型。执行"快速尺寸"命令，弹出"快速标注"对话框，如图 7-2 所示。该对话框中各标注方法介绍如下。

图 7-2

1. 自动判断

"自动判断"是指程序自动判断选择对象，以进行尺寸标注。这种类型的好处是标注灵活，由一个对象可标注出多个尺寸约束。但由于此类型几乎包含了所有的尺寸标注类型，所以针对性不强，有时也会产生不便。如图 7-3 所示，以此类型来选择相同对象进行尺寸约束，会有 3 种标注结果。

图 7-3

2. 水平

"水平"类型即标注的尺寸总是与工作坐标系的 *XC* 轴平行。选择该类型时，程序对所选对象进行水平方向的尺寸约束。标注该类尺寸时，在图形区中选取同一对象或不同对象的两个控制点，程序会在两点之间生成水平尺寸。水平标注时尺寸约束限制的距离位于两端点之间，如图 7-4 所示。

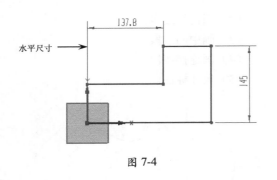

图 7-4

3．竖直

"竖直"类型即标注的尺寸总是与工作坐标系的 *YC* 轴平行的。选择该类型时，软件对所选对象进行竖直方向的尺寸约束，如图 7-5 所示。

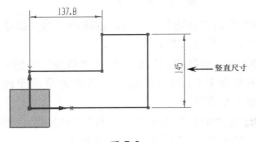

图 7-5

4．点到点

"点到点"类型即标注的尺寸总与所选对象平行。选择该类型时，软件对所选对象进行竖直方向的尺寸约束。以"点到点"类型进行标注的尺寸如图 7-6 所示。

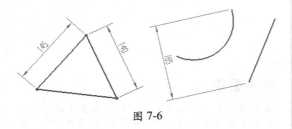

图 7-6

5．垂直

"垂直"类型是用于标注两个对象之间的长度距离，且尺寸总是与第一个对象垂直。以"垂直"类型标注的尺寸如图 7-7 所示。

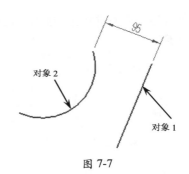

图 7-7

6．圆柱形

"圆柱形"是用直径尺寸形式标注矩形，例如，标注轴图形，如图 7-8 所示。

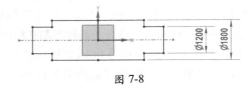

图 7-8

7．角度

"角度"类型就是用于两相交直线或直线延伸部分相交的夹角尺寸标注。以"成角度"类型标注的尺寸如图 7-9 所示。

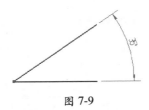

图 7-9

8．半径

"半径"类型用于标注圆或圆弧的半径尺寸，以"半径"类型进行圆 / 圆弧标注的尺寸如图 7-10 所示。

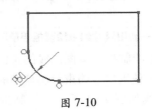

图 7-10

9．径向

"径向"类型用于标注圆或圆弧的直径尺

寸，以"直径"类型进行圆／圆弧标注的尺寸如图 7-11 所示。

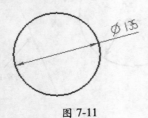

图 7-11

7.1.2　其他 4 种标注

其他 4 种标注类型包含在"快速尺寸"对话框的标注方法中。其中，"线性尺寸"包括水平、竖直、点到点、垂直、圆柱形和孔标注，如图 7-12 所示。径向尺寸包括半径标注和直径标注，"半径尺寸"对话框如图 7-13 所示。

图 7-12　　　　图 7-13

技术要点：

"径向尺寸"对话框中的"径向"方法就是半径标注。

动手操作——利用尺寸约束绘制扳手草图

下面以绘制扳手草图曲线的实例来说明在草图环境中使用尺寸约束绘制草图的方法。扳手草图曲线如图 7-14 所示。绘制扳手曲线的方法与步骤如下。

（1）绘制尺寸基准线（中心线）。

（2）画已知线段。

（3）画中间线段。

（4）画连接线段。

（5）尺寸标注。

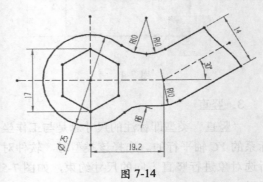

图 7-14

1．绘制尺寸基准线

01 单击"新建"按钮，创建命名为"扳手草图"的模型文件。

02 在"直接草图"组中单击"草图"按钮，并以默认的 *XC-YC* 基准平面作为草图平面，进入草图环境。

03 在"曲线"组中单击"直线"按钮，然后绘制如图 7-15 所示的尺寸基准线。

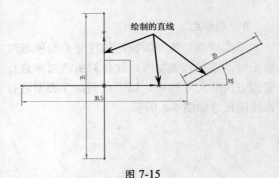

图 7-15

技术要点：

在草图模式绘制直线时，可以输入直线端点的坐标数值来确定直线；也可以先任意绘制直线，然后使用尺寸约束或几何约束对直线进行尺寸、位置的重定义。

04 全选上一步绘制的 3 条中心线，然后执行"编辑"|"对象显示"命令，在随后弹出的"编辑对象显示"对话框的"常规"选项卡中的"线形"

下拉列表中选择（中心线）选项［—·—·—］，接着在"宽度"下拉列表中选择（细线宽度）选项［———］，最后单击"确定"按钮，软件自动将粗实线转换成中心线，如图7-16所示。

图7-16

05 在"约束"组中单击"几何约束"按钮，然后完全选择3条中心线。在弹出的"几何约束"对话框中单击"完全固定"按钮，软件自动将中心线固定在所在位置，如图7-17所示。

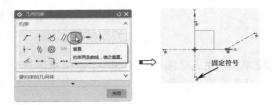

图7-17

2．绘制已知线段、中间线段和连接线段

01 在"曲线"组中单击"圆"按钮，并在尺寸基准中心绘制直径为17的圆，如图7-18所示。

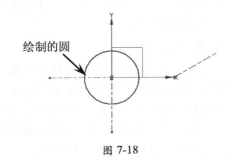

绘制的圆

图7-18

02 使用"轮廓"工具在圆内绘制六边形，且六边形的端点均在圆上，如图7-19所示。

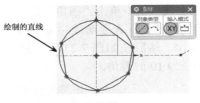

绘制的直线

图7-19

03 使用"约束"工具使六边形的各边均等，且至少让其中一条边与Y轴平行，如图7-20所示。

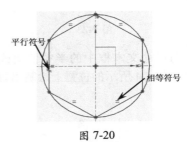

平行符号　　相等符号

图7-20

04 使用"圆"工具，以基准中心作为圆心，绘制出直径为25的大圆，如图7-21所示。

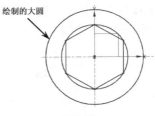

绘制的大圆

图7-21

05 在"曲线"组中单击"派生直线"按钮，选择尺寸基准线作为参考线，绘制出距离为7的4条派生直线，4条直线中包括两条已知线段和两条中间线段，如图7-22所示。

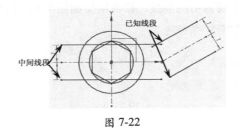

已知线段　中间线段

图7-22

06 在"曲线"组中单击"圆角"按钮◯，弹出"圆角"对话框。在浮动尺寸文本框中输入半径值为10，然后在如图7-23所示的3个位置绘制半径为10的圆角。

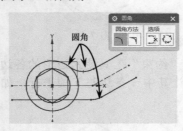

图 7-23

07 将浮动尺寸文本框中的半径值更改为6，然后在如图7-24所示的位置上绘制出直径为6的圆角。

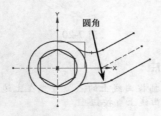

图 7-24

08 在"曲线"组中单击"艺术样条"按钮～，弹出"艺术样条"对话框。然后在草图中绘制如图7-25所示的样条曲线。

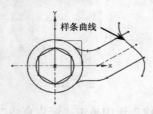

图 7-25

09 在"曲线"组中单击"快速修剪"按钮♨，弹出"快速修剪"对话框。按信息提示选择图形中要修剪的曲线，修剪结果如图7-26所示。

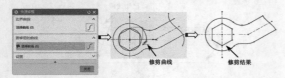

图 7-26

技术要点：

使用"快速修剪"工具进行曲线修剪时，对于修剪边界内的曲线段是不被修剪的，这就需要按Delete键进行删除。

3. 尺寸约束

01 在"约束"组中单击"快速尺寸"按钮 ⊢ 快速尺寸 或者其他尺寸约束按钮，然后为绘制的草图曲线进行尺寸约束，完成结果如图7-27所示。

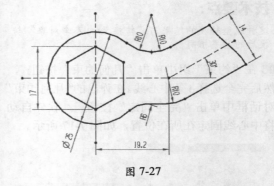

图 7-27

02 单击"完成草图"按钮 ✅ 完成草图，退出草图环境，结束草图绘制操作。

7.1.3 自动标注尺寸

自动标注尺寸可以很方便、快速地自动标注出所有尺寸。如果在绘图时已经产生了自动尺寸，就无须再使用此功能了。

自动标注尺寸包括两个指令：自动标注尺寸和连续自动标注尺寸。

1. 自动标注尺寸

当取消选中"连续自动标注尺寸"后，可以使用此功能进行自动标注。但标注后的效果不是很理想，需要手动调整尺寸的位置。在"约束"组中单击"自动标注尺寸"按钮 ⊿，弹出"自动标注尺寸"对话框，如图7-28所示。

通过此对话框，可以标注"自动标注尺寸规则"列表中列出的尺寸标注类型。

如图7-29所示为自动标注的尺寸，效果比较凌乱，需要手动调整，如图7-29所示。

图 7-28

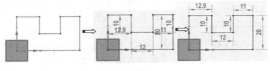

图 7-29

2．连续自动标注尺寸

"连续自动标注尺寸"命令可以在执行草图图形绘制过程中自动标注尺寸，可以通过在"约束"组中单击"连续自动标注尺寸"按钮，或者在草图任务环境下的菜单栏中执行"任

务"|"草图设置"命令，打开"草图设置"对话框来启用或关闭这个功能，如图 7-30 所示。

图 7-30

如图 7-31 所示为在绘制草图过程中连续自动标注尺寸的情况。

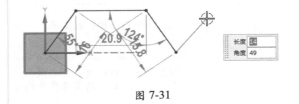

图 7-31

7.2　几何约束

在绘制草图曲线时，若没有对绘制的几何进行约束，也就是没有控制几何的自由度，则绘制的几何图形不稳定，会产生误差。

7.2.1　草图自由度箭头

"自由度"（DOF）箭头用于标记草图上的可自由移动的点。草图自由度有 3 种类型：定位自由度（2 个）、转动自由度（3 个）以及径向自由度（1 个）。

当将一个点约束为在给定方向上移动时，NX 会移除自由度箭头。当所有箭头都消失时，草图即已完全约束。需要注意，约束草图是可选的，但仍可以用欠约束的草图定义特征。当设计需要更多控制时，可约束草图。同样，应用一个约束可以移除多个自由度箭头。

如图 7-32 所示，在图形区中绘制了草图图形，单击"约束"组中的"几何约束"按钮，直线的两端即刻显示 4 个自由度箭头，同时在信息栏上也会显示要约束的数目。也就是说，需要对图形进行 YC 和 ZC 自由度方向上的约束。

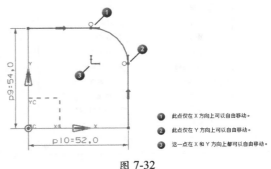

① 此点仅在 X 方向上可以自由移动。
② 此点仅在 Y 方向上可以自由移动。
③ 这一点在 X 和 Y 方向上都可以自由移动。

图 7-32

技术要点：

有时，在信息栏上提示需要约束的数量很多，其实并非每个约束都要添加，这是因为控制了某个点或某条曲线的一个自由度，那么就有可能使几何之间产生了多个约束。

在草图环境中，曲线的位置和形状是通过分析放置在草图曲线上的约束（规则），采用数学的方式确定的。自由度箭头提供了关于草图曲线的约束状态的视觉反馈。初始创建时，每个草图曲线类型都有不同的自由度箭头，如表 7-1 所示。

表 7-1　不同草图曲线类型的自由度箭头

曲线	自由度	曲线	自由度
	点有两个自由度		部分椭圆有 7 个自由度：两个在中心，一个用于方向，主半径和次半径各一个，起始角度和终止角度各一个
	直线有 4 个自由度：每端两个		二次曲线有 6 个自由度：每个端点有两个，锚点有两个
	圆有 3 个自由度：圆心两个，半径一个		极点样条有 4 个自由度：每个端点有两个
	圆弧有 5 个自由度：圆心两个，半径一个，起始角度和终止角度各一个		过点的样条在它的每个定义点处有两个自由度
	椭圆有 5 个自由度：两个在中心，一个用于方向，主半径和次半径两个		

7.2.2　约束类型

几何约束条件一般用于定位草图对象和确定草图对象之间的相互关系。在 UG 软件的草图环境中，几何约束的类型多达 20 余种，如图 7-33 所示。

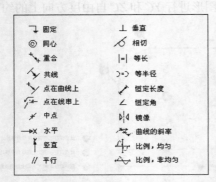

图 7-33

草图对象的 20 多种约束类型含义如下。

➤ 固定：该约束是将草图对象固定在某个位置。不同的几何对象有不同的固定方法，点一般固定其所在位置；线一般固定其角度或端点；圆和椭圆一般固定其圆心；圆弧一般固定其圆心或端点。

➤ 同心：该约束定义圆（圆弧）与圆（圆弧）之间具有相同的圆心。

➤ 重合：该约束定义点与点完全重合。

➤ 共线：该约束定义对象与对象共线。

➤ 点在曲线上：该约束定义点在选择的曲线上。

➤ 点在线串上：该约束定义点在抽取的线串上。

➤ 中点：该约束定义对象在直线的中心点上。

- ➤ 水平：该约束定义直线为水平直线（平行于工作坐标的 XC 轴）。
- ➤ 竖直：该约束定义直线始终呈竖直状态。
- ➤ 平行：该约束定义对象与对象之间平行。
- ➤ 垂直：该约束定义对象与对象之间垂直。
- ➤ 相切：该约束定义对象与对象之间相切。
- ➤ 等长：该约束定义对象与对象具有相等的长度。
- ➤ 等半径：该约束定义圆弧与圆弧之间具有相同的半径。
- ➤ 恒定长度：该约束定义选择的曲线长度为固定的。
- ➤ 恒定角：该约束定义选择的曲线角度为固定的。
- ➤ 镜像：该约束定义选择的对象之间为镜像关系。
- ➤ 曲线的斜率：该约束定义选择的对象之间为斜率连接。
- ➤ 比例，均匀：该约束定义选择的对象呈均匀分布。
- ➤ 比例，非均匀：该约束定义选择的对象呈非均匀分布。

几何约束一般分为手动约束和自动约束。

7.2.3　手动约束

　　"手动约束"就是用户自行选择对象并加以约束。在"约束"组中单击"几何约束"按钮，并在图形区中选择对象，此时弹出"几何约束"对话框，如图 7-34 所示。

图 7-34

技术要点：

"几何约束"对话框中所包含的约束条件是由约束对象决定的，根据所选对象的不同，"几何约束"对话框中也会显示不同的约束条件。

　　通过该对话框，根据设计要求选择相应的约束类型，该对话框的各约束类型前面介绍过，这里不再重复叙述。采用手动约束的方法对草图曲线进行约束的过程，如图 7-35 所示。

图 7-35

7.2.4　自动约束

　　"自动约束"就是将约束类型自动添加到草图对象中，或者在绘制草图过程中根据自动判断的约束进行画线。在"约束"组中单击"自动约束"按钮，弹出"自动约束"对话框，如图 7-36 所示。

图 7-36

　　该对话框的"要应用的约束"选项区中包含 11 种几何约束类型，其含义已介绍过，不再赘述。当绘制完成草图后，选择草图中的曲线，再单击"确定"按钮，即可在选择的曲线上创建自动约束，如图 7-37 所示。

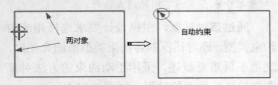

图 7-37

当用户需要在画线时及时显示约束条件以便快速创建出草图时，可以在"约束"组中单击"自动判断约束和尺寸"按钮 ⚡ 即可。但是要显示出什么样的约束条件，则由单击"自动判断约束和尺寸"按钮 ⚡ 后弹出的"自动判断约束和尺寸"对话框来控制，如图 7-38 所示。

图 7-38

通过选中该对话框中的约束类型复选框，在绘制草图过程中创建自动判断的约束。如图 7-39 所示为无约束的绘制过程及有约束的绘制过程。

图 7-39

7.2.5 显示 / 移除约束

此功能用来显示或删除绘图区域中的约束。在"约束"组中单击"显示 / 移除约束"按钮 ⚓，弹出"显示 / 移除约束（即将失效）"对话框，如图 7-40 所示。

图 7-40

提示：

由于"显示/移除约束（即将失效）"命令将在UG NX 11.0版本中失效，因此在NX 12.0中是隐藏的，需要将此命令调出。

对话框中各选项含义如下。

➢ 约束列表：此选项控制在显示约束列表窗口中要列出哪些约束。

➢ 选定的一个对象：允许每次仅选择一个对象。选择其他对象将自动取消选择以前选定的对象。

➢ 选定的多个对象：允许一次一个地选择多个对象，或者用矩形选框一次选择多个对象。

➢ 活动草图中的所有对象：在活动的草图中显示所有的约束。

➢ 约束类型：过滤在列表框中显示的约束类型。确定是否指定的约束类型是列表框中唯一显示的类型（包括，它是默认的）或唯一不显示的类型（排除）。

➢ 显示约束：允许控制列表窗口中约束的显示。

➢ 移除高亮显示的：移除一个或多个约束，方法为：在约束列表窗口中选择它们，然后选择该选项。

➢ 移除所列的：移除显示约束列表窗口中显示的所有列出的约束。

➢ 信息：单击此按钮，弹出"信息"窗口，如图 7-41 所示。在"信息"窗口中显示有关活动的草图的所有几何约束信息。当需要保存或打印约束信息时，该选项很有用。

图 7-41

7.2.6　设为对称

　　"设为对称"是对两个对象（点或曲线）以中心线对称并相等。在"约束"组中单击"设为对称"按钮，弹出"设为对称"对话框，如图 7-42 所示。

图 7-42

技术要点：

在使用此功能来约束两个对象时，需要将中心线先固定。否则两个对象不会发生改变，仍然保持原样。

　　该对话框的各选项含义如下。

➢ 主对象：指固定不变的第 1 个对象。

➢ 此对象：是要与第 1 个对象相对称且相等的对象。

➢ 对称中心线：即对称平分中心线。

➢ 设为参考：选中此项，将使实线的中心线以虚线表示，使其不会成为草图的成员之一。

　　对称约束的范例，如图 7-43 所示。

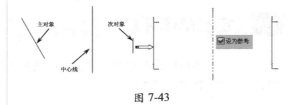

图 7-43

7.2.7　转换至/自参考对象

　　此功能可以将草图曲线（但不是点）或草图尺寸由活动对象转换为参考对象，或由参考对象转换回活动对象。参考尺寸并不控制草图几何图形。

　　在"约束"组中单击"转换至/自参考对象"按钮，弹出"转换至/自参考对象"对话框，如图 7-44 所示。

图 7-44

　　该对话框中各选项的含义如下：

➢ 选择对象：选择一个或多个要转换的对象。

➢ 选择投影曲线：转换草图曲线投影的所有输出曲线。如果投影曲线的数目增加，软件则采用相同的活动或参考状态，将新曲线添加到草图中。

> **参考曲线或尺寸：** 如果要转换的对象是
> 曲线或是标注尺寸，将转换为参考曲线
> 或参考尺寸。

> **活动曲线或驱动尺寸：** 如果要转换的对
> 象是参考曲线或参考尺寸，将会转换成
> 实线曲线或实线尺寸。

一般情况下，软件用双点画线显示参考曲
线，如图 7-45 所示。

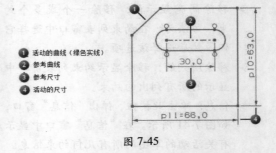

> ① 活动的曲线（绿色实线）
> ② 参考曲线
> ③ 参考尺寸
> ④ 活动的尺寸

图 7-45

7.3 定制草图环境

用户在草图环境绘制草图，可以按自己的操作习惯更改草图环境设置，这些设置包括"草图设置"和"注释首选项"。

7.3.1 草图设置

使用"草图设置"命令可控制活动草图的
设置，包括草图尺寸标签的显示，以及自动判
断约束、固定文本高度和对象颜色显示的设置。

执行"任务"|"草图设置"命令，弹出"草
图设置"对话框，如图 7-46 所示。

图 7-46

该对话框中各选项的含义如下。

> **尺寸标签：** 控制草图尺寸中表达式的
> 显示方法包括"表达式""值"和"名称"3
> 种方法，如图 7-47 所示。

> **屏幕上固定文本高度：** 在缩放草图时会
> 使尺寸文本维持恒定的大小。如果清除
> 该选项并进行缩放，则软件会使尺寸文
> 本随草图几何图形进行缩放。

> **文本高度：** 尺寸上的文本高度值。

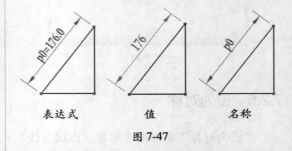

表达式   值   名称

图 7-47

技术要点：

在图纸视图上创建的草图上，看不到文本高度输入字段。创建尺寸时，草图会使用适当的制图首选项。要编辑尺寸样式，需要右击尺寸并选择样式。

> **创建自动判断约束：** 使用此命令可在创
> 建或编辑草图几何图形时，启用或禁用
> 自动判断的约束。如果关闭这个选项，
> "草图生成器"可以利用自动判断的约束，
> 但不会在文件中存储实际的约束。如图
> 7-48 所示为开启或关闭创建自动判断
> 的约束。在曲线创建过程中，相切和水
> 平约束是可用的（左图1、2）。但是
> 轮廓完成时（右），"草图生成器"会删
> 除约束。

> **连续自动标注尺寸：** 自动创建图形的标
> 注约束。

> 显示对象颜色：使用对象显示颜色显示草图曲线和尺寸。

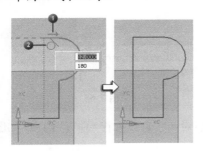

图 7-48

7.3.2　草图首选项——会话设置

"会话设置"控制当前软件会话的设置。执行"首选项"|"草图"|"会话设置"命令，打开如图 7-49 所示的"草图首选项"对话框的"会话设置"选项卡。

图 7-49

"会话设置"选项卡中各选项含义如下。

> 捕捉角：该选项可以指定垂直、水平、平行以及正交直线的默认捕捉角公差。例如，如果按端点、相对于水平或垂直参考指定的直线角度小于或等于捕捉角度值，则这条直线自动捕捉到垂直或水平位置，如图 7-50 所示。

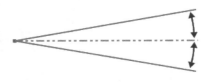

图 7-50

> 显示自由度箭头：该选项控制箭头自由度的显示，默认为开。当该选项处于关闭状态时，软件会隐藏这些箭头。
> 动态草图显示：当此选项为开时，如果相关几何体很小，则不会显示约束符号。要忽略相关几何体的尺寸查看约束，可以关闭该选项。
> 更改视图方位：控制创建或停用草图时是否更改视图方位。
> 维持隐藏状态：将此首选项与隐藏命令一起使用，可控制草图对象的显示。
> 保存图层状态：控制当停用草图时，工作图层保持不变，还是返回其前一个值。
> 背景：使用此选项可指定草图生成器会话的背景色。

7.4　综合实战——绘制手柄支架草图

○ **源文件：无**

○ **结果文件：支架草图.prt**

○ **视频文件：绘制手柄支架草图.avi**

绘制手柄支架草图的步骤如下。

（1）先绘制基准线和定位线，如图 7-51 所示。

（2）绘制已知线段，如标注尺寸的线段，如图 7-52 所示。

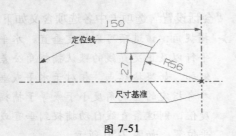

图 7-51

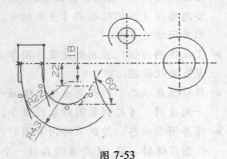

图 7-52

（3）绘制中间线段，如图 7-53 所示。
（4）绘制连接线段，如图 7-54 所示。

图 7-53

图 7-54

操作步骤

1．绘制基准线和定位线

01 在"直接草图"组中单击"草图"按钮，
开始直接绘制草图。

02 使用"直接草图"组中的"直线"工具，
在绘图区中绘制两条直线，如图 7-55 所示。

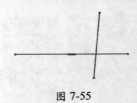

图 7-55

03 然后对两条直线进行"垂直"约束，如图 7-56
所示。

图 7-56

04 在"直接草图"组中执行"更多"|"在草
图任务环境中打开"命令，转入草图任务环境。
单击"约束"组中的"转换至／自参考对象"
按钮，接着将两直线作为转换对象转换为参
考线，如图 7-57 所示。

图 7-57

05 单击"圆弧"按钮，弹出"圆弧"对话框。
保留该对话框中"中心和端点定圆弧"的圆弧
方法及坐标模式，然后选择两条直线的相交点
作为圆弧中心，并在参数文本框中输入半径值
为 56、扫掠角度为 45，如图 7-58 所示。

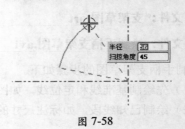

图 7-58

06 在如图 7-59 所示的位置放置圆弧起点与终点，创建圆弧。

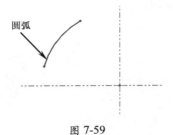

图 7-59

07 使用"直线"工具绘制出如图 7-60 所示的直线，同理将直线和圆弧也转换为参考线。

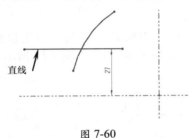

图 7-60

2．绘制已知线段

01 使用"圆"工具绘制 4 个圆，如图 7-61 所示。

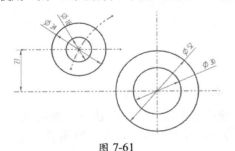

图 7-61

02 使用"直线"工具绘制 4 条直线（已尺寸标注），如图 7-62 所示。

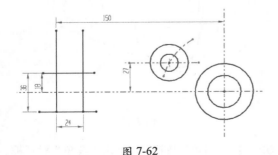

图 7-62

03 使用"直线"工具绘制如图 7-63 所示的直线（已尺寸标注）作为定位线。

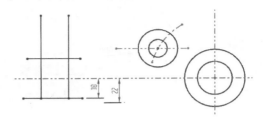

图 7-63

04 单击"圆弧"按钮，保留默认的圆弧方法和输入模式。选择尺寸基准中心作为圆弧中心，接着在尺寸文本框内输入半径值为 148、扫掠角度为 45，并选择水平尺寸基准线上的任意一点作为圆弧起点，以及在水平尺寸基准线下方任选一点作为圆弧终点，并创建圆弧。同理，以相同的圆弧中心及起、终点来创建半径为 128、扫掠角度为 25 的圆弧，如图 7-64 所示。

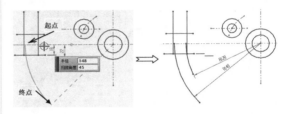

图 7-64

3．画中间线段

01 为了便于后面曲线的绘制，将先前绘制的尺寸基准、定位线及曲线全部约束为"完全固定"。

> **技术要点：**
>
> 将先前绘制的尺寸基准及曲线全部约束为"完全固定"，是为了避免后面绘制的曲线与先前的曲线进行约束时产生移动，否则将导致尺寸不精确。

02 单击"圆弧"按钮，保留默认的圆弧方法和输入模式。在步骤 3 创建的定位线上选择一点作为圆弧中心，接着在尺寸文本框内输入半径值为 22、扫掠角度为 180，并选择如图 7-65 所示的任意点作为圆弧起点，以及任选一点作为圆弧终点，并创建出圆弧 1。

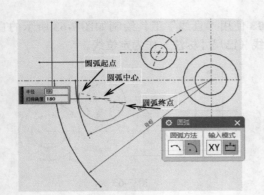

图 7-65

技术要点：

若定位线不够长，则圆弧中心将自动与该定位线的延伸线约束。

03 单击"几何约束"按钮 ⛮，然后选择圆弧 1 和已知圆弧，将其约束为"相切"，如图 7-66 所示。

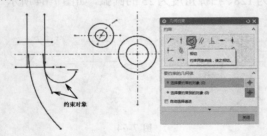

图 7-66

04 同理，以同样的操作方法创建出半径为 43 的圆弧 2，且该圆弧中心点在另一定位线上，又与半径为 148 的已知圆弧相切，如图 7-67 所示。

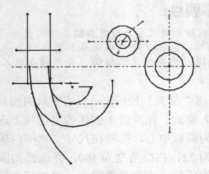

图 7-67

05 绘制一直线，使之与圆弧 1 相切，又与水

平基准线平行，此直线作为定位线。再使用"转换至/自参考对象"工具将其转换成参考线，如图 7-68 所示。

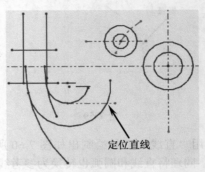

图 7-68

06 再绘制一中间直线，使之与定位直线呈 60°，并相切于圆弧 1，如图 7-69 所示。

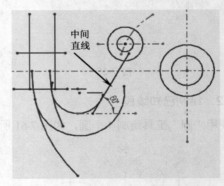

图 7-69

4．绘制连接线段

01 使用"直线"工具创建一条连接直线，使之与两圆弧匀相切，如图 7-70 所示。

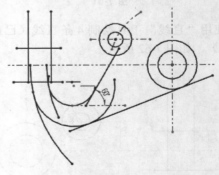

图 7-70

02 单击"圆角"按钮 ⟋，弹出"圆角"对话框。

在浮动尺寸文本框中输入圆角半径值为40，然后选择两个圆弧作为圆角创建对象，随后软件自动创建连接圆角，如图7-71所示。

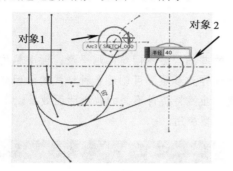

图 7-71

03 将浮动尺寸文本框的半径参数修改为12，然后选择中间直线和已知圆弧作为圆角对象，随后软件自动创建连接圆角，如图7-72所示。

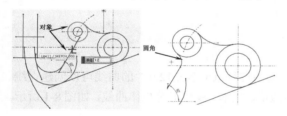

图 7-72

04 使用"圆弧"工具，以尺寸基准线中心为圆弧中心，创建半径为80、扫掠角度为60的圆弧，如图7-73所示。

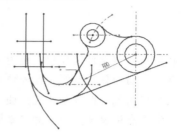

图 7-73

05 使用"快速修剪"工具将草图中多余的曲线修剪掉，修剪完成的结果如图7-74所示。

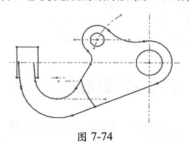

图 7-74

06 至此，手柄支架的草图绘制完成，完成后保存结果。

7.5 课后习题

使用草图构建创建夹具草图，如图7-75所示。

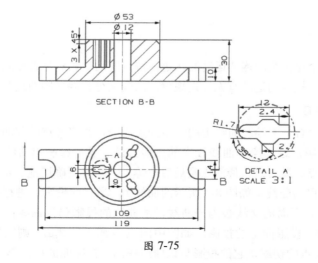

图 7-75

第 *8* 章　构建造型曲线

在工业造型设计过程中，造型曲线是创建曲面的基础，曲线创建得越平滑，曲率越均匀，获得的曲面效果越好。此外使用不同类型的曲线作为参照，可创建各种样式的曲面效果，例如使用规则曲线创建规则曲面，而使用不规则曲线将获得不同的自由曲面效果。

本章重点讲解造型曲线的基本概念与实战曲面造型应用。

知识要点与资源二维码

◆　造型曲线概述
◆　以数学形式定义的曲线
◆　过点、极点或用参数定义的曲线
◆　由几何体计算而定义的曲线
◆　文本曲线

第 8 章源文件　　第 8 章课后习题　　第 8 章结果文件　　第 8 章视频

8.1　造型曲线概述

曲线是构成实体和曲面的基础，是曲面造型必需的过程。UG NX 12.0 中的曲线可以创建直线、圆弧、圆、样条等简单曲线，也可以创建矩形、多边形、文本、螺旋形等规律曲线，如图 8-1 所示。

图 8-1

8.1.1　曲线基础

曲线可看作是一个点在空间连续运动的轨迹。按点的运动轨迹是否在同一平面，曲线可分为平面曲线和空间曲线；按点的运动有无一定规律，曲线又可分为规则曲线和不规则曲线。

1. 曲线的投影性质

因为曲线是点的集合，将绘制曲线上的一系列点投影，并将各点的同面投影依次光滑连接，即可得到该曲线的投影，这是绘制曲线投影的一般方法。若能绘制出曲线上一些特殊点（如最高点、最低点、最左点、最右点、最前点及最后点等），则可更确切地表示曲线。

曲线的投影一般仍为曲线，如图 8-2 所示的曲线 L，当它向投影面进行投射时，形成一个投射柱面，该柱面与投影平面的交线必为一曲线，故曲线的投影仍为曲线；属于曲线的点，它的投影属于该曲线在同一投影面上的投影，如图中的点 D 属于曲线 L，则它的投影 d 必属于曲线的投影 l；属于曲线某点的切线，它的投影与该曲线在同一投影面的投影仍相切于切点的投影。

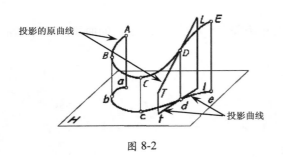

图 8-2

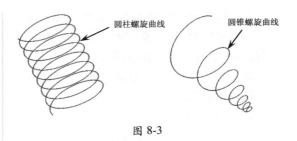

图 8-3

2．曲线的阶次

由不同幂指数变量组成的表达式称为"多项式"。多项式中最大指数称为"多项式的阶次"。例如，$5X^3+6X^2-8X=10$（阶次为 3 阶），$5X^4+6X^2-8X=10$（阶次为 4 阶）。

曲线的阶次用于判断曲线的复杂程度，而不是精确程度。简单来说，曲线的阶次越高，曲线就越复杂，计算量就越大。使用低阶曲线更加灵活，更加靠近它们的极点，使得后续操作（显示、加工、分析等）的运行速度更快，便于与其他 CAD 系统进行数据交换，因为许多 CAD 只接受 3 次曲线。

使用高阶曲线常会带来如下弊端：灵活性差、可能引起不可预知的曲率波动、造成与其他 CAD 系统数据交换时的信息丢失、使后续操作（显示、加工、分析等）的运行速度变慢。一般来讲，最好使用低阶多项式，这就是为什么在 UG、Pro/E 等 CAD 软件中默认的阶次都为低阶的原因了。

3．规则曲线

规则曲线，顾名思义就是按照一定规则分布的曲线特征。规则曲线根据结构分布特点可分为平面规则曲线和空间规则曲线。曲线上所有的点都属于同一平面，则该曲线称为"平面曲线"，常见的圆、椭圆、抛物线和双曲线等都属于平面曲线。凡是曲线上有任意 4 个连续的点不属于同一平面，则称该曲线为"空间曲线"。常见的规则空间曲线有圆柱螺旋线和圆锥螺旋线，如图 8-3 所示。

4．不规则曲线

不规则曲线又称"自由曲线"，是指形状比较复杂、不能用二次方程准确描述的曲线。自由曲线广泛用于汽车、飞机、轮船等计算机辅助设计中。涉及的问题有两个方面：一是由已知的离散点确定曲线，多是利用样条曲线和草绘曲线获得的，如图 8-4 所示为在曲面上绘制的样条曲线；二是对已知自由曲线利用交互方式予以修改，使其满足设计者的要求，即是对样条曲线或草绘曲线进行编辑获得的自由曲线。

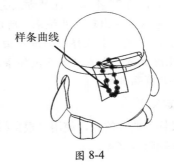

图 8-4

8.1.2　NURBS 样条曲线（B 样条曲线）

UG 软件生成的样条为 NURBS 样条曲线（非均匀有理 B 样条曲线）。B 样条曲线拟合逼真、形状控制方便，是 CAD/CAM 领域描述曲线和曲面的标准。

1．样条阶次

"样条阶次"是指定义样条曲线多项式公式的次数，UG 软件最高的样条阶次为 24 次，通常为 3 次样条。由不同幂指数变量组成的表达式称为"多项式"。多项式中最大指数被称为"多项式的阶次"。例如：

7X+5-3=35（阶次为 2，2t-3t+ t=6（阶次为 3）

曲线的阶次用于判断曲线的复杂程度，而不是精确程度。对于 1、2、3 次的曲线，可以判断曲线的顶点和曲率反向的数量。例如：

顶点数＝阶次 -1，曲率反向点＝阶次 -2

低阶次曲线的优点如下：

➤ 更加灵活。

➤ 更加靠近它们的极点。

➤ 后续操作（加工和显示等）运行速度更快。

➤ 便于数据传唤，因为许多系统只接受 3 次曲线。

高阶次曲线的缺点：

➤ 灵活性差。

➤ 可能引起不可预见的曲率波动。

➤ 造成数据转换问题。

➤ 导致后续操作执行速度减缓。

2．样条曲线的段数

可以采用单段或多段的方式来创建。

➤ 单段方式：单段样条的阶次由定义点的数量控制，阶次＝顶点数 -1，因此单段样条最多只能使用 25 个点。这种方式受到一定的限制。定义的数量越多，样条的阶次就越高，样条形状就会出现意外结果，所以一般不采用。

➤ 多段方式：多段样条的阶次由用户指定（≤24），样条定义点的数量没有限制，但至少比阶次多 1 个点（如 5 次样条，至少需要 6 个定义点）。在汽车设计中，一般采用 3 ～ 5 次样条曲线。

3．定义点

定义样条曲线的点，使用"根据极点"方式建立的样条是没有定义点的，某些编辑样条的命令会自动删除定义点。

4．节点

在样条每段上的端点，主要针对多段样条而言，单段样条只有两个节点，即起点和终点。

8.1.3　UG 曲线设计工具

几何体是通过"点 | 线 | 面 | 体"的设计过程形成的。因此，设计一个好的曲面，其基础是曲线的精确构造，避免出现曲线重叠、交叉、断点等缺陷，否则会造成后续设计的一系列问题。

有时实体需要通过曲线的拉伸、旋转等操作去构造特征；也有时用曲线创建曲面进行复杂实体造型；在特征建模过程中，曲线也常用作建模的辅助线（如定位线等）；另外，建立的曲线还可添加到草图中进行参数化设计。

UG NX 12.0 的基本曲线功能包括构建曲线和编辑曲线。在建模环境中，构建曲线与编辑曲线的"曲线"选项卡，如图 8-5 所示。

图 8-5

总的来说，UG NX 12.0 曲线工具分为 3 种曲线定义类型，即以数学形式定义的曲线，以根据几何体的计算而定义的曲线，以及过点、极点或用参数定义的曲线。下面对这几种曲线类型进行简要介绍。

8.2 以数学形式定义的曲线

以数学形式定义的曲线构建工具包括"直线""圆弧/圆""直线和圆弧"工具条、"基本曲线""椭圆""抛物线""双曲线"和"一般二次曲线"等曲线构建工具。

8.2.1 直线

使用"直线"命令创建关联曲线特征，所获取的直线类型取决于组合的约束类型；通过组合不同类型的约束，可以创建多种类型的直线。使用时可自定义平面创建直线，系统也可以自动判断一个支持平面。同时也可以进行约束，例如平行、法向、相切等。通过限制来定义直线的长度和位置。

动手操作——在两点之间创建直线

本实例要求两点之间创建直线，只需要确定两点位置即可完成。

操作步骤

01 打开源文件 8-1.prt。

02 执行"插入"|"曲线"|"直线"命令，或者在"曲线"组中单击"直线"按钮 ╱，弹出"直线"对话框。

03 确定直线起点，选择曲面左下角端点，确定直线终点。选择曲面右上角端点，操作步骤如图 8-6 所示。单击"确定"按钮，退出"直线"对话框。

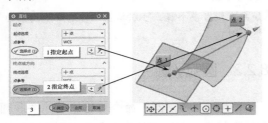

图 8-6

操作提示：

观察"捕捉点"工具条，确认为开启状态。

动手操作——创建平行于坐标系的直线

本实例要求创建平行于坐标系的直线，其中已知某点的位置。

操作步骤

01 新建名为 8-2 的模型文件。

02 执行"插入"|"曲线"|"直线"命令，或者在"曲线"组中单击"直线"按钮 ╱，弹出"直线"对话框。

03 确定直线起点，选择某点。确定直线方向，右击弹出快捷菜单，选择沿 *XC*、沿 *YC* 或沿 *ZC* 模式，在限制组设置距离，确定曲线长度，操作步骤如图 8-7 所示。单击"确定"按钮，退出"直线"对话框。

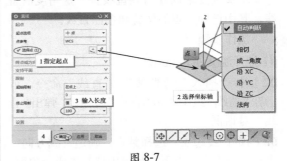

图 8-7

技术要点：

确定方向也可以在"终点选项"下拉列表中完成，或鼠标接近某方向自动捕捉。

动手操作——创建与表面垂直的直线

本实例要求创建与表面垂直的直线，其中已知某点的位置。

操作步骤

01 打开源文件 8-3.prt。

02 执行"插入"|"曲线"|"直线"命令，或者在"曲线"组中单击"直线"按钮✓，弹出"直线"对话框。

03 确定直线起点，选择某点。确定直线方向，右击弹出快捷菜单，选择"法向"模式，在限制组中设置距离，确定曲线长度，操作步骤如图 8-8 所示。单击"确定"按钮，完成直线创建并退出"直线"对话框。

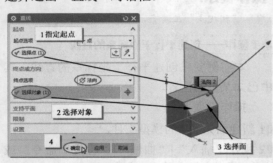

图 8-8

技术要点：

创建与某表面垂直的直线，其中表面可以是曲面。

动手操作——创建与某直线呈一定角度的直线

本实例要求创建与某直线呈一定角度的直线，其中已知某点的位置和参照直线。

操作步骤

01 打开源文件 8-4.prt。

02 执行"插入"|"曲线"|"直线"命令，或者在"曲线"组中单击"直线"按钮✓，弹出"直线"对话框。

03 确定直线起点，选择某点。确定直线方向，再在"终点选项"下拉列表中选择"成一角度"模式。单击实体边缘作为角度的参照，输入角度值与长度值，操作步骤如图 8-9 所示。单击"确定"按钮，退出"直线"对话框。

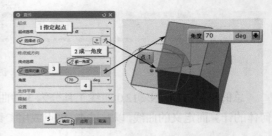

图 8-9

技术要点：

操作熟练后不需要选择"成一角度"模式，直接单击参照直线即可。

动手操作——创建相切直线

本实例要求创建相切直线，其中已知某点的位置和参照圆弧。

操作步骤

01 打开源文件 8-5.prt。

02 执行"插入"|"曲线"|"直线"命令，或者在"曲线"组中单击"直线"按钮✓，弹出"直线"对话框。

03 确定直线起点，选择某点。确定直线方向，单击"终点选项"下拉列表，选择"相切"模式，单击圆弧大概相切的部位。输入角度值与长度值，操作步骤如图 8-10 所示。单击"确定"按钮，退出"直线"对话框。

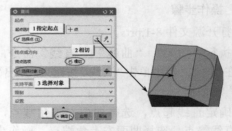

图 8-10

技术要点：

如果直线有多个解，可以单击"备选解"按钮切换选项。

8.2.2 圆弧/圆

使用"圆弧/圆"命令可迅速创建关联圆和圆弧特征。创建圆弧类型取决于组合的约束类型。因此通过组合不同类型的约束，可以创建多种类型的圆弧。圆弧/圆的创建有两种方式：三点画圆弧、从中心开始的圆弧，如图8-11所示。

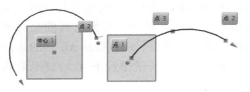

图 8-11

创建圆弧的相关参数含义如下。

> 起点：圆弧的起点，可以通过自动判断、点或者相切确定。

> 终点：圆弧的终点，可以通过自动判断、点、相切、半径确定。

> 中点：圆弧上的点，可以通过自动判断、点、相切、半径确定。

> 半径：圆弧上的半径，配合终点、中点，使用半径时的输入值确定。

> 支持平面：直线所在平面，可以使用自动平面、锁定平面、平面工具确定。

> 限制：定义圆弧的起点、终点角度，限制定义圆弧的起点、终点角度，可以通过"点""值""直至选定的对象"等选项来限制。

> 设置：直线的关联性、备选解。

> 补弧：当绘制圆弧时，设置圆弧的一部分或另一部分的取舍。

动手操作——创建过两点指定半径的圆弧

本实例要求创建过两点指定半径的圆弧，其中已知某两点的位置。

操作步骤

01 打开源文件 8-6.prt。

02 执行"插入"|"曲线"|"圆弧/圆"命令，或者在"曲线"组中单击"圆弧/圆"按钮，弹出"圆弧/圆"对话框。

03 确定圆弧起点，选择左边直线端点。选择右边直线端点确定圆弧终点。中点选项设置为半径模式，输入半径值，操作步骤如图8-12所示。单击"确定"按钮，退出"圆弧/圆"对话框。

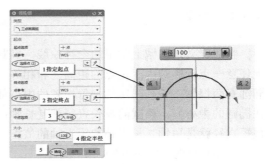

图 8-12

技术要点：

如果需要圆弧的另一半圆弧，可以单击"补弧"按钮。

动手操作——创建过一点且相切、指定半径的圆弧

本实例要求创建过一点且相切、指定半径的圆弧。

操作步骤

01 打开源文件 8-7.prt。

02 执行"插入"|"曲线"|"圆弧/圆"命令，或者在"曲线"组中单击"圆弧/圆"按钮，弹出"圆弧/圆"对话框。

03 确定圆弧起点，选择一点。单击"终点选项"下拉列表，选择"相切"模式，单击圆弧大概相切的部位。输入半径值为200，操作步骤如图8-13所示。单击"确定"按钮，退出"圆弧/圆"对话框。

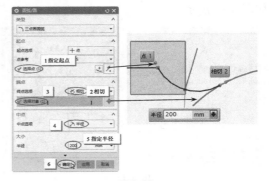

图 8-13

技术要点：

如果需要整圆，可以选中"整圆"。同样，通过单击"补弧"按钮来确定所需的圆弧。

8.2.3 椭圆

椭圆定义是机械上常用的一种曲线，椭圆上任意一点到椭圆内两定点的距离之和相等。椭圆有两根轴：长轴和短轴（每根轴的中点都在椭圆的中心）。椭圆的最长直径就是长轴；最短直径就是短轴。长半轴和短半轴的值指的是这些轴长度的1/2，如图8-14所示。

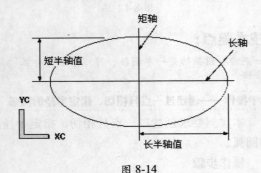

图 8-14

动手操作——创建椭圆

操作步骤

01 新建名为 8-8 的模型文件。

02 执行"插入"|"曲线"|"椭圆"命令，弹出"点"对话框。

03 输入点的位置之后，单击"确定"按钮，弹出"椭圆"对话框。输入椭圆的参数后，单击"确定"按钮，完成椭圆的绘制。操作步骤如图8-15所示。

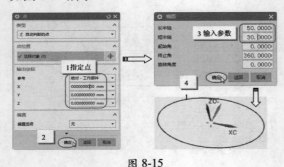

图 8-15

技术要点：

不论为每个轴的长度输入的值如何，较大的值总是作为长半轴的值，较小的值总是作为短半轴的值。

8.2.4 双曲线

双曲线包含两条曲线，分别位于中心的两侧。在 UG NX 12.0 中，只构造其中的一条，如图 8-16 所示。其中心在渐近线的交点处，对称轴通过该交点。双曲线从 XC 轴的正向绕中心旋转而来，位于平行于 XC-YC 平面的一个平面上。

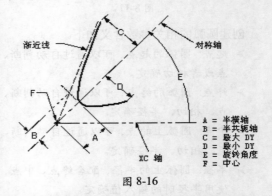

图 8-16

技术要点：

双曲线有横轴和共轭轴，其参数A、B指的就是它们的一半。双曲线的宽度限制参数为最大DY和最小DY，它们决定了双曲线的长度。半横轴与XC轴之间的夹角定义了旋转角度E，从XC整方向递时针方向计算。

动手操作——创建双曲线

操作步骤

01 新建名为 8-9 的模型文件。

02 执行"插入"|"曲线"|"双曲线"命令，弹出"点"对话框。

03 输入点的位置之后，单击"确定"按钮，弹出"双曲线"对话框。输入双曲线的参数后，单击"确定"按钮，完成双曲线的绘制。操作步骤如图8-17所示。

图 8-17

8.2.5　抛物线

抛物线是与一个点（焦点）的距离和与一条直线（准线）的距离相等的点的集合，如图8-18所示，创建的抛物线的对称轴默认平行于 *XC* 轴。

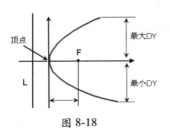

图 8-18

动手操作——创建抛物线

操作步骤

01 新建名为8-10的模型文件。

02 执行"插入"|"曲线"|"抛物线"命令，弹出"点"对话框。

03 输入点的位置之后，单击"确定"按钮，弹出"抛物线"对话框。输入抛物线的参数后，单击"确定"按钮，完成抛物线绘制。操作步骤如图8-19所示。

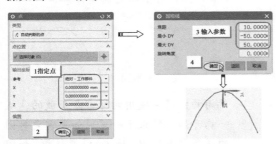

图 8-19

8.2.6　矩形

"矩形"命令通过选择两个对角创建一个矩形，默认矩形创建在 *XC-YC* 平面上。

动手操作——创建矩形

操作步骤

01 新建名为8-11的模型文件。

02 执行"插入"|"曲线"|"矩形"命令，弹出"点"对话框。

03 输入矩形的第一点为坐标或捕捉点，单击"确定"按钮。输入矩形的第二点坐标或捕捉点，单击"确定"按钮，完成矩形绘制。操作步骤如图8-20所示。

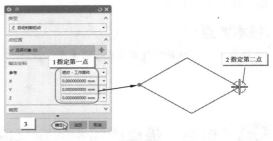

图 8-20

技术要点：

矩形两点不能在同一条直线上，*XY* 平面为默认的绘图平面。

8.2.7　多边形

多边形命令能创建边数从3边到 *N* 边的多边形，多边形都是正多边形，其边长相等。多边形的创建方式一共有3种，如图8-21所示。各种方式的含义如下。

> ➢ **外接圆半径**：从原点到多边形顶点的距离计算半径。

> ➢ **内切圆半径**：从原点到多边形最短的距离计算半径。

> ➢ **多边形的边**：以侧边的长度计算多边形尺寸。

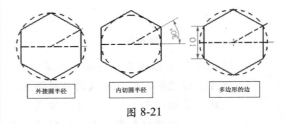

图 8-21

动手操作——创建多边形

操作步骤

01 新建名为8-12的模型文件。

02 执行"插入"|"曲线"|"多边形"命令，弹出"多边形"对话框。

03 先指定多边形的边数，再指定多边形的创建方式，然后输入半径和方位角，或输入边的长度和方位角。最后指定多边形的中心点，操作步骤如图 8-22 所示。

技术要点：

方位角是从*XC*轴逆时针旋转所得的角度。

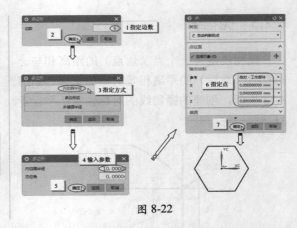

图 8-22

8.3 过点、极点或用参数定义的曲线

过点、极点或用参数定义的曲线包括艺术样条、曲面上曲线、规律曲线、螺旋线等。

8.3.1 艺术样条

"艺术样条"命令可用交互方式创建关联或非关联样条。通过拖曳定义点或极点创建样条，还可以在给定的点处或者对结束极点指定斜率或曲率。艺术样条作为设计中最常用的样条，它与其他样条相比控制方便、编辑轻松、简单易懂。艺术样条有两种创建方式，即通过点和通过极点，如图 8-23 所示。

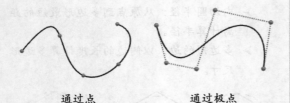

通过点   通过极点

图 8-23

➤ 通过点创建的样条曲线通过指定的点。该方法通过指定样条曲线的各数据点，生成一条通过各定义点的样条曲线。

➤ 根据极点创建样条曲线时，所指定的数据点为曲线的极点或控制点。样条曲线受极点的引力作用，但是样条通常不经过极点（两端点除外）。

创建艺术样条要理解以下几个术语。

➤ 阶次：样条平滑的因子。阶次越低曲线越弯曲，阶次越高曲线越平滑，如图 8-24 所示。对于一般产品而言，取 3 ~ 5 次方较适宜。如果根据极点创建样条，那么点数一定要比阶次多 1 点或 1 点以上，否则不能创建样条。

图 8-24

➤ 封闭的：通常使用的样条是开放的，从一端开始，结束于一端。如果需要封闭的样条需要选中"封闭的"复选框，如图 8-25 所示。

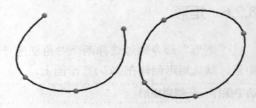

图 8-25

➤ 单段：样条曲线的分段数目，只有在根据极点方式时才能开启。开启之后样条

由一段曲线组成，形状变化较大，只有两个节点。

- ➤ 匹配的节点位置：调整内部节点的位置，已达到平滑的目的，它只有通过点创建时才能开启。

动手操作——创建过两点且相切、指定形状的艺术样条

本实例要求创建过两点且相切、指定形状的艺术样条。

操作步骤

01 打开源文件 8-13.prt。

02 执行"插入"|"曲线"|"艺术样条"命令，或者在"曲线"组中单击"艺术样条"按钮 ～，弹出"艺术样条"对话框。

03 确定第 1 点。单击左上处的直线端点，在提示约束条件下单击 G1，依次给出第 2 点、第 3 点，在提示约束条件下单击 G1，如果形状不满意，可以使用鼠标拖到第 2 点改变形状。单击"确定"按钮，退出"艺术样条"对话框。操作步骤，如图 8-26 所示。

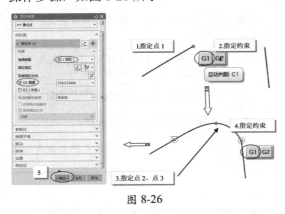

图 8-26

技术要点：

如果需要撤销或添加约束，直接右击选择即可。

8.3.2 曲面上的曲线

"曲面上的曲线"命令能在一个或多个曲面的面上直接创建样条。它主要使用在过渡曲面或圆角定义相切控制线，或定义修剪边。"曲面上的曲线"各功能如下：

- ➤ 使用 G0、G1 和 G2 连续性，根据其他对象对曲面曲线进行相应的约束。
- ➤ 在等参数或截面方向约束曲线。
- ➤ 在创建过程中使用一整套编辑工具使曲线成型。方便地添加、编辑和删除曲线控制点。在曲线编辑过程中微调定位点手柄。

动手操作——创建曲面上的曲线

操作步骤

01 打开源文件 8-14.prt。

02 执行"插入"|"曲线"|"曲面上的曲线"命令，或者在"曲线"组中单击"曲面上的曲线"按钮 ，弹出"曲面上的曲线"对话框。

03 选择要创建样条的曲面，单击"指定点"按钮，指定样条在曲面上的位置。拖到点的位置到合适的形状，设置相关的参数。单击"确定"按钮，退出"曲面上的曲线"对话框，如图 8-27 所示。

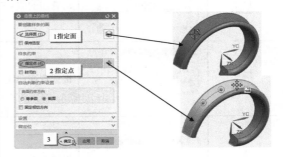

图 8-27

技术要点：

通过面规则来选择曲面，如相切面、区域面、单个面等。

8.3.3 规律曲线

"规律曲线"命令通过定义 X、Y 和 Z 分量来创建一定规律的曲线。例如渐开线、正弦线等。创建规律曲线需要定义 X、Y 和 Z 分量，并指定每个分量的规律。规律曲线的规律类型一共有 7 种，规律曲线的各规律含义如表 8-1 所示。

表 8-1 规律函数

图 标	对 话 框	名 称	含 义
	规律曲线 X 规律 规律类型 □ 恒定 值 0 mm	恒定	规律函数通过常数定义
	规律曲线 X 规律 规律类型 □ 线性 起点 0 终点 0 mm	线性	规律函数以线性变化率，从一个值到另一个值范围内变化
	规律曲线 X 规律 规律类型 □ 三次 起点 0 终点 0 mm	三次	规律函数以三次变化率，从一个值到另一个值范围内变化
	规律曲线 X 规律 规律类型 □ 沿脊线的线性 ※ 选择脊线 (0) 反向 ※ 指定新的位置	沿脊线的值 - 线性	规律函数以线性变化率，沿脊线定义的点对应的数值变化。操作步骤如下： （1）选择脊线。 （2）输入脊线上的点。 （3）选择输入规律值。 （4）根据需要重复步骤 2 和 3。 （5）单击"确定"按钮，完成退出
	规律曲线 X 规律 规律类型 □ 沿脊线的三次 ※ 选择脊线 (0) 反向 ※ 指定新的位置	沿脊线的值 - 三次	规律函数以三次变化率，沿脊线定义的点对应的数值变化。操作步骤同上
	规律曲线 X 规律 规律类型 □ 根据规律曲线 ※ 选择规律曲线 (0) 选择基线 (0) 反向	根据规律曲线	规律函数通过选择一条光顺的曲线来定义规律函数，操作步骤如下： （1）选择一条存在的规律曲线。 （2）选择一条基线，辅助选定所创建曲线的方向。 （3）根据脊线上点定义点的值
	规律曲线 X 规律 规律类型 □ 根据方程 参数 t 函数 xt	根据方程	规律函数使用现有的表达式来定义规律函数，操作步骤如下： （1）以参数的形式使用表达式变量 t。 （2）将参数方程输入表达式。 （3）选择根据方程选项来识别所有的参数表达式创建曲线

技术要点：

对于所有规律样条，必须组合使用这些选项（即，X分量可能是线性规律，Y分量可能是等式规律，而Z分量可能是常数规律）。通过组合不同的选项，可控制每个分量以及样条的数学特征。

动手操作——创建正弦线

本实例要求创建长 10 毫米，振幅为 5、周期为 3、相位角为 0 的正弦线。

操作步骤

01 新建名为 8-15 的模型文件。

02 选择模板为"建模"，自定义文件名称和文件夹。单击"确定"按钮，退出"新建"对话框，进入建模模块。

03 执行"工具"|"表达式"命令，或者在"工具"选项卡的"实用工具"组中单击"表达式"按钮 = 表达式(X)...，弹出"表达式"对话框。

04 在"名称"列中双击文本框并输入 t，在"公式"列中双击文本框并输入 1，完成 t=1 公式。在左侧"操作"选项组中单击"新建表达式"按钮 ⊞（或者在右侧的列中单击右键选择"新建表达式"命令），再依此类推完成如图 8-28 所示的变量。最后单击"表达式"对话框的"确定"按钮，完成表达式并关闭"表达式"对话框。

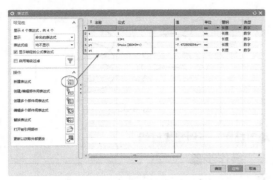

图 8-28

技术要点：

10*t 代表 x 从 0 变化到 10，5*sin(360*3*t) 代表 5 倍振幅波动 3 个周期。输入规律为 0 表示曲线在 Z=0 的 XY 平面上。此外，当输入 xt、yt 的公式后，UG 不能立即进行计算，需要先单击"确定"按钮后关闭对话框，然后再次打开"表达式"对话框即可。

05 在"曲线"组中执行"插入"|"曲线"|"规律曲线"命令，弹出"规律曲线"对话框。

06 由于已经定义了规律函数表达式，所以只需要选择 X 规律、Y 规律和 Z 规律的规律类型为"根据方程"即可，如图 8-29 所示。

图 8-29

07 保留对话框中其余参数及选项的默认设置，单击"确定"按钮完成正弦线的绘制，如图 8-30 所示。

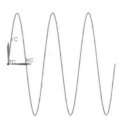

图 8-30

动手操作——创建渐开线

本实例要求创建长半径从 0 逐圈增加 3 毫米、6 个周期的渐开线。

操作步骤

01 新建名为 8-16 的模型文件。

02 选择模板为"建模"，自定义文件名称和文件夹。单击"确定"按钮，退出"新建"对话框，进入建模模块。

03 执行"工具"|"表达式"命令，弹出"表达式"对话框。

04 在名称输入 t，公式输入 1。单击"完成"图标 ✓，完成 t=1 公式。依此类推完成 xt= 3* sin (360*6*t)*t 公式 和 yt= 3*cos(360*6*t)*t 公式。如图 8-31 所示。单击"确定"按钮，退出"表达式"对话框。

图 8-31

技术要点：

360*3*t 代表 3 个周期，3*cos(360*6*t)*t 代表从 0 到 3 毫米的振幅增加。t 的单位须为恒定，长度单位的情况下不能支持 (t*t (t*t*t) 等高阶次。

05 在"曲线"组中执行"插入"|"曲线"|"规律曲线"命令，弹出"规律曲线"对话框。

06 由于已经定义了规律函数表达式，所有只需要选择 X 规律、Y 规律和 Z 规律的规律类型为"根据方程"即可，如图 8-32 所示。

图 8-32

07 保留对话框中其余参数及选项的默认设置，单击"确定"按钮完成渐开线的绘制，如图 8-33 所示。

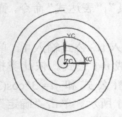

图 8-33

8.3.4 螺旋线

螺旋线是机械上常见的一种曲线，主要用在弹簧上，如图 8-34 所示。螺旋线的半径一般为固定，也有以一定规律增长的类型，螺旋线的高度 = 螺距 × 圈数。

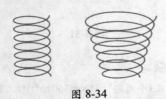

图 8-34

螺旋线的相关参数含义如下。

- ➢ 半径方法：定义螺旋线的半径方法，使用规律曲线和固定常数两种。
- ➢ 圈数：必须大于 0。可以接受小于 1 的值（例如 0.5 可生成半圈螺旋线）。
- ➢ 旋转方向：螺旋线的旋转方向，通常使用右旋方向，如图 8-35 所示。
- ➢ 定义方位：确定螺旋线的方位。

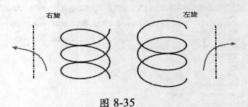

图 8-35

动手操作——创建螺旋线

操作步骤

01 新建名为 8-17 的模型文件。

02 执行"插入"|"曲线"|"螺旋线"命令，或者在"曲线"组中单击"螺旋线"按钮，弹出"螺旋线"对话框。

03 输入螺旋线的圈数、螺距、半径。单击"点构造器"按钮，弹出"点构造器"对话框。输入螺旋线原点坐标（XC、YC、ZC）或捕捉点。单击"确定"按钮，退出"点"对话框。单击"确定"按钮，退出"螺旋线"对话框，操作步骤如图 8-36 所示。

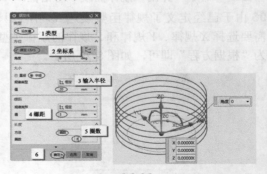

图 8-36

技术要点：

如果需要定义任意方位的螺旋线，可以事先设置好工作坐标系；或者单击"定义方位"按钮，进入"指定方位"对话框，确定螺旋线的Z轴、起始点和原点绘制。

8.4 由几何体计算而定义的曲线

在"曲线"工具条中，由几何体计算而定义的曲线工具包括有"桥接曲线""偏置曲线""抽取曲线""简化曲线""连结曲线""截面曲线"和"缠绕/展开曲线"等。

鉴于此类型的曲线在曲面造型过程中应用比较广泛，将在第5章中详细介绍这些曲线命令。下面仅仅解释曲线的基本概念。

> 桥接曲线 ：创建两条曲线之间的相切圆角曲线，如图 8-37（a）所示。
> 偏置曲线 ：利用偏移距离、拔模、规律控制、三维轴向等手段创建参照成型曲线的偏置曲线，如图 8-37（b）所示。
> 抽取曲线 ：以体或面的边作为参照来创建的曲线特征。抽取曲线特征，如图 8-37（c）所示。
> 简化曲线 ：从曲线链创建一串最佳拟合的直线和圆弧。简化曲线的特征，如图 8-37（d）所示。
> 连结曲线 ：将多条曲线连接在一起，以创建出样条曲线。连结曲线如图 8-37（e）所示。
> 剖切曲线 ：创建通过平面与体、面或曲线相交来创建曲线或点。剖切曲线如图 8-37（f）所示。
> 缠绕/展开曲线 ：将曲线从平面缠绕至圆锥或圆柱面，或者将曲线从圆锥或圆柱面展开至平面上。缠绕曲线与展开曲线是一个相反的操作过程。使用"缠绕/展开曲线"工具构建的曲线，如图 8-37（g）所示。
> 投影曲线 ：将曲线、边或点沿某一方向投影到现有曲面、平面或参考平面上。但是如果投影曲线若与面上的孔或面上的边缘相交，则投影曲线会被面上的孔和边缘所修剪。投影方向可以设置为某一角度、某一矢量方向、向某一点方向或沿面的法向。投影曲线如图 8-37（h）所示。
> 镜像曲线 ：从穿过基准平面或平的面来创建镜像曲线。镜像曲线如图 8-37（i）所示。
> 相交曲线 ：创建出两个对象之间（曲面）的相交曲线。相交曲线如图 8-37（j）所示。

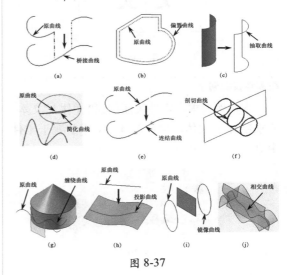

图 8-37

8.5 文本曲线

"文本"命令可根据本地 Windows 字体库生成 NX 曲线。使用"文本"命令可以选择 Windows 字体库中的任何字体，指定字符属性（加粗、倾斜、类型、字母表），并立即在 NX 部件模型内将该字符串转换为曲线。文本字能在平面、曲线或曲面上放置。

➤ 平面的：创建的文本放置于任意一个平面内。

➤ 在曲线上：创建的文本沿曲线切矢排列。

➤ 在面上：创建的文本沿曲线切矢排列并且随着参照面变化方位。

文本框主要是确定锚点的位置和文本的尺寸，文本框的命令参数随着文本类型的不同而发生相应变化。锚点位置指的是文本框处出坐标系的哪个方位，一共有左上、中上、右上、左中、中心、右中、左下、中下、右下9种，如图8-38所示。

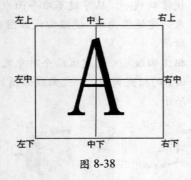

图 8-38

在零件表面刻字

本实例要求在零件表面创建"样件1"文本。要求字体为宋体，字高为4。文本放置于零件中央，如图8-39所示。

图 8-39

操作步骤

01 打开源文件 8-18.prt。

02 执行"插入"|"曲线"|"直线"命令，或者在"曲线"组中单击"直线"按钮/，弹出"直线"对话框。

03 确定直线起点，选择上边缘中点，确定直线终点，选择选择下边缘中点，操作步骤如图8-40所示。单击"确定"按钮，退出"直线"对话框。

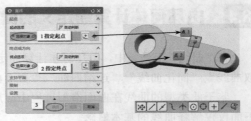

图 8-40

技术要点：

创建直线的作用是找到零件的中心点。

04 执行"插入"|"曲线"|"文本"命令，弹出"文本"对话框。

05 鼠标移动到工作区，单击直线中点，定位文字位置。进入"字体"下拉列表，选择宋体类型，并在文本输入栏输入"样件1"文本。进入"尺寸"选项卡，设置文字高度为4、W比例为100，单击"确定"按钮，退出"文本"对话框。操作步骤如图8-41所示。

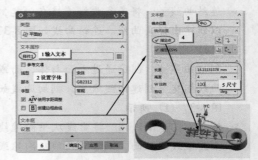

图 8-41

06 单击"拉伸"图标，弹出"拉伸"对话框。

07 选择文本作为拉伸的对象。在限制文本框输入拉伸高度为0.5。单击"确定"按钮，退出"拉伸"对话框，操作步骤如图8-42所示。

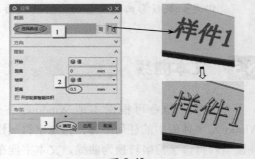

图 8-42

8.6 综合实战

本章前面介绍的曲线主要应用在曲面造型中，下面通过实战案例具体阐述曲线的构建过程，并将其进行曲面造型。

8.6.1 吊钩曲线

◎ **源文件：无**

◎ **结果文件：吊钩曲线.prt**

◎ **视频文件：吊钩曲线.avi**

下面用一个吊钩造型实例来详解造型曲线的构建方法。吊钩曲线及造型结果如图 8-43 所示。

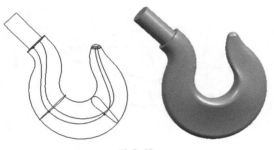

图 8-43

操作步骤

01 启动 UG NX 12.0，新建一个名为"吊钩曲线"新模型文件，并进入建模环境中。

02 在"主页"选项卡的"直接草图"组中单击"草图"按钮🔙，以默认的草图平面（*XC-YC* 基准平面）进入草绘模式，如图 8-44 所示。

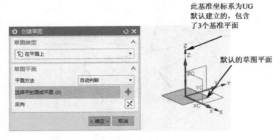

图 8-44

03 在草绘环境中，使用"直线""圆弧""圆"

及"快速修剪"等草图曲线工具，绘制如图 8-45 所示的草图。

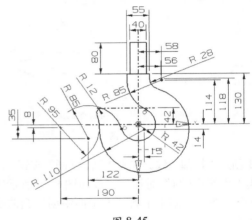

图 8-45

04 草图绘制完成后，单击"完成草图"按钮 🔦完成草图，退出草绘模式。

05 在"特征"组中单击"基准平面"按钮☐，以"曲线上"类型，选择如图 8-46 所示的参照曲线（平面剖切曲线）和曲线上的方位，在柄部位置创建出第 1 个新基准平面。

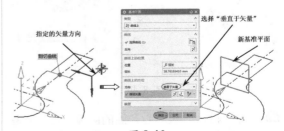

图 8-46

06 在"曲线"选项卡的"曲线"组中单击"直线"按钮，在钩尖位置选择圆弧草图的起点与终点，创建如图 8-47 所示的直线特征。

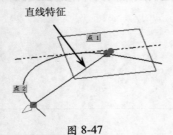

图 8-47

07 利用"特征"组的"基准平面"命令，以"点和方向"类型，选择如图 8-48 所示的通过点和方向矢量，在钩尖位置创建第 2 个基准平面。

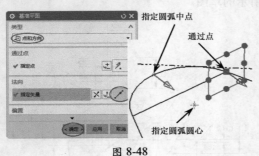

图 8-48

08 创建手柄部曲线。单击"圆弧/圆"按钮，弹出"圆弧/圆"对话框。按如图 8-49 所示的操作步骤，在第 1 个新基准平面中创建圆曲线特征。

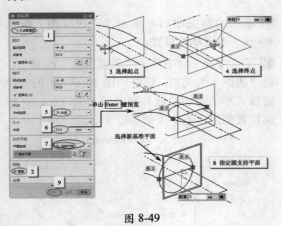

图 8-49

09 同理，再以"从中心开始的圆弧/圆"类型创建钩尖的圆曲线特征，如图 8-50 所示。

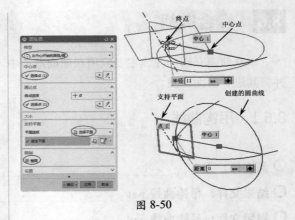

图 8-50

10 执行"直接草图"组中的"草图"命令，选择 *XC-ZC* 基准平面作为草图平面，然后在草绘模式中绘制如图 8-51 所示的吊钩截面组合曲线。

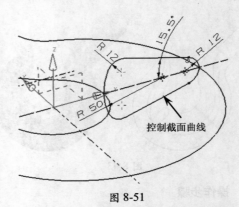

图 8-51

11 执行"草图"命令，选择 *YC-ZC* 基准平面作为草图平面，然后在草绘模式中绘制如图 8-52 所示的另一吊钩截面组合曲线。

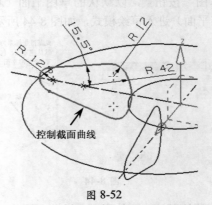

图 8-52

12 在"特征"组的"基准/点"菜单中选择"点"命令，以"中点"约束和"象限点"约束分别在4个吊钩控制截面曲线中创建4个点，如图8-53所示。

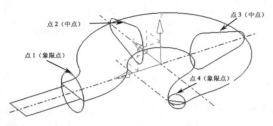

图 8-53

13 使用"基准平面"命令，以"点和方向"类型在钩尖截面中点处创建一个新基准平面，如图8-54所示。

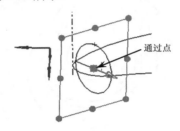

图 8-54

14 使用"点"命令，以上一步创建的新基准平面作为支持平面，创建出平行于X轴（该轴是根据支持平面而言的）的直线特征，如图8-55所示。

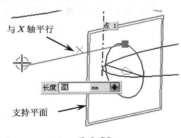

图 8-55

15 使用"点"命令，以默认的支持平面，在吊钩组合截面曲线上创建出平行于Z轴（支持平面）的直线特征，如图8-56所示。

16 使用"点"命令，以默认的支持平面，在另一条吊钩组合截面曲线上创建出平行于X轴（支持平面）的直线特征，如图8-57所示。

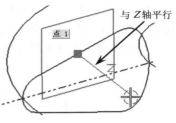

图 8-56

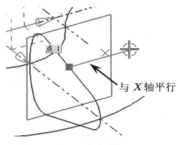

图 8-57

17 使用"点"工具，以默认的支持平面，在吊钩柄部圆曲线上创建平行于X轴（支持平面）的直线特征，如图8-58所示。

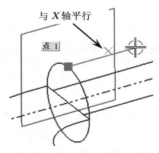

图 8-58

18 在"曲线"选项卡的"派生曲线"组中单击"桥接曲线"按钮，弹出"桥接曲线"对话框。选择如图8-59所示的起始对象与终止对象，创建第1条桥接曲线。

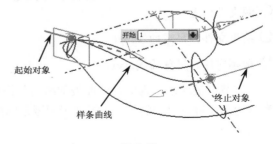

图 8-59

19 同理，再选择"桥接曲线"命令依次创建其余两条桥接曲线，创建的第 2 条桥接曲线如图 8-60 所示。第 3 条桥接曲线如图 8-61 所示。

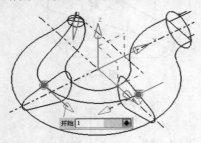

图 8-60

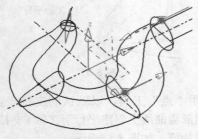

图 8-61

技术要点：

在创建后两条桥接曲线的过程中，起始对象或终止对象因桥接方向不同会产生不理想的曲线，这时需要在"桥接曲线"对话框中单击"反向"按钮✕，更改桥接方向。

20 选择"曲线"选项卡中"派生曲线"组的"镜像曲线"命令，将 3 条桥接曲线以 *XC-YC* 基准平面作为镜像平面，镜像至基准平面的另一侧，如图 8-62 所示。

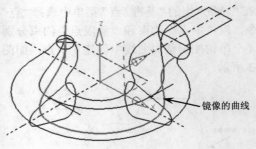

镜像的曲线

图 8-62

21 图形区中除实线外，将其余辅助线、基准平面及虚线等隐藏，吊钩的曲线构建操作也就完成了，最终结果如图 8-63 所示。

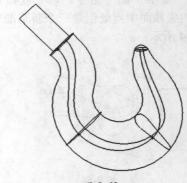

图 8-63

技术要点：

从本例中不难发现，基准平面的作用不仅仅作为绘制曲线、草图、形状的工作平面，还可以作为其他命令执行过程中的镜像参照。在不断的练习过程中，会发掘出越来越多的功能。

8.6.2 足球曲线

◎ **源文件：无**

◎ **结果文件：足球曲线.prt**

◎ **视频文件：足球曲线.avi**

　　本节以足球模型为例讲解曲线的编辑与操作等命令，如图 8-64 所示。足球是由多个五边形和六边形围绕球组成的。其中五边形周围是围绕 5 个六边形，六边形周围是围绕 3 个五边形和 3 个六边形。

图 8-64

足球是由多个五边形和六边形围绕球组成，因此只需要创建一个五边形和六边形剩下的可以复制完成。而多边形可以通过草图来完成，足球的设计思路总结如下。

➢ 创建五边形及相交线：在 *XY* 平面上使用草图创建一个五边形及交错 120° 的两条直线，再使用"旋转"命令创建两片体。最后使用"相交曲线"命令创建两片体的相交线，如图 8-65 所示。

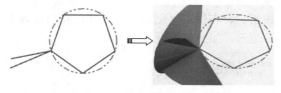

图 8-65

➢ 创建六边形与寻找球心：使用五边形及其相交线创建一个基准平面，再在平面上创建六边形。最后分别做出两个多边形的中心垂线，两垂线的交点就是足球的球心，如图 8-66 所示。

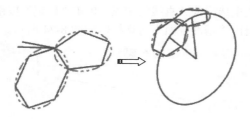

图 8-66

➢ 创建薄板：先使用"面分割"命令对球体进行分割，然后使用"加厚"命令使分割出来的面变成薄板，最后进行倒圆角和颜色修饰，如图 8-67 所示。

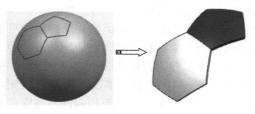

图 8-67

➢ 复制：使用移动对象或"引用几何体"命令对薄板进行有规律的复制，如图 8-68 所示。

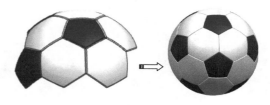

图 8-68

操作步骤

1．创建五边形及相交线

在 *XY* 平面上使用直接草图的草图命令创建一个五边形及交错 120° 的两条直线，再使用"旋转"命令创建两片体。最后使用"相交曲线"命令创建两片体的相交线。

01 启动 UG NX 12.0，新建名为"足球曲线"的模型文件并进入建模环境。

02 在"直接草图"组中单击"草图"按钮，弹出"创建草图"对话框。选择草图平面为 *XY* 平面，单击"确定"按钮，进入草图环境。

03 单击"圆"按钮○，在坐标系原点创建一个直径为 50 的圆。单击"转换至 / 自参照对象"按钮，把圆转为参照曲线。单击"直线"按钮，在图形区创建 5 条直线，并约束为正五边形。再创建两条和五边形保持夹角为 120° 的直线。操作步骤如图 8-69 所示。

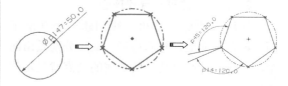

图 8-69

04 单击"主页"选项卡中"特征"组的"旋转"按钮，弹出"旋转"对话框。选择左边直线作为回转的对象，指定轴为五边形的左上边。在限制文本框输入开始为80、结束为148，操作步骤如图 8-70 所示。单击"确定"按钮，退出"旋转"对话框。按照相同的步骤完成另一个回转体。

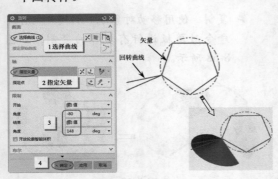

图 8-70

技术要点：

回转的角度没有什么限制，只要最后两片体能相交。要创建回转曲面，需要在"设置"选项区的"体类型"列表中选择"图纸页"选项。

05 执行"插入"|"派生曲线"|"相交"命令，弹出"相交曲线"对话框。

06 选择第 1 个回转体，再选择第 2 个回转体。单击"确定"按钮，退出"相交曲线"对话框，操作步骤如图 8-71 所示。

图 8-71

2. 创建六边形与寻找球心

使用五边形及其相交线创建一个基准平面，再在平面上创建六边形。最后分别做出两个多边形的中心垂线，两垂线的交点就是足球的球心。

01 在"特征"组中单击"基准平面"图标□，弹出"基准平面"对话框。

02 选择"两直线"类型并选择，操作步骤如图 8-72 所示。单击"确定"按钮，退出"基准平面"对话框。

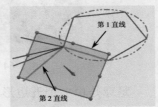

图 8-72

03 在"直接草图"组中单击"草图"按钮▨，弹出"创建草图"对话框。选择草图平面为刚才建立的平面，单击"确定"按钮，进入草图环境。

04 单击"圆"按钮○，在基准坐标系原点创建一个直径为50的圆。单击"转换至/自参照对象"按钮▨，把圆转为参照曲线。单击"直线"按钮╱，在图形区创建6条直线，并约束为正六边形。如图 8-73 所示。

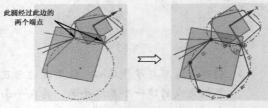

图 8-73

05 在"特征"组中单击"基准平面"图标□，弹出"基准平面"对话框。使用"自动判断"类型选择公共直线的中点。单击"确定"按钮，退出"基准平面"对话框，如图 8-74 所示。

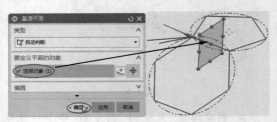

图 8-74

06 在"直接草图"组中单击"草图"按钮▨，弹出"创建草图"对话框。选择草图平面为刚才建立的平面。单击"直线"按钮 ⁄ ，在图形区创建两条直线，经过多边形中心且垂直于多边形。单击"快速修剪"按钮 ，修剪多余的曲线。操作步骤如图8-75所示。

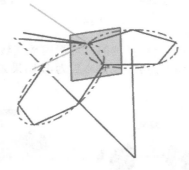

图 8-75

3．创建薄板

先使用"面分割"命令对球体进行分割，然后使用"加厚"命令使分割出来的面变成薄板，最后进行倒圆角和颜色修饰。

01 执行"插入"|"设计特征"|"球"命令，弹出"球"对话框。

技术要点：

如果菜单栏或者工具条中没有相应的命令，则可以通过执行"工具"|"定制"命令，打开"定制"对话框，在"命令"选项卡中找到相关的命令，将其拖移到菜单栏或工具条中。

02 选择草图两直线交点作为球的中心点。在尺寸文本框输入"直径"为120。单击"确定"按钮，完成球的创建，如图8-76所示。

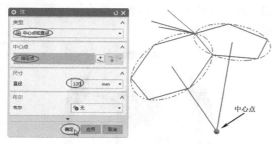

图 8-76

03 执行"插入"|"修剪"|"分割面"命令，弹出"分割面"对话框。选择要分割的面为球体，分割对象为两个多边形，操作步骤如图8-77

所示。单击"确定"按钮，完成分割面操作。

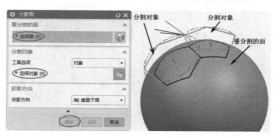

图 8-77

04 在"特征"组的"更多"命令库中选择"加厚"命令 ，弹出"加厚"对话框。选择面为六边形，在厚度"偏置1"文本框中输入2.5，加厚的方向向上，单击"确定"按钮，完成加厚操作，如图8-78所示。

 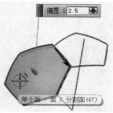

图 8-78

技术要点：

不能一次加厚两个多边形，否则会成为一个实体。选择面时将"面规则"设为"单个面"。

05 按照相同的步骤完成五边形的加厚，最后进行圆角处理。

4．复制

使用"移动对象"命令对五边形和六边形薄板进行有规律的复制。其中五边形周围是围绕5个六边形，六边形周围是围绕3个五边形和3个六边形。

01 执行"编辑"|"移动对象"命令 ，弹出"移动对象"对话框。

02 选择对象为六边形薄板，使用五边形的中心线进行旋转，角度为72°，复制4个。单击"应用"按钮，准备创建下一个的操作，操作步骤如图8-79所示。

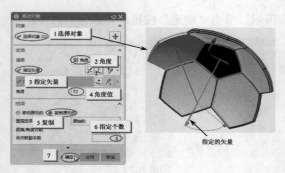

图 8-79

03 同理,再选择五边形薄板为旋转复制的对象,使用六边形的中心线进行旋转,角度为120°,复制4个。单击"应用"按钮,准备创建下一个操作,操作步骤如图8-80所示。

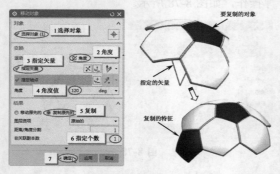

图 8-80

04 选择对象为刚才创建的五边形薄板,使用最初的五边形的中心线进行旋转,角度为72°,复制4个。单击"应用"按钮,完成旋转复制,如图8-81所示。

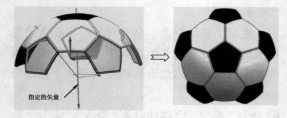

图 8-81

05 同样的操作过程,将六边形薄板进行旋转复制,旋转角度为120°(如果选择的对象不同,也可能是−120°),副本数为1,结果如图8-82所示。

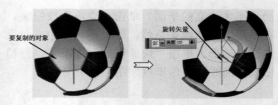

图 8-82

06 再将上一步复制的六边形薄板旋转复制,且旋转角度为72°,副本数为4,结果如图8-83所示。

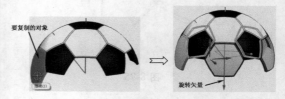

图 8-83

07 使用"基准平面"工具,以"点和方向"类型创建如图8-84所示的基准平面。

图 8-84

08 使用"特征"组中"更多"命令库的"镜像几何体"工具,镜像所有的五边形和六边形加厚特征(薄板)至基准平面的另一侧,结果如图8-85所示。

图 8-85

09 很明显，镜像后的实体与源实体不吻合，需要再进行旋转移动操作。使用"移动对象"工具，将镜像的全部实体旋转 36°，结果如图 8-86 所示。

10 至此，本练习的足球造型全部完成，最后保存结果。

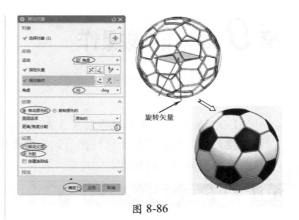

图 8-86

8.7 课后习题

1．构建挂钩曲线

本练习创建完成的挂钩组合曲线如图 8-87 所示。

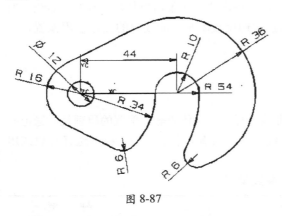

图 8-87

2．构建汽车车身曲线

利用圆弧、直线、样条曲线等工具构建如图 8-88 所示的汽车车身曲线。

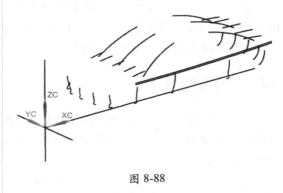

图 8-88

第 9 章　曲线操作

UG NX 12.0 的曲线造型功能非常强大，能创建较复杂的曲线。但是还有很多曲线不能直接创建，以及进行曲线操作，如投影曲线、缠绕曲线等。本章将详解两大类来自曲线集的曲线和体曲线的操作。

知识要点与资源二维码

◆ 曲线操作
◆ 体曲线操作

第 9 章源文件　　第 9 章课后习题　　第 9 章结果文件　　第 9 章视频

9.1　曲线操作

在产品设计的过程中，为了达到各种艺术效果，往往需要的线条相当复杂。例如，曲线在曲面上缠绕、相切于两曲线之间的样条等，直接创建它们比较困难。曲线集的操作使用偏置、投影等方法解决了复杂曲线的创建问题。

9.1.1　偏置曲线

"偏置曲线"命令可偏置草图、圆弧、二次曲线、样条、实体边等。偏置的原理是以选定的参照曲线在垂直方向上计算偏置的大小。偏置曲线命令一共有 4 个子类型，根据选择对象或用途的不同可参照表 9-1。

表 9-1　偏置曲线类型

类　型	描　　述	图　例
距离	在输入曲线的平面上的恒定距离处创建偏置曲线	
拔模	在与输入曲线平面平行的平面上，创建指定角度、高度的偏置曲线，并且有一个平面符号标记处偏置曲线所在的平面	
规律控制	在输入曲线的平面上，在用规律类型指定规律所定义的距离处创建偏置曲线	
三维轴向	创建共面三维曲线的偏置曲线，如果是选择了此选项则必须指定距离和方向，其默认值是 *ZC* 轴	

"偏置曲线"对话框的参数有偏置平面上的点、副本数等，如图9-1所示，它们的具体含义如下。

图 9-1

➤ 偏置平面上的点：当偏置的对象为一条直线时，软件无法确定偏置的平面需要补充一点，以达到3点确定一个平面的目的。

➤ 副本数：用于创建多个偏置曲线集，每个集上的距离都等于定义的距离，如图9-2所示。

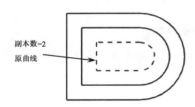

图 9-2

➤ 输入曲线：原曲线的状态定义，有4种情况，即保持（保持原曲线不变）、隐藏（原曲线隐藏）、删除（删除原曲线，非关联使用）、替换（替换原曲线，非关联使用）。

➤ 修剪：修剪偏置曲线处理相交点的方式，有3种情况可供选择，即无、相切延伸（偏置曲线的相交点自然延伸）、圆角（偏置曲线的相交点倒圆角，圆角等于偏置距离），如图9-3所示。

图 9-3

动手操作——创建偏置曲线

操作步骤

01 打开源文件9-1.prt。

02 执行"插入"|"派生曲线"|"偏置"命令，或者在"派生曲线"组中单击"偏置曲线"按钮，弹出"偏置曲线"对话框。

03 进入"类型"下拉列表，选择为偏置类型。在偏置文本框输入偏置距、副本数等参数，操作步骤如图9-4所示。单击"确定"按钮，退出"偏置曲线"对话框。

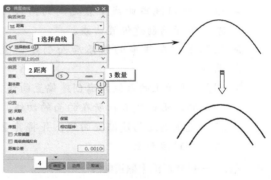

图 9-4

9.1.2　在面上偏置曲线

"在面上偏置曲线"命令的结果在实体表面或片体上，创建时沿着垂直于原始曲线的面截面进行。在面上偏置曲线可以是关联的或非关联的，也可以在一个或多个面上创建偏置曲线。偏置时的修剪选项如图9-5所示，具体含义如下。

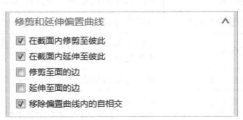

图 9-5

➤ 在截面内修剪至彼此：指定如何修剪同一截面内两条曲线之间的拐角。延伸两条曲线的切线以形成拐角，并对切线进行修剪。

➤ 在截面内延伸至彼此：指定如何延伸相同截面内两条曲线之间的拐角。从而延伸两条曲线的切线以形成拐角。

➤ 修剪至面的边：是否将曲线修剪至面的边缘。

➤ 延伸至面的边：将偏置曲线延伸至面边界。

在面上偏置曲线，定义测量偏置距离的方法，所选方法将应用于特征的所有线串。有4个选项可供选择，具体含义如下：

➤ 弦：使用线串曲线上点之间的线段，基于弦距离创建偏置曲线。

➤ 圆弧长：在线串的圆弧后面创建偏置曲线。

➤ 测量：沿面上的最短距离创建偏置曲线。

➤ 相切的：沿曲线最初所在的面的切线，在一定距离处创建偏置曲线，并将其重新投影到该面上。

动手操作——创建在面上偏置曲线

本实例要求在曲面上的曲线向上偏置10。

操作步骤

01 打开源文件9-2.prt。

02 执行"插入"|"派生曲线"|"在面上偏置曲线"命令，弹出"在面上偏置曲线"对话框。

03 先选择要偏置的曲线，再在偏置文本框输入距离为10，最后选择面。单击"确定"按钮，退出"在面上偏置曲线"对话框，操作步骤如图9-6所示。

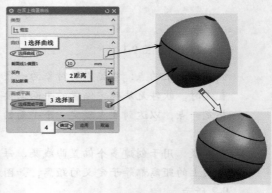

图9-6

技术要点：

如果反向偏置，则单击"反向"按钮⊠。

9.1.3 分割曲线

"分割曲线"命令可以将一条曲线分割成多段独立的曲线。对象可以是直线、圆弧、样条等（除草图）。注意分割曲线是非关联操作，不能再次编辑。根据用户要合并选择对象的不同，分割曲线命令的子类型有5种，具体含义见表9-2。

图9-2 分割曲线类型

类　型	描　述
等分段	使用曲线的长度或特定曲线参数，将曲线分割为相等的几段
根据边界对象	使用边界对象（如点、曲线、平面和/或面等）将曲线分成几段，分割点在对象上
圆弧长段	按照为各段定义的圆弧长分割曲线。由于定义的长度一般不是总长的整数倍，在结尾会有一条不是定义长度的曲线，如图9-7所示
在结点上	使用选定的结点分割曲线。结点是样条分段的端点
在拐角上	在拐角上分割样条，即在样条弯曲位置处的结点上

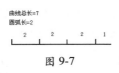

曲线总长=7
圆弧长=2

图 9-7

技术要点：

"圆弧长"是数学术语，而"圆弧"是几何体，不能将两者混淆。"圆弧长"不止用于圆弧。

动手操作——为曲线分段

本实例要求将第1条直线均匀等分为6段，再将第2条直线以10毫米为一段分段。

操作步骤

01 打开源文件9-3.prt。

02 执行"编辑"|"曲线"|"分割"命令，弹出"分割曲线"对话框。

03 选择要分割的第1条曲线。在"段数"文本框中输入数值6，单击"应用"按钮，进行下一次分割，操作步骤如图9-8所示。

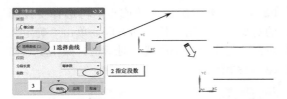

图 9-8

04 在"类型"下拉列表中选择"等圆弧长分段"模式，选择要分割的第2条曲线。在"圆弧长"文本框中输入数值10，单击"确定"按钮，退出"分割"对话框，操作步骤如图9-9所示。

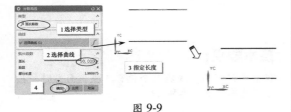

图 9-9

动手操作——在样条的所有节点处进行分割

本实例要求在样条的所有节点处进行分割。

操作步骤

01 打开源文件9-4.prt。

02 执行"编辑"|"曲线"|"分割"命令，弹出"分割"对话框。

03 在"类型"列表中选择"在结点处"类型，再激活"选择曲线"命令。

04 选择要分割的样条。单击"应用"按钮，进行下一次分割，操作步骤如图9-10所示。

图 9-10

技术要点：

如果样条比较简单，一般只有两个节点，且在端点上。

9.1.4 曲线长度

"曲线长度"命令根据给定的曲线长度，以增量或曲线总长来延伸或修剪曲线。延伸的对象可以是任何曲线、边缘。曲线延伸时可以根据侧选项、长度选项得到4种不同的结果，具体的含义如下。

> 增量：表示忽略原曲线的长度，增加的量以原曲线端点计算。

> 全部：表示以原曲线长度为基础，重新给定新曲线的长度。

> 起点和终点：在延伸时可以是某一侧延伸，也可以是两侧。起点和终点可以独立的控制任何一侧的延伸与缩短，如图9-11所示。

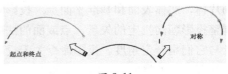

图 9-11

> 对称：能控制两侧以相同的长度延伸与缩短。

延伸方法用于修剪或延伸曲线的方向、形状。一共有3个子类型，具体含义如下。

> 自然：沿着曲线的自然路径修剪或延伸

曲线的端点。

> 线性：沿着通向切线方向的线性路径，修剪或延伸曲线的端点。

> 圆形：沿着圆形路径，修剪或延伸曲线的端点。

动手操作——利用"曲线长度"命令拉长曲线

操作步骤

01 打开源文件 9-5.prt。

02 执行"编辑"|"曲线"|"曲线长度"命令，或者在"编辑曲线"组中单击"曲线长度"按钮 ﾉ，弹出"曲线长度"对话框。

03 首先选择要编辑曲线的长度，再设置延伸的类型，最后输入延伸的值，操作步骤如图9-12所示。单击"确定"按钮，退出"曲线长度"对话框。

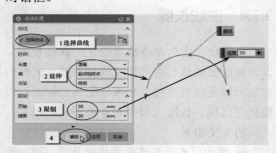

图 9-12

技术要点：

"曲线长度"命令对草图中的曲线同样有效。

9.1.5 投影曲线

"投影曲线"命令可以将曲线、边和点投影到片体、实体表面和基准平面上。投影时可以调整投影朝向指定的矢量、点或面的法向，或者与它们呈一定角度。投影命令关于投影方向一共有5个子类型，具体含义如下。

> 沿面法向：NX默认投影方向，使用指定面的法向作为投影选定对象的方向。

> 朝向点：使用指定点选项指定要将选定对象朝向哪个点投影。

> 朝向直线：使用选择直线选项指定要将选定对象朝向哪条直线投影。

> 沿矢量：使用指定矢量选项指定矢量。可以反转选定矢量的方向。

技术要点：

在不光顺或几乎与投影矢量垂直（正交）的面或部分面上投影，效果可能不好。

> 与矢量成角度：与指定矢量呈指定角度投影选定曲线，该矢量是使用矢量构造器选项定义的。根据选择的角度值（向内的角度为负值），该投影可以相对于曲线的近似形心，向外或向内的角度生成。

动手操作——创建投影曲线

操作步骤

01 打开源文件 9-6.prt。

02 执行"插入"|"派生曲线"|"投影曲线"命令，或者在"派生曲线"组中单击"投影曲线"按钮 ，弹出"投影曲线"对话框。

03 先选择要投影的曲线或点，再选择要投影的对象，最后给出投影的方向。单击"确定"按钮，退出"投影曲线"对话框。操作步骤如图9-13所示

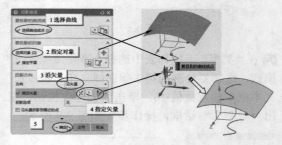

图 9-13

技术要点：

仅当要投影的曲线能完全投影在投影面内时，投影曲线操作才可正确进行。

9.1.6 组合投影

"组合投影"命令可以将曲线投影到曲线上，如图9-14所示。同样的效果相比组合投影，比普通投影少一步建立面的步骤。组合投影每组曲线必须成链，不能有自交情况发生，所在

的投影方向上尽量保持两矢量为垂直关系。

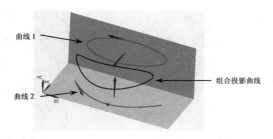

图 9-14

动手操作——创建组合投影曲线

操作步骤

01 打开源文件 9-7.prt。

02 执行"插入"|"派生曲线"|"组合投影"命令，弹出"组合投影"对话框。

03 单击曲线 1"选择曲线"按钮，选择第一组曲线。单击曲线 2"选择曲线"按钮，选择第二组曲线。设置投影的矢量，如果曲线组不是直线，一般可以默认垂直于曲线平面。单击"确定"按钮，退出"组合投影"对话框，如图 9-15 所示。

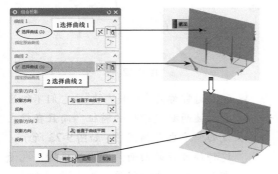

图 9-15

操作提示：

组合投影不能两组曲线都为封闭曲线链。

9.1.7 镜像曲线

"镜像曲线"是指从穿过基准平面或平的面来创建镜像曲线。可以通过选择以下对象来进行镜像操作。

➤ 复制曲线、边、曲线特征或草图。

➤ 创建关联的镜像曲线特征。

➤ 创建非关联的曲线和样条。

➤ 在平面中移动非关联的曲线，但无须复制和粘贴非关联的曲线。

在"曲线"组中单击"镜像曲线"按钮，弹出"镜像曲线"对话框。选择要镜像的特征和镜像平面后，即可创建镜像曲线，如图 9-16 所示。

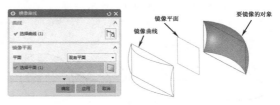

图 9-16

该对话框中包括两种镜像平面的选项：现有平面和新平面。

➤ 现有平面：已有的基准平面或实体平面。

➤ 新平面：通过平面构造器来创建新的镜像平面。

9.1.8 桥接曲线

"桥接曲线"命令可以对不连续的两曲线或边缘进行连接，并施加约束。它是曲面造型经常使用的命令之一。其中连接的类型有：位置连续 G0、切矢连续 G1、曲率连续 G2、曲率变化连续 G3 四种类型。

1. 桥接曲线属性

桥接曲线属性选项卡，如图 9-17 所示，它的各参数含义如下。

图 9-17

➤ 开始 / 结束：用于切换起始 / 终止对象

的连续性、位置等的设置。

➢ 位置：桥接曲线端点处于对象的位置。连接断开曲线一般都在对象的端点，连接封闭曲线或特殊要求可以在曲线的其他位置。调节时输入百分比位置或拖曳位置滑块在 0 ～ 100 之间调节，两圆之间桥接时起始、结束 U 位置都为 0 时，如图 9-18 所示。起始、结束 U 位置都为 50 时，如图 9-19 所示。

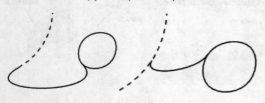

图 9-18   图 9-19

➢ 反向：反转起点和终点处的曲线方向。如果指定 G0 约束，则此选项不可用，如图 9-20 所示。

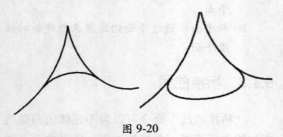

图 9-20

➢ 方向：等参数选项和截面选项可用于指定起点或终点处的"桥接曲线"方向。

2. 连续性

定义曲线光顺连接的过渡程度，它直接影响曲面的连续性。根据产品的外观要求，常用的连续性有：位置连续（G0）、斜率连续（G1）、曲率连续（G2）、曲率的变化连续（G3）4 种类型，具体含义如下：

➢ G0：通常称为"位置连续"，指两曲线端点连接或两曲面边缘重合，如图 9-21 所示。在连接处的切线方向和曲率均不一致。这种连续性的表面看起来会有一个很尖锐的接缝，属于连续性中级别最低的一种，由于使模型产生了锐利的边缘，所以平时都极力避免。

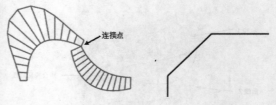

图 9-21

➢ G1：通常称为"切线连续"，它们不仅在连接处端点重合，而且切线方向一致。这种连续性的表面不会有尖锐的连接接缝，但是由于两种表面在连接处曲率突变，如图 9-22 所示，所以在视觉效果上仍然会有很明显的差异，会有一种表面中断的感觉。斜率连续由于制作简单，成功率高，而且在某些地方极其实用，比较常用。

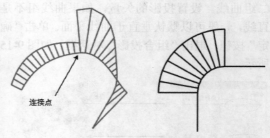

图 9-22

➢ G2：通常称为"曲率连续"，它们不但符合上述两种连续性的特征，而且在接点处的曲率也是相同的，如图 9-23 所示。这种连续性的曲面没有尖锐接缝，也没有曲率的突变，视觉效果光滑、流畅，没有突然中断的感觉。由于视觉效果非常好，但是这种连续级别的表面并不容易制作，这种连续性的表面主要用于制作模型的主面和主要的过渡面。

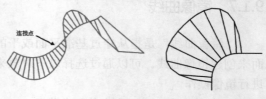

图 9-23

> G3: 通常称为"曲率的变化连续"，这种连续级别不仅具有上述连续级别的特征之外，在接点处曲率的变化率也是连续的，这使曲率的变化更加平滑，如图9-24所示。曲率的变化率可以用一个一次方程表示为一条直线。这种连续级别的表面有比G2更流畅的视觉效果，但是由于需要用到高阶曲线或需要更多的曲线片断，所以通常只用于汽车设计。

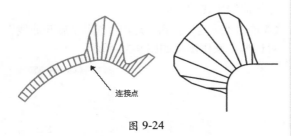

连接点

图 9-24

3．形状控制

形状控制选项组如图9-25所示，它的各参数含义如下。

图 9-25

> 方法：用于以交互方式变换桥接曲线的形状，包含相切幅值、深度和歪斜、二次曲线、参考成型曲线4种。其中以默认的相切幅值使用得最多，如图9-26所示。

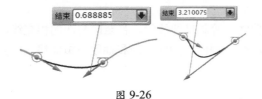

图 9-26

> 开始：用于开始时相切幅值的控制，可以在0～5之间调节，值越大相切的程度越大。

> 结束：用于结束时相切幅值的控制。

操作步骤

01 打开源文件 9-8.prt。

02 在"曲线"组中单击"桥接曲线"按钮，打开"桥接曲线"对话框。

03 按信息提示选择第一对象（曲线）和第二对象（曲线）。

04 保留该对话框中其他选项的默认设置，单击"确定"按钮，完成桥接曲线的创建，如图9-27所示。

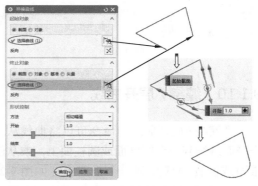

图 9-27

技术要点：

创建的桥接曲线形状与光标选取曲线的位置有关。可以通过单击"反向"按钮来改变桥接曲线的形状。

9.1.9 复合曲线

"复合曲线"命令主要用于复制曲线，输入曲线可以是单条曲线、边缘、多条曲线或尾部相连的曲线链，允许选择自相交链。输入曲线的结果有4个子类型，具体含义如下。

> 关联：复制的曲线带有关联性。

> 隐藏原先的：复制曲线后隐藏原来的对象。

> 允许自相交：如果复制多条曲线，曲线之间允许相交。

> 使用父对象的显示属性：复制的曲线带有父对象的显示属性。

动手操作——创建复合曲线

操作步骤

01 打开源文件 9-9.prt。

02 执行"插入"|"派生曲线"|"复合曲线"命令，弹出"复合曲线"对话框。

03 单击曲线组中的"选择曲线"按钮，选择曲线。单击"确定"按钮，退出"抽取曲线"对话框，操作步骤如图 9-28 所示。

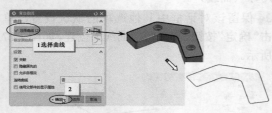

图 9-28

9.1.10 缠绕/展开曲线

"缠绕/展开曲线"命令可以将曲线从一个平面缠绕到一个圆锥面或圆柱面上，或从圆锥面或圆柱面展开到一个平面上，如图 9-29 所示。缠绕/展开曲线的对象要求比较严格，曲线必须在一个基准平面上，而基准平面必须和圆柱或圆锥相切。

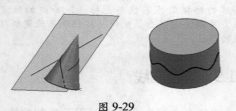

图 9-29

动手操作——创建缠绕/展开曲线

操作步骤

01 打开源文件 9-10.prt。

02 在"派生曲线"命令库中单击"缠绕/展开曲线"按钮，弹出"缠绕/展开曲线"对话框。

03 激活"曲线或点"选项组中的"选择曲线或点"命令，选择要缠绕的曲线。再激活"面"选项组中的"选择面"命令，选择要缠绕的曲面。激活"平面"选项组中的"选择对象"命令，选择曲线所在的平面。

04 单击"确定"按钮，退出"缠绕/展开曲线"对话框，操作步骤如图 9-30 所示。

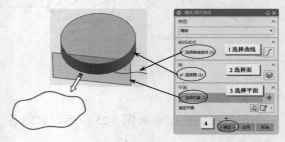

图 9-30

技术要点：

如果展开完全围绕着轴旋转的圆锥或圆柱面的一条封闭曲线，则切割线将会切断这条曲线。仅在这种情况下，切割线才会切断所有曲线。对于其他曲线，如果大部分曲线在切割线的一侧，则展开到切割线的同一侧。

9.2 体曲线操作

体曲线操作能提取片体或实体的边缘、等参数曲线、等斜度曲线等，甚至面与面的相交线、实体与面的截面线等。体曲线一共包含 4 个命令：相交、截面、抽取曲线和抽取虚拟曲线。

9.2.1 相交曲线

"相交曲线"命令可以提取两组面相交之间的相交线，可用于在两组对象之间创建相交曲线。相交曲线是关联的，会根据其定义对象的更改而更新。面的类型包含实体表面、片体、基准平面等。

动手操作——创建相交曲线

操作步骤

01 打开源文件 9-11.prt。

02 在"派生曲线"组中单击"相交曲线"按钮，弹出"相交曲线"对话框。

03 选择第一组面，对象可以是单个面也可以是多个面，接着选择第二组面。最后单击"确定"按钮，退出"相交曲线"对话框，操作步骤如图 9-31 所示。

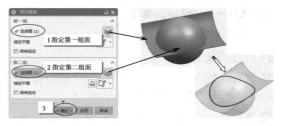

图 9-31

技术要点:

两组面不要同时为基准平面，或平行不相交的面。

9.2.2　截面曲线

　　"截面曲线"命令指定的平面与体、面、平面和/或曲线之间创建相交几何体，平面与曲线相交将创建一个或多个点。使用"截面曲线"命令有 4 个子类型：选定的平面、平行平面、径向平面、垂直于曲线的平面。具体的含义如表 9-3 所示。

表 9-3　截面子类型

类　型	描　述	图　例
选定的平面	使用选定的各个平面和基准平面创建截面曲线。可以使用现有平面，或动态创建一个平面以执行截面操作	
平行平面	通过指定平行平面集的基本平面、步长值以及起始和终止距离，来创建截面曲线	
径向平面	通过指定径向平面的枢轴和一个点来定义径向平面集的基本平面、步长值以及起始和终止角度，以创建截面曲线	
垂直于曲线的平面	通过指定多个垂直于曲线或边缘的剖切平面来创建截面曲线。有多个选项来控制剖切平面沿曲线的间距	

动手操作——创建截面曲线

操作步骤

01 打开源文件 9-12.prt。

02 执行"插入"|"来自体曲线"|"截面曲线"命令，弹出"截面曲线"对话框。

03 选择第一组面，一般对象可以是面、片体、实体，接着选择第二组面（基准平面）。最后单击"确定"按钮，退出"截面曲线"对话框，操作步骤如图 9-32 所示。

图 9-32

技术要点：

可以将光标停留在所选对象位置数秒，然后在打开的"快速拾取"对话框中选择面、片体或实体。

9.2.3 抽取曲线

"抽取曲线"命令可以一个或多个现有体的边和面创建曲线，如直线、圆弧、二次曲线和样条。抽取曲线的子类型有 5 个：边曲线、等参数曲线、轮廓线、等斜度曲线、所有在工作视图中的阴影轮廓等。具体的含义如表 9-4 所示。

表 9-4　抽取曲线子类型

类　　型	描　　述	图　　例
边缘曲线	从指定边抽取曲线。类似于边缘曲线功能的命令还有复合曲线	
等参数曲线	在选定面上创建等参数曲线，它是在选定面的 U、V 方向上创建的距离百分比值的曲线	
轮廓线	从轮廓边缘创建曲线（曲面从指向视线更改为指离视线所在位置的直线），曲线的创建是大致的，由建模距离公差控制	
所有在工作视图中的	由工作视图中体的所有可见边（包括轮廓边缘）创建曲线。使用所有，在工作视图中不用选择任何对象，注意提取时的隐藏和显示对象	
等斜度曲线	创建在面集上的拔模角为常数的曲线。主要用于帮助创建模具或铸模上的分型面	
阴影轮廓	在工作视图中创建仅显示体轮廓的曲线	

动手操作——抽取曲线

本实例要求将零件表面上的主要轮廓线提取出来，如图 9-33 所示。

02 执行"插入"|"派生曲线"|"抽取"命令，弹出"抽取曲线"对话框。选择"轮廓曲线"选项，然后选择模型即可自动抽取曲线，如图 9-34 所示。

图 9-33

图 9-34

操作步骤

01 打开源文件 9-13.prt。

9.2.4 抽取虚拟曲线

抽取虚拟曲线可以抽取倒圆角或旋转体相关的曲线，一般抽取的曲线不在自身表面。它的子类型有 3 个：旋转轴、倒圆中心线、虚拟相交。具体的含义如表 9-5 所示。

表 9-5 抽取虚拟曲线子类型

类 型	描 述	图 例
旋转轴	抽取旋转体面的旋转轴曲线	
倒圆中心线	抽取实体或片体的倒圆角圆心所产生的曲线	
虚拟相交	抽取实体或片体倒圆角之前的相交曲线	

动手操作——抽取虚拟曲线

操作步骤

01 打开源文件 9-14.prt。

02 执行"插入"|"派生曲线"|"抽取虚拟曲线"命令，弹出"抽取虚拟曲线"对话框。

03 选择要抽取的面（旋转面），单击"确定"按钮，退出"抽取虚拟曲线"对话框，操作步骤如图 9-35 所示。

图 9-35

9.3 综合实战——话筒曲线

◎ **源文件：话筒曲线.prt**

◎ **结果文件：话筒.prt**

◎ **视频文件：话筒曲线.avi**

在本节中，将讲解话筒的设计，如图 9-36 所示。话筒由 5 个小零件组装而成：底座、盖子、螺纹管、话筒壳和话筒盖。由于底部的 3 个 M3 螺钉是标准件，因此不在本例中设计和组装。

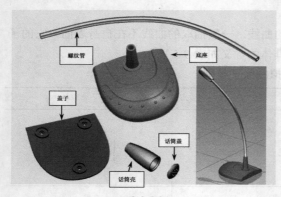

图 9-36

9.3.1 设计分析

在话筒的 5 个小零件中，设计难度最大的是底座，需要使用拉伸、扫掠、网格曲面等众多命令。螺纹管最为简单，使用"管道"命令即可完成。话筒的设计思路总结如下。

1. 创建基础曲面

主体曲面由 3 个面组成，顶面使用通过"曲线网格"命令完成，后面使用"有界平面"或"N 边曲面"命令完成，前面使用"通过曲线组"命令完成，如图 9-37 所示。

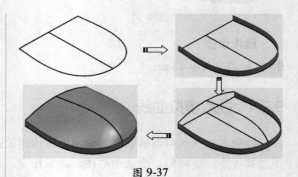

图 9-37

2. 实体编辑

使用"缝合"命令将片体转换为实体，使用"修剪体"命令修剪后面的槽，使用旋转体创建凸台。抽壳实体 1.5mm，最后增加表面的修饰与螺钉支柱，如图 9-38 所示。

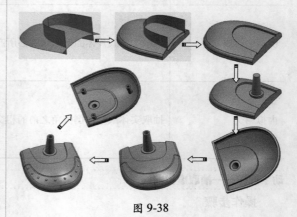

图 9-38

3. 创建盖子

设计盖子时，直接使用外壳的轮廓拉伸产生主体，然后参照外壳的支柱创建 3 个凸台，最后创建 3 个沉头孔，如图 9-39 所示。

图 9-39

4. 创建螺纹管与话筒外壳

创建螺纹管使用"管道"命令完成，创建话筒外壳使用"旋转"命令完成，其中话筒外壳还需要使用"阵列"命令复制孔，如图 9-40 所示。

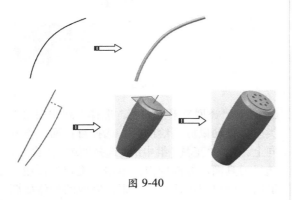

图 9-40

9.3.2 创建基础曲面

主体曲面由 3 个面组成，顶面使用"通过曲线网格"命令完成，后面使用"有界平面"或"N 边曲面"命令完成，前面使用"通过曲线组"命令完成。

操作步骤

01 打开源文件"话筒曲线 .prt"。

02 单击"曲面"选项卡中"曲面"组的"通过曲线组"按钮，弹出"通过曲线组"对话框。

03 选择上、下两条曲线链作为截面曲线。

04 单击"确定"按钮，退出"通过曲线组"对话框。操作步骤如图 9-41 所示。

05 单击"通过曲线网格"按钮，弹出"通过曲线网格"对话框。

06 移动鼠标到绘图区，依次选择 Primary Curve 1，按鼠标中键。选择 Primary Curve 2，注意选择曲线端点，按鼠标中键，或进入交叉曲线组，依次选择 3 条 Cross Curve，每选择完

毕一条按一下鼠标中键。单击"确定"按钮，退出"通过曲线网格"对话框，操作步骤如图 9-42 所示。

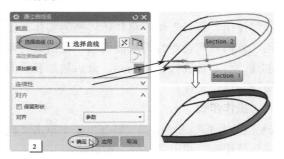

图 9-41

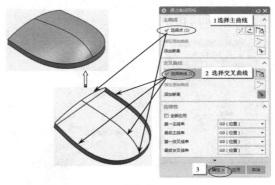

图 9-42

07 执行"插入"|"曲面"|"有界平面"命令，弹出"有界平面"对话框。

08 移动鼠标到绘图区，选择底部曲线。单击"确定"按钮，退出"有界平面"对话框，按照相同的步骤完成后部缺口的填充，操作步骤与结果如图 9-43 所示。

图 9-43

09 单击"曲面"选项卡中"曲面操作"组的"更多"命令库中的"缝合"按钮，弹出"缝合"对话框。

10 移动鼠标至绘图区，选择任意一个曲面为目标，其他所有的曲面为刀具。单击"确定"

按钮，退出"缝合"对话框。

9.3.3 实体编辑

使用"缝合"命令将片体转换为实体，使用"修剪体"命令修剪后面的槽，使用旋转体创建凸台。抽壳实体1.5mm，最后增加表面的修饰与螺钉支柱。

操作步骤

01 在"主页"选项卡的"特征"组中单击"拉伸"按钮，弹出"拉伸"对话框。

02 选择底部外样条作为拉伸的对象。在限制文本框输入拉伸高度，高度不限，但是方向向上，如图9-44所示。

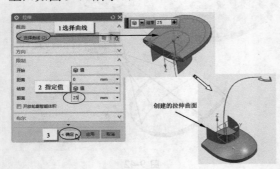

图 9-44

03 单击"确定"按钮，退出"拉伸"对话框。

04 执行"插入"|"偏置/缩放"|"偏置曲面"命令，或单击"曲面"选项卡中"曲面操作"组的"偏置曲面"按钮，弹出"偏置曲面"对话框。

05 选择要偏置实体或片体表面，使用鼠标拖曳"偏置"按钮设置偏置距离或在偏置文本框输入偏置值为1.5。单击"确定"按钮，退出"偏置曲面"对话框，操作步骤如图9-45所示。

图 9-45

技术要点：

如果曲面反向，单击"反向"按钮设置偏置反向。

06 执行"插入"|"修剪"|"延伸片体"命令，弹出"延伸片体"对话框。

07 移动鼠标至绘图区，选择要移动的边，再输入延伸距离2，单击"应用"按钮，准备下一次操作，操作步骤如图9-46所示。

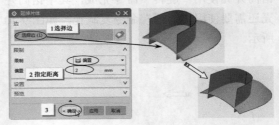

图 9-46

08 进入"类型"下拉列表，选择"制作拐角"类型。移动鼠标到绘图区，选择目标面，方向向上。激活"工具"组中的"选择面或边"命令，选择刀具面，方向向内。单击"确定"按钮，退出"修剪与延伸"对话框，完成的片体如图9-47所示。

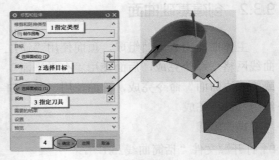

图 9-47

09 执行"插入"|"修剪"|"修剪体"命令，弹出"修剪体"对话框。

10 移动鼠标至绘图区，选择要修剪的实体。单击"选择面或平面"按钮，选择分割的刀具片体，单击"确定"按钮，退出"修剪体"对话框，操作步骤如图9-48所示。

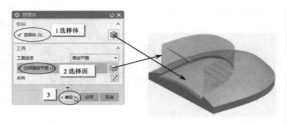

图 9-48

技术要点:

单击"反向"按钮⚡,可设置保留的一侧。

11 单击"主页"选项卡中"特征"组的"旋转"按钮⚙,弹出"旋转"对话框。

12 先选择草图作为旋转的对象,再指定轴为中间直线,设置布尔合并。单击"确定"按钮,完成旋转体的创建并退出"旋转"对话框,操作步骤如图 9-49 所示。

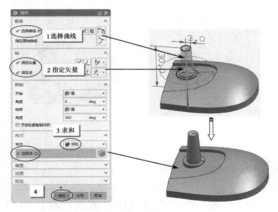

图 9-49

13 在"特征"组中单击"边倒圆"按钮⚙,弹出"边倒圆"对话框。

14 按照如图 9-50 所示,分别创建各个连接部位的圆角。单击"确定"按钮,退出"边倒圆"对话框。

图 9-50

15 在"特征"组中单击"抽壳"按钮⚙,弹出"抽壳"对话框。

16 选择要移除的面为底面,在厚度文本框中输入 1.5。单击"确定"按钮,退出"抽壳"对话框,操作步骤如图 9-51 所示。

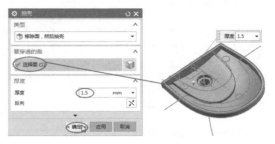

图 9-51

17 执行"插入"|"派生曲线"|"投影曲线"命令,或者单击"投影曲线"按钮⚙,弹出"投影曲线"对话框。

18 先选择要投影的曲线,再选择要投影的面,最后给出投影的方向。单击"确定"按钮,退出"投影曲线"对话框。操作步骤如图 9-52 所示。

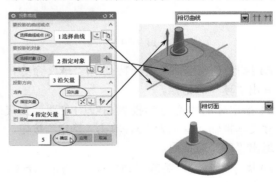

图 9-52

19 执行"插入"|"扫掠"|"管道"命令,弹出"管道"对话框。

20 选择路径曲线,输入管道的直径为 1,布尔减去。单击"确定"按钮,退出"管道"对话框,操作步骤如图 9-53 所示。

21 执行"插入"|"派生曲线"|"投影曲线"命令,或者单击"投影曲线"按钮⚙,弹出"投影曲线"对话框。

22 先选择要投影的曲线,再选择要投影的面,最后给出投影的方向。单击"确定"按钮,退出"投影曲线"对话框。操作步骤如图9-54所示。

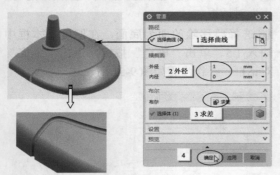

图 9-53

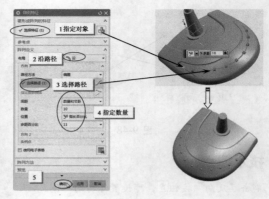

图 9-55

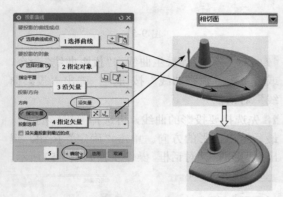

图 9-54

23 执行"插入"|"设计特征"|"球"命令，弹出"球"对话框。

24 指定球的中心点为投影曲线的左端。在尺寸文本框输入直径为1.5，单击"确定"按钮，退出"球"对话框。

25 执行"插入"|"关联复制"|"阵列特征"命令，弹出"阵列特征"对话框。

26 进入"类型"下拉列表，选择"沿路径"类型。选择对象为小球，路径为投影曲线，输入副本数为10。单击"确定"按钮，退出"实例几何体"对话框，操作步骤如图9-55所示。

27 单击"拉伸"按钮 ，弹出"拉伸"对话框。

28 选择底面草图作为拉伸的对象。在限制文本框中输入开始为1.5，结束为"直至下一个"。单击"确定"按钮，退出"拉伸"对话框，操作步骤如图9-56所示。

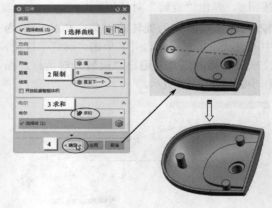

图 9-56

9.3.4 设计底座

设计底座时，直接使用外壳的轮廓拉伸产生主体，然后参照外壳的支柱创建3个凸台，最后创建3个孔，使底座和盖子相通。

操作步骤

01 单击"拉伸"按钮 ，弹出"拉伸"对话框。

02 选择底面草图作为拉伸的对象。在限制文本框输入开始为1.5，结束为"直至下一个"。单击"应用"按钮，准备下一次操作，操作步骤如图9-57所示。

03 选择底面支柱作为拉伸的对象。在限制文本框输入开始为0，结束为3，布尔合并。单击"确定"按钮，退出"拉伸"对话框，操作步骤如图9-58所示。

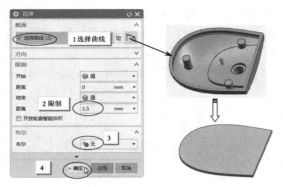

图 9-57

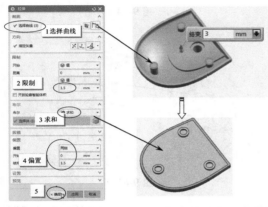

图 9-58

04 单击"孔"按钮，弹出"孔"对话框。

05 进入"类型"下拉列表，选择"孔系列"类型。选择 3 个凸垫的其中一个，给出螺钉类型为 M3，深度为 5，顶锥角为 0。单击"确定"按钮，退出"孔"对话框，按照相同的步骤完成其他两个，操作步骤如图 9-59 所示。

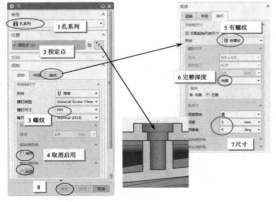

图 9-59

9.3.5　创建螺纹管与话筒外壳

创建螺纹管使用"管道"命令完成，创建话筒外壳使用"旋转"命令完成，其中话筒外壳还需要使用"阵列"命令复制孔。

操作步骤

01 执行"插入"|"扫掠"|"管道"命令，弹出"管道"对话框

02 选择路径曲线，输入管道的直径为 4。单击"确定"按钮，退出"管道"对话框，操作步骤如图 9-60 所示。

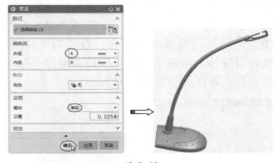

图 9-60

03 单击"特征"组中的"旋转"按钮，弹出"旋转"对话框。

04 先选择曲线作为旋转的对象，再指定轴为中间直线，单击"确定"按钮，退出"旋转"对话框，最后对旋转体进行倒角和倒圆角，操作步骤如图 9-61 所示。

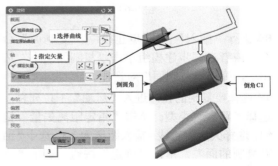

图 9-61

05 执行"插入"|"修剪"|"拆分体"命令，弹出"拆分体"对话框。

06 选择要拆分的实体或片体，单击刀具"选

择面或平面"按钮,选择刀具面。单击"确定"按钮,退出"拆分体"对话框,操作步骤如图9-62所示。

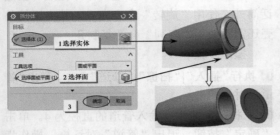

图 9-62

07 单击"孔"按钮,弹出"孔"对话框。

08 进入"孔方向"下拉列表,选择"沿矢量"类型。选择话筒盖底部圆心,直径为1.5,深度为贯穿体。单击"确定"按钮,退出"孔"对话框,操作步骤如图9-63所示。

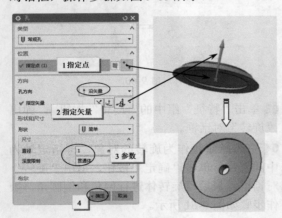

图 9-63

09 执行"插入"|"同步建模"|"复制面"命令,或者在同步建模组单击"复制面大小"按钮,弹出"复制面"对话框。

10 选择要复制的孔。进入"运动"下拉列表,选择"距离"类型。单击"指定距离矢量"按钮,选择矢量为直线,输入距离为2.5。选中"粘贴复制的面",单击"确定"按钮,退出"复制面"对话框,操作步骤如图9-64所示。

11 执行"插入"|"关联复制"|"阵列面"命令,或者在同步建模组单击"图样面"按钮,弹出"图样面"对话框。

12 选择要阵列的面。单击"指定矢量"按钮,

选择中心孔。输入角度为60、圆数量为6。单击"确定"按钮,退出"图样面"对话框,操作步骤如图9-65所示。

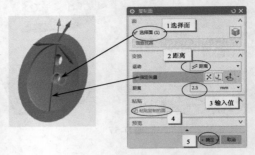

图 9-64

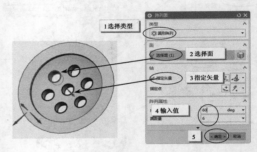

图 9-65

13 单击"拉伸"按钮,弹出"拉伸"对话框。

14 选择话题盖内圆作为拉伸的对象。在"限制"文本框中输入"开始"为–0.3,"结束"为1.5。单击"应用"按钮,准备下一次操作,操作步骤如图9-66所示。

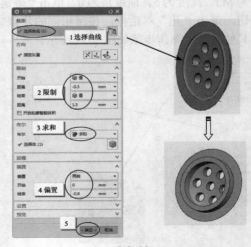

图 9-66

技术要点：

设置"开始"为-0.3的原因是使合并时两实体完全相交。

15 单击"特征"组中的"减去"按钮，弹出"求差"对话框。

16 单击底座为目标，选择螺纹管为刀具。单击"确定"按钮，退出"求差"对话框，操作步骤如图 9-67 所示。

技术要点：

由于螺纹管和底座要紧密配合，因此减去能快速、方便地使底座和螺纹管减去多余的部分，且间隙为0。

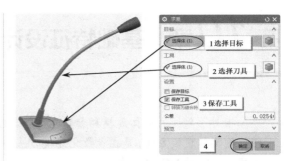

图 9-67

17 至此，完成了话筒的曲面和实体的造型工作。

9.4 课后习题

1. 耳机设计

耳机的设计如图 9-68 所示。设计卡勾时先使用"旋转"命令创建旋转体，接下来使用"扫掠"命令完成管状体，最后使用抽壳实体，并完成孔的阵列。

图 9-68

2. 风扇叶设计

完成风扇叶的设计，具体尺寸自定义，如图 9-69 所示。设计时先采用"旋转"命令完成圆柱体，再使用"组合投影"等曲线操作命令完成叶片线框的创建，最后使用网格曲面完成叶片的创建。

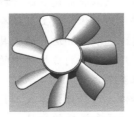

图 9-69

3. 帽子设计

完成帽子的设计，如图 9-70 所示。设计时先采用"旋转"命令完成圆柱体，再使用组合投影完成帽子最外面的曲线。最后使用直纹面完成裙边的创建，并加厚。

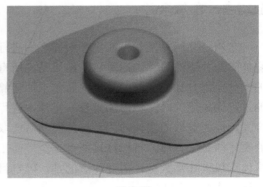

图 9-70

第2篇　机械设计篇

第 10 章　基础特征设计

相对于单纯的实体建模和参数化建模，UG 软件采用的是混合建模法，该方法是基于特征的实体建模方法，是在参数化建模方法的基础上采用的所谓变量化技术设计建模方法。本章开始接触 UG 软件的混合建模方法。

知识要点与资源二维码

- ◆　布尔运算
- ◆　体素特征
- ◆　基于草图截面的特征

第 10 章课后习题　第 10 章结果文件　　第 10 章视频

10.1　布尔运算

零件通常由一个整体的实体组成，而整体的实体又是由多个实体特征组成的，而这些实体特征组合为零件的过程即是布尔运算过程。

布尔运算贯穿 UG 软件的整个实体建模过程，使用非常频繁，不仅在操作过程中单独使用，而且布尔运算命令还镶嵌在其他命令的对话框中，随其他命令的完成自动完成布尔运算操作。

10.1.1　布尔合并

布尔合并运算是一种在多个实体之间进行叠加的拓扑逻辑运算，运算后的结果是将所有的实体全部叠加在一起的效果。布尔求加运算的过程为采用工具实体添加到目标实体中进行合并，最先选取的实体即为目标体，其后选取的实体即是工具体，目标体只能是一个，而工具体可以有任意数量，需要注意的是，确定目标体的选取要合理。

布尔求加运算命令的操作方式有两种：一种是直接采用布尔运算命令的形式进行操作；另一种是镶嵌在别的工具中进行操作。

直接调取方式可以执行"插入"|"组合"|"合并"命令，或者在"主页"选项卡中单击"合并"按钮🔩，弹出"求和"对话框，该对话框用来选取目标体和工具体，以及设置是否保留等参数，如图 10-1 所示。

图 10-1

该对话框中各选项的含义如下。

- ➢ **目标**：选取合并运算的目标实体，此实体将作为母体，被工具体叠加合并。
- ➢ **工具**：选取合并运算的工具实体，此实体是用来叠加到目标体中的工具，可以选取多个。
- ➢ **选择体**：选择目标体或工具体，并显示是否选择和选择的数目。

- ➢ 保存目标：在进行布尔合并运算生成新的合并实体时，将原始的目标体保留，此操作是非参数化的。
- ➢ 保存工具：在进行布尔合并运算生成新的合并实体时，将原始的工具体保留，此操作是非参数化的。
- ➢ 公差：进行布尔运算采用的计算公差，此公差对比较小的特征有影响。
- ➢ 预览：对合并后的结果进行可视化预览，可以随时了解合并结果是否符合用户的意图。

镶嵌在其他的工具中通常是实体创建工具，在创建的同时可以选择是否使用布尔运算以及选取何种布尔运算。图10-2所示为"圆柱"对话框中的合并工具。

图 10-2

动手操作——布尔求和

采用布尔求和命令绘制如图10-3所示的图形。

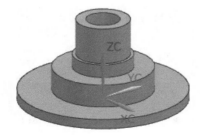

图 10-3

操作步骤

01 绘制圆柱体，执行"插入"|"设计特征"|"圆

柱体"命令，弹出"圆柱"对话框，指定原点为轴点以及Z轴为矢量方向。输入圆柱的直径为100，高度为6，单击"确定"按钮完成圆柱体的创建，结果如图10-4所示。

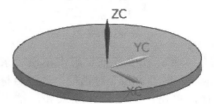

图 10-4

02 绘制圆柱体，执行"插入"|"设计特征"|"圆柱体"命令，弹出"圆柱"对话框，指定原点为轴点以及Z轴为矢量方向。输入圆柱的直径为60，高度为20，单击"确定"按钮完成圆柱体的创建，结果如图10-5所示。

图 10-5

03 绘制圆柱体，执行"插入"|"设计特征"|"圆柱体"命令，弹出"圆柱"对话框，指定原点为轴点以及Z轴为矢量方向。输入圆柱的直径为36，高度为28，单击"确定"按钮完成圆柱体的创建，结果如图10-6所示。

图 10-6

04 绘制圆柱体，执行"插入"|"设计特征"|"圆柱体"命令，弹出"圆柱体"对话框，指定原点为轴点以及Z轴为矢量方向。输入圆柱的直径为32，高度为50，单击"确定"按钮完成圆柱体的创建，结果如图10-7所示。

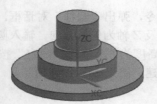

图 10-7

05 布尔求和。在"特征"组中单击"求和"按钮 🔩，弹出"求和"对话框，选取目标体和工具体，单击"确定"完成求和，结果如图 10-8 所示。

图 10-8

06 绘制圆。在"曲线"选项卡中单击"基本曲线"按钮 💊，弹出"基本曲线"对话框，选取类型为圆，选取原点为圆心，直径为 20，结果如图 10-9 所示。

图 10-9

07 拉伸切割。在"主页"选项卡中单击"拉伸"按钮 🔟，弹出"拉伸"对话框，选取刚才绘制的直线，指定矢量，输入拉伸参数，进行布尔减去操作，结果如图 10-10 所示。

图 10-10

08 按 Ctrl+W 快捷键，弹出"显示和隐藏"对话框，单击曲线栏的"—"按钮，即可将所有的曲线全部隐藏，结果如图 10-11 所示。

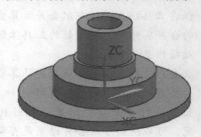

图 10-11

10.1.2 布尔求差

布尔求差运算是一种在多个实体之间进行减去的拓扑逻辑运算，运算后，先前多个实体组合成为一个新实体。布尔求差命令是采用工具体对目标体进行切割，目标体只能选取一个，工具体可以选取多个，数量不限。布尔求差命令的表现形式有两种：一种是直接进行布尔运算操作；另一种是镶嵌在其他实体操作组中，方便用户随时进行布尔运算。

执行"插入" | "组合" | "求差"命令，或者在"主页"选项卡中单击"求差"按钮 🔟，弹出"求差"对话框，该对话框主要用来选取求差的目标体和工具体，以及设置是否保留等相关参数，如图 10-12 所示。该对话框中的各选项含义如下。

图 10-12

➢ 目标：选取求差运算的目标体，此实体将作为母体，被工具体修剪切割。

➢ 工具：选取求差运算的工具体，此实体用来切割目标体，可以选取多个。

➢ 选择体：选择目标体或工具体，并显示是否选择和选择的数目。

➢ 保存目标：在进行布尔求差运算生成新的求差实体时，将原始的目标体保留，此操作是非参数化的。

➢ 保存工具：在进行布尔求差运算生成新的减去实体时，将原始的工具体保留，此操作是非参数化的。

➢ 公差：进行布尔运算采用的计算公差，此公差对比较小的特征有影响。

➢ 预览：对求差后的结果进行可视化预览，可以随时了解求差结果是否满足用户的需求。

在实体创建操作的对话框中都镶嵌有布尔求差操作组，图10-13所示为"长方体"对话框中的"布尔"下拉列表，在进行长方体创建的同时可以对其进行布尔运算。

图 10-13

技术要点：

在进行布尔求差运算时，当减去的工具体被目标体包容，并且存在临界状态时，布尔求差运算失效，系统会提示工具体和目标体未形成全相交，如图10-14所示。因为小圆柱体在内部和大圆柱体相切，形成临界点，系统逻辑运算无法进行计算，出现报警。因此，在设计工作时，应尽可能地避免出现临界求差运算。可以进行其他的加肉操作将临界破坏，再进行求差运算。

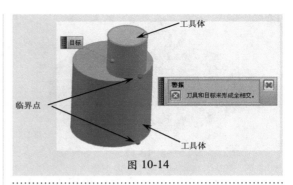

图 10-14

动手操作——布尔求差

采用布尔求差运算创建如图10-15所示的图形。

图 10-15

操作步骤

01 绘制圆柱体。执行"插入"|"设计特征"|"圆柱体"命令，弹出"圆柱体"对话框，指定原点为圆柱体底面中心点，矢量ZC为圆柱体轴向，直径为100，高度为10，在"圆柱体"对话框中单击"确定"按钮，完成圆柱体的绘制，如图10-16所示。

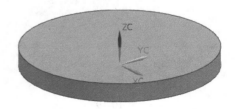

图 10-16 圆柱体

02 绘制圆柱体。执行"插入"|"设计特征"|"圆柱体"命令，弹出"圆柱体"对话框，指定原点为轴点以及Z轴为矢量方向。输入圆柱的直径为40，高度为35，单击"确定"按钮完成圆柱体的创建，结果如图10-17所示。

图 10-17

03 布尔求和。在"特征"组中单击"合并"按钮，弹出"求和"对话框，选取目标体和工具体，单击"确定"按钮完成求和，结果如图 10-18 所示。

图 10-18

04 绘制圆柱体。执行"插入"|"设计特征"|"圆柱体"命令，弹出"圆柱体"对话框，指定原点为轴点以及 Z 轴为矢量方向。输入圆柱的直径为 25，高度为 40，单击"确定"按钮完成圆柱体的创建，结果如图 10-19 所示。

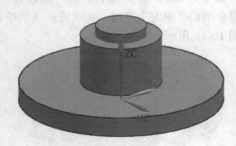

图 10-19

05 绘制圆柱体。执行"插入"|"设计特征"|"圆柱体"命令，弹出"圆柱体"对话框，指定定位点（35,0,0）为轴点以及 Z 轴为矢量方向。输入圆柱的直径为 10，高度为 15，单击"确定"按钮完成圆柱体的创建，结果如图 10-20 所示。

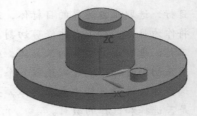

图 10-20

06 创建阵列特征。在"特征"组中单击"阵列特征"按钮，弹出"阵列特征"对话框，选取要阵列的对象，指定阵列类型为圆形，选取旋转轴矢量和轴点，并设置阵列参数，如图 10-21 所示。

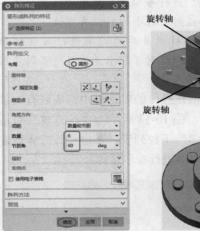

图 10-21

07 布尔减去。在"特征"组中单击"求差"按钮，弹出"求差"对话框，选取目标体和工具体，单击"确定"按钮完成求差操作，结果如图 10-22 所示。

图 10-22

10.1.3 布尔求交

布尔求交运算是一种在多个实体之间进行求取公共部分的拓扑逻辑运算，运算后的结果是将所有的实体全部叠加在一起，并取其公共部分后的效果。布尔求交运算过程为采用工具体添加到目标体中进行相交，最先选取的实体即为目标体，其后选取的实体即是工具体，目标体只能是一个，而工具体可以为任意数量。其后选取的所有工具体和目标体计算其求交部分。

布尔求交运算命令的操作方式有两种：一种是直接采用布尔运算命令的形式进行操作；另一种是镶嵌在别的工具中进行操作。

直接调取方式可以执行"插入"|"组合"|"求交"命令，或者在"主页"选项卡中单击"求交"按钮，弹出"求交"对话框，该对话框用来选取目标体和工具体，以及设置是否保留等参数，如图10-23所示。该对话框中的各选项含义如下。

图 10-23

> 目标：选取求交运算的目标实体，此实体将作为母体，被工具体进行叠加求交。
> 工具：选取求交运算的工具体，此实体是用来和目标体求交的工具，可以选取多个。
> 选择体：选择目标体或工具体，并显示是否选择和选择的数目。
> 保存目标：在进行布尔求交运算生成新的求交实体时，将原始的目标体保留，此操作是非参数化的。
> 保存工具：在进行布尔求交运算生成新的求交实体时，将原始的工具体保留，此操作是非参数化的。

在创建实体的同时，可以选择是否使用布尔运算以及选取何种布尔运算。如图10-24所示为圆柱体工具组中求交工具。

图 10-24

动手操作——布尔求交

采用布尔求交命令绘制如图10-25所示的图形。

图 10-25

操作步骤

01 绘制草图，执行"插入"|"在任务环境中插入草图"命令，选取草图平面为ZY平面绘制草图，如图10-26所示。

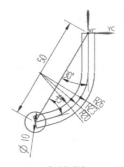

图 10-26

02 拉伸实体。在"主页"选项卡中单击"拉伸"按钮 🔲，弹出"拉伸"对话框，选取刚才绘制的直线，指定矢量，输入拉伸参数，结果如图10-27所示。

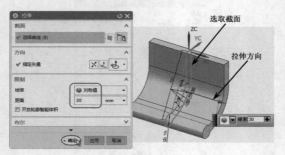

图 10-27

03 动态移动基准坐标系，选取 Y 轴后再单击直线。调整后的坐标系如图10-28所示。

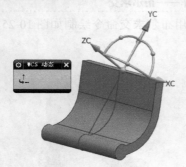

图 10-28

04 绘制草图。执行"插入"|"在任务环境中插入草图"命令，选取草图平面为 XY 平面，绘制的草图如图10-29所示。

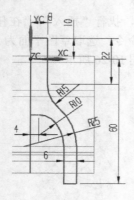

图 10-29

05 拉伸实体。在"主页"选项卡中单击"拉伸"

按钮 🔲，弹出"拉伸"对话框，选取刚才绘制的直线，指定矢量，输入拉伸参数，结果如图10-30所示。

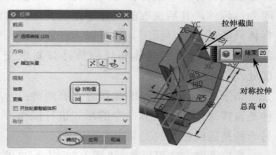

图 10-30

06 镜像体。执行"编辑"|"变换"命令，选取要变换的对象后单击"确定"按钮，弹出"变换"对话框，选取变换类型为"通过一平面镜像"选项，指定平面为实体端面，变换类型为复制，结果如图10-31所示。

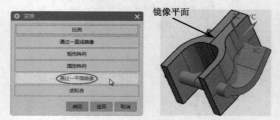

图 10-31

07 布尔求和。在"特征"组中单击"求和"按钮 🔲，弹出"求和"对话框，选取目标体和工具体，单击"确定"按钮完成求和，结果如图10-32所示。

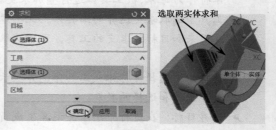

图 10-32

08 布尔求交。在"特征"组中单击"布尔求交"按钮 🔲，弹出"求交"对话框，选取目标体和工具体，单击"确定"按钮完成求交，结果如图10-33所示。

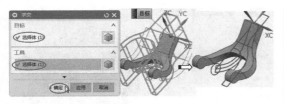

图 10-33

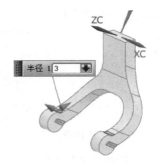

图 10-35

09 隐藏线。按 Ctrl+W 快捷键，弹出"显示和隐藏"对话框，单击曲线栏的"—"按钮，即可将所有的曲线隐藏，结果如图 10-34 所示。

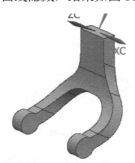

图 10-34

10 倒圆角。在"主页"选项卡中单击"倒圆角"按钮，弹出"倒圆角"对话框，选取要倒圆角的边，输入倒圆角半径为 3 后单击"确定"按钮，结果如图 10-35 所示。

11 创建孔。在"特征"组中单击"孔"按钮，弹出"孔"对话框，设置类型为"常规孔"，形状为"简单"，指定孔位置点和孔参数，结果如图 10-36 所示。

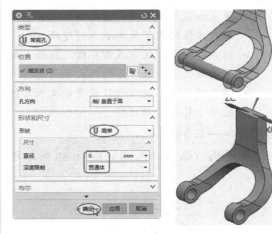

图 10-36

技术要点：

当布尔求交操作选取多个工具体时，单个求交和多个求交有时是有差别的，因此，用户在操作之前要进行充分的分析。

10.2 体素特征

在进行实体建模时，有很多的基础特征经常会用到，而且是基本的实体模型——体素特征，如长方体、圆柱体、圆锥体、球体等，这些模型是最初几何研究的对象，是最原始的基础实体，UG 软件将这些实体专门开发成工具，无须用户绘制截面，只需要给定定位点并确定外形的相关参数即可建模，大幅提高了建模的速度和效率。

10.2.1 长方体

长方体即创建基本块实体，是几何上的六面体。执行"插入"|"设计特征"|"长方体"命令，弹出"块"对话框，该对话框用来设置长方体定位方式和长宽高等参数，如图 10-37 所示。

图 10-37

长方体的定位方式有 3 种，分别是原点和边长、两点和高度、两个对角点。

➢ 原点和边长：该方式需要指定底面中心和长方体的长宽高参数来创建块。

➢ 两点和高度：该方式需要指定底面上矩形的对角点和长方体的高度来创建块。

➢ 两个对角点：该方式只需要定义长方体的两个对角点即可。

动手操作——长方体

采用长方体命令绘制如图 10-38 所示的图形。

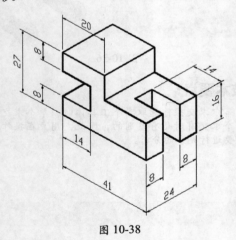

图 10-38

操作步骤

01 创建长方体，执行"插入"|"设计特征"|"长方体"命令，弹出"块"对话框，指定原点为系统坐标系原点，输入长为 41、宽为 24、高为 27，单击"确定"按钮完成创建，结果如图 10-39 所示。

02 同理，再创建长方体。指定定位点为（0,0,8），输入长为 14、宽为 30、高为 11，单击"确定"按钮完成创建，结果如图 10-40 所示。

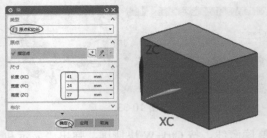

图 10-39

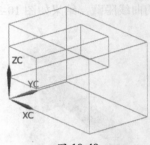

图 10-40

03 布尔求差。在"特征"组中单击"求差"按钮，弹出"求差"对话框，选取目标体和工具体，单击"确定"按钮完成求差，结果如图 10-41 所示。

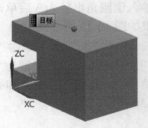

图 10-41

04 绘制长方体，执行"插入"|"设计特征"|"长方体"命令，弹出"块"对话框，指定定位点为（20,0,16），输入长为 21、宽为 30、高为 11，单击"确定"按钮完成创建，结果如图 10-42 所示。

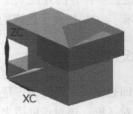

图 10-42

05 布尔求差。在"特征"组中单击"求差"按钮，弹出"求差"对话框，选取目标体和工具体，单击"确定"按钮完成求差，结果如图 10-43 所示。

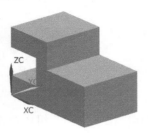

图 10-43

06 绘制长方体，执行"插入"|"设计特征"|"长方体"命令，弹出"块"对话框，指定定位点为（27,8,0），输入长为 14、宽为 8、高为 16，单击"确定"按钮完成创建，结果如图 10-44 所示。

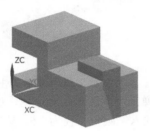

图 10-44

07 布尔求差。在"特征"组中单击"求差"按钮，弹出"求差"对话框，选取目标体和工具体，单击"确定"按钮完成求差，结果如图 10-45 所示。

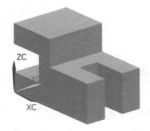

图 10-45

10.2.2 圆柱体

圆柱体是矩形绕其一条边旋转而成的实体，也可以看作圆形拉伸成的实体。执行"插入"|"设计特征"|"圆柱体"命令，弹出"圆柱"对话框，该对话框用来设置圆柱体的定位方式和外形参数，如图 10-46 所示。

图 10-46

各选项含义如下。

➢ 轴、直径和高度：通过指定圆柱底面中心和直径、高度来定义圆柱体。

➢ 直径和高度：通过选取一段圆弧，将圆弧的直径值继承到圆柱中，并输入圆柱的高度，来创建圆柱体。创建的圆柱体和圆弧没有关联性，只是获得圆弧的直径并提供给圆柱体。

动手操作——圆柱体

采用圆柱体命令绘制如图 10-47 所示的抓料销。

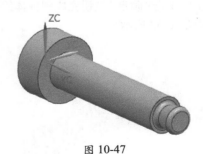

图 10-47

操作步骤

01 绘制圆柱体。执行"插入"|"设计特征"|"圆柱体"命令，弹出"圆柱"对话框，指定原点为轴点以及 X 轴为矢量方向。输入圆柱直径为 9、高度为 4，单击"确定"按钮完成圆柱体的创建，结果如图 10-48 所示。

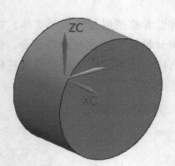

图 10-48

02 绘制圆柱体，执行"插入"|"设计特征"|"圆柱体"命令，弹出"圆柱"对话框，指定原点为轴点、X轴为矢量方向。输入圆柱直径为5、高度为20，单击"确定"按钮完成圆柱体的创建，结果如图 10-49 所示。

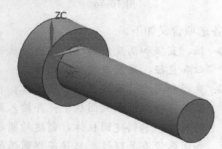

图 10-49

03 绘制圆柱体。执行"插入"|"设计特征"|"圆柱体"命令，弹出"圆柱"对话框，指定原点为轴点、X轴为矢量方向。输入圆柱直径为4、高度为3，单击"确定"按钮完成圆柱体的创建，结果如图 10-50 所示。

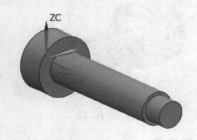

图 10-50

04 拔模。在"主页"选项卡中单击"拔模"按钮，弹出"拔模"对话框，选中脱模方向和固定面后，再选取要拔模的面，并输入拔模的角度，结果如图 10-51 所示。

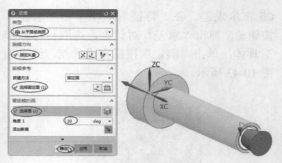

图 10-51

05 布尔求和。在"特征"组中单击"合并"按钮，弹出"合并"对话框，选取目标体和工具体，单击"确定"按钮完成合并，结果如图 10-52 所示。

图 10-52

06 倒圆角。在"主页"选项卡中单击"倒圆角"按钮，弹出"倒圆角"对话框，选取要倒圆角的边，输入倒圆角半径为 0.5，单击"确定"按钮，结果如图 10-53 所示。

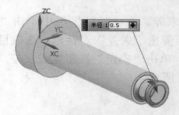

图 10-53

10.2.3 圆锥体

圆锥体是一条倾斜的母线绕竖直的轴线旋转一周形成的实体。可以执行"插入"|"设计特征"|"圆锥体"命令，弹出"圆锥体"对话框，该对话框用来设置圆锥体的定位方式和外形参数，如图 10-54 所示。各参数含义如下。

图 10-54

> ➤ 直径和高度：通过定义定位点和底部直径、顶部直径，以及高度生成圆锥体。

> ➤ 直径和半角：通过定义定位点和圆锥底面直径、顶面直径，以及母线和轴线的角度来定义圆锥体。

> ➤ 底部直径，高度和半角：通过定位点、底面直径、高度，以及母线和轴线的角度定义圆锥体。

> ➤ 顶部直径，高度和半角：通过定位点、顶面直径、高度，以及母线和轴线的角度定义圆锥体。

> ➤ 两个共轴的圆弧：选取两个圆弧生成圆锥体。两条弧不一定要平行，圆心不一定要在一条竖直线上。

动手操作——圆锥体

采用圆锥体命令绘制如图 10-55 所示的图形。

图 10-55

操作步骤

01 执行"插入"|"设计特征"|"圆柱体"命令，弹出"圆柱"对话框，指定原点为轴点、Z 轴为矢量方向。输入圆柱的直径为 20、高度

为 20，单击"确定"按钮完成圆柱体的创建，结果如图 10-56 所示。

图 10-56

02 创建圆锥体，执行"插入"|"设计特征"|"圆锥体"命令，弹出"圆锥"对话框，指定原点为轴点、Z 轴为矢量方向。输入底部直径为 20、高度为 30、半角为 5，单击"确定"按钮完成圆锥体的创建，结果如图 10-57 所示。

03 创建圆柱体，执行"插入"|"设计特征"|"圆柱体"命令，弹出"圆柱"对话框，指定圆锥体端面圆心为轴点、Z 轴为矢量方向。输入圆柱直径为 8、高度为 10，单击"确定"按钮完成圆柱体的创建，结果如图 10-58 所示。

图 10-57　　　　图 10-58

04 布尔求和。在"特征"组中单击"合并"按钮，弹出"求和"对话框，选取目标体和工具体，单击"确定"按钮完成合并，结果如图 10-59 所示。

图 10-59

05 创建螺纹。执行"插入"|"设计特征"|"螺

纹"命令，弹出"螺纹"对话框，选取类型为"详细"，选取螺纹放置面，设置螺纹参数，结果如图10-60所示。

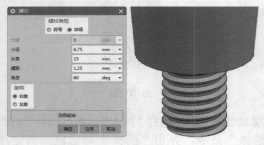

图 10-60

06 倒圆角。在"主页"选项卡中单击"倒圆角"按钮■，弹出"边倒圆"对话框，选取要倒圆角的边，输入倒圆角的半径为3和20，单击"确定"按钮，结果如图10-61所示。

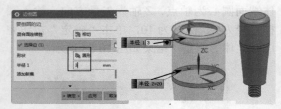

图 10-61

10.2.4　球体

　　球体是半圆母线绕其直径轴旋转一周形成的实体。可以执行"插入"|"设计特征"|"球体"命令，弹出"球"对话框，该对话框用来设置球体定位方式和外形参数，如图10-62所示。各选项含义如下。

图 10-62

> 　中心点和直径：通过球心和球直径来创建球体。
> 　圆弧：通过选取圆弧来创建球体。球直径等于圆弧直径，球中心在圆弧圆心。创建的球体并不与选取圆弧产生关联性。

动手操作——球体

　　采用"球体"命令绘制如图10-63所示的麻将。

图 10-63

操作步骤

01 绘制长方体，执行"插入"|"设计特征"|"长方体"命令，弹出"块"对话框，指定定位点为（0,0,-5），输入长为25、宽为35、高为16，单击"确定"按钮完成创建，结果如图10-64所示。

图 10-64

02 绘制直线。在"曲线"选项卡中单击"基本曲线"按钮❍，弹出"基本曲线"对话框，选取类型为直线，选取直线通过的点连接直线，结果如图10-65所示。

03 绘制平行线，在"曲线"选项卡中单击"基本曲线"按钮❍，弹出"基本曲线"对话框，选取类型为直线，先靠近直线并选取直线后，在"距离"文本框中输入平行距离为7和-7，单击"确定"按钮即可创建平行线，结果如图10-66所示。

图 10-65

图 10-66

04 在"曲线"选项卡中单击"基本曲线"按钮，弹出"基本曲线"对话框，选取类型为直线，选取直线通过的点连接直线，结果如图10-67所示。

图 10-67

05 执行"插入"|"设计特征"|"球体"命令，弹出"球"对话框，指定顶面中心为球心，输入球直径为5，单击"确定"按钮完成创建，结果如图10-68所示。

06 在"特征"组中单击"阵列特征"按钮，弹出"阵列特征"对话框，选取要阵列的对象，指定阵列类型为常规，选取阵列基点，结果如图10-69所示。

图 10-68

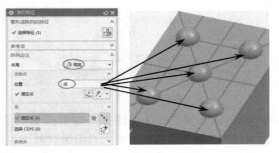

图 10-69

07 布尔求差。在"特征"组中单击"减去"按钮，弹出"求差"对话框，选取目标体和工具体，单击"确定"按钮完成求差操作，结果如图10-70所示。

图 10-70

08 倒圆角。在"主页"选项卡中单击"倒圆角"按钮，弹出"边倒圆"对话框，选取要倒圆角的边，输入倒圆角半径为1，单击"确定"按钮，结果如图10-71所示。

图 10-71

09 分割面。在"修剪"工具栏中单击"分割面"按钮，弹出"分割面"对话框，选取要分割的面，再选取分割对象为 *XY* 平面，投影方向为垂直于面，单击"确定"按钮完成分割操作，结果如图 10-72 所示。

图 10-72

10 着色面。按 Ctrl+J 快捷键，选取要着色的面后单击"确定"按钮，弹出"编辑对象显示"对话框，将颜色修改为青色和洋红色，单击"确定"按钮，完成着色，结果如图 10-73 所示。

图 10-73

11 隐藏曲线。按 Ctrl+W 快捷键，弹出"显示和隐藏"对话框，单击曲线栏的"—"按钮，即可将所有的曲线隐藏，结果如图 10-74 所示。

图 10-74

12 倒圆角，在"主页"选项卡中单击"倒圆角"按钮，弹出"边倒圆"对话框，选取要倒圆角的边，输入倒圆角半径为 1，单击"确定"按钮，结果如图 10-75 所示。

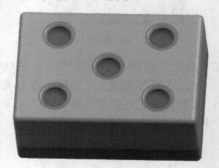

图 10-75

10.3　基于草图截面的特征

通过草图创建特征，即先绘制创建实体特征所需要的草图特征，然后对草图执行一定的三维操作，如拉伸、回转、扫掠等，生成用户需要的实体特征。

10.3.1　拉伸

拉伸是将草图截面或曲线截面沿一定的方向拉伸一定的线性距离形成的实体特征。执行"插入"|"设计特征"|"拉伸"命令，或在工具栏中单击"拉伸"按钮，弹出"拉伸"对话框，如图 10-76 所示。

图 10-76

各选项含义如下。

➤ 截面：选取用于拉伸实体的截面曲线或选择面临时绘制草图截面。

➤ 指定矢量：指定用于拉伸实体的成长方向，默认方向为截面的法向方向。

➤ 开始 / 结束：指定沿拉伸方向输入的起始位置和结束位置。

• 值：手动输入拉伸的距离数值。

• 对称值：用于约束生成的几何体关于选取的截面对称成长。如图 10-77 所示为实体关于选取的截面对称双向成长。

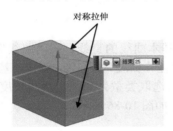

图 10-77

• 直至下一个：沿拉伸方向拉伸到下一个对象。如图 10-78 所示为在同一个平面上的两个截面，在开始端拉伸直至下一个截面的不同效果。

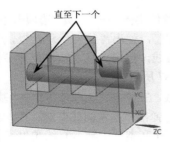

图 10-78

技术要点：

"直至下一个"拉伸深度的含义是拉伸体的整个截面必须全部到达下一个对象面，如果只有一部分截面到达下一个对象面，则拉伸特征不会停止，继续往下拉伸，直至该截面完全出现在该面为止。

• 直至选定：拉伸到选定的表面、基准面或实体面。如图 10-79 所示为拉伸选取的截面直到选定的平面。

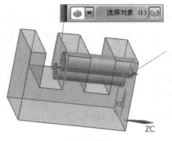

图 10-79

技术要点：

"直至选定对象"选项要求选取的面必须是拉伸体整个截面完全到达该面，如果拉伸体截面只有部分到达该面，则系统无法计算。

• 直至延伸部分：允许用户裁剪拉伸体至选定的表面。如图 10-80 所示为拉伸截面拉伸到选取的面终止。

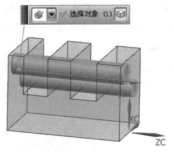

图 10-80

技术要点：

采用"直至延伸部分"选项进行拉伸时，所有截面都会在选取的面处停止拉伸，无论拉伸截面是否完全到达该面，拉伸实体特征都会停止在该面。

• 贯通：拉伸特征沿拉伸矢量方向完全通过所有的实体生成拉伸体，如图 10-81 所示。

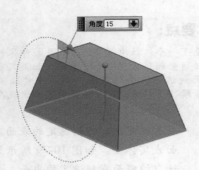

图 10-81

> 布尔：指定生成的拉伸体和其他实体对象进行的布尔运算，可以选取无运算、合并、减去、相交以及系统自动计算等。
> 拔模：用于指定拉伸实体的同时对拉伸侧面进行拔模，也可以输入负值来反向拔模，如图 10-82 所示。

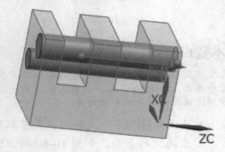

图 10-82

> 偏置：将拉伸实体向内、向外或同时向内外偏移一定的距离，如图 10-83 所示为双向偏置拉伸实体。

图 10-83

动手操作——拉伸

采用"拉伸"命令绘制如图 10-84 所示的图形。

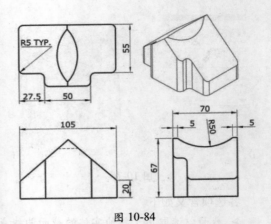

图 10-84

操作步骤

01 绘制矩形。单击"曲线"选项卡中的"矩形"按钮▢，选取原点为起点，绘制长为 105、宽为 55 的矩形，如图 10-85 所示。

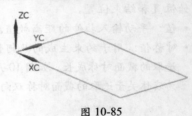

图 10-85

02 绘制基本曲线的直线。在"曲线"选项卡中单击"基本曲线"按钮♪，弹出"基本曲线"对话框，选取类型为直线，直线长度为 50 和 15，结果如图 10-86 所示。

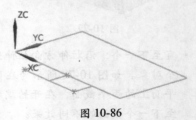

图 10-86

03 创建拉伸实体。在"主页"选项卡中单击"拉伸"按钮▥，弹出"拉伸"对话框，选取刚才绘制的直线，指定矢量，输入拉伸参数，结果如图 10-87 所示。

04 绘制线。在"曲线"选项卡中单击"基本曲线"按钮♪，弹出"基本曲线"对话框，选取类型为直线，在文本框中输入直线角度和长度，绘制直线的结果如图 10-88 所示。

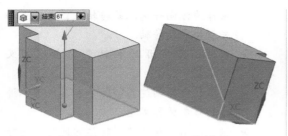

图 10-87   图 10-88

05 镜像线。执行"插入"|"来自曲线集曲线"|"镜像"命令，弹出"镜像曲线"对话框，选取要镜像的曲线，再指定镜像平面为两平面的二等分平面，结果如图 10-89 所示。

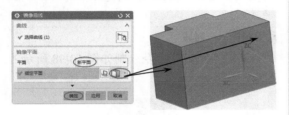

图 10-89

06 绘制封闭线。在"曲线"选项卡中单击"基本曲线"按钮，弹出"基本曲线"对话框，选取类型为直线，选取直线通过的点进行连接直线并将上端封闭，结果如图 10-90 所示。

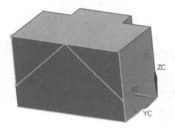

图 10-90

07 拉伸切割。在"主页"选项卡中单击"拉伸"按钮，弹出"拉伸"对话框，选取刚才绘制的直线和镜像直线，指定矢量，输入拉伸参数，布尔为求差运算，结果如图 10-91 所示。

08 绘制平行线，在"曲线"选项卡中单击"基本曲线"按钮，弹出"基本曲线"对话框，选取类型为直线，先靠近直线并选取直线后，再在"距离"文本框中输入平行距离为 5，单击"确定"按钮即可创建平行线，结果如图 10-92 所示。

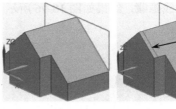

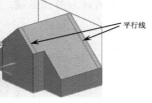

图 10-91   图 10-92

09 绘制圆。在"曲线"选项卡中单击"圆弧"按钮，弹出"圆弧/圆"对话框，修改类型为"三点画圆弧"，设置支持平面和圆半径（50），结果如图 10-93 所示。

图 10-93

10 拉伸切割。在"主页"选项卡中单击"拉伸"按钮，弹出"拉伸"对话框，选取刚才绘制的直线，指定矢量，输入拉伸参数，布尔为求差运算，结果如图 10-94 所示。

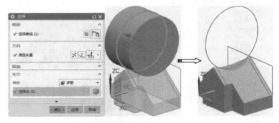

图 10-94

11 倒圆角。在"主页"选项卡中单击"倒圆角"按钮，弹出"边倒圆"对话框，选取要倒圆角的边，输入倒圆角半径为 10，单击"确定"按钮，结果如图 10-95 所示。

12 隐藏线。按 Ctrl+W 快捷键，弹出"显示和隐藏"对话框，单击曲线栏中的"—"按钮，即可将所有的曲线隐藏，结果如图 10-96 所示。

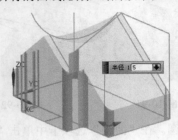

图 10-95

图 10-96

10.3.2 回转

将旋转实体截面通过绕指定的轴矢量以非零角度旋转成实体即是回转体。执行"插入"|"设计特征"|"回转"命令，或在工具栏中单击"回转"按钮，弹出"旋转"对话框，如图 10-97 所示。

图 10-97

各选项含义如下。

➢ 截面：选取回转截面曲线或者选取平面进入草绘模式绘制回转草图截面。

➢ 轴：选取直线作为旋转轴或者选取矢量

轴作为方向并选取旋转轴点，由轴点和矢量构成旋转轴。

➢ 极限：指定开始和结束的角度定义方式。

➢ 布尔：指定创建的回转体和其他实体进行的布尔运算类型。

➢ 偏置：指定在创建回转体的同时，进行一定距离的向内或向外偏置。

技术要点：

创建回转实体时截面曲线或者截面草图必须在选取的轴一侧。如果旋转轴经过截面，则回转的实体面将产生自交性，产生问题实体或无法产生实体。

动手操作——回转

采用"回转"命令绘制如图 10-98 所示的图形。

图 10-98

操作步骤

01 绘制草绘。执行"插入"|"在任务环境中插入草图"命令，选取草图平面为 XY 平面，绘制的草图如图 10-99 所示。

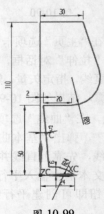

图 10-99

02 创建回转体。在"主页"选项卡中单击"回转"按钮▮，弹出"旋转"对话框，选取刚才绘制的直线，指定矢量和轴点，结果如图 10-100 所示。

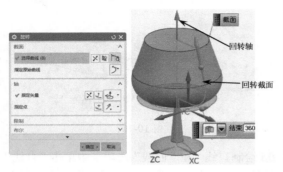

图 10-100

03 倒圆角。在"主页"选项卡中单击"倒圆角"按钮▮，弹出"边倒圆"对话框，选取要倒圆角的边，输入倒圆角半径为 0.8。单击"添加新集"按钮▮添加倒圆角的边，并输入半径值为 0.2，最后单击"确定"按钮，结果如图 10-101 所示。

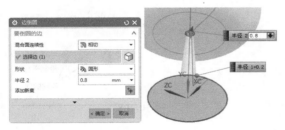

图 10-101

04 抽壳。在"主页"选项卡中单击"抽壳"按钮▮，弹出"抽壳"对话框，选取要移除的面，再输入抽壳厚度为 2，结果如图 10-102 所示。

图 10-102

05 隐藏曲线。按 Ctrl+W 快捷键，弹出"显示和隐藏"对话框，单击曲线栏的"—"按钮，即可将所有的曲线隐藏，结果如图 10-103 所示。

图 10-103

10.3.3 沿导引线扫描

沿导引线扫掠，指将扫掠截面通过沿指定的轨迹导引线扫描形成实体。扫掠截面可以是曲线、边或曲线链。

执行"插入"|"扫掠"|"沿导引线扫掠"命令，或在工具栏中单击"沿导引线扫掠"按钮▮，弹出"沿导引线扫掠"对话框，如图 10-104 所示。

图 10-104

各选项含义如下。

- ➢ 截面：选取截面曲线。
- ➢ 引导线：选取曲线、边或曲线链等，引导线的所有曲线或边必须连续。
- ➢ 偏置：在扫掠实体的基础上向内或向外增加一定的厚度。

技术要点：

如果截面对象有多个环，则引导线串必须由线和弧组成。如果沿着具有封闭的、尖锐的拐角的引导线扫掠，建议把截面线串放置到远离锐角的位置。截面必须在引导线上，否则产生的结果可能无法满足用户的需要；截面一般应该在引导线的起点上，特别是对封闭轨迹引导线，所以选取引导线时注意起点的位置。

动手操作——沿导引线扫掠

采用实体命令绘制如图 10-105 所示的图形。

图 10-105

操作步骤

01 绘制螺旋线。执行"插入"|"曲线"|"螺旋线"命令，弹出"螺旋线"对话框，设置螺旋线的直径和螺距等参数，单击"确定"按钮完成螺旋线的创建，如图 10-106 所示。

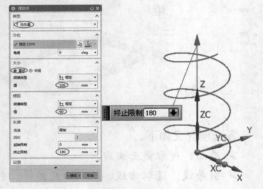

图 10-106

02 旋转复制。执行"编辑"|"移动对象"命令，选取要移动的对象，单击"确定"按钮，弹出"移动对象"对话框，设置运动变换类型为"角度"，指定旋转矢量和轴点，输入旋转角度和副本数，

单击"确定"按钮完成移动，结果如图 10-107 所示。

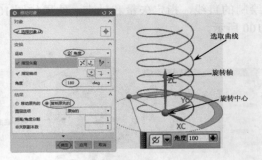

图 10-107

03 绘制直线。在"曲线"选项卡中单击"直线"按钮 ✏，弹出"直线"对话框，设置支持平面和直线参数，结果如图 10-108 所示。

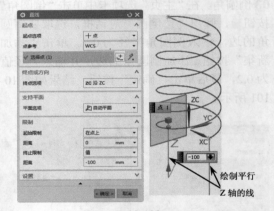

图 10-108

04 桥接曲线。单击"曲线"选项卡中的"桥接曲线"按钮，选取刚绘制的直线和螺旋线，指定连接处 G1 连续，结果如图 10-109 所示。

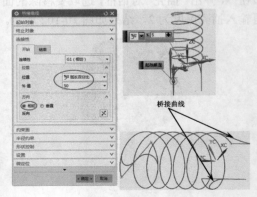

图 10-109

05 绘制扫掠截面圆，在"曲线"选项卡中单击"基本曲线"按钮🔍，弹出"基本曲线"对话框，选取类型为圆，选取直线端点为圆心，圆半径为 10，结果如图 10-110 所示。

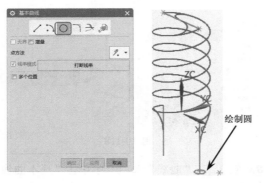

图 10-110

06 沿导引线扫掠。执行"插入"|"扫掠"|"沿引导线扫掠"命令，弹出"沿导引线扫掠"对话框，选取截面曲线和引导线，单击"确定"按钮完成扫掠，结果如图 10-111 所示。

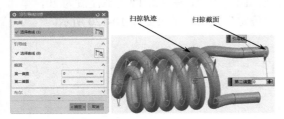

图 10-111

07 隐藏曲线。按 Ctrl+W 快捷键，弹出"显示和隐藏"对话框，单击曲线栏的"—"按钮，即可将所有的曲线隐藏，结果如图 10-112 所示。

图 10-112

10.3.4 管道

通过沿一条或多条曲线构成的引导线串扫掠出简单的管道，引导线串要求相切连续。执行"插入"|"扫掠"|"管道"命令，或在工具栏单击"管道"按钮🔘，弹出"管道"对话框，如图 10-113 所示。

图 10-113

各选项含义如下。

➤ 路径：指定管道扫掠的路径中心线。可以选取多条曲线或边，并且曲线必须相切连续，不允许在引导线中间出现尖锐直角，或者引导线拐角圆角值小于管道外壁半径。

➤ 外径：输入管道最外层的直径值，外径值必须大于 0。

➤ 内径：输入管道内腔的直径值，可以为 0 或者大于 0。

➤ 输出单段：只具有一个或两个侧面，此曲面为 B 曲面。当管道内腔直径不为 0 时是两个侧面，当管道内径为 0 时则只有一个侧面，如图 10-114 所示。

图 10-114

➤ 输出多段：沿引导线扫掠出一系列的侧面，这些侧面可以是柱面或者环面，如图 10-115 所示。

图 10-115

动手操作——管道

采用实体命令绘制如图 10-116 所示的图形。

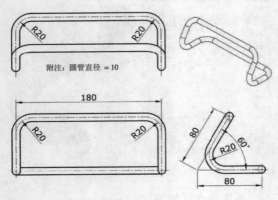

附注：圆管直径 = 10

图 10-116

操作步骤

01 绘制直线。在"曲线"选项卡中单击"直线"按钮 ✎，弹出"直线"对话框，设置支持平面，先绘制水平直线后，再绘制角度直线，结果如图 10-117 所示。

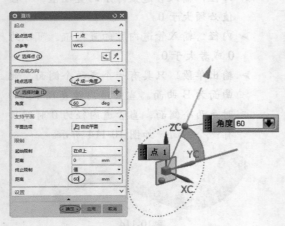

图 10-117

02 移动对象，执行"编辑"|"移动对象"命令，选取要移动的对象，单击"确定"按钮，弹出"移动对象"对话框，设置运动变换类型为"距离"，指定移动矢量，单击"确定"按钮完成移动，结果如图 10-118 所示。

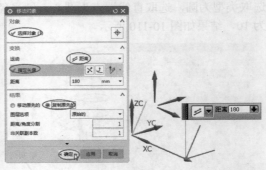

图 10-118

03 连线。在"曲线"选项卡中单击"基本曲线"按钮 ✎，弹出"基本曲线"对话框，选取类型为"直线"，选取直线通过的点进行连接直线，结果如图 10-119 所示。

04 倒圆角。在"基本曲线"对话框中单击"倒圆角"按钮 ◥，弹出"边倒圆"对话框，选取要倒圆角的边，输入倒圆角半径值为 20，单击"确定"按钮，结果如图 10-120 所示。

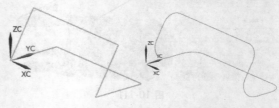

图 10-119　　　　　　　图 10-120

05 创建管道。执行"插入"|"扫掠"|"管道"命令，弹出"管道"对话框，选取管道轨迹，输入外径为 10、内径为 0，结果如图 10-121 所示。

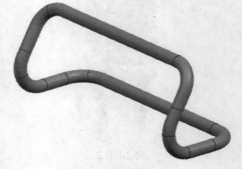

图 10-121

10.4 综合实战——果冻杯

◎ **源文件：无**

◎ **结果文件：果冻杯.prt**

◎ **视频文件：果冻杯.avi**

采用基础命令绘制如图 10-122 所示的图形。

图 10-122

操作步骤

01 新建模型文件。

02 绘制圆。在"曲线"选项卡中单击"基本曲线"按钮，弹出"基本曲线"对话框，选取类型为圆，输入圆心为（0,10,0）、半径为 10，结果如图 10-123 所示。

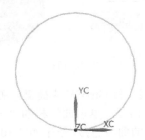

图 10-123

03 移动对象。执行"编辑"|"移动对象"命令，选取要移动的对象，单击"确定"按钮，弹出"移动对象"对话框，设置运动变换类型为"角度"，指定旋转矢量和轴点，输入旋转角度为 360、角度分割为 4、副本数为 3，单击"确定"按钮完成移动操作，结果如图 10-124 所示。

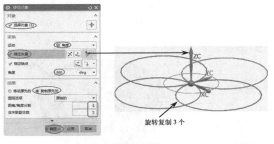

图 10-124

04 拉伸实体。在"主页"选项卡中单击"拉伸"按钮，弹出"拉伸"对话框，选取刚才绘制的曲线，指定矢量，输入拉伸高度为 40，拔模角度为 −12，结果如图 10-125 所示。

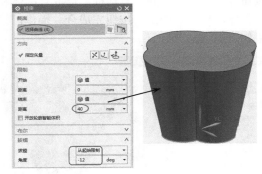

图 10-125

05 创建圆柱体。执行"插入"|"设计特征"|"圆柱体"命令，弹出"圆柱体"对话框，指定原点为轴点、Z 轴为矢量方向。输入直径为 70、高度为 20，底面中心定位点为（0,0,40），单击"确定"按钮完成圆柱体的创建，结果如图 10-126 所示。

06 拔模，在"主页"选项卡中单击"拔模"按钮，弹出"拔模"对话框，选取脱模方向和固定面后，再选取要拔模的面，并输入拔模的角度为 10°，结果如图 10-127 所示。

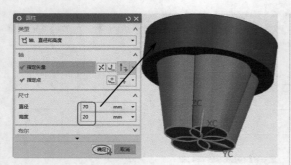

图 10-126

图 10-129

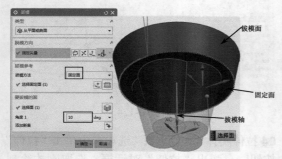

图 10-127

07 布尔合并。在"特征"组中单击"合并"按钮，弹出"合并"对话框，选取目标体和工具体，单击"确定"按钮完成合并操作，结果如图 10-128 所示。

图 10-130

10 抽壳。在"主页"选项卡中单击"抽壳"按钮，弹出"抽壳"对话框，选取要移除的面，再输入抽壳厚度为 0.5，结果如图 10-131 所示。

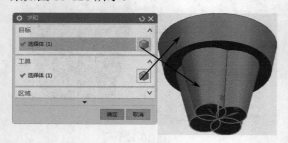

图 10-128

08 绘制圆柱体。执行"插入"|"设计特征"|"圆柱体"命令，弹出"圆柱体"对话框，指定原点为轴点、Z 轴为矢量方向。输入直径为 85、高度为 0.5，单击"确定"按钮完成圆柱体创建，结果如图 10-129 所示。

09 倒圆角。在"主页"选项卡中单击"倒圆角"按钮，弹出"边倒圆"对话框，选取要倒圆角的边，输入倒圆角半径为 5，单击"确定"按钮，结果如图 10-130 所示。

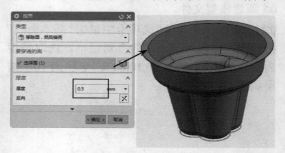

图 10-131

11 隐藏曲线。按 Ctrl+W 快捷键，弹出"显示和隐藏"对话框，单击曲线栏的"—"按钮，即可将所有的曲线隐藏，结果如图 10-132 所示。

图 10-132

10.5 课后习题

1. 绘制零件 1

采用基本的实体命令绘制如图 10-133 所示的零件。

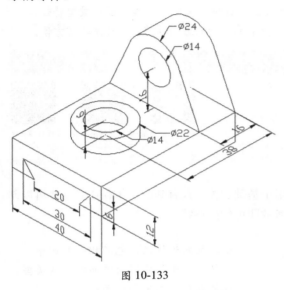

图 10-133

2. 绘制零件 2

以一个零件的设计过程来详解体素特征、布尔工具及特征定位的技巧，零件如图 10-134 所示。

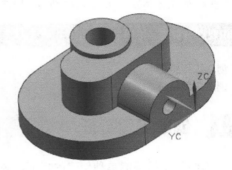

图 10-134

第 *11* 章　工程与成型特征设计

本章主要讲解通过草图特征以及UG软件开发的设计特征来创建工程特征和成型特征，这些特征充分体现了参数化的功能，用户可以进行相关参数的编辑和修改，操作非常方便。

知识要点与资源二维码

◆　创建工程特征
◆　创建成型特征

第 11 章课后习题　第 11 章结果文件　第 11 章视频

11.1　创建工程特征

工程特征是指不能单独创建的特征，必须依附于基础实体。只有基础实体存在时，才可以创建，并且工程特征无须绘制草绘，通过定义相关参数即可创建该特征。

11.1.1　边倒圆角

边倒圆角操作用于在实体边缘去除材料或添加材料，使实体上的尖锐边缘变成圆角过渡曲面。

执行"插入"|"细节特征"|"边倒圆角"命令，或者单击"特征"组中的"边倒圆"按钮，弹出"边倒圆"对话框，如图 11-1 所示。

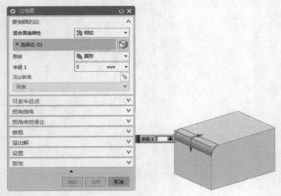

图 11-1

各选项含义如下。

➢ 混合面连续性：用于指定圆角面与相邻面之间的连续性，包括相切和曲率。

➢ 形状：用于指定圆角截面的形状类型，包括圆形、二次曲线两种。

• 圆形：默认的倒圆角形式，也是正常的倒圆角形式，直接输入圆形半径值即可。

• 二次曲线：创建的圆角截面为二次曲线方式。通过定义边界边半径、中心半径或者 RHO 值组合来控制圆角截面形状。

➢ 可变半径点：在选定的边上指定多个点并输入不同的半径值，生成不同大小的可变圆角，如图 11-2 所示。

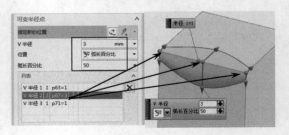

图 11-2

➢ 拐角倒角：该选项可以在拐角处生成一个拐角圆角，即球状圆角，如图 11-3 所示。

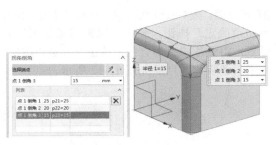

图 11-3

> 拐角突然停止：用于添加圆角终止的点，从而限制边上倒圆角的范围，如图 11-4 所示。

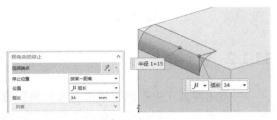

图 11-4

动手操作——倒圆角

采用"倒圆角"命令绘制如图 11-5 所示的图形。

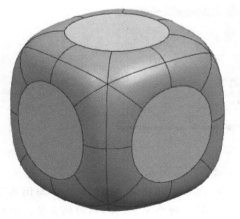

图 11-5

操作步骤

01 绘制长方体，执行"插入"|"设计特征"|"长方体"命令，弹出"块"对话框，指定原点为系统坐标系原点，输入长为 10、宽为 10、高为 10，单击"确定"按钮完成创建，结果如图 11-6 所示。

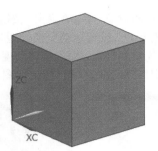

图 11-6

02 倒圆角，在"特征"组中单击"倒圆角"按钮 ，弹出"边倒圆"对话框，选取要倒圆角的边，输入倒圆角半径值为 2，单击"确定"按钮，结果如图 11-7 所示。

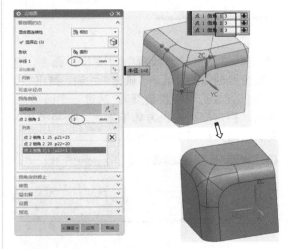

图 11-7

03 同步建模偏置区域。在"同步建模"组中单击"偏置区域"按钮 ，弹出"偏置区域"对话框，选取长方体端面，向内偏置 −5mm，结果如图 11-8 所示。

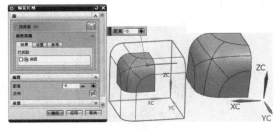

图 11-8

04 旋转对象。执行"编辑"|"移动对象"命令，

选取要移动的对象，单击"确定"按钮，弹出"移动对象"对话框，设置运动变换类型为"角度"，指定旋转矢量和轴点，输入旋转角度和副本数，单击"确定"按钮完成移动，结果如图11-9所示。

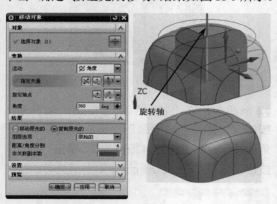

图 11-9

05 镜像体。执行"编辑"|"变换"命令，选取要变换的对象，单击"确定"按钮，弹出"变换"对话框，选取变换类型为"通过一平面镜像"选项，指定平面为长方体下端面，变换类型为复制，结果如图11-10所示。

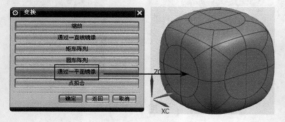

图 11-10

06 布尔合并。在"特征"组中单击"合并"按钮，弹出"合并"对话框，选取目标体和工具体，单击"确定"按钮完成合并操作，结果如图11-11所示。

图 11-11

07 着色面。按 Ctrl+J 快捷键，选取要着色的面，单击"确定"按钮，弹出"编辑对象显示"对话框，将颜色修改为青色，单击"确定"按钮，完成着色操作，结果如图11-12所示。

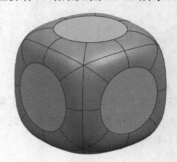

图 11-12

11.1.2 倒斜角

倒斜角即是在尖锐的实体边上通过偏置的方式形成斜角。倒斜角在五金件上很常用，为避免应力和锐角伤人，通常都需要倒斜角。

执行"插入"|"细节特征"|"倒斜角"命令，或者单击"特征"组中的"倒斜角"按钮，弹出"倒斜角"对话框，如图11-13所示。

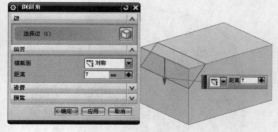

图 11-13

各选项含义如下。

- ➤ 对称：创建简单的倒斜角，与倒角边相邻的两个面采用相同的偏置值，创建倒斜角即对称偏置，如图11-14所示。
- ➤ 非对称：与倒角边相邻的两个面采用不同的偏置值创建倒斜角，如图11-14所示。
- ➤ 偏置和角度：与倒角边相邻的两个面采用偏置距离和一定的角度来创建倒斜角，如图11-14所示。

图 11-14

动手操作——倒斜角

采用倒斜角命令绘制如图 11-15 所示的图形。

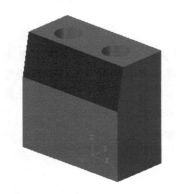

图 11-15

操作步骤

01 创建长方体。执行"插入"|"设计特征"|"长方体"命令，弹出"长方体"对话框，选取类型为"实体"，设置长为 40、宽为 20、高为 40，选取原点为定位点，如图 11-16 所示。

02 创建 3 条直线。在"曲线"选项卡的"曲线"组中单击"基本曲线"按钮，弹出"基本曲线"对话框，选取类型为"直线"，选取直线通过的点连接直线，结果如图 11-17 所示。

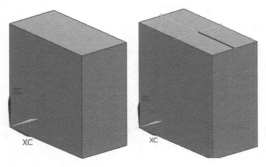

图 11-16　　　　　图 11-17

03 创建孔。在"特征"组中单击"孔"按钮，弹出"孔"对话框，设置类型为"常规孔"，

形状为"沉孔"，设置孔位置点和孔参数，结果如图 11-18 所示。

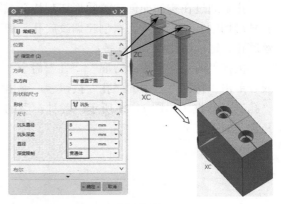

图 11-18

04 倒斜角。在"特征"组中单击"倒角"按钮，弹出"倒斜角"对话框，选取要倒角的边，输入倒角值为 15 和 10，单击"确定"按钮，结果如图 11-19 所示。

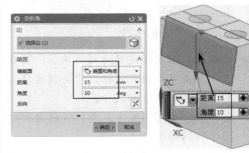

图 11-19

05 隐藏线。按 Ctrl+W 快捷键，弹出"显示和隐藏"对话框，单击曲线栏的"—"按钮，即可将所有的曲线隐藏，结果如图 11-20 所示。

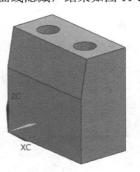

图 11-20

11.1.3 孔

孔是通过在实体面创建的圆形切割特征或者异形切割特征，通常用来创建螺纹底孔、螺丝过孔、定位销孔、工艺孔等。

执行"插入"|"设计特征"|"孔"命令，或者单击"特征"组中的"孔"按钮 ，弹出"孔"对话框，如图11-21所示。各种类型的孔含义如下。

图 11-21

> 常规孔：创建指定尺寸的简单孔、沉头孔、埋头孔或锥孔特征，需要指定草绘孔点以及孔形状和尺寸。
> 钻形孔：使用ANSI或者ISO标准创建简单的钻形孔特征。
> 螺钉间隙孔：创建简单的沉头和埋头通孔。
> 螺纹孔：创建带螺纹的孔。
> 孔系列：创建起始、中间和结束孔尺寸一致的多形状、多目标体的对齐孔。

动手操作——孔

采用孔命令绘制如图11-22所示的隔热板。

图 11-22

操作步骤

01 创建长方体。执行"插入"|"设计特征"|"长方体"命令，弹出"块"对话框，指定原点为系统坐标系原点，输入长为100，宽为80，高为6，单击"确定"按钮完成创建，结果如图11-23所示。

图 11-23

02 创建埋头孔。在"特征"组中单击"孔"按钮 ，弹出"孔"对话框，设置类型为"常规孔"，形状为"埋头"，设置孔位置点和孔参数，结果如图11-24所示。

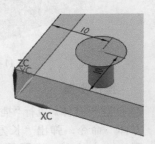

图 11-24

03 线性阵列孔。在"特征"组中单击"阵列特征"按钮 ，弹出"阵列特征"对话框，选取要阵列的对象，指定阵列类型为"线性"，选取阵列方向为轴矢量并设置阵列参数，如图11-25所示。

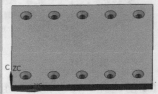

图 11-25

04 倒角。在"特征"组中单击"倒角"按钮
，弹出"倒斜角"对话框，选取要倒角的边，
分别输入对称偏置倒角值为 3 以及输入 1 后，
单击"确定"按钮，结果如图 11-26 所示。

图 11-26

11.1.4　三角形加强筋

三角形加强筋主要用在两个相交面的交线
上创建一个三角形筋板，用来连接两个相交面，
起到加强其强度的作用。

执行"插入"|"设计特征"|"三角形加强筋"
命令，或者单击"特征"组中的"三角形加强筋"
按钮，弹出"三角形加强筋"对话框，如图
11-27 所示。

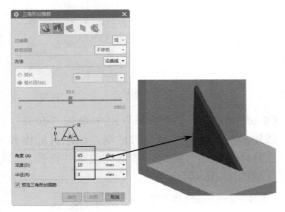

图 11-27

各选项含义如下。

➢ ：选取筋的第一组面。
➢ ：选取筋的第二组面。
➢ ：选取加强筋的放置面。

动手操作——三角形加强筋

采用三角形加强筋命令绘制如图 11-28 所
示的图形。

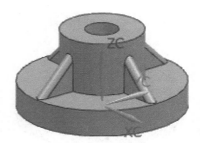

图 11-28

操作步骤

01 创建圆柱体。执行"插入"|"设计特征"|"圆
柱体"命令，弹出"圆柱体"对话框，指定原
点为轴点，Z 轴为矢量方向。输入圆柱直径为
60，高度为 10，单击"确定"按钮完成圆柱体
的创建，结果如图 11-29 所示。

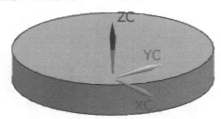

图 11-29

02 创建圆柱体。执行"插入"|"设计特征"|"圆
柱体"命令，弹出"圆柱体"对话框，指定原
点为轴点，Z 轴为矢量方向。输入圆柱直径为
30，高度为 30，单击"确定"按钮完成圆柱体
的创建，结果如图 11-30 所示。

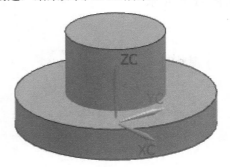

图 11-30

03 布尔合并。在"特征"组中单击"合并"
按钮，弹出"合并"对话框，选取目标体和
工具体，单击"确定"按钮完成合并，结果如
图 11-31 所示。

图 11-31

04 绘制圆柱体。执行"插入"|"设计特征"|"圆柱体"命令，弹出"圆柱体"对话框，指定原点为轴点，Z 轴为矢量方向，输入圆柱直径为 12，高度为 40，单击"确定"按钮完成圆柱体的创建，结果如图 11-32 所示。

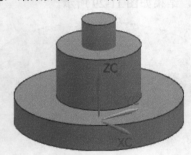

图 11-32

05 布尔减去。在"特征"组中单击"减去"按钮，弹出"求差"对话框，选取目标体和工具体，单击"确定"按钮完成减去操作，结果如图 11-33 所示。

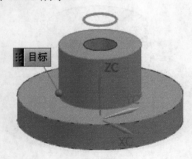

图 11-33

06 创建三角形加强筋。在"特征"组中单击"三角形加强筋"按钮，弹出"编辑三角形加强筋"对话框，选取加强筋附着的第一组面和第二组面，再输入加强筋参数，结果如图 11-34 所示。

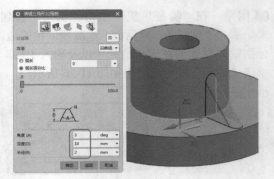

图 11-34

07 移动对象。执行"编辑"|"移动对象"命令，选取要移动的对象，单击"确定"按钮，弹出"移动对象"对话框，设置运动变换类型为角度，指定旋转矢量和轴点，输入旋转角度和副本数，单击"确定"按钮完成移动操作，结果如图 11-35 所示。

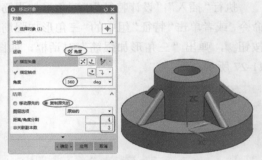

图 11-35

08 布尔合并。在"特征"组中单击"合并"按钮，弹出"求和"对话框，选取目标体和工具体，单击"确定"按钮完成合并操作，结果如图 11-36 所示。

图 11-36

技术要点：

三角形加强筋不能进行阵列，因此，将整体进行沿角度旋转复制出副本，再进行合并，其效果和圆形阵列相同。

11.1.5　抽壳

抽壳指对塑料件进行掏空实体内部的操作从而建立均匀薄壁件。执行"插入"|"偏置／缩放"|"抽壳"命令，或者单击"特征"组中的"抽壳"按钮，弹出"抽壳"对话框，如图 11-37 所示。

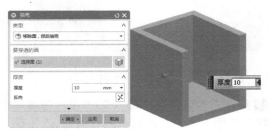

图 11-37

动手操作——抽壳

采用抽壳命令绘制如图 11-38 所示的图形。

图 11-38

操作步骤

01 绘制长方体，执行"插入"|"设计特征"|"长方体"命令，弹出"块"对话框，指定原点为系统坐标系原点，输入长为 50，宽为 50，高为 50，单击"确定"按钮完成创建，结果如图 11-39 所示。

图 11-39

02 抽壳。在"特征"组中单击"抽壳"按钮，弹出"抽壳"对话框，选取顶面、左面和前面为要移除的面，再输入抽壳厚度为 5，结果如图 11-40 所示。

03 抽壳。在"特征"组中单击"抽壳"按钮，弹出"抽壳"对话框，选取后面和其相对的面为要移除的面，再输入抽壳厚度为 5，结果如图 11-41 所示。

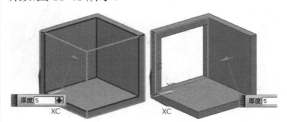

图 11-40　　　　　图 11-41

04 抽壳。在"特征"组中单击"抽壳"按钮，弹出"抽壳"对话框，选取右面和其相对应的内侧面为要移除的面，再输入抽壳厚度为 5，结果如图 11-42 所示。

05 抽壳。在"特征"组中单击"抽壳"按钮，弹出"抽壳"对话框，选取底面和其相对的内侧朝上的面为要移除的面，再输入抽壳厚度为 5，结果如图 11-43 所示。

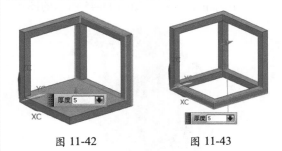

图 11-42　　　　　图 11-43

技术要点：

本例采用多次对长方体进行抽壳的操作，选取的面不同，抽壳的结果也不同，用户需要理解移除面对抽壳特征的影响。

11.1.6　拔模

拔模是主要针对塑料件的操作。在塑料件脱模时，塑料很容易被模具拉伤，产生划痕或

者撕裂痕，因此，通常塑料件需要设置模具脱模角，即所谓的"拔模"。执行"插入"|"细节特征"|"拔模"命令，或者单击"拔模"按钮 💿，弹出"拔模"对话框，如图11-44所示。

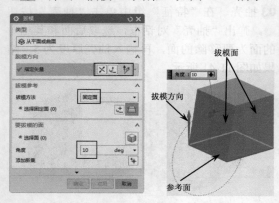

图 11-44

各选项含义如下。

> 脱模方向：选取发膜的方向，此方向便于模具顺利脱模。
> 拔模参考：选取拔模固定面，即拔模面在此面处开始执行拔模。
> 要拔模的面：选取需要倾斜的面。

动手操作——拔模

采用拔模命令绘制如图11-45所示的图形。

图 11-45

操作步骤

01 绘制圆柱体。执行"插入"|"设计特征"|"圆柱体"命令，弹出"圆柱体"对话框，指定原点为轴点，Z轴为矢量方向。输入圆柱直径为50，高度为80，单击"确定"按钮完成圆柱体的创建，结果如图11-46所示。

02 动态调整坐标系到前视图。双击坐标系，弹出坐标系操控手柄和参数输入框，动态旋转WCS如图11-47所示。

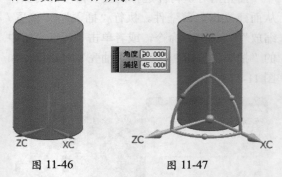

图 11-46　　　　　　图 11-47

03 绘制草绘。执行"插入"|"在任务环境中插入草图"命令，选取草图平面为XY平面，绘制草图如图11-48所示。

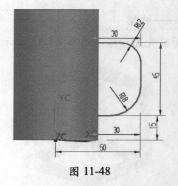

图 11-48

04 绘制直线。在"曲线"组中单击"直线"按钮 ✏，弹出"直线"对话框，设置支持平面绘制直线后再修改限制参数值，结果如图11-49所示。

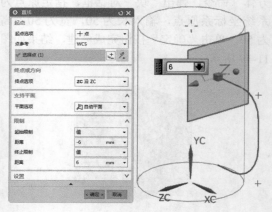

图 11-49

05 沿引导线扫掠。执行"插入"|"扫掠"|"沿引导线扫掠"命令，弹出"沿引导线扫掠"对话框，选取截面曲线和引导线，设置偏置值以及布尔合并，单击"确定"按钮完成扫掠，结果如图 11-50 所示。

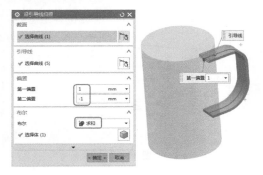

图 11-50

06 拔模。在"特征"组中单击"拔模"按钮，弹出"拔模"对话框，选取脱模方向和固定面后，再选取要拔模的面，并输入拔模的角度值，结果如图 11-51 所示。

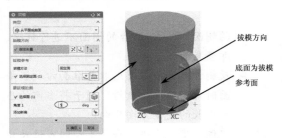

图 11-51

07 绘制草绘。执行"插入"|"在任务环境中插入草图"命令，选取草图平面为 *XY* 平面，绘制草图如图 11-52 所示。

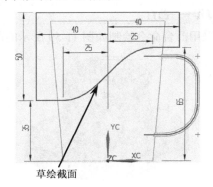

图 11-52

08 拉伸切割实体。在"特征"组中单击"拉伸"按钮，弹出"拉伸"对话框，选取刚才绘制的直线，指定矢量，输入拉伸参数，选择布尔运算为"减去"，结果如图 11-53 所示。

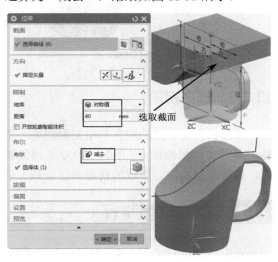

图 11-53

09 抽壳。在"特征"组中单击"抽壳"按钮，弹出"抽壳"对话框，选取要移除的面，再输入抽壳厚度为 1，结果如图 11-54 所示。

10 隐藏曲线。按 Ctrl+W 快捷键，弹出"显示和隐藏"对话框，单击曲线栏的"—"按钮，即可将所有的曲线隐藏，结果如图 11-55 所示。

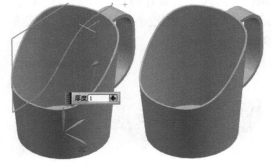

图 11-54 图 11-55

11 倒圆角。在"特征"组中单击"倒圆角"按钮，弹出"边倒圆"对话框，选取要倒圆角的边，输入倒圆角半径值为 0.5，单击"确定"按钮，结果如图 11-56 所示。

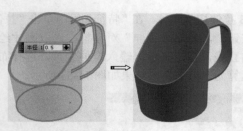

图 11-56

11.1.7 球形拐角

球形拐角是通过选取 3 个相交面创建一个球形角落相切的曲面。3 个面不一定是相接触的，也可以是曲面。生成的拐角曲面会和 3 个面相切。

执行"插入"|"细节特征"|"球形拐角"命令，或者单击"球形拐角"按钮 ，弹出"球形拐角"对话框，如图 11-57 所示。

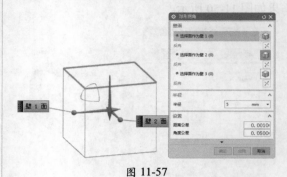

图 11-57

11.2 创建成型特征

成型特征是 UG 软件专门开发的用于形状比较规则、通常具有相应的制造方法对其制造成型的实体特征。成型特征操作必须建立在已经存在的实体上，用给定的规则形状特征添加部分材料或者去除部分材料，从而得到一定的形状。

11.2.1 凸台

凸台命令用于在平面上产生一个凸起的特征。此特征主要是圆柱凸台或者圆锥形凸台。执行"插入"|"设计特征"|"凸台"命令，或单击"凸台"按钮 ，弹出"凸台"对话框，如图 11-58 所示。

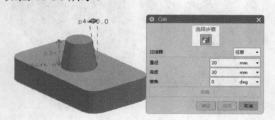

图 11-58

各选项含义如下。

➤ ：放置面，用于指定凸台放置的平面。
➤ 直径：输入凸台的直径值。
➤ 高度：输入凸台的高度值。
➤ 锥角：输入凸台的拔模角度。正值为向内拔模凸台侧面；负值为向外拔模凸台的侧面，0 表示凸台的侧面不进行拔模，即竖直面。

➤ 反侧：此选项只有选取基准面为放置平面时此选项才会激活，用于将当前的凸台成长的矢量方向反向。
➤ 定位：定义水平或垂直类型的定位尺寸选取水平或垂直参考。水平参考定义特征的坐标系的 X 轴，任意一个可投射到安放平面上的线性边缘、平表面、基准轴或基准面均可被用于定义水平参考。

动手操作——凸台

采用凸台命令绘制如图 11-59 所示的图形。

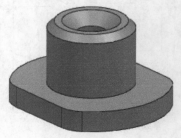

图 11-59

操作步骤

01 绘制圆。在"曲线"组中单击"基本曲线"按钮 ✐，弹出"基本曲线"对话框，选取类型为圆，选取原点为圆心，圆直径为 110，结果如图 11-60 所示。

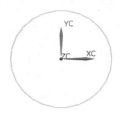

图 11-60

02 绘制两条水平直线，距离为 90。在"曲线"组中单击"基本曲线"按钮 ✐，弹出"基本曲线"对话框，选取类型为直线，输入大概点，Y 轴坐标为 45 和 −45 即可，结果如图 11-61 所示。

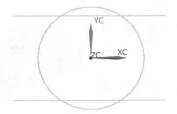

图 11-61

03 拉伸实体。在"特征"组中单击"拉伸"按钮 🗔，弹出"拉伸"对话框，选取刚才绘制的直线，指定矢量并输入拉伸参数，结果如图 11-62 所示。

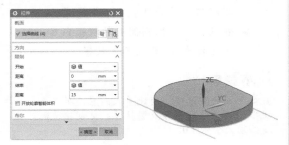

图 11-62

04 创建凸台。执行"插入"|"设计特征"|"凸台"命令，弹出"凸台"对话框，设置凸台的参数和定位点，单击"确定"按钮完成创建，结果如图 11-63 所示。

图 11-63

05 创建圆柱体。执行"插入"|"设计特征"|"圆柱体"命令，弹出"圆柱体"对话框，指定原点为轴点，Z 轴为矢量方向。输入圆柱的直径为 20，高度为 70，单击"确定"按钮完成圆柱体的创建，结果如图 11-64 所示。

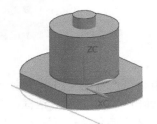

图 11-64

06 布尔减去。在"特征"组中单击"减去"按钮 ⊖，弹出"求差"对话框，选取目标体和工具体，单击"确定"按钮完成求差，结果如图 11-65 所示。

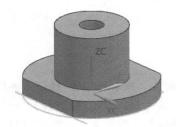

图 11-65

07 倒角。在"特征"组中单击"倒角"按钮 ⬡，弹出"倒斜角"对话框，选取要倒角的边，输入倒角值为 5，单击"确定"按钮，结果如图 11-66 所示。

08 倒角。在"特征"组中单击"倒角"按钮 ⬡，弹出"倒斜角"对话框，选取要倒角的边，输入倒角值为 8 和 10，单击"确定"按钮，结果如图 11-67 所示。

图 11-66

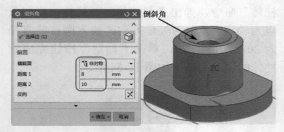

图 11-67

09 倒圆角。在"特征"组中单击"倒圆角"按钮，弹出"边倒圆"对话框，选取要倒圆角的边，输入倒圆角半径值为20，单击"确定"按钮，结果如图 11-68 所示。

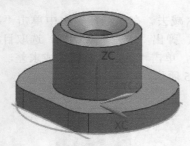

图 11-68

10 隐藏曲线。按 Ctrl+W 快捷键，弹出"显示和隐藏"对话框，单击曲线栏的"—"按钮，即可将所有的曲线隐藏，结果如图 11-69 所示。

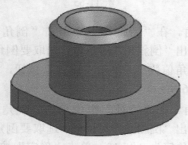

图 11-69

11.2.2 腔体

腔体命令用于在平面上创建具有一定规则形状的凹陷切割材料特征，执行"插入"|"设计特征"|"腔体"命令，或单击"腔体"按钮，弹出"腔体"对话框，如图 11-70 所示。

图 11-70

腔体命令可以创建圆柱形腔体、矩形腔体和常规腔体，下面将分别讲解。

1. 圆柱形

圆柱形是创建一个圆柱体切割特征。在选取放置平面后弹出"圆柱形腔体"对话框，如图 11-71 所示。

图 11-71

各选项含义如下。

➤ 腔体直径：输入圆柱形切割的直径值。
➤ 深度：输入圆柱切割体的切割深度值。
➤ 底面半径：圆柱切割的底面边的倒圆角半径值，值为 0 表示不倒圆角。
➤ 锥角：圆柱切割侧面的拔模角度，可以为正值或 0，0 表示不拔模。

技术要点：

此处定义的深度值必须比输入的底面半径大，如果小于半径值则会导致圆柱体腔体创建失败。锥角必须大于等于0。

2. 矩形

矩形腔体是在选取的放置面上创建一个长方体切割材料的特征。选定放置平面和水平参考后，弹出"矩形腔体"对话框，如图 11-72 所示。

图 11-72

各选项含义如下。

- ➢ 长度：输入平行于水平参考方向上的矩形槽长度值。
- ➢ 宽度：输入垂直于水平参考方向上的矩形槽的宽度值。
- ➢ 深度：输入矩形槽的切割深度值。
- ➢ 拐角半径：输入矩形槽的4个拐角倒圆角半径值。
- ➢ 底面半径：输入矩形槽的底面边界的倒圆角半径。
- ➢ 锥角：输入矩形槽侧面的拔模角度，可以为正值或0。

技术要点：

此处宽度必须大于两倍的拐角半径，否则矩形腔体创建失败。而深度值必须大于底面半径，否则底面边界倒圆角无法创建。而锥角必须大于或等于0，不能为负值，否则会出现倒扣现象。

3．常规腔体

常规腔体是创建一般性的切割材料实体特征，可以定义放置面上的轮廓形状、底面的轮廓形状，甚至是底面的曲面形状。因此常规腔体创建腔体更自由、灵活。在腔体对话框中选取常规选项后，弹出"常规腔体"对话框，该对话框用来选取放置面和轮廓线等参数，如图11-73所示。

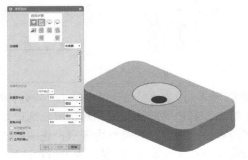

图 11-73

各选项含义如下。

- ➢ ：放置面，用来选取常规腔体的放置定位平面，可以是单个面，也可以是多个面。当然选取平面或基准平面，或者选取曲面或者弧面，同样可以创建常规腔体，如图11-74所示为选取圆弧面创建的腔体。

图 11-74

- ➢ ：放置面轮廓，选取在腔体放置顶面上的轮廓曲线。轮廓曲线不一定在放置面上，也可以在其他面，系统会自动投影到放置曲面上形成放置面轮廓。轮廓曲线必须是连续的，即不能断开。
- ➢ ：底面，可以选取一个或者多个面来定义底面形状，也可以选取平面或基准平面，用于确定腔体的底部。选择底面的步骤是可选的，腔体的底面可以由放置面往下偏置一定的距离来定义。
- ➢ ：底面轮廓曲线，用于选取腔体底面上的轮廓线，底面上的轮廓线必须是连续的，底面的轮廓曲线可以选取截面曲线，也可以从放置面的轮廓线投影到底面上来定义。

动手操作——腔体

采用腔体命令绘制如图11-75所示的图形。

图 11-75

操作步骤

01 动态旋转 WCS。双击坐标系，弹出坐标系

195

操控手柄和参数输入框，动态旋转 WCS，如图 11-76 所示。

02 绘制草绘。执行"插入"|"在任务环境中插入草图"命令，选取草图平面为 XY 平面，绘制如图 11-77 所示的草图。

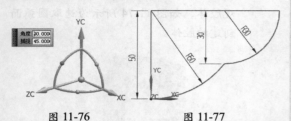

图 11-76　　　　　　　图 11-77

03 创建回转实体。在"特征"组中单击"回转"按钮，弹出"旋转"对话框，选取刚才绘制的截面，指定矢量和轴点，结果如图 11-78 所示。

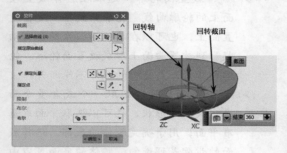

图 11-78

04 倒圆角。在"特征"组中单击"倒圆角"按钮，弹出"边倒圆"对话框，选取要倒圆角的边，输入倒圆角半径值为 10，单击"确定"按钮，结果如图 11-79 所示。

05 抽壳。在"特征"组中单击"抽壳"按钮，弹出"抽壳"对话框，选取要移除的面，再输入抽壳厚度为 5，结果如图 11-80 所示。

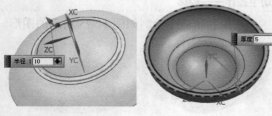

图 11-79　　　　　　　图 11-80

06 绘制草图。执行"插入"|"在任务环境中插入草图"命令，选取草图平面为 XY 平面，

绘制草图如图 11-81 所示。

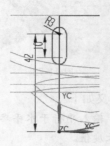

图 11-81

07 创建腔体。执行"插入"|"设计特征"|"腔体"命令，弹出"腔体"对话框，设置腔体顶面、顶面轮廓线以及底面和底面轮廓线等参数后，单击"确定"按钮完成创建，结果如图 11-82 所示。

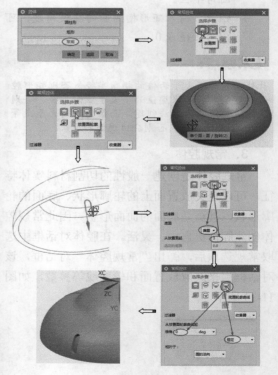

图 11-82

08 圆形阵列。在"特征"组中单击"阵列特征"按钮，弹出"阵列特征"对话框，选取要阵列的对象，指定阵列类型为圆形，选取旋转轴矢量和轴点，设置阵列参数，如图 11-83 所示。

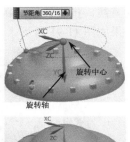

图 11-83

09 隐藏曲线。按 Ctrl+W 快捷键，弹出"显示和隐藏"对话框，单击曲线栏的"—"按钮，即可将所有的曲线隐藏，结果如图 11-84 所示。

图 11-84

11.2.3　垫块

垫块是在选取的平面上创建矩形凸起的添加材料实体特征，或者在一般曲面上创建自定义轮廓的常规凸起的加材料实体特征。

执行"插入"|"设计特征"|"垫块"命令，或单击"垫块"按钮，弹出"垫块"对话框，如图 11-85 所示。

图 11-85

1．矩形垫块

在垫块对话框中选取矩形后单击"确定"按钮，在选取放置面和水平参考后，弹出"矩形垫块"对话框，如图 11-86 所示。

图 11-86

各选项含义如下。

> 长度：输入矩形垫块中水平参考平行方向上的长度。
> 宽度：输入矩形垫块中水平参考垂直方向上的宽度。
> 高度：输入矩形垫块的凸起高度值。
> 拐角半径：输入矩形垫块 4 个拐角处倒圆角的半径值。
> 锥角：输入矩形垫块的侧面拔模角度。

2．常规垫块

常规垫块是创建一般性的加材料实体特征，可以定义放置面上的轮廓形状、底面的轮廓形状，甚至是底面的曲面形状。因此常规垫块创建垫块更自由、灵活。在垫块对话框中选取常规选项后，弹出"常规垫块"对话框，该对话框用来设置放置面和轮廓线等参数，如图 11-87 所示。

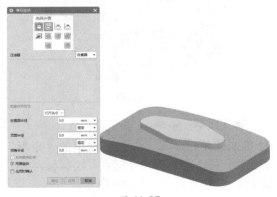

图 11-87

常规垫块的参数和常规腔体的参数完全相同，在此不再赘述。

11.2.4　凸起

凸起和垫块相似，也是在平面或曲面上创建平的或自用曲面的凸台，凸台形状和凸台顶

197

面可以自定义。凸起创建的特征壁垫块更自由灵活。

执行"插入"|"设计特征"|"凸起"命令，或单击"凸起"按钮◎，弹出"凸起"对话框，如图 11-88 所示。

图 11-88

动手操作——凸起

采用凸起命令绘制如图 11-89 所示的图形。

图 11-89

操作步骤

01 绘制矩形，单击"曲线"组中的"矩形"按钮□，输入矩形对角坐标点，绘制长为 18、宽为 18 的矩形，如图 11-90 所示。

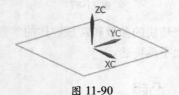

图 11-90

02 拉伸实体，在"特征"组中单击"拉伸"按钮▥，弹出"拉伸"对话框，选取刚才绘制

的直线，指定矢量，高度为 8，拔模为 15°，结果如图 11-91 所示。

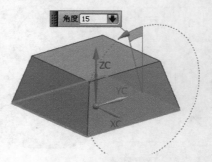

图 11-91

03 动态旋转 WCS。双击坐标系，弹出坐标系操控手柄和参数输入框，动态旋转 WCS，如图 11-92 所示。

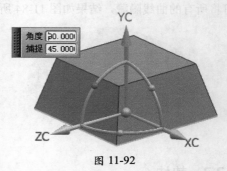

图 11-92

04 绘制草图。执行"插入"|"在任务环境中插入草图"命令，选取草图平面为 XY 平面，绘制的草图如图 11-93 所示。

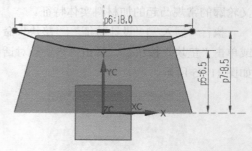

图 11-93

05 拉伸切割。在"特征"组中单击"拉伸"按钮▥，弹出"拉伸"对话框，选取刚才绘制的直线，指定矢量，输入拉伸参数，布尔运算为减去，结果如图 11-94 所示。

图 11-94

06 倒圆角。在"特征"组中单击"倒圆角"按钮 ，弹出"边倒圆"对话框，选取要倒圆角的边，输入倒圆角半径值为 2 后，单击"确定"按钮，结果如图 11-95 所示。

图 11-95

07 倒圆角。在"特征"组中单击"倒圆角"按钮 ，弹出"边倒圆"对话框，选取要倒圆角的边，输入倒圆角半径值为 1 后，单击"确定"按钮，结果如图 11-96 所示。

图 11-96

08 动态调整坐标系。双击坐标系，弹出坐标系操控手柄和参数输入框，动态旋转 WCS，如图 11-97 所示。

09 绘制文字。单击"曲线"组中的"文本"按钮 A，弹出"文本"对话框，文字属性输入 2，指定锚点和外形参数，如图 11-98 所示。

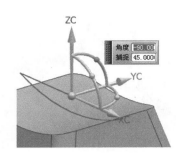

图 11-97

图 11-98

10 创建凸起。执行"插入"|"设计特征"|"凸起"命令，弹出"编辑凸起"对话框，设置凸起的参数，单击"确定"按钮完成创建，结果如图 11-99 所示。

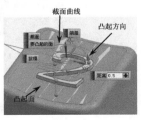

图 11-99

11 隐藏曲线和草图。按 Ctrl+W 快捷键，弹出"显示和隐藏"对话框，单击曲线栏和草图栏的"—"按钮，即可将所有的曲线隐藏，结果如图 11-100 所示。

图 11-100

11.2.5 键槽

键槽用来创建各种截面形状的键槽形切割实体特征。根据截面形状的不同有矩形槽、球形端槽、U 形槽、T 形槽和燕尾槽等形式，可以创建具有一定长度的键槽，也可以创建贯穿于选定的两个面的通槽，如图 11-101 所示。

图 11-101

执行"插入"|"设计特征"|"键槽"命令，或单击"键槽"按钮▦，弹出"键槽"对话框，如图 11-102 所示。

图 11-102

1. 矩形槽

矩形槽的键槽形剖截面是矩形的，在"键槽"对话框中选中"矩形槽"选项，选取放置面和水平参考后，弹出"矩形键槽"对话框，如图 11-103 所示。

各选项含义如下。

➢ 长度：输入矩形键槽与水平参考平行的方向上的长度。

➢ 宽度：输入矩形键槽与水平参考垂直的方向上的宽度。

➢ 深度：输入矩形键槽中的切割深度。此值输入的是正值，表示槽的深度，无须加"—"号。

图 11-103

2. 球形键槽

球形键槽的剖截面是半球形状的，在"键槽"对话框中选择"球形端槽"选项，选取放置面和水平参考后，弹出"球形键槽"对话框，如图 11-104 所示。

图 11-104

各选项含义如下。

➢ 球直径：输入键槽的底面边倒全圆角的直径值。

➢ 深度：指定键槽的深度值，深度值一定要比球半径大。

➢ 长度：输入键槽的水平方向上的长度值。

3. U 形键槽

U 形键槽的剖截面是 U 形的，在"键槽"对话框中选中"U 形槽"选项，选取放置面和水平参考后，弹出"U 形键槽"对话框，如图 11-105 所示。

图 11-105

各选项含义如下。

> 宽度：输入 U 形键槽与水平参考垂直的方向上的宽度。
> 深度：输入 U 形键槽中的切割深度。
> 拐角半径：输入 U 形键槽中剖截面拐角的倒圆角半径值，此值不能大于宽度的 50%。
> 长度：输入 U 形键槽与水平参考平行的方向上的长度。

4．T 型键槽

T 型键槽的剖截面是 T 型的，在"键槽"对话框中选择"T 型槽"选项，选取放置面和水平参考后，弹出"T 型键槽"对话框，如图 11-106 所示。

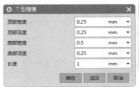

图 11-106

各选项含义如下。

> 顶部宽度：输入 T 型键槽与水平参考垂直的方向上的上部分槽宽度。
> 顶部深度：输入 T 型键槽上部分的槽深度。
> 底部宽度：输入 T 型键槽与水平参考垂直的方向上的下部分槽宽度。
> 底部深度：输入 T 型键槽下部分的槽深度。
> 长度：输入 T 型键槽与水平参考平行的方向上的长度。

技术要点：

T 型键槽实际上是倒 T 型的，上小下大，通常用来做滑道。因此，输入宽度时上端要比下端小，即顶部宽度应小于底部宽度。

5．燕尾键槽

燕尾键槽的剖截面是燕尾形的，在"键槽"对话框中选中"燕尾形槽"选项，选取放置面和水平参考后，弹出"燕尾槽"对话框，如图 11-107 所示。

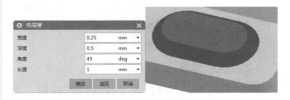

图 11-107

各选项含义如下。

> 宽度：输入燕尾形键槽顶部开口的宽度。
> 深度：输入燕尾形键槽的槽深。
> 角度：输入燕尾形键槽侧壁的拔模斜度。
> 长度：输入燕尾形键槽与水平参考平行的方向上的长度。

11.2.6　槽

槽命令主要是在回转体上创建类似于车槽效果的回转槽。执行"插入"|"设计特征"|"槽"命令，或单击"槽"按钮 🔲，弹出"槽"对话框，如图 11-108 所示。

图 11-108

1．矩形槽

矩形槽是切槽的横截面为矩形的回转槽。在"槽"对话框中选择"矩形"选项，再选取放置的圆柱面后，弹出"矩形槽"对话框，如图 11-109 所示。

图 11-109

各选项含义如下。

➤ 槽直径：当生成外部槽时，输入槽的内径；当生成内部槽时，输入槽的外径。

➤ 宽度：指定切槽的宽度值。

2．球形端槽

球形端槽是横截面为半圆形的回转槽，类似于球体沿圆柱面扫掠一圈切割后的结果。在"槽"对话框中单击"球形端槽"按钮，在选取放置的圆柱面后，弹出"球形端槽"对话框，如图 11-110 所示。

图 11-110

各选项含义如下。

➤ 槽直径：当生成外部槽时，输入槽的内径；当生成内部槽时，输入槽的外径。

➤ 球直径：输入槽形宽度，也就是球形槽的横截面球的直径。

3．U 形沟槽

U 形沟槽是横截面为 U 形的回转槽。类似于 U 形截面沿圆柱面扫掠一圈切割后的结果。在"槽"对话框中单击"U 形沟槽"按钮，在选取放置的圆柱面后，弹出"U 形槽"对话框，如图 11-111 所示。

图 11-111

动手操作——槽

采用实体命令绘制如图 11-112 所示的图形。

图 11-112

操作步骤

01 绘制圆柱体。执行"插入"|"设计特征"|"圆柱体"命令，弹出"圆柱体"对话框，指定原点为轴点，Z 轴为矢量方向。输入圆柱的直径为 40，高度为 70，单击"确定"按钮完成圆柱体的创建，结果如图 11-113 所示。

图 11-113

02 创建球形沟槽，执行"插入"|"设计特征"|"槽"命令，弹出"槽"对话框，选取类型为"球形端槽"，选取槽放置面，设置槽参数，再选取定位面，输入定位到端面的距离为 25，结果如图 11-114 所示。

图 11-114

03 倒圆角，在"特征"组中单击"倒圆角"按钮🔲，弹出"边倒圆"对话框，选取要倒圆角的边，输入倒圆角的半径值为 15 后，单击"确定"按钮，结果如图 11-115 所示。

图 11-115

04 绘制文字，单击"曲线"组中的"文本"按钮 **A**，弹出"文本"对话框，输入文字"图纸外发专用章"，选取放置曲线为顶面的轮廓线，指定锚点和外形参数，如图 11-116 所示。

图 11-116

05 拉伸实体。在"特征"组中单击"拉伸"按钮，弹出"拉伸"对话框，选取刚才绘制的直线，指定矢量，输入拉伸参数，结果如图 11-117 所示。

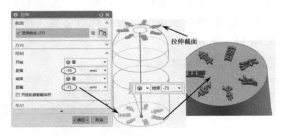

图 11-117

06 绘制草绘。执行"插入"|"在任务环境中插入草图"命令，选取草图平面为实体平面，绘制草图如图 11-118 所示。

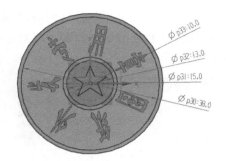

图 11-118

07 拉伸实体。在"特征"组中单击"拉伸"按钮，弹出"拉伸"对话框，选取刚才绘制的草图，指定矢量，输入拉伸参数，结果如图 11-119 所示。

图 11-119

08 隐藏曲线和草绘。按 **Ctrl+W** 快捷键弹出"显示和隐藏"对话框，单击曲线栏和草图栏的"—"按钮，即可将所有的曲线隐藏，结果如图 11-120 所示。

图 11-120

11.2.7　螺纹

螺纹主要用于在圆柱面上创建螺牙特征，用于螺丝或螺母的配合旋紧，或用于螺丝孔等特征。在实际生产中，螺纹应用非常普遍。

执行"插入"|"设计特征"|"螺纹"命令，或单击"螺纹"按钮 ，弹出"螺纹"对话框，如图 11-121 所示。

图 11-121

各选项含义如下。

- ➢ 符号：该类型的螺纹产生的是修饰螺纹，以虚线显示。
- ➢ 详细：该类型生产螺纹的详细形状细节，生产和更新时间长。
- ➢ 大径：螺纹的最大直径。
- ➢ 小径：螺纹的最小直径。
- ➢ 长度：从起始端到螺纹终止端的螺纹长度。
- ➢ 螺距：螺纹上相应点之间的轴向距离。
- ➢ 角度：两螺纹面之间的夹角。
- ➢ 选择起始：选取平面或基准面作为螺纹的开始基准。

动手操作——螺纹

采用实体命令绘制如图 11-122 所示的图形。

图 11-122

操作步骤

01 绘制圆柱体，执行"插入"|"设计特征"|"圆柱体"命令，弹出"圆柱体"对话框，指定原点为轴点，Z 轴为矢量方向。输入圆柱的直径为 12，高度为 8，单击"确定"按钮完成圆柱体的创建，结果如图 11-123 所示。

02 绘制圆柱体，执行"插入"|"设计特征"|"圆柱体"命令，弹出"圆柱体"对话框，指定原点为轴点，Z 轴为矢量方向。输入圆柱的直径为 8，高度为 20，指定布尔类型为合并。单击"确定"按钮完成圆柱体的创建，结果如图 11-124 所示。

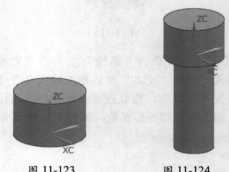

图 11-123   图 11-124

03 倒斜角。在"特征"组中单击"倒角"按钮 ，弹出"倒斜角"对话框，选取要倒角的边，输入倒角值为 0.5 后，单击"确定"按钮，结果如图 11-125 所示。

图 11-125

04 创建螺纹。执行"插入"|"设计特征"|"螺纹"命令，弹出"螺纹"对话框，选取类型为详细，选取螺纹放置面，设置螺纹参数，结果如图 11-126 所示。

图 11-126

05 绘制六边形曲线，单击"曲线"组中的"多边形"按钮⊙，在弹出的"多边形"对话框中输入边数为 6，类型为外接圆半径，选取原点为中心，外接圆半径为 4，方位角为 0°，如图 11-127 所示。

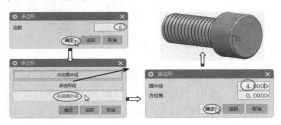

图 11-127

06 拉伸实体。在"特征"组中单击"拉伸"按钮▥，弹出"拉伸"对话框，选取刚才绘制的六边形，指定矢量，输入拉伸参数，指定布尔类型为减去，结果如图 11-128 所示。

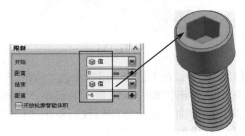

图 11-128

07 隐藏曲线。按 Ctrl+W 快捷键，弹出"显示和隐藏"对话框，单击曲线栏的"—"按钮，即可将所有的曲线隐藏，结果如图 11-129 所示。

图 11-129

11.2.8 面倒圆

"面倒圆"命令将在面与面之间直接倒圆角。执行"插入"|"细节特征"|"面倒圆"命令，或单击"面倒圆"按钮◢，弹出"面倒圆"对话框，如图 11-130 所示。

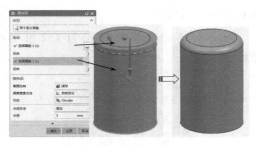

图 11-130

各选项含义如下。

➤ 两个定义面链：指定两个面链和半径，从而创建面倒圆角。

➤ 三个定义面链：指定两两相交的三个面链来创建完全倒圆角。

➤ 滚球：倒圆角的横截面位于垂直于选定的两组面的平面上。

➤ 扫掠截面：倒圆角的横截面以脊曲线控制。

➤ 形状：指定倒圆角的横截面形状，包括圆形、对称二次曲线和不对称二次曲线。

➤ 半径方法：定义倒圆角半径的方式，包括恒定、规律控制、相切约束等。

➤ 约束和限制几何体：选取和倒圆角相切的曲线或面。

11.2.9 软倒圆

"软倒圆"命令通过两组圆角面及倒圆角终止控制的相切曲线和脊线，生成在两倒圆角面上相切于两曲线处的倒圆角。执行"插入"|"细节特征"|"软倒圆"命令，或单击"软倒圆"按钮◢，弹出"软倒圆"对话框，如图 11-131 所示。

图 11-131

动手操作——软倒圆

采用实体命令绘制如图 11-132 所示的图形。

图 11-132

操作步骤

01 绘制矩形，单击"曲线"组中的"矩形"按钮□，输入矩形对角坐标点，绘制长为 50，宽为 50 的矩形，如图 11-133 所示。

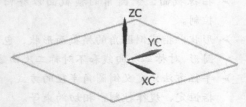

图 11-133

02 曲线倒圆角，在"曲线"组中单击"基本曲线"按钮◯，弹出"基本曲线"对话框，在该对话框中单击"倒圆角"按钮◀，弹出"曲线倒圆角"对话框，选取两曲线倒圆角的方式，输入倒圆角半径为 16，再选取倒圆角的曲线后在圆角内部单击任意一点，即可完成倒圆角操作，结果如图 11-134 所示。

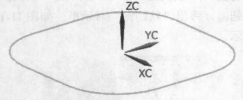

图 11-134

03 拉伸实体，在"特征"组中单击"拉伸"按钮⬛，弹出"拉伸"对话框，选取刚才绘制的直线，指定矢量，输入拉伸参数，结果如图 11-135 所示。

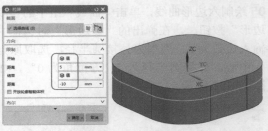

图 11-135

04 绘制圆，在"曲线"组中单击"基本曲线"按钮◯，弹出"基本曲线"对话框，选取类型为圆，圆心点坐标为（0,0,5），半径为 20，结果如图 11-136 所示。

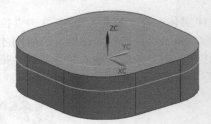

图 11-136

05 软倒圆角。在"特征"组中单击"软倒圆角"按钮◗，弹出"编辑软圆角"对话框，选取要倒圆角的曲面，再选取控制线后单击"确定"按钮，结果如图 11-137 所示。

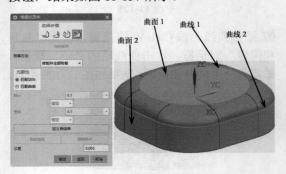

图 11-137

06 绘制草绘，执行"插入"|"在任务环境中插入草图"命令，选取草图平面为 XY 平面，绘制的草图如图 11-138 所示。

07 拉伸切割实体。在"特征"组中单击"拉伸"按钮⬛，弹出"拉伸"对话框，选取刚才绘制的直线，指定矢量，输入拉伸参数，指定布尔类型为减去，结果如图 11-139 所示。

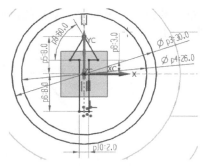

图 11-138

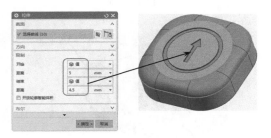

图 11-139

08 隐藏曲线。按 Ctrl+W 快捷键，弹出"显示和隐藏"对话框，单击曲线栏的"—"按钮，即可隐藏所有的曲线，结果如图 11-140 所示。

图 11-140

11.3　综合实战

本节将针对本章介绍的知识安排几个实例，以帮助读者通过实际操作进一步掌握学习的内容。本节的实例依旧按照由简单到复杂、由易到难的顺序进行安排。

11.3.1　电动剃须刀造型

◎ **源文件：无**

◎ **结果文件：剃须刀.prt**

◎ **视频文件：剃须刀.avi**

本例的电动剃须刀是一个双刀头的造型设计，外观造型唯美、触感流畅、舒适贴面，其独特的触发器设计可以以用户的面部和颈部曲线自动调节刀头剃须的角度。

为了更好地描述电动剃须刀外观造型的设计，本例将主要介绍剃须刀的实体模型（外形）建模，而剃须刀的结构设计不再并入介绍之列。

电动剃须刀的建模操作，将使用"拉伸"工具来创建主体及按钮等局部特征、使用"孔"工具创建刀尾的圆孔、使用"键槽"工具创建

凹槽等。电动剃须刀的造型如图 11-141 所示。

图 11-141

操作步骤

01 新建名为"剃须刀"的模型文件。

02 利用"草图"工具在 YC-ZC 基准平面上绘制如图 11-142 所示的草图。

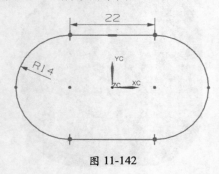

图 11-142

03 使用"拉伸"工具，选择如图 11-143 所示的截面，创建对称值为 45、向默认方向进行拉伸的实体特征。

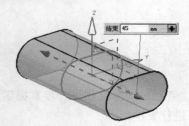

图 11-143

04 使用"拉伸"工具，选择与上一步拉伸实体特征相同的截面，创建出对称值为 24，使用布尔合并运算，且单侧偏置为 3 的拉伸实体特征，如图 11-144 所示。

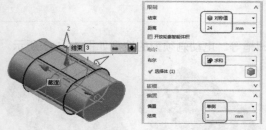

图 11-144

05 使用"拉伸"工具，选择如图 11-145 所示的实体面作为草图平面，进入草绘模式绘制出拉伸截面草图。退出草绘模式后，通过"拉伸"对话框设置拉伸方向为 –XC 方向、拉伸距离

为 2、布尔减去运算等参数，创建的拉伸减特征如图 11-146 所示。

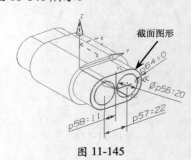

图 11-145

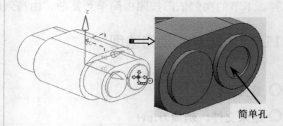

图 11-146

06 使用"孔"工具，选择如图 11-147 所示的点作为孔中心点，创建直径为 12、深度为 1、顶锥角为 170 的简单孔特征。

图 11-147

07 同理，在对称的另一侧也创建同样尺寸的简单孔特征，如图 11-148 所示。

图 11-148

08 使用"拉伸"工具，以如图 11-149 所示的拉伸截面及参数设置，向 –ZC 方向拉伸，并创建出减材料拉伸特征。

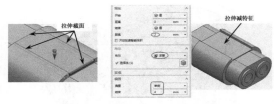

图 11-149

09 使用"垫块"工具，在如图 11-150 所示的面上创建矩形垫块特征。

图 11-150

10 使用"面中的偏置曲线"工具，选择如图 11-151 所示的实体边缘，创建偏置距离为 0.5 的曲线。

图 11-151

11 使用"管道"工具，选择偏置曲线作为管道路径，管道横截面外径为 1、内径为 0，并进行布尔减去运算。创建的管道特征如图 11-152 所示。

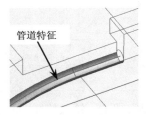

图 11-152

12 使用"阵列特征"工具，选择管道特征进行矩形阵列，设置如图 11-153 所示的阵列参数后，创建出管道的阵列特征。

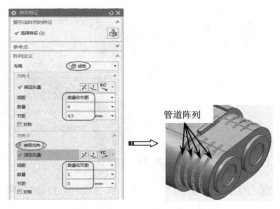

图 11-153

13 使用"键槽"工具（该工具与"垫块"工具的使用方法完全相同），选择如图 11-154 所示的放置面和水平参考面，并设置键槽参数后，完成矩形键槽特征的创建操作。

图 11-154

14 使用"键槽"工具选择如图 11-155 所示的放置面和水平参考面，设置键槽参数后，完成矩形键槽特征的创建操作。

图 11-155

15 使用"垫块"工具选择如图 11-156 所示的放置面和水平参考面，设置键槽参数，创建矩形垫块特征。

图 11-156

16 在"特征"工具条中单击"拔模"按钮，弹出"拔模"对话框。按照如图 11-157 所示的操作步骤创建拔模特征。

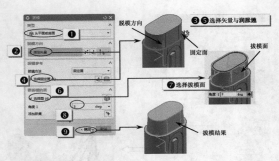

图 11-157

17 使用"边倒圆"工具，选择如图 11-158 所示的边，创建圆角半径为 4 的特征。

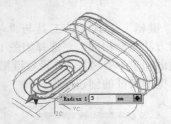

图 11-158

18 使用"边倒圆"工具，选择如图 11-159 所示的边，创建圆角半径为 3 的特征。

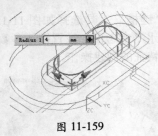

图 11-159

11.3.2 箱体零件设计

◎ **源文件：无**

◎ **结果文件：箱体.prt**

◎ **视频文件：箱体.avi**

本例是箱体设计，此实例将使用草绘、拉伸、抽壳、边倒圆、凸台、镜像特征、孔、阵列特征、拔模等工具命令，通过本例的练习可以对本章的内容有一个感性的认识。

操作步骤

01 新建名为"箱体"的模型文件。

19 使用"边倒圆"工具，选择如图 11-160 所示的边，创建圆角半径为 1 的特征。

图 11-160

20 使用"边倒圆"工具，选择如图 11-161 所示的边，创建圆角半径为 0.5 的特征。

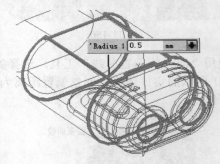

图 11-161

21 至此，电动剃须刀的实体建模工作全部结束，最后将结果模型保存。

02 进入"建模"模块后，在"特征"工具条单击"拉伸"按钮，弹出"拉伸"对话框。单击"绘制截面"按钮，弹出"创建草图"对话框。选择 *XC-YC* 平面作为草绘平面，再单击"确定"按钮进入草绘环境，如图11-162所示。

图 11-162

03 绘制如图11-163所示的草图，完成后退出草绘环境。

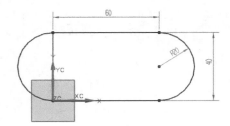

图 11-163

04 在"拉伸"对话框中设置起始及终止值分别为0和35，其余参数保持默认，单击"确定"按钮，完成拉伸实体的创建，如图11-164所示。

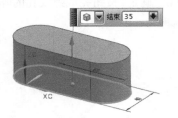

图 11-164

05 抽壳。单击"抽壳"按钮，在"类型"下拉列表中选择"移除面，然后抽壳"；选择上表面为抽壳面，设置厚度为3，抽壳的最终效果如图11-165所示。

图 11-165

06 创建拉伸实体。利用"拉伸"命令，首先选择 *XC-YC* 为草绘平面，进入草绘环境中绘制如图11-166所示的草图。

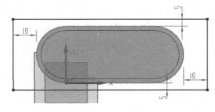

图 11-166

07 退出草绘环境，在"拉伸"对话框中设置起始与终止值分别为0和5，在"布尔"下拉列表中选择"合并"，单击"确定"按钮完成创建，效果如图11-167所示。

图 11-167

08 边倒圆。单击"边倒圆"按钮，设置半径为12（恒定半径），选择拉伸实体的4个棱边为边倒圆对象，单击"确定"按钮完成边倒圆操作，效果如图11-168所示。

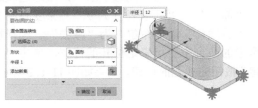

图 11-168

09 创建凸台。在"特征"工具条中单击"凸台"按钮，在弹出的"凸台"对话框中设置如图11-169所示的参数，单击"确定"按钮后弹出"定位"对话框。

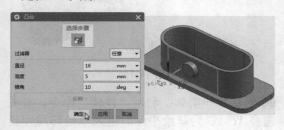

图 11-169

10 设置如图11-170所示的定位尺寸。单击"确定"按钮完成最终的凸台创建。

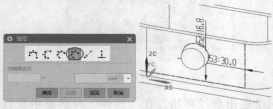

图 11-170

11 创建镜像特征。单击"镜像特征"按钮，选择刚才创建的凸台为镜像对象，在"镜像平面"对话框的"平面"下拉列表中选择"新平面"选项，通过两条轴创建一个平面作为镜像平面，效果如图11-171所示（注意平面的位置）。

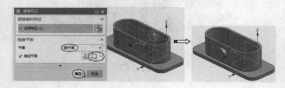

图 11-171

12 创建简单孔。在"特征"工具条中单击"孔"按钮，在"类型"下拉列表中选择"常规孔"选项，方向设置为"垂直于面"，成形选项选择"简单"，"孔直径"为9，"深度限制"为"贯通体"，"布尔"为"减去"。选择模型中的凸台中心点来定位孔的位置，单击"确定"按钮完成孔的创建，效果如图11-172所示。

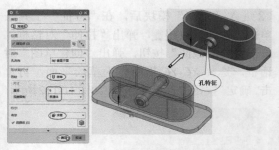

图 11-172

13 创建螺纹孔。利用"孔"命令，将"孔"对话框中的"类型"设置为"螺纹孔"，单击"绘制截面"按钮草绘点。

14 将"孔"对话框中的方向设置为"垂直于面"，螺纹尺寸规格为M10×1.0，螺纹深度为15，深度限制为"贯通体"，其他设置保持，单击"确定"按钮完成创建，效果如图11-173所示。

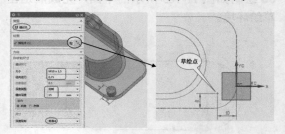

图 11-173

15 阵列螺纹孔。在特征操作组中单击"特征实例"按钮，在弹出的"特征实例"对话框中选择"线性阵列"布局，选择上一步创建的螺纹孔为阵列对象，设置如图11-174所示的阵列参数，单击"确定"按钮完成螺纹孔的阵列操作。

图 11-174

16 利用"拉伸"命令，选择抽壳实体的边，然后设置如图 11-175 所示的参数，完成实体的创建。

17 至此，完成了箱体的设计工作，最后将结果保存。

图 11-175

11.4　课后习题

1. 绘制工程零件

采用工程特征和成型特征命令绘制如图 11-176 所示的图形。

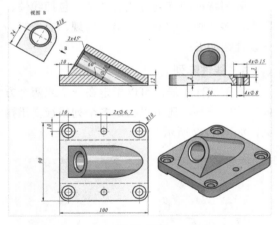

图 11-176

2. 绘制表壳零件

利用所学的基础特征、工程特征和构造特征进行造型，绘制如图 11-177 所示的表壳零件。

图 11-177

第**12**章 特征操作和编辑

在设计过程中,仅采用基本的实体建模命令往往不够,还需要对特征进行相关的特征编辑操作才能达到设计要求,本章主要讲解特征的操作和编辑,以便进一步对实体进行操控。

12.1 关联复制

关联复制主要是对实体特征进行参数化关联副本的创建,创建后的副本和原始特征完全关联,原始体特征的改变会及时反映在关联复制特征中。关联复制操作方式有多种,包括阵列特征、阵列面、镜像特征、生成实例几何特征等。

12.1.1 阵列特征

阵列特征是指将指定的一个或一组特征,按一定的规律复制已存在的特征,建立一个特征阵列。阵列中各成员保持相关性,当其中某一成员被修改,阵列中的其他成员也会相应自动变化。"阵列特征"命令适用于创建同样参数,且呈一定规律排列的特征命令。

在"特征"组中单击"阵列特征"按钮🗗,弹出如图 12-1 所示的"阵列特征"对话框。

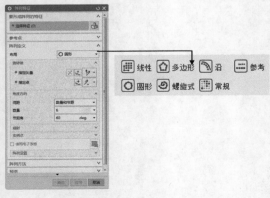

图 12-1

阵列特征的阵列方式有 7 种,包括线性、圆形、多边形、螺旋式、沿、常规、参考等,分别介绍如下:

1. 线性阵列

对于线性布局,可以指定在一个或两个方向对称的阵列,还可以指定多个列或行交错排列,如图 12-2 所示。

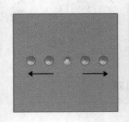 

图 12-2

如图 12-3 为线性阵列的示意图。

在"阵列方法"选项区中,包括"变化"和"简单"选项。"变化"选项可以创建以下对象。

➢ 支持"复制 - 粘贴"操作的所有特征均支持。
➢ 支持圆角和拔模等详细特征。

- 每个阵列实例均会被完整评估。
- 使用多个输入特征。
- 支持多体特征。
- 可以重用对输入特征的参考，并控制在每个实例位置评估来自输入特征的参考。
- 支持高级孔功能。
- 支持草图特征。

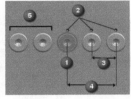

❶ 方向1　❷ 数量=3　❸ 节距　❹ 跨距　❺ 对称

❻ 方向2　❼ 数量=3

图 12-3

而"简单"选项仅创建以下对象。

- 支持孔和拉伸特征等简单的设计特征。
- 每个输出阵列一个输入特征。
- 支持多体特征。

如图 12-4 所示为"变化"阵列方法与"简单"阵列方法的输出对比。

变化阵列　　　　　简单阵列

图 12-4

2．圆形阵列

选定的主特征绕一个参考轴，以参考点位旋转中心，按指定的数量和旋转角度复制若干成员特征。圆形阵列可以控制阵列的方向。圆形阵列的参数选项及图解，如图 12-5 所示。

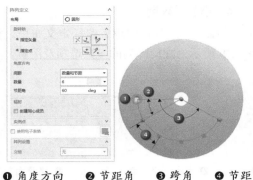

❶ 角度方向　❷ 节距角　❸ 跨角　❹ 节距

图 12-5

3．多边形阵列

多边形阵列与圆形阵列类似，需要指定旋转轴和轴心。多边形阵列的参数选项及图解，如图 12-6 所示。

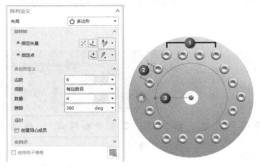

❶ 单边的数量 = 4　❷ 螺距　❸ 跨距

图 12-6

多边形阵列与圆形阵列可以创建同心成员，在"辐射"选项组中选中"创建同心成员"复选框，将创建如图 12-7 和图 12-8 所示的圆形和多边形同心阵列。

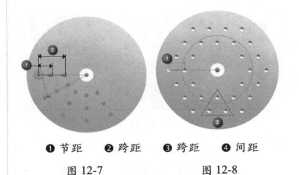

❶ 节距　❷ 跨距　❸ 跨距　❹ 间距

图 12-7　　　　　图 12-8

4. 螺旋式阵列

"螺旋"阵列使用螺旋路径定义布局。如图 12-9 所示为螺旋阵列的参数选项及图解。

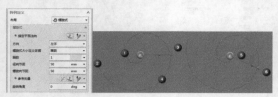

❶ 方向　❷ 大小增量　❸ 径向节距　❹ 螺旋向节距
❺ 参考矢量　❻ 螺旋角度

图 12-9

5. 沿阵列

"沿"阵列是定义一个跟随连续曲线链和（可选）第二条曲线链或矢量的布局。"沿"阵列的参数选项及图解过程，如图 12-10 所示。

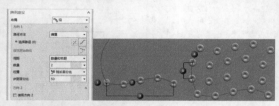

❶ 阵列对象　❷ 路径　❸ 数量和跨距　❹ 方向
❺ 步距

图 12-10

"沿"阵列的路径方法有 3 种，包括"偏置""刚性"和"平移"。

➤ "偏置"路径方法:（默认）使用与路径最近的距离垂直于路径来投影输入特征的位置，然后沿该路径进行投影，如图 12-11 所示。

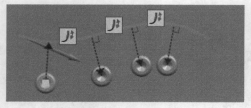

图 12-11

➤ "刚性"路径方法: 将输入特征的位置投影到路径的开始位置，然后沿路径进行

投影。距离和角度维持在创建实例时的刚性状态，如图 12-12 所示。

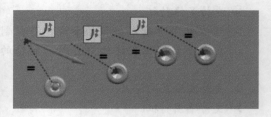

图 12-12

➤ "平移"路径方法: 在线性方向将路径移动到输入特征参考点，然后沿平移的路径计算间距，如图 12-13 所示。

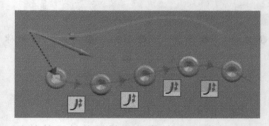

图 12-13

6. 常规阵列

"常规"阵列是使用由一个或多个目标点或坐标系定义的位置来定义布局。如图 12-14 所示为"常规"阵列的参数选项及图解过程。

❶ 起点位置　❷ 指定点位置　❸ 方位（遵循图样）

图 12-14

技术要点:

默认情况下，打开的对话框中显示的是常用的，也是默认的基本选项。如果想要更多的选项设置，可以在对话框顶部单击"展开"按钮 ⌄。

7. 参考阵列

"参考"阵列是使用现有的阵列来定义新的阵列。如图 12-15 所示为"参考"阵列的参数选项及图解过程。

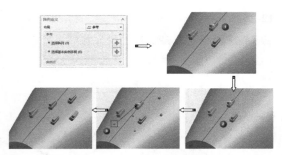

❶ 选择阵列对象　❷ 选择阵列　❸ 选择基本实例手柄

图 12-15

动手操作——创建变化的阵列

操作步骤

01 打源文件 12-1.prt。

02 在"特征"组中单击"阵列特征"按钮🔲，弹出"阵列特征"对话框。然后选择小圆柱特征作为阵列对象。

03 在该对话框的"阵列定义"选项区中选择"圆形"布局选项，激活"指定矢量"命令，选择 Z 轴矢量，如图 12-16 所示。

图 12-16

04 选择如图 12-17 所示的圆柱边，程序自动搜索其圆心作为旋转中心点。

图 12-17

05 在"角度方向"选项组中输入"数量"为 6，"节距角"为 30，如图 12-18 所示。

图 12-18

06 选中"创建同心成员"复选框，选择"数量和跨距"选项，并设置"数量"为 3，"跨距"为 20，同时查看阵列预览，如图 12-19 所示。

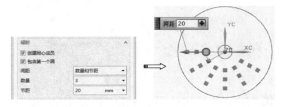

图 12-19

07 单击"确定"按钮完成特征的阵列，结果如图 12-20 所示。

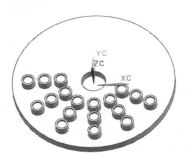

图 12-20

08 在部件导航器中右键选择"阵列（圆形）"项目，并在弹出的快捷菜单中选择"可回滚编辑"命令，重新打开"特征阵列"对话框，如图 12-21 所示。

图 12-21

09 在该对话框底部单击"展开"按钮 ∨ ∨ ∨，展开全部选项。在"阵列定义"选项区的"实例点"选项组中激活"选择实例点"命令，然后选择阵列中要编辑的对象，如图 12-22 所示。

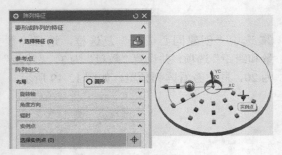

图 12-22

10 右击，执行快捷菜单中的"指定变化"命令，弹出"变化"对话框，在该对话框中编辑"拉伸"特征的高度值由 5 变为 10，"孔"特征的直径由 6 变为 2，如图 12-23 所示。

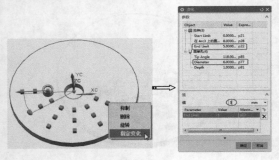

图 12-23

11 单击"确定"按钮完成实例点的编辑。继续选择第 1 行的实例点作为编辑对象，然后右击，在弹出的快捷菜单中执行"旋转"命令，如图 12-24 所示。

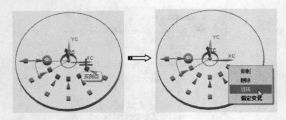

图 12-24

12 随后弹出"旋转"对话框。输入旋转角度为 150，单击"确定"按钮完成编辑，如图

12-25 所示。

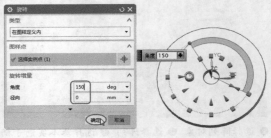

图 12-25

13 最后单击"特征阵列"对话框中的"确定"按钮，完成阵列特征的编辑，结果如图 12-26 所示。

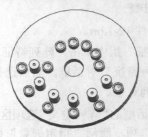

图 12-26

动手操作——创建常规阵列

采用阵列特征命令，绘制如图 12-27 所示的图形。

图 12-27

操作步骤

01 绘制圆柱体。执行"插入"|"设计特征"|"圆柱体"命令，弹出"圆柱体"对话框，指定原点为轴点，Z 轴为矢量方向。输入圆柱直径为 50，高度为 30，单击"确定"按钮完成圆柱体的创建，结果如图 12-28 所示。

02 倒圆角。单击"边倒圆"按钮，弹出"边倒圆"对话框，选取要倒圆角的边，输入倒圆角半径值为 12 后，单击"确定"按钮，结果如图 12-29 所示。

图 12-28　　　　　　图 12-29

03 抽壳。单击"抽壳"按钮 🔲，弹出"抽壳"对话框，选取要移除的面，再输入抽壳厚度为4，结果如图 12-30 所示。

04 绘制圆。在"曲线"选项卡中单击"基本曲线"按钮 ⟲，弹出"基本曲线"对话框，选取类型为圆，圆心坐标为（26,0,0），圆半径为6，结果如图 12-31 所示。

图 12-30　　　　　　图 12-31

05 拉伸切割实体。单击"拉伸"按钮 🔲，弹出"拉伸"对话框，选取刚才绘制的圆，指定矢量，输入拉伸参数，结果如图 12-32 所示。

图 12-32

06 阵列特征。在"特征"组中单击"阵列特征"按钮 🔳，弹出"阵列特征"对话框，选取要阵列的对象，指定阵列类型为圆形，选取旋转轴矢量和轴点，设置阵列参数，如图 12-33 所示。

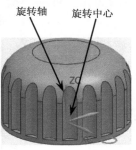

图 12-33

07 倒圆角。单击"边倒圆"按钮 🔳，弹出"边倒圆"对话框，选取要倒圆角的边，输入倒圆角半径值为 1 后，单击"确定"按钮，结果如图 12-34 所示。

图 12-34

08 参考阵列。在"特征"组中单击"阵列特征"按钮 🔳，弹出"阵列特征"对话框，选取要阵列的对象，指定阵列类型为参考，选取参考的阵列，单击"确定"按钮完成阵列，如图 12-35 所示。

图 12-35

09 创建螺纹。执行"插入"|"设计特征"|"螺纹"命令，弹出"螺纹"对话框，选取类型为详细，选取螺纹放置面为抽壳的内圆柱面，设置螺纹参数，结果如图 12-36 所示。

图 12-36

10 隐藏曲线。按 Ctrl+W 快捷键，弹出"显示和隐藏"对话框，单击曲线栏的"一"按钮，即可将所有的曲线隐藏，结果如图 12-37 所示。

图 12-37

12.1.2 镜像特征

镜像特征是对选取的特征相对于平面或基准平面进行镜像，镜像后的副本与原特征完全关联。

执行"插入"|"关联复制"|"镜像特征"命令，或者在"特征"组中单击"镜像特征"按钮，弹出"镜像特征"对话框，如图 12-38 所示。

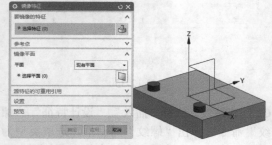

图 12-38

动手操作——镜像特征

采用镜像特征命令绘制如图 12-39 所示的图形。

图 12-39

操作步骤

01 创建长方体，执行"插入"|"设计特征"|"长方体"命令，弹出"块"对话框，指定定位点为（−50,−50,0），输入长为 100，宽为 100，高为 10，单击"确定"按钮完成创建，结果如图 12-40 所示。

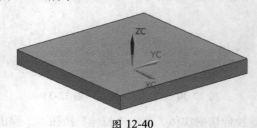

图 12-40

02 倒圆角。单击"边倒圆"按钮，弹出"边倒圆"对话框，选取要倒圆角的边，输入倒圆角半径为 12 后，单击"确定"按钮，结果如图 12-41 所示。

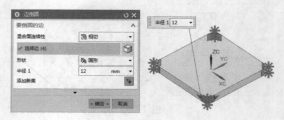

图 12-41

03 创建孔特征。在"特征"组中单击"孔"按钮，弹出"孔"对话框，设置类型为"常规孔"，形状为"沉孔"，指定孔位置点和孔参数，结果如图 12-42 所示。

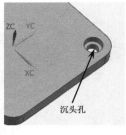

图 12-42

04 镜像孔特征。执行"插入"|"关联复制"|"镜像特征"命令，弹出"镜像特征"对话框，选取要镜像的孔特征，再选取镜像平面，单击"确定"按钮完成，如图 12-43 所示。

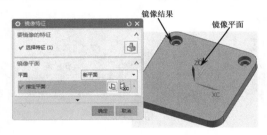

图 12-43

05 镜像孔特征，执行"插入"|"关联复制"|"镜像特征"命令，弹出"镜像特征"对话框，选取刚才创建的孔和镜像孔结果，再选取镜像平面，单击"确定"按钮完成，如图 12-44 所示。

图 12-44

技术要点：

采用两次镜像所得到的结果和一次阵列所得到的结果相同。只是操作多了一步，但是每一步都很简单，使用镜像还是阵列要看用户的习惯。

06 创建圆柱体。执行"插入"|"设计特征"|"圆柱体"命令，弹出"圆柱体"对话框，指定原点为轴点，Z 轴为矢量方向。输入圆柱直径为50，高度为 50，单击"确定"按钮完成圆柱体的创建，结果如图 12-45 所示。

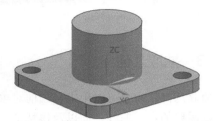

图 12-45

07 创建布尔合并。在"特征"组中单击"合并"按钮 🔘，弹出"合并"对话框，选取目标体和工具体，单击"确定"按钮完成合并，结果如图 12-46 所示。

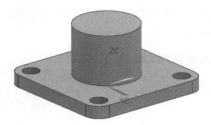

图 12-46

08 创建沉头孔。在"特征"组中单击"孔"按钮 🔲，弹出"孔"对话框，设置类型为"常规孔"，形状为"沉孔"，指定孔位置点和孔参数，结果如图 12-47 所示。

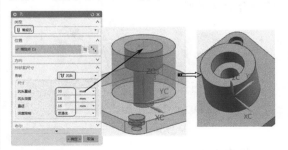

图 12-47

09 倒角。单击"倒角"按钮 🔷，弹出"边倒斜角"对话框，选取要倒角的边，输入倒角为 1 后，单击"确定"按钮，结果如图 12-48 所示。

图 12-48

12.1.3 抽取几何

抽取几何体命令可以用来从当前对象几何中抽取需要的点、曲线、面以及体特征。用来创建与选取对象相同的抽取副本特征。抽取后的副本特征，可以设置为关联的，也可以取消关联。

执行"插入"|"关联复制"|"抽取几何体"命令，或者在"特征"组中单击"抽取几何体"按钮，弹出"抽取几何特征"对话框，如图12-49所示。

图 12-49

动手操作——抽取几何体

采用抽取几何体命令绘制如图12-50所示的压合治具下模。

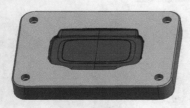

图 12-50

操作步骤

01 打开源文件。在快速访问工具栏中单击"打开"按钮，弹出"打开"对话框，选取源文件 12-4.prt，单击"确定"按钮，即打开文件。

02 绘制矩形，单击"曲线"选项卡中的"矩

形"按钮，输入矩形对角坐标点，绘制长为240，宽为160的矩形，如图12-51所示。

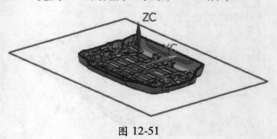

图 12-51

03 拉伸实体。单击"拉伸"按钮，弹出"拉伸"对话框，选取刚才绘制的直线，指定矢量，输入拉伸参数，结果如图12-52所示。

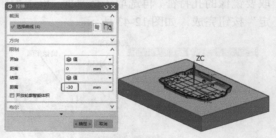

图 12-52

04 抽取几何体，先将其他的实体暂时隐藏。执行"插入"|"关联复制"|"抽取几何体"命令，弹出"抽取几何体"对话框，选取要抽取的面，单击"确定"按钮完成，结果如图12-53所示。

图 12-53

05 修补开口，执行"插入"|"曲面"|"修补开口"命令，弹出"修补开口"对话框，选取补片类型为注塑模向导面补片，选取要补片的面，再选取边界，单击"确定"按钮完成修补，结果如图12-54所示。

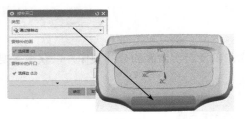

图 12-54

06 缝合曲面。执行"插入" | "组合" | "缝合"命令，弹出"缝合"对话框，选取目标片体后再选取工具片体，单击"确定"按钮，即可将工具片体和目标片体缝合成整个片体，结果如图 12-55 所示。

图 12-55

07 修剪体，将隐藏的实体显示后，单击"修剪体"按钮 ，弹出"修剪体"对话框，选取实体为目标体，再选取曲面为修剪工具，单击"确定"按钮完成修剪，结果如图 12-56 所示。

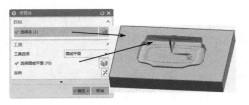

图 12-56

08 将片体隐藏。按 Ctrl+W 快捷键，弹出"显示和隐藏"对话框，单击片体栏的"一"按钮，即可将所有的片体隐藏，结果如图 12-57 所示。

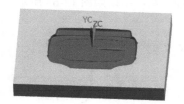

图 12-57

09 创建倒圆角。单击"边倒圆"按钮 ，弹出"边倒圆角"对话框，选取要倒圆角的边，输入倒圆角半径为 20 后，单击"确定"按钮，结果如图 12-58 所示。

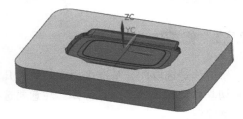

图 12-58

10 创建孔。在"特征"组中单击"孔"按钮 ，弹出"孔"对话框，设置类型为"常规孔"，形状为"沉孔"，指定孔位置点和孔参数，结果如图 12-59 所示。

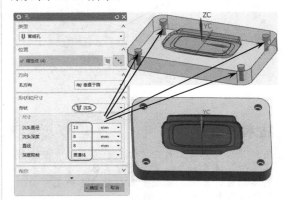

图 12-59

11 创建倒角。单击"倒角"按钮 ，弹出"边倒斜角"对话框，选取要倒角的边，输入倒角为 2 后，单击"确定"按钮，结果如图 12-60 所示。

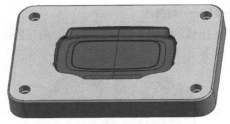

图 12-60

12.2 修剪

修剪是对实体特征或实体进行切割或分割的操作，以及对实体面的分割操作，以获得需要的部分实体或实体面。

12.2.1 修剪体

修剪体是选取面、基准平面或其他的几何体来切割修剪一个或多个目标体。注意要选择哪一侧保留。

执行"插入"|"修剪"|"修剪体"命令，或者在"特征"组中单击"修剪体"按钮，弹出"修剪体"对话框，如图 12-61 所示。

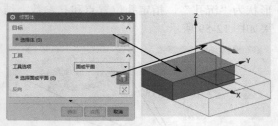

图 12-61

技术要点：

使用"修剪体"工具在实体表面或片体表面修剪实体时，修剪面必须完全通过实体，否则将不能将实体进行修剪。基准平面为无边界的无穷面，实体必须垂直于基准平面。

修剪体有以下要求。

➢ 必须至少选择一个目标体。
➢ 可以从同一个体中选择单个面或多个面，或选择基准平面来修剪目标体。
➢ 可以定义新平面来修剪目标体。

动手操作——修剪体

采用修剪体命令绘制如图 12-62 所示的图形。

图 12-62

操作步骤

01 绘制八边形，单击"曲线"选项卡中的"多边形"按钮，在弹出的"多边形"对话框中输入边数为 8，类型为"外接圆半径"，选取原点为中心，外接圆半径为 60 和 30，方位角为 0° 和 22.5°，如图 12-63 所示。

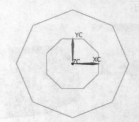

图 12-63

02 绘制直线连接。在"曲线"选项卡中单击"基本曲线"按钮，弹出"基本曲线"对话框，选取类型为直线，选取直线通过的点连接直线，结果如图 12-64 所示。

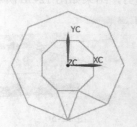

图 12-64

03 拉伸实体。单击"拉伸"按钮，弹出"拉伸"对话框，选取刚才绘制的直线，指定矢量，输入拉伸参数，结果如图 12-65 所示。

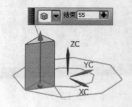

图 12-65

04 修剪实体。单击"修剪体"按钮，弹出"修剪体"对话框，选取实体为目标体，再指定成过竖直边中点和端面边线的平面为修剪工具，单击"确定"按钮完成修剪，结果如图 12-66 所示。

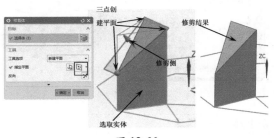

图 12-66

05 拉伸实体。单击"拉伸"按钮，弹出"拉伸"对话框，选取刚才绘制的直线，指定矢量，输入拉伸参数，结果如图 12-67 所示。

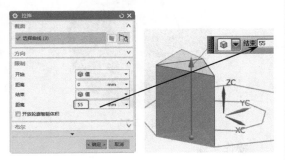

图 12-67

06 修剪体。单击"修剪体"按钮，弹出"修剪体"对话框，选取实体为目标体，再指定成过竖直边端点和底面边线的平面为修剪工具，单击"确定"按钮完成修剪，结果如图 12-68 所示。

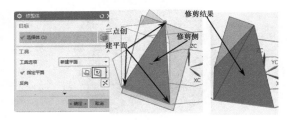

图 12-68

07 布尔合并。在"特征"组中单击"合并"按钮，弹出"合并"对话框，选取目标体和工具体，单击"确定"按钮完成合并，结果如图 12-69 所示。

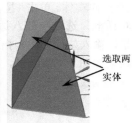

图 12-69

08 旋转实例几何体。执行"插入"|"关联复制"|"阵列几何特征"命令，弹出"阵列几何特征"对话框，设置布局类型为"圆形"，选取要阵列的拉伸实体特征，指定矢量和轴点，设置旋转参数，单击"确定"按钮完成，结果如图 12-70 所示。

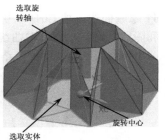

图 12-70

技术要点：

"阵列几何特征"与"阵列特征"有些区别，"阵列几何特征"可以阵列特征（由特征工具生成的单个特征），也可以阵列实体（由多个特征合并的实体），而"阵列特征"仅是针对特征进行阵列的。

09 布尔合并。在"特征"组中单击"合并"按钮，弹出"合并"对话框，选取目标体和工具体，单击"确定"按钮完成合并，结果如图 12-71 所示。

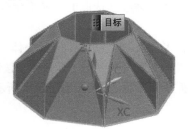

图 12-71

10 拉伸实体。单击"拉伸"按钮 🖿，弹出"拉伸"对话框，选取小的八边形为拉伸曲线，指定矢量，输入拉伸参数，指定布尔类型为"求和"，结果如图 12-72 所示。

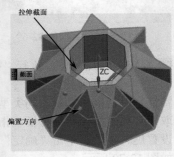

拉伸截面

截面

偏置方向

图 12-72

11 隐藏曲线。按 **Ctrl+W** 快捷键，弹出"显示和隐藏"对话框，单击曲线栏的"—"按钮，即可将所有的曲线隐藏，结果如图 12-73 所示。

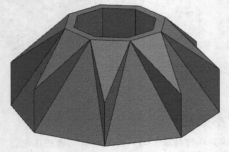

图 12-73

12.2.2 拆分体

拆分体是选取面、基准平面或其他的几何体来分割一个或多个目标体。分割后的结果是将原始的目标体根据选取的几何形状分割为两部分。

执行"插入"|"修剪"|"拆分体"命令，或者在"特征"组中单击"拆分体"按钮 🖿，弹出"拆分体"对话框，如图 12-74 所示。

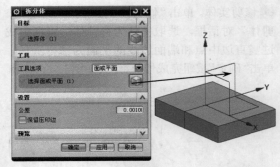

图 12-74

动手操作——排球

采用拆分体命令绘制如图 12-75 所示的图形。

图 12-75

操作步骤

01 绘制球。执行"插入"|"设计特征"|"球体"命令，弹出"球"对话框，指定原点为球心，输入球直径为50后，单击"确定"按钮完成创建，结果如图 12-76 所示。

图 12-76

02 修剪体。单击"修剪体"按钮 🖿，弹出"修剪体"对话框，选取实体为目标体，再选取 *XY* 平面为修剪工具，单击"确定"按钮完成修剪，结果如图 12-77 所示。

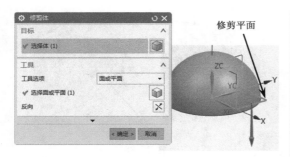

图 12-77

03 修剪体，单击"修剪体"按钮 ，弹出"修剪体"对话框，选取实体为目标体，再选取 *ZY* 平面为修剪工具，单击"确定"按钮完成修剪，结果如图 12-78 所示。

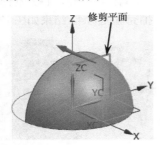

图 12-78

04 旋转移动。执行"编辑"|"移动对象"命令，选取要移动的对象，单击"确定"按钮后弹出"移动对象"对话框，设置运动变换类型为"角度"，指定旋转矢量和轴点，输入旋转角度和副本数，单击"确定"按钮完成移动，结果如图 12-79 所示。

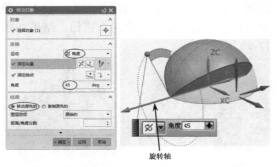

图 12-79

05 旋转复制。执行"编辑"|"移动对象"命令，选取要移动的对象，单击"确定"按钮后弹出"移动对象"对话框，设置运动变换类型为"角度"，

指定旋转矢量和轴点，结果为"复制原先的"，输入旋转角度为 90°和副本数，单击"确定"按钮完成移动，结果如图 12-80 所示。

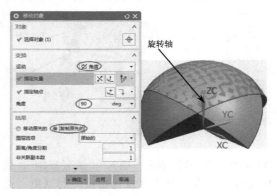

图 12-80

06 布尔交集。在"特征"组中单击"求交"按钮 ，弹出"求交"对话框，选取目标体和工具体，单击"确定"按钮完成求交，结果如图 12-81 所示。

图 12-81

07 创建直线。在"曲线"选项卡中单击"直线"按钮 ，弹出"直线"对话框，设置支持平面和直线参数，结果如图 12-82 所示。

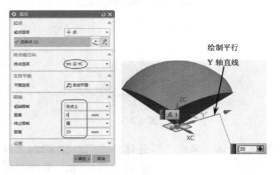

图 12-82

08 创建基准平面。执行"插入"|"基准/点"|"基准平面"命令，弹出"基准平面"对话框，选

取刚绘制的直线和实体面，创建与实体面呈30°角的基准平面，如图 12-83 所示。

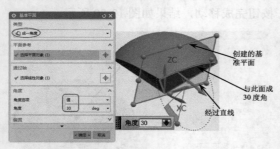

图 12-83

09 镜像基准平面。执行"插入"|"关联复制"|"镜像特征"命令，弹出"镜像特征"对话框，选取要镜像的基准平面特征，再选取镜像平面为 YZ 平面，单击"确定"按钮完成，结果如图 12-84 所示。

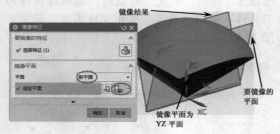

图 12-84

10 拆分体。单击"拆分体"按钮，弹出"拆分体"对话框，选取实体为目标体，再选取刚创建的平面为分割工具，单击"确定"按钮完成分割，结果如图 12-85 所示。

图 12-85

11 拆分体。单击"拆分体"按钮，弹出"拆分体"对话框，选取实体为目标体，再选取另外一个刚创建的基准平面为分割工具，单击"确定"按钮完成分割，结果如图 12-86 所示。

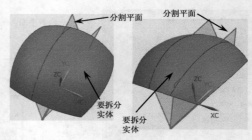

图 12-86

12 抽壳，将其他的对象全部隐藏，只保留要抽壳的实体，再单击"抽壳"按钮，弹出"抽壳"对话框，选取要移除的四周面，再设置抽壳厚度为 4，结果如图 12-87 所示。

13 抽壳，采用同样的操作，将其他的拆分体也进行抽壳，抽壳厚度为 4，结果如图 12-88 所示。

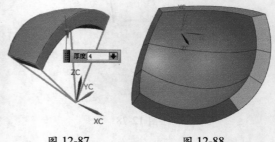

图 12-87　　　　　　图 12-88

14 倒圆角。单击"边倒圆"按钮，弹出"边倒圆"对话框，选取要倒圆角的边，输入倒圆角半径为 1 后，单击"确定"按钮，结果如图 12-89 所示。

15 倒圆角。单击"边倒圆"按钮，弹出"边倒圆"对话框，选取要倒圆角的边，输入倒圆角半径为 1 后，单击"确定"按钮，结果如图 12-90 所示。

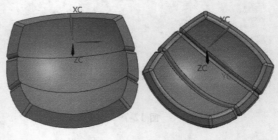

图 12-89　　　　　　图 12-90

16 着色。按 Ctrl+J 快捷键，选取要着色的实体后单击"确定"按钮，弹出"编辑对象显示"

对话框，依次将颜色修改为蓝色、洋红色和紫色后，单击"确定"按钮完成着色，结果如图12-91所示。

图 12-91

17 阵列实例几何体。执行"插入"|"关联复制"|"阵列几何特征"命令，弹出"阵列几何特征"对话框，设置布局为"圆形"，选取刚才着色的3个实体，再指定矢量和轴点，设置旋转参数，单击"确定"按钮完成，结果如图12-92所示。

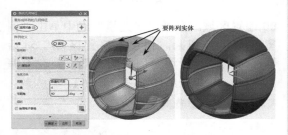

图 12-92

18 阵列实例几何体。执行"插入"|"关联复制"|"阵列几何特征"命令，弹出"阵列几何特征"对话框，设置类型为"旋转"，再选取上下面共6个实体，指定矢量和轴点，设置旋转参数，单击"确定"按钮完成，结果如图12-93所示。

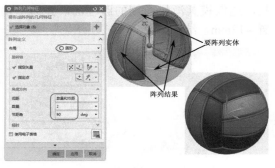

图 12-93

19 同理再利用"阵列几何特征"工具选取上下面共6个实体，指定矢量和轴点，设置圆形阵列参数，阵列结果如图12-94所示。

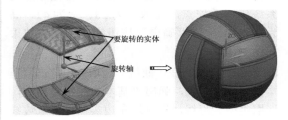

图 12-94

12.2.3　分割面

分割面是选取曲线、直线、面或基准面，以及其他几何体等对一个或多个实体表面进行分割操作。

执行"插入"|"修剪"|"分割面"命令，或者在"特征"组中单击"分割面"按钮，弹出"分割面"对话框，如图12-95所示。

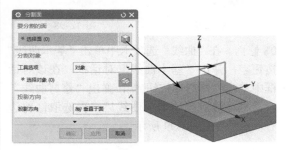

图 12-95

动手操作——分割面

采用分割面命令绘制如图12-96所示的图形。

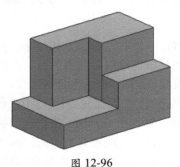

图 12-96

操作步骤

01 绘制长方体。执行"插入"|"设计特征"|"长方体"命令，弹出"块"对话框，指定原点为系统坐标系原点，输入长为28、宽为47、高为31后，单击"确定"按钮完成创建，结果如图12-97所示。

02 绘制平行线。在"曲线"选项卡中单击"基本曲线"按钮，弹出"基本曲线"对话框，选取类型为直线，先靠近左边实体边选取边线后，再在距离栏输入平行距离为12，再选取右边的实体边并输入距离为9，然后靠近前面的实体边，选取后再输入距离为8和16，最后的结果如图12-98所示。

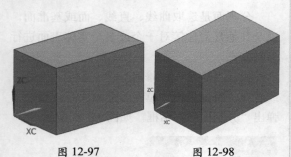

图 12-97   图 12-98

03 修剪。在"曲线"选项卡中单击"基本曲线"按钮，弹出"基本曲线"对话框，在该对话框中单击"修剪"按钮，弹出"修剪曲线"对话框，选取要修剪的曲线后，再选取修剪边界，结果如图12-99所示。

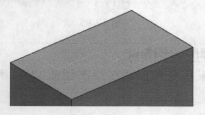

图 12-99

04 分割面。单击"分割面"按钮，弹出"分割面"对话框，选取要分割的面，再选取分割对象为直线，投影方向为垂直于直线，单击"确定"按钮完成分割，结果如图12-100所示。

05 分割面。单击"分割面"按钮，弹出"分割面"对话框，选取要分割的面，再选取分割对象为"剩下的直线"，投影方向为"垂直于面"，

单击"确定"按钮完成分割，结果如图12-101所示。

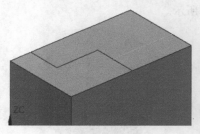

图 12-100

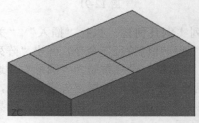

图 12-101

06 偏置区域。在"同步建模"组中单击"偏置区域"按钮，弹出"偏置区域"对话框，选取模具滑块两侧的圆柱面，并往下偏置 −22mm，结果如图12-102所示。

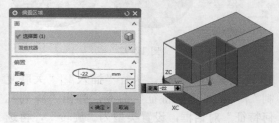

图 12-102

07 偏置区域。在"同步建模"组中单击"偏置区域"按钮，弹出"偏置区域"对话框，选取模具滑块两侧的圆柱面，并向下偏置 −12mm，结果如图12-103所示。

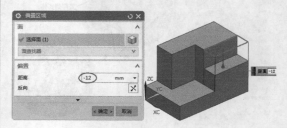

图 12-103

12.3　特征编辑

特征编辑是对当前面通过实体造型特征进行各种编辑或修改的操作。编辑特征的命令主要包括在"编辑特征"组中，如图12-104所示。

图 12-104

下面仅介绍常用的编辑工具。

12.3.1　编辑特征参数

编辑特征参数是指通过重新定义创建特征的参数来编辑特征，生成修改后的新特征。通过编辑特征参数可以随时对实体特征进行更新，而不用重新创建实体，可以大幅提高工作效率和建模准确性。

该命令的功能是编辑创建特征的基本参数，如坐标系、长度、角度等。用户可以编辑几乎所有的有参数的特征。

1．方式1

在"编辑特征"组中单击"编辑特征参数"按钮，弹出如图12-105所示的"编辑参数"对话框，其中列出了当前文件中的所有可编辑参数的特征后单击"确定"按钮。

图 12-105

2．方式2

在模型中单击选中相应特征，在"编辑特征"组中单击"编辑特征参数"按钮，此时将

显示出该特征的参数。如果选取的是多个特征，再使用此命令，则会将这些特征的全部参数列表，并选择所需要编辑的特征参数。

3．方式3

在"编辑特征"组中单击"可回滚编辑"按钮，打开"可回滚编辑"对话框，如图12-106所示。

图 12-106

动手操作——编辑零件特征参数

操作步骤

01 打开源文件12-8.prt。如图12-107所示。

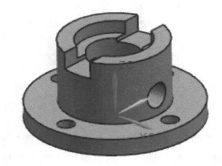

图 12-107

02 在"编辑特征"组中单击"编辑特征参数"按钮，打开"编辑参数"对话框。

03 在该对话框的"过滤器"列表中选择"圆柱"选项，然后单击"确定"按钮，弹出"圆柱"对话框，如图12-108所示。

图 12-108

04 在"圆柱"对话框中修改直径和高度，单击"确定"按钮完成编辑，如图 12-109 所示。

图 12-109

05 参数编辑完成后，返回"编辑参数"对话框。单击"应用"按钮，选取的特征将按照新的尺寸参数自动更新，依附于其上的其他特征仍按原定位保持不变，如图 12-110 所示。

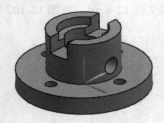

图 12-110

06 在"编辑参数"对话框的"过滤器"列表中选择"凸台"选项，然后单击"确定"按钮，弹出如图 12-111 所示的参数编辑选项。

图 12-111

07 选择"特征对话框"选项，打开"编辑参数"对话框，然后重新设置新的参数（这里仅设置锥度），如图 12-112 所示。

图 12-112

08 随后依次单击不同对话框的"确定"按钮，完成编辑操作，最终编辑的结果如图 12-113 所示。

图 12-113

12.3.2 编辑定位尺寸

编辑定位尺寸是指通过改变定位尺寸来生成新的模型，达到移动特征的目的，也可以重新创建未添加定位尺寸的定位尺寸，此外，还可以删除定位尺寸。

该命令用于对特征的定位位置进行编辑，特征根据新的尺寸进行定位。

动手操作——编辑定位尺寸

操作步骤

01 打开源文件 12-9.prt，打开的模型如图 12-114 所示。

图 12-114

02 在"编辑特征"组中单击"编辑位置"按钮，弹出如图 12-115 所示的"编辑位置"对话框，

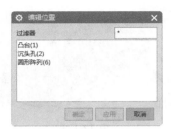

图 12-115

03 在"编辑位置"对话框的过滤器列表中选取要编辑的"圆形阵列"特征后单击"确定"按钮，随后弹出如图 12-116 所示的"编辑位置"对话框。

图 12-116

04 单击"编辑尺寸值"按钮，选择如图 12-117 所示的 P30=40 线性尺寸。

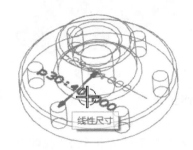

图 12-117

05 在随后打开的"编辑表达式"对话框中设置新的参数为 36，然后依次单击多个对话框中的"确定"按钮，完成编辑操作，如图 12-118 所示。

图 12-118

12.4　综合实战

用户在 UG 特征建模过程中，时常遇到一些问题。例如看到一个产品，不知道从何处开始建模，模型中特征与特征之间的父子关系也混淆不清，一个特征到底使用什么工具命令来完成等。

下面用两个实例演示高级特征、特征操作工具在建模过程中的应用技巧，以及模型的建模方法。

12.4.1　减速器上箱体设计

◎ **源文件：上箱体.prt**

◎ **结果文件：上箱体.prt**

◎ **视频文件：上箱体.avi**

减速器是原动机和工作机之间的独立的闭式传动装置，用来降低转速和增大转矩，以满意工作需要，在某些场所也用来增速，称为"增速器"。减速器的主要部件包括传动零件、箱体和附件，也就是齿轮、轴承的组合、箱体及各种附件，本例主要介绍减速器上箱体（包括上箱体和下箱体）的建模过程。减速器的上箱体模型如图 12-119 所示。

图 12-119

操作步骤

01 打开源文件上箱体 .prt。

02 在"特征"工具条中单击"拉伸"按钮，弹出"拉伸"对话框。按照如图 12-120 所示的操作步骤创建拉伸实体特征。

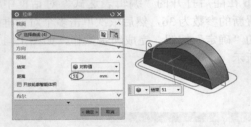

图 12-120

03 在"特征操作"工具条中单击"抽壳"按钮，弹出"抽壳"对话框。按如图 12-121 所示的操作完成实体的抽壳。

图 12-121

04 使用"拉伸"工具，选择如图 12-122 所示的截面，创建对称值为 6.5 的带孔拉伸实体特征。

图 12-122

05 使用"拉伸"工具，选择如图 12-123 所示的截面，创建向 +ZC 轴拉伸为 12 的底部实体特征。

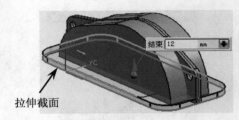

图 12-123

06 使用"拉伸"工具，选择如图 12-124 所示的截面，创建向 +ZC 轴拉伸为 25 的实体特征。

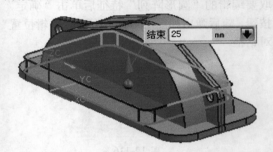

图 12-124

07 使用"拉伸"工具，选择如图 12-125 所示的截面，以默认拉伸方向创建对称值为 98 的圆环实体特征。

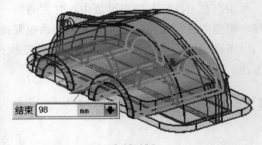

图 12-125

08 使用"合并"工具，将步骤 5 和步骤 6 创建的两个实体特征合并。

09 在"特征操作"工具条中单击"拆分体"按钮，按如图 12-126 所示的操作步骤将合并的实体特征拆分。拆分后，将小的实体特征隐藏。

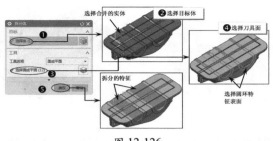

图 12-126

10 在"特征操作"工具条中单击"修剪体"按钮，然后按如图 12-127 所示的操作步骤将步骤 4 创建的实体修剪。

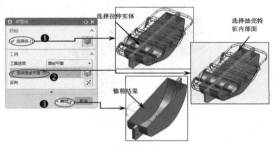

图 12-127

11 使用"修剪体"工具，选择如图 12-128 所示的目标体和工具面，并进行修剪。

图 12-128

12 使用"修剪体"工具，选择如图 12-129 所示的目标体和工具面，并进行修剪。

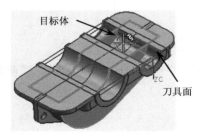

图 12-129

13 使用"修剪体"工具，选择如图 12-130 所示的目标体和工具面，并进行修剪。

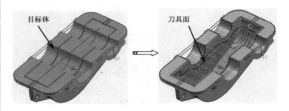

图 12-130

14 使用"合并"工具，将所有的实体特征合并。

15 使用"拉伸"工具，选择如图 12-131 所示的截面，向默认方向拉伸，且拉伸的对称值为10，并作布尔减去运算。

图 12-131

16 使用"拉伸"工具，选择如图 12-132 所示的截面，向默认方向拉伸，且拉伸的值为5，并作布尔合并运算。

图 12-132

17 在"特征"工具条中单击"孔"按钮，弹出"孔"对话框。按如图 12-133 所示的步骤，指定草绘点的草图平面。

图 12-133

18 进入草图模式后，绘制如图 12-134 所示的点草图。

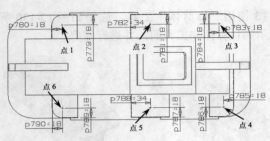

图 12-134

19 绘制草图后退出草绘模式，然后在"孔"对话框中按如图 12-135 所示的操作步骤完成沉头孔的创建。

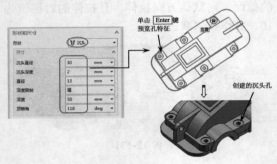

图 12-135

技术要点：

在创建孔位置点时，除了通过"孔"对话框进入草绘模式外，还可以使用"草图"工具先绘制点草图，然后再使用"孔"工具创建孔。

20 同理，使用"孔"工具，在如图 12-136 所示的面上创建沉头孔直径为 30、深度为 2、孔直径为 13、孔深度为 50 的 4 个沉头孔。

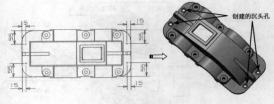

图 12-136

21 使用"边倒圆"工具，选择如图 12-137 所示的边进行倒圆角处理，且圆角半径为 10。同理，再选择如图 12-138 所示的边进行倒圆角处理，且圆角半径为 5。

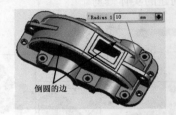

图 12-137

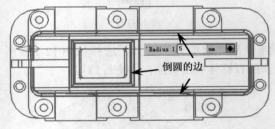

图 12-138

22 至此，上箱体的建模工作全部完成。最后将结果数据全部保存。

12.4.2 减速器下箱体设计

◎ **源文件：无**

◎ **结果文件：下箱体.prt**

◎ **视频文件：下箱体.avi**

下箱体的结构设计与上箱体类似，同样要使用"拉伸""修剪的片体""合并""减去"等工具来共同完成。

减速器的下箱体模型如图 12-139 所示。

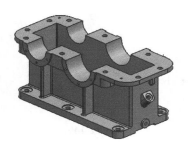

图 12-139

操作步骤

01 打开源文件下箱体 .prt。

02 使用"拉伸"工具，选择如图 12-140 所示的截面，向 +*ZC* 方向拉伸，且拉伸值为 170，使截面向两侧偏置，偏置值为 8。

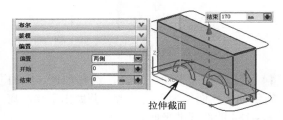

图 12-140

技术要点：

在此处使用"偏置"，相当于创建厚度为偏置值的壳体，而且还省略了操作步骤。

03 使用"拉伸"工具，选择如图 12-141 所示的截面向 +*ZC* 方向拉伸，且拉伸值为 37。

图 12-141

04 使用"拉伸"工具，选择如图 12-142 所示的截面向 +*ZC* 方向拉伸，且拉伸值为 12。

05 使用"拉伸"工具，选择如图 12-143 所示的截面向 -*ZC* 方向拉伸，且拉伸值为 20。

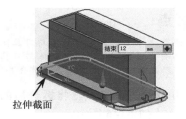

图 12-142

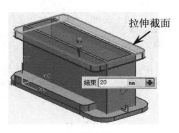

图 12-143

06 使用"拉伸"工具，选择如图 12-144 所示的截面，以默认拉伸方向创建对称值为 98 的圆环实体特征。

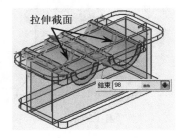

图 12-144

07 使用"合并"工具，将步骤 5 与步骤 6 所创建的两个实体特征合并。

08 使用"拆分体"工具，以合并的实体作为目标体、两个圆环实体面作为刀具面，将合并的实体特征拆分。拆分后，将小的实体特征隐藏，如图 12-145 所示。

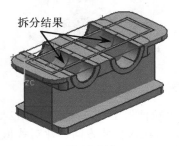

图 12-145

技术要点：

由于"修剪体"工具规定目标体与刀具体只能存在一个共面，但图12-145中目标体与刀具体有两个共面，因此不能使用该工具来修剪合并实体。

09 再使用"合并"工具，将拆分后的几个实体合并，如图 12-146 所示。

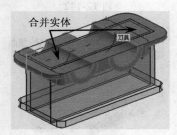

合并实体　刀具

图 12-146

10 使用"修剪体"工具，选择以上一步合并的实体作为目标体、主体实体特征内表面作为刀具面，并进行修剪，其结果如图 12-147 所示。

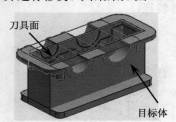

刀具面　　目标体

图 12-147

11 使用"修剪体"工具，选择主实体特征作为目标体、圆环体内表面作为刀具面进行修剪。由于圆环体的内表面被分割成 4 部分，因此执行"修剪体"操作需要连续 4 次才能全部修剪完成，其最终结果如图 12-148 所示。

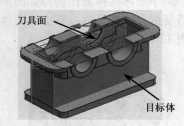

刀具面　　目标体

图 12-148

12 使用"拉伸"工具，选择如图 12-149 所示的截面，以默认拉伸方向创建对称值为 15 的实体特征。

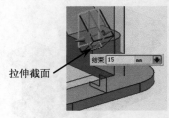

结束 15　mm

拉伸截面

图 12-149

13 使用"拉伸"工具，选择如图 12-150 所示的截面，以默认拉伸方向创建对称值为 8 的实体特征。

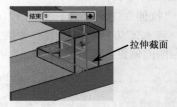

结束 8　mm

拉伸截面

图 12-150

14 使用"基准平面"工具，选择如图 12-151 所示的实体面作为平面参考，并做出平移距离为 −184 的新基准平面。

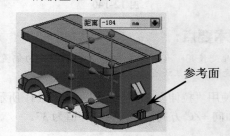

距离 −184　mm

参考面

图 12-151

15 使用"镜像体"工具，选择步骤 13 创建的拉伸实体，以新建的基准平面为镜像平面，创建镜像体，如图 12-152 所示。

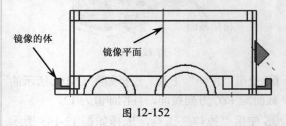

镜像的体　　镜像平面

图 12-152

16 使用"合并"工具，将所有的已合并与非合并的实体特征进行合并，生成一个整体。

17 利用"拉伸"工具，在底面绘制草图并创建减材料拉伸特征，如图 12-153 所示。

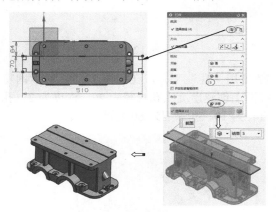

图 12-153

18 在"特征"工具条中单击"垫块"按钮，弹出"垫块"对话框。按如图 12-154 所示的操作步骤，设置垫块特征的尺寸与放置位置参数。

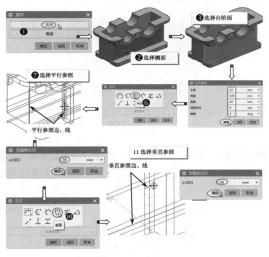

图 12-154

19 最后单击"定位"对话框中的"确定"按钮，完成垫块特征的创建，如图 12-155 所示。

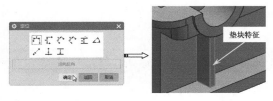

图 12-155

20 在"特征操作"工具条中单击"阵列特征"按钮，弹出"阵列特征"对话框。按如图 12-156 所示的操作步骤，完成垫块特征的矩形阵列。

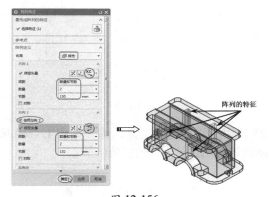

图 12-156

技术要点：

使用"实例特征"工具创建阵列特征，仅能阵列单个特征（包括实体或曲面），而不能阵列曲线或多个特征（一个实体操作中创建的多个特征）。

21 使用"孔"工具，在下箱体底部创建沉头孔直径为30、深度为2、孔直径为13、孔深度为30 的6 个沉头孔，如图 12-157 所示。

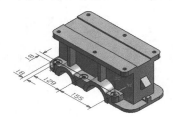

图 12-157

22 使用"孔"工具，在下箱体上部台阶处创建沉头孔直径为30、深度为2、孔直径为13、孔深度为50 的6 个沉头孔，如图 12-158 所示。

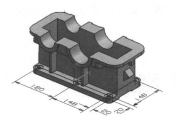

图 12-158

23 使用"孔"工具，在下箱体上部台阶处创建沉头孔直径为 20、深度为 2、孔直径为 13、孔深度为 50 的 4 个沉头孔，如图 12-159 所示。

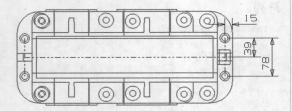

图 12-159

24 使用"边倒圆"工具，选择如图 12-160 所示的边倒出直径为 5 的圆角特征。

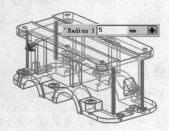

图 12-160

25 使用"边倒圆"工具，选择如图 12-161 所示的边，并倒出直径为 3 的圆角特征。

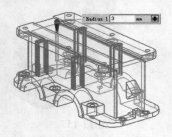

图 12-161

26 使用"边倒圆"工具，选择如图 12-162 所示的边依次倒出直径为 8、3 和 5 的圆角特征（同时在另一侧也创建同样大小的圆角特征）。

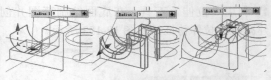

图 12-162

27 使用"孔"工具，在如图 12-163 所示的特征面上创建出沉头孔直径为 20、深度为 2、孔直径为 10、孔深度为 60 的沉头孔。

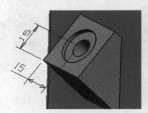

图 12-163

28 使用"边倒圆"工具，选择如图 12-164 所示的边，并倒出直径为 15 的圆角特征。

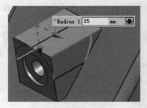

图 12-164

29 至此，减速器的下箱体也全部创建完成，结果如图 12-165 所示。最后将下箱体的结果保存。

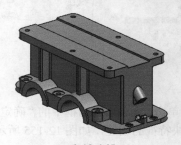

图 12-165

12.5 课后习题

1. 绘制零件 1

采用本章所讲的关联复制命令绘制如图 12-166 所示的图形。

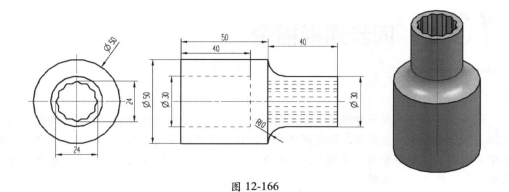

图 12-166

2. 绘制零件 2

按如图 12-167 所示的图形，创建出管件。

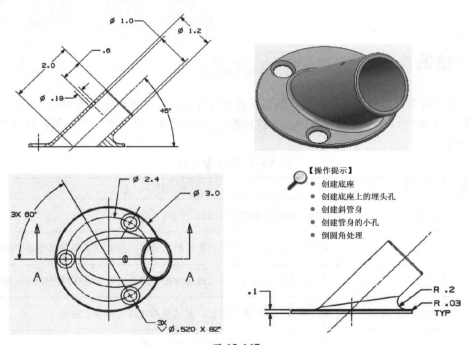

【操作提示】
- 创建底座
- 创建底座上的埋头孔
- 创建斜管身
- 创建管身的小孔
- 倒圆角处理

图 12-167

第 13 章 同步建模指令

同步建模命令可在不考虑模型如何创建的情况下轻松修改该模型，无须考虑模型的原点、关联性或特征历史记录。通过同步建模，设计者可以使用参数化特征而不受特征历史记录的限制。模型可能是从其他 CAD 系统导入的、非关联的以及无特征的，或者可能是具有特征的原生 NX 模型。

13.1 修改

修改类型命令可以对面进行移动、偏置、替换等操作，而不考虑模型的原点、关联性或特征历史记录。修改面的命令包括：移动面、拉出面、偏置区域、调整面的大小等，具体的含义见表 13-1 所示。

表 13-1 修改面命令

按　钮	命　令	描　述
	移动面	移动一组面并调整相邻面与之适应
	拉出面	从模型中抽取面，以便添加材料，或将面抽取到模型中以便减去材料
	删除面	从模型中删除面集，并通过延伸相邻的面来修复留在模型中的开放区域
	调整面的大小	更改圆柱面或球面的直径，并调整相邻圆角面与之适应
	调整圆角大小	在不考虑圆角面特征历史的情况下，更改其半径
	调整倒斜角大小	在不考虑倒斜角特征历史的情况下，更改它的倒斜角
	替换面	用另一个面替换面，并调整相邻圆角面与之适应
	偏置区域	从当前位置偏置一组面，并调整相邻圆角面与之适应

13.1.1 建模方式

同步建模命令用于修改模型，而不考虑模型的原点、关联性或特征历史记录。NX 本身在建模时也可以有关联、有特征历史记录，或者关闭特征历史记录。因此建模时可以使用两种模式：

历史记录模式和无历史记录模式,如图13-1
所示,具体含义如下。

图 13-1

> 历史记录模式:使用部件导航器中显示
的有序特征序列来创建和编辑模型。这
是传统的基于历史记录的特征建模器和
用于在 NX 中进行设计的主模式。 此
模式对设计精密的部件很有用。这同样
适用于设计成使用预定义参数来修改的
部件,这些参数基于草图、特征中包括
的设计意图,以及用于对部件建模的特
征顺序。

> 无历史记录模式:无须有序的特征序
列,只能创建不依赖于有序结构的局部
特征。局部特征是在无历史记录模式下

创建和保存的特征。局部特征仅修改局
部几何体,而不需要更新和重播全局特
征树。这意味着在此编辑局部特征比在
历史记录模式下快很多。当需要探索设
计概念并且不必提前计划建模步骤时,
无历史记录模式很有用。

技术要点:

在"建模"应用模块中,在历史记录模式和无历
史记录模式之间切换。但是切换模式时,大多数
或全部的特征会丢失,以前的特征无法更改。

无历史记录模式是一种环境,它不记录线
性历史且没有重播的特征。 使用无历史记录模
式时,可以使用传统的建模命令和同步建模命
令。可以通过在创建局部特征的对话框中更改
参数来编辑局部特征,也可以将体分割为多个
体(例如,使用拉伸和修剪体命令)。 使用关
无历史记录模式,需要记住:

> 部件导航器不包含时间戳记顺序。
> 创建生成局部特征的命令表达式。
> 不存在可用的特征更新或回放(因为没
有历史记录)。
> 不存在可用的回滚,但是撤销可用,无
法修改以往的特征。
> 装配可以包括附带和不附带历史记录
的部件。

13.1.2 移动面

移动面命令可以使用线性或角度变换的方法来移动选定的面(一个或多个),并自动调整相
邻的圆角面。在产品设计过程中,移动面命令可以使产品更改更方便、快捷。移动面命令有很多
种子类型,具体的含义如下。

表 13-2 移动面子类型

距离 - 角度	允许定义变换,该变换可以是单一线性变换、单一角度变换或这两者的组合
距离	可以用沿矢量的距离定义变换
角度	以绕轴的旋转角度来定义变换
点之间的距离	可以用原点和测量点之间沿轴的距离来定义变换
径向距离	允许通过在测量点和轴之间的距离(垂直于轴而测量)来定义变换
点到点	允许定义两点之间(从一个点到另一个点)的变换

根据三点旋转	允许通过绕轴的旋转定义变换，其中角度在三点之间测量
将轴与矢量对齐	允许通过绕枢轴点旋转轴来定义变换，从而使轴与参考矢量平行
CSYS 到 CSYS	允许定义两个坐标系之间（从一个坐标系到另一个）的变换
动态	允许同时使用线性和角度方法定义变换。仅在使用无历史记录模式（插入 | 同步建模 | 无历史记录模式）时可用

动手操作——距离 - 角度

使用距离 - 角度类型对模型进行上段拉长 40mm 并倾斜 20°的操作，但零件的厚度、圆角等不能发生变化，如图 13-2 所示。

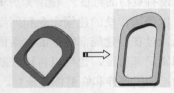

图 13-2

操作步骤

01 打开源文件 13-1.prt。

02 在"同步建模"组中单击"移动面"按钮，弹出"移动面"对话框。

03 移动鼠标到绘图区，选择要移动的两个平行面。在图形区单击距离箭头或者在距离文本框输入 40。在图形区单击角度小球或者在角度文本框输入 20。在单击"确定"按钮，退出"移动面"对话框，操作步骤如图 13-3 所示。

图 13-3

技术要点：

选择面时，对于周围的圆角面可以不选，NX 会自动调整。"距离-角度"子类型可以不用指定矢量和枢轴点，NX 在选择面的同时会自动判断矢量为面的法向。

13.1.3 拉出面

拉出面命令可从面区域中派生体积，并接着使用此派生出的体积修改模型。它与移动面命令相似，但抽取面命令是添加、减去或同时添加减去一个新体积，而移动面是修改现有的体积。

动手操作——拉出面

使用拉出面命令把中间凸台面拉出到顶面上，使之平齐，如图 13-4 所示。

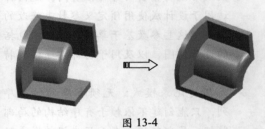

图 13-4

操作步骤

01 打开源文件 13-2.prt。

02 在"同步建模"组中单击"拉出面"按钮，弹出"拉出面"对话框。

03 移动鼠标到绘图区，选择要拉出的面。单击距离箭头或者在距离文本框输入 40。单击"确定"按钮，退出"拉出面"对话框，操作步骤如图 13-5 所示。

图 13-5

13.1.4 偏置区域

偏置区域命令可以偏置现有的一个或多个面，并自动调整相邻的圆角面等。它与偏置面命令相比其最明显的优势在于：使用偏置区域时可使用面查找器选项来达到快速选定需偏置的面，且支持对相邻的面自动进行重新倒圆。

动手操作——偏置区域

使用偏置区域命令把外表面向外偏置10mm，但是圆角大小不变，如图13-6所示。

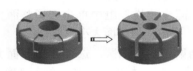

图 13-6

操作步骤

01 打开源文件13-3.prt。

02 在"同步建模"组中单击"偏置区域"按钮🔊，弹出"偏置区域"对话框。

03 移动鼠标到绘图区，选择要偏置的两个面(柱面和端面)。在距离文本框输入10。单击"确定"按钮，退出"偏置区域"对话框，操作步骤如图13-7所示。

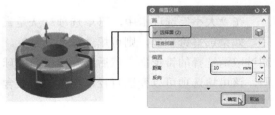

图 13-7

技术要点：

选择面时圆角面不选，否则圆角会变大。

13.1.5 替换面

替换面命令可以用一个面替换一个或多个面。替换面通常来自不同的体，但也可能和要替换的面来自同一个体。选定的替换面必须位于同一个体上，并形成由边连接而成的链，替换的面需是实体面或片体面，而不能是基准平面。

动手操作——替换面

使用替换面命令把零件的两小凸台去除，加强肋和圆柱不足的位置进行填补，如图13-8所示。

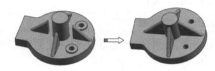

图 13-8

操作步骤

01 打开源文件13-4.prt。

02 在"同步建模"组中单击"替换面"按钮🔊，弹出"替换面"对话框。

03 移动鼠标到绘图区，选择要替换的4个加强肋侧面。在替换面组中单击选择面按钮再选择圆柱体面。单击"应用"按钮，准备下一次操作，操作步骤如图13-9所示。

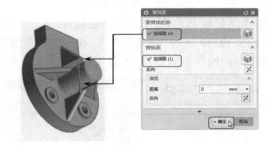

图 13-9

04 移动鼠标到绘图区选择要替换的凸台两顶面。在替换面组中单击"选择面"按钮，再选择底面。单击"确定"按钮，退出"替换面"对话框，操作步骤如图13-10所示。

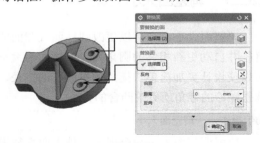

图 13-10

13.1.6　删除面

删除面命令是通过延伸相邻面自动修复模型中删除面留下的开放区域，且保留相邻圆角。删除面之后，删除面特征将会出现在模型的历史记录中。删除面与任何其他特征相同，可以将该特征编辑或者删除。

动手操作——删除面

使用删除面命令把零件的 4 个肋和 1 个孔删除，如图 13-11 所示。

图 13-11

操作步骤

01 打开源文件 13-5.prt。

02 在"同步建模"组中单击"删除面"按钮，弹出"删除面"对话框。

03 移动鼠标到绘图区，选择要删除的面，注意曲面规则。单击"确定"按钮，退出"删除面"对话框，操作步骤如图 13-12 所示。

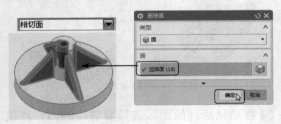

图 13-12

13.1.7　调整面大小

调整面大小命令可以更改圆柱面或球面的直径并自动更新相邻的圆角面。调整面的大小可以使设计更加简单快捷，如更改孔的直径、调整螺栓的锥角或更改凸台的大小。

动手操作——调整面大小

使用调整面大小命令把零件外表面直径设置为 35mm，但是圆角大小不变，如图 13-13 所示。

图 13-13

操作步骤

01 打开源文件 13-6.prt。

02 在"同步建模"组中单击"调整面大小"按钮，弹出"调整面大小"对话框。

03 移动鼠标到绘图区，选择要调整面大小的柱面。在直径文本框输入 35。单击"确定"按钮，退出"调整面大小"对话框，操作步骤如图 13-14 所示。

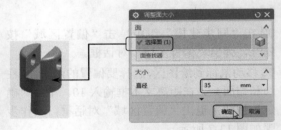

图 13-14

在"大小"选项卡中，可填选项默认是直径。如果选择锥形面，则可填选项变为角度。通过取消选择的锥形面，然后选择圆柱面或球面，该可填选项可以变回直径，相关的参数含义如下。

- ➢ 直径：显示选中的球面或圆柱面的直径值。通过修改所有选定圆柱面或球面的直径来达到调整面大小的目的。
- ➢ 角度：显示选定锥形面的角度值。通过指定所有修改锥形的角度值来达到调整面大小的目的。

技术要点：

调整面大小可以一次调整多个面，但是如果选择的第一个面为圆柱面或球面，则选择的后续面也必须为圆柱面或球面。如果选择的第一个面为锥面，则选择的后续面也必须为锥面。

13.1.8 调整圆角大小

调整圆角大小命令可以改变圆角面的半径，而不考虑它们的特征历史记录。调整圆角大小命令主要被用于被转档的文件，以及非参数化的实体。

动手操作——调整圆角大小

使用调整圆角大小命令把按钮的外表面R1圆角修改为R2圆角。为了保证产品厚度不变，对内部倒圆角R1，如图13-15所示。

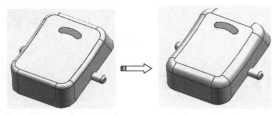

图 13-15

操作步骤

01 打开源文件 13-7.prt。

02 在"同步建模"组中单击"调整圆角大小"按钮，弹出"调整圆角大小"对话框。

03 移动鼠标到绘图区，选择要调整的圆角，注意曲面规则。在直径文本框输入2。单击"确定"按钮，退出"调整圆角大小"对话框，操作步骤如图13-16所示。

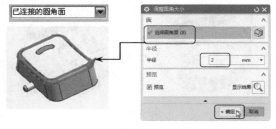

图 13-16

04 在"特征"工具条中单击"边倒圆"按钮，弹出"边倒圆"对话框。

05 如图13-17所示，分别给出各个连接部位的圆角R1。单击"确定"按钮，退出"边倒圆"对话框。

图 13-17

13.1.9 调整倒斜角大小

调整倒斜角大小命令可以改变倒斜角大小，而不考虑它们的特征历史记录。调整倒斜角大小命令可以改变通用45°倒斜角。调整倒斜角大小命令不仅可以创建"对称偏置"方式的倒斜角，还可以创建"非对称偏置"方式和"偏置与角度"方式的截面倒斜角。

动手操作——调整倒斜角大小

使用调整倒斜角大小命令，把模型的外表面对称C4.5倒斜角修改为对称C1倒斜角，如图13-18所示。

图 13-18

操作步骤

01 打开源文件 13-8.prt。

02 在"同步建模"组中单击"调整倒斜角大小"按钮，弹出"调整倒斜角大小"对话框。

03 移动鼠标到绘图区，选择要调整的4个倒角面。在偏置文本框输入1，单击"确定"按钮，退出"调整倒斜角大小"对话框，操作步骤如图13-19所示。

图 13-19

13.2 重用

重用命令集可以对原有实体的特征重复使用。例如，原模型中有一根加强肋，现在需要创建一样的肋，可以直接使用对加强肋的表面进行复制，而不是新建，如图 13-20 所示。

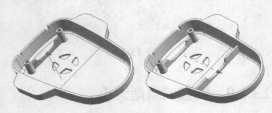

图 13-20

13.2.1 复制面

复制面命令可从模型中复制一组面，经过一定的变换集形成片体或实体，甚至粘贴到不同的模型中。如果开启粘贴复制参数，复制的面将自动融合实体。

动手操作——复制面

使用复制面命令，把模型的一根加强肋复制，如图 13-21 所示。

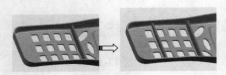

图 13-21

操作步骤

01 打开源文件 13-9.prt。

02 在"同步建模"组中单击"复制面大小"按钮，弹出"复制面"对话框。

03 先移动鼠标到绘图区，选择要复制的 3 个面。单击"指定距离矢量"按钮，选择矢量为 -Y 轴方向。然后在距离文本框输入 45，最后选中"粘贴复制的面"复选框，单击"确定"按钮，退出"复制面"对话框，操作步骤如图 13-22 所示。

技术要点：

如果使用要粘贴复制的面参数，复制的面必须与周围的面保持封闭。

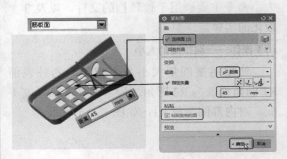

图 13-22

13.2.2 剪切面

使用剪切面命令可从体中复制一组面，然后从体中删除原来的面。剪切面命令在非关联模型中抑制面，剪切面非常有用。因为非关联模型没有要抑制的特征，所以可以使用剪切面来临时移除面集。

动手操作——剪切面

使用剪切面对模型进行修改，要求在左边建立和原先一样的加强肋，原有的加强肋消失，如图 13-23 所示。

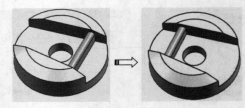

图 13-23

操作步骤

01 打开源文件 13-10.prt。

02 在"同步建模"组中单击"剪切面大小"按钮，弹出"剪切面"对话框。

03 先移动鼠标到绘图区，选择要复制的肋的 3 个面。再单击"指定距离矢量"按钮，选择矢量为 -X 轴方向。然后在距离文本框输入 35，最后选中"粘贴复制的面"复选框，单击"确定"按钮，退出"剪切面"对话框，操作步骤如图13-24所示。

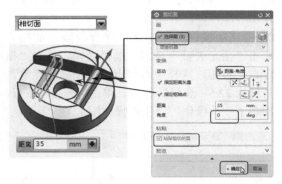

图 13-24

13.2.3　粘贴面

粘贴面命令可将片体粘贴到另一个体中，此命令相对于修剪体命令。它可以和复制面、剪切面命令配合使用，使用复制面、剪切面从实体复制面集，粘贴片体时，可以与实体合并、减去，从而与目标实体组合。

动手操作——粘贴面

使用粘贴面命令模型进行修剪，在片体所在的位置新建两个孔，如图13-25所示。

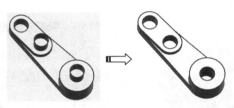

图 13-25

操作步骤

01 打开源文件 13-11.prt。

02 在"同步建模"组中单击"粘贴面"按钮，弹出"粘贴面"对话框。

03 先移动鼠标到绘图区，选择实体。在刀具组中单击"选择体"按钮，选择两片体。单击"确定"按钮，退出"粘贴面"对话框，操作步骤如图13-26所示。

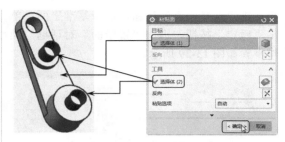

图 13-26

13.2.4　镜像面

镜像面命令可复制实体表面以指定的平面对其进行镜像，并将其粘贴到同一个实体或片体中。与变换的镜像相比，多出了粘贴的特征。

动手操作——镜像面

使用镜像面命令对模型左侧的槽进行镜像，如图13-27所示。

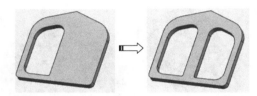

图 13-27

操作步骤

01 打开源文件 13-12.prt。

02 执行"插入"|"基准/点"|"基准平面"命令，弹出"基准平面"对话框，使用自动判断类型选择中间直线的中点。单击"确定"按钮，退出"镜像面"对话框，操作步骤如图13-28所示。

图 13-28

03 在"同步建模"组中单击"镜像面大小"按钮，弹出"镜像面"对话框。

04 先移动鼠标到绘图区，选择要镜像的面。

再单击"选择平面"按钮，选择基准平面。单击"确定"按钮，退出"镜像面"对话框，操作步骤如图 13-29 所示。

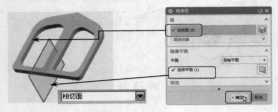

图 13-29

13.2.5 图样面

图样面可以创建面或面集的矩形、圆形或镜像图样，阵列过的面以及和原有的实体或片体结合，特别适合于非特征面的阵列，如图 13-30 所示。

图 13-30

动手操作——图样面

使用图样面命令对模型上的槽和孔进行阵列。其中槽做圆形阵列的个数是 16 个，孔做矩形阵列是 4 个，间距是 28×20，如图 13-31 所示。

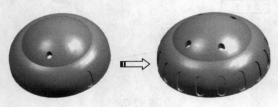

图 13-31

操作步骤

01 打开源文件 13-13.prt。

02 在"同步建模"组中单击"图样面"按钮，弹出"图样面"对话框。

03 先移动鼠标到绘图区，选择要阵列的槽。单击"指定矢量"按钮，选择 Z 轴。单击"指定点"按钮，选择中心圆点。在图样属性输入角度为 22.5、圆数量为 16。单击"应用"按钮，准备下一次操作，操作步骤如图 13-32 所示。

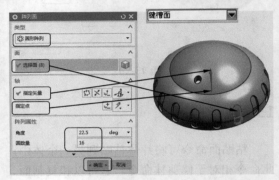

图 13-32

04 先移动鼠标到绘图区，选择要阵列的孔。在 X 向组中单击"指定矢量"按钮，选择 X 轴。在 Y 向组中单击"指定矢量"按钮，选择 Y 轴。在图样属性输入矩形阵列值。单击"确定"按钮，退出"图样面"对话框，操作步骤如图 13-33 所示。

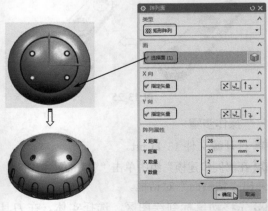

图 13-33

13.3 尺寸与约束

尺寸命令可以直接编辑对象之间的距离、角度、半径。如同草绘的尺寸驱动，编辑十分快速、方便，用户能够直接编辑几何模型，无须担心编辑的任何关联影响，如图 13-34 所示。约束面命令可以直接对面进行几何约束，例如，设为共面、设为共轴、设为对称等，用户不必研究和揭示复杂的约束关系以了解如何进行编辑，只要识别和管理明显的几何条件，可以极大地简化设计、编辑工作流。

图 13-34

13.3.1 线性尺寸

线性尺寸命令可以通过在不考虑模型的原点、关联性或特征历史记录的情况下，将线性尺寸添加至模型，随后修改其值来移动一组面，从而达到修改该模型的面的目的。

动手操作——线性尺寸

使用线性尺寸命令把模型两圆心之间的尺寸设置为 25，如图 13-35 所示。

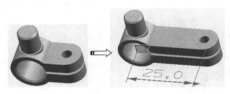

图 13-35

操作步骤

01 打开源文件 13-14.prt。

02 在"同步建模"组中单击"线性尺寸"按钮，弹出"线性尺寸"对话框。

03 先移动鼠标到绘图区，选择尺寸的原点在左孔圆心。先选择左孔圆心作为尺寸的原点，再选择右孔圆心作为尺寸的测量点。单击"要移动的面"选项区下的"选择面"按钮，选择右侧孔的孔面进行移动，然后向下拖动尺寸并放置，在距离文本框输入 25。单击"确定"按钮，完成退出"线性尺寸"对话框，操作步骤如图 13-36 所示。

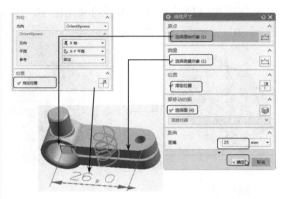

图 13-36

技术要点：

由于右侧需要移动的面太多，需要启用面查找器。选中"共轴"选项，使NX自动选择所有和对象共轴的面。

线性尺寸命令的"原点"选项卡用于定位线性尺寸；"方位"选项卡用于指定尺寸的轴和平面，如图 13-37 所示，具体的参数含有如下。

图 13-37

➢ 选择原点对象：用于指定尺寸的原点或基准平面。

➢ 选择测量对象：用于指定尺寸的测量点。

➢ OrientExpress：可以指定尺寸的主轴、平面或这两者皆可。也可以从绘图区中的控件或通过从其下列列表（方向、平面和引用）的选择来选择轴或平面。

➢ 矢量：通过指定矢量来设置尺寸的方向。

13.3.2　角度尺寸

角度尺寸命令可以通过在不考虑模型的原点、关联性或特征历史记录的情况下将角度尺寸添加至模型并修改其值来移动一组面，从而达到修改该模型的面的目的。

动手操作——角度尺寸

使用角度尺寸命令把模型的夹角由 90° 修改到 60°，如图 13-38 所示。

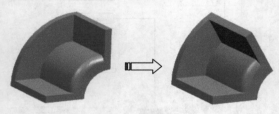

图 13-38

操作步骤

01 打开源文件 13-15.prt。

02 在"同步建模"组中单击"角度尺寸"按钮，弹出"角度尺寸"对话框。

03 先移动鼠标到绘图区，尺寸的原点选择底面。选择尺寸的测量点在竖直面。向外拖曳尺寸并放置，在距离文本框中输入 60。单击"确定"按钮，退出"角度尺寸"对话框，操作步骤如图 13-39 所示。

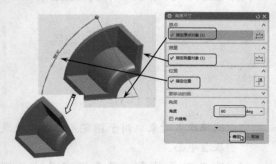

图 13-39

13.3.3　径向尺寸

径向尺寸命令可通过添加径向尺寸并修改其值来移动一组圆柱面或球面，或者具有圆周

边的面。它可以在不考虑模型的原点、关联性或特征历史记录的情况下修改模型的面。

动手操作——径向尺寸

使用径向尺寸命令把模型的直径从 66 改为 100，圆角大小不变，如图 13-40 所示。

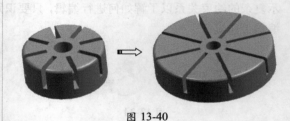

图 13-40

操作步骤

01 打开源文件 13-16.prt。

02 在"同步建模"组中单击"径向尺寸"按钮，弹出"半径尺寸"对话框。

03 移动鼠标到绘图区选择圆柱面，选择"直径"单选按钮，在直径文本框输入 100。单击"确定"按钮，退出"半径尺寸"对话框，操作步骤如图 13-41 所示。

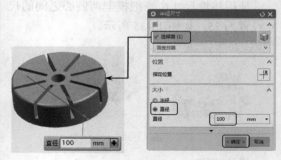

图 13-41

13.3.4　设为对称

设为对称命令可将一个面与另一个面关于对称的平面设为对称。它可以在不考虑模型的原点、关联性或特征历史记录的情况下修改模型的面。

动手操作——设为对称

使用设为对称命令把模型下方的孔设置为与上方的孔对称，如图 13-42 所示。

图 13-42

操作步骤

01 打开源文件 13-17.prt。

02 执行"插入"|"基准/点"|"基准平面"命令，弹出"基准平面"对话框，使用自动判断类型选择两小孔。单击"确定"按钮，退出"基准平面"对话框，操作步骤如图 13-43 所示。

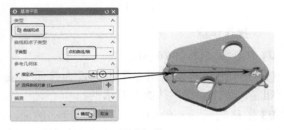

图 13-43

03 在"同步建模"组中单击"设为对称"按钮，弹出"设为对称"对话框。

04 先移动鼠标到绘图区，选择要运动的面，设置基准平面为对称平面，选择固定面。选中"共轴"复选框，使倒角跟随孔运动。单击"确定"按钮，退出"设为对称"对话框，操作步骤如图 13-44 所示。

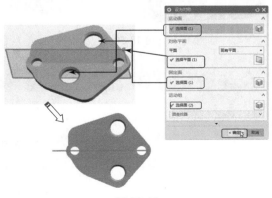

图 13-44

13.3.5 设为平行

设为平行命令可将一个平面设为与另一个平面或基准平面平行。它可以在不考虑模型的原点、关联性或特征历史记录的情况下修改模型的面。

动手操作——设为平行

使用设为平行命令把模型下面折弯的部位设置为与相邻的面平行，如图 13-45 所示。

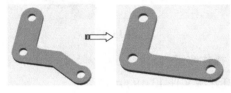

图 13-45

操作步骤

01 打开源文件 13-18.prt。

02 在"同步建模"组中单击"设为平行"按钮，弹出"设为平行"对话框。

03 先移动鼠标到绘图区，选择要运动的面，设置固定面，并选择原点位于两面的交点。选中"共轴""相切""偏置"复选框，使圆柱一起运动。单击"确定"按钮，退出"设为平行"对话框，操作步骤如图 13-46 所示。

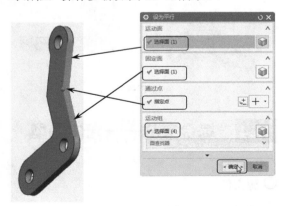

图 13-46

13.3.6 设为相切

设为相切命令可将一个面与另一个面或基

准平面设为相切。它可以在不考虑模型的原点、关联性或特征历史记录的情况下修改模型的面。

动手操作——设为相切

使用设为相切命令把模型不相切的部位设置为相切，如图13-47所示。

图 13-47

操作步骤

01 打开源文件 13-19.prt。

02 在"同步建模"组中单击"设为相切"按钮，弹出"设为相切"对话框。

03 先移动鼠标到绘图区，选择要运动的面，选择固定面。单击"确定"按钮，退出"设为相切"对话框，操作步骤如图13-48所示。

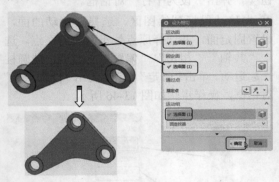

图 13-48

13.3.7 设为共面

设为共面命令用来移动一个或多个面，并使其与另一个面或基准平面共面，例如设置支柱高度相同、两面对齐等。

动手操作——设为共面

使用设为共面命令使模型上的两个圆柱等高，倒角大小不变，如图13-49所示。

图 13-49

操作步骤

01 打开源文件 13-20.prt。

02 在"同步建模"组中单击"设为共面"按钮，弹出"设为共面"对话框。

03 先移动鼠标到绘图区，选择要运动的面，选择固定面和运动面。单击"确定"按钮，退出"设为共面"对话框，操作步骤如图13-50所示。

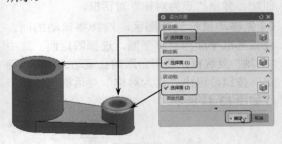

图 13-50

13.4 综合实战——壳体造型

◎ 源文件：无

◎ 结果文件：壳体.prt

◎ 视频文件：壳体造型.avi

本节以一个塑胶壳体零件的设计为例，说明实体建模与同步建模工具巧妙结合使用的方法。塑胶产品的外形与结构，如图13-51所示。

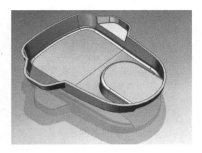

图 13-51

操作步骤

1．设计壳体

01 启动 UG NX 12.0，新建一个名为"壳体"的模型文件。

02 使用"拉伸"工具，以 *XY* 平面作为草图平面进入草图环境，绘制如图 13-52 所示的草图。

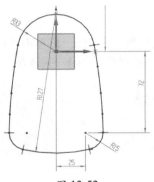

图 13-52

03 退出草图环境后在"拉伸"对话框中设置拉伸深度为 20，拔模斜度为 5。创建的特征如图 13-53 所示。

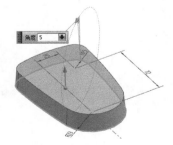

图 13-53

04 使用"拉伸"创建如图 13-54 所示的拉伸曲面。

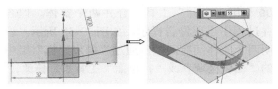

图 13-54

05 使用"修剪体"工具，用拉伸曲面修剪拉伸实体，结果如图 13-55 所示。

图 13-55

06 使用"边倒圆"工具创建圆角，如图 13-56 所示。

图 13-56

07 使用"拉伸"工具，绘制如图 13-57 所示的草图。

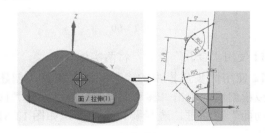

图 13-57

08 退出草图环境后，设置拉伸深度和拔模，创建如图 13-58 所示的拉伸实体。

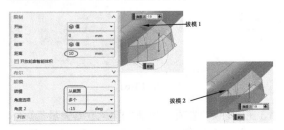

图 13-58

09 利用"合并"工具，合并两个实体。但合并过程中出现警告提示，如图 13-59 所示。说明两个实体间有间隙，通过"同步建模"组中的"偏置区域"或"拉出面"工具进行修改。

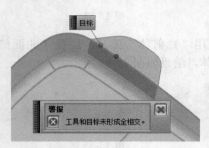

图 13-59

10 在"同步建模"组中单击"偏置区域"按钮 🖼️，打开"偏置区域"对话框。选择如图 13-60 所示的面进行偏置，使两个实体完全相交。

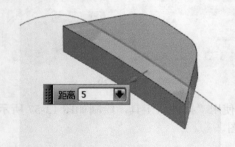

图 13-60

11 使用"合并"工具，将两实体合并。

12 使用同步建模中的"移动面"工具，创建拔模斜度。单击"移动面"按钮 🖼️，打开"移动面"对话框，选择要移动的面，如图 13-61 所示。

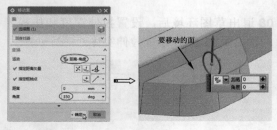

图 13-61

13 在"变换"选项区激活"指定距离矢量"命令，然后指定 Y 轴作为距离矢量，如图 13-62 所示。

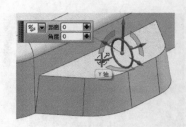

图 13-62

14 激活"指定枢轴点"命令，选取一个参考点作为枢轴点，如图 13-63 所示。

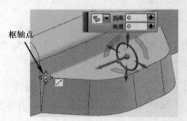

图 13-63

15 输入旋转角度为 350，再单击"确定"按钮完成移动面的操作，如图 13-64 所示。

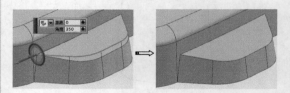

图 13-64

16 利用"镜像特征"工具，在部件导航器中选择多个特征镜像至 YZ 平面的另一侧，如图 13-65 所示。

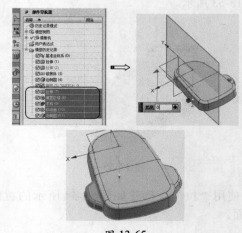

图 13-65

17 由于旋转移动的面不受镜像操作的支持，所以并没有与其他特征一起被镜像，需要再次旋转移动，如图 13-66 所示。

图 13-66

18 使用"拉伸"工具创建如图 13-67 所示的拉伸减去特征。

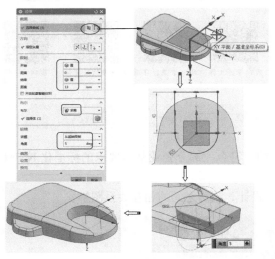

图 13-67

19 利用"边倒圆"工具创建半径为 1 的圆角特征，如图 13-68 所示。

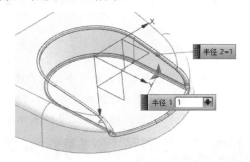

图 13-68

20 再利用"抽壳"工具创建壳体，如图 13-69 所示。

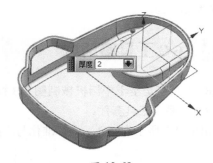

图 13-69

21 最后将设计结果保存。

13.5 课后习题

1. 修改模型 1

打开如图 13-70 所示的模型，利用"偏置区域""移动面""调整圆角大小"等同步建模工具，对模型进行修改。

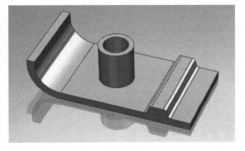

图 13-70

2. 修改模型 2

打开如图 13-71 所示的模型，利用"拉出面""替换面""调整圆角大小"等同步建模工具，对模型进行修改。

图 13-71

第 *14* 章 GC 工具箱

GC 工具箱是 UG NX 为中国用户提供的一套基于 GB 机械设计与制图标准的实用工具集。如齿轮、弹簧、电极加工准备、批量创建等。

下面我们详细介绍这些工具的基本命令和在机械设计中的具体应用。

知识要点与资源二维码

◆　GC工具箱简介
◆　GC数据规范
◆　齿轮建模工具
◆　弹簧设计工具

第 14 章源文件　第 14 章课后习题　第 14 章结果文件　　第 14 章视频

14.1　GC 工具箱简介

GC 工具箱是基于中国机械制图 GB 标准开发的、符合大部分企业基本要求的标准化 NX 使用环境和一系列工具套件。

如图 14-1 所示为 GC 工具标准化与产品开发、设计、制造之间的相互关系图解。

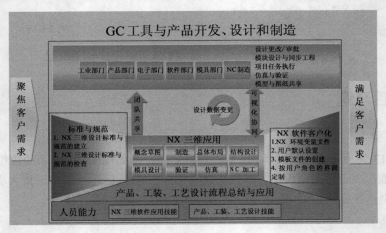

图 14-1

1. GC 工具箱特点

GC 工具箱在工业开发、设计与制造中有以下特点。

➢ 提供基于 GB 标准化的 NX 工作环境，大幅减少客制化的时间。

➢ 提供基于 GB 标准化的 NX 制图环境，提高模型和图纸的规范化水平。

➢ 提供规范化数据创建的辅助组，帮助快速达到数据规范化的需求。

➢ 提供数据检查工具及经过客制化的检查规则，保证公司的所有模型、图纸和装配均符合规范化的设计要求，便于企业内部文件的共享，并保证下游应用部门获得正确的数据。

➤ 提供客户急需的制图工具，满足客户常见应用需求，如图纸拼接、明细表输出等。

➤ 提供图纸注释工具，解决客户在制图标注方面常见的问题，如，网格线绘制、技术条件库等。

➤ 提供快速尺寸格式工具，客户在标注尺寸时，经常要变换尺寸标注格式，本工具可以大幅减少用户设置的工作量。

➤ 提供 GB 标准件的查询和调用环境，提高标准件的重用率。

➤ 提供标准化、专业化的标准齿轮建模环境。

➤ 新的中文字体更加规范、美观。

➤ 可以满足更多客户的需要。

➤ NX GC 工具箱将作为 NX 的一个模块直接内置于 NX 软件中，中文环境无须任何设置即可直接使用，英文环境也只需简单设置特定变量即可，免安装。

2. GC 工具箱的菜单命令与组

UG NX 12.0 中，GC 工具箱的工具命令可以通过在菜单栏的"GC 工具箱"菜单中查找，如图 14-2 所示。

图 14-2

也可以通过"主页"选项卡调出 GC 工具箱工具，如图 14-3 所示。

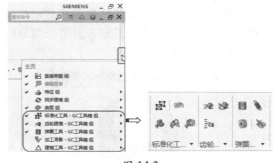

图 14-3

14.2　GC 数据规范

GC 数据规范工具集中包括模型质量检查工具、属性工具和标准化工具。这对于提高模型的质量有很大帮助。

如图 14-4 所示为 GC 数据规范工具集的所有工具——"标准化工具 -GC 工具箱"组。

图 14-4

14.2.1　模型质量检查工具

模型质量检查包括模型检查（建模检查器）、图纸检查（制图检查器）和装配检查（装配检查器），是基于 NX 的 HD3D 工具的一种符合用户客观需求的基本检查方法。下面仅介绍建模检查器的用法，制图检查器和装配检查器在相应的制图模式和装配模式中操作即可。

动手操作——模型质量检查

操作步骤

01 打开源文件 14-1.prt，打开的模型如图 14-5 所示。

图 14-5

02 在"标准化工具 -GC 工具箱"组中单击"模型检查"按钮█，UG NX 程序自动检查窗口中打开的模型，并将检查的结果信息显示在信息栏中。而且在模型上也显示带有警告信息的"！"符号，如图 14-6 所示。

检查完成，出现 5 个错误和 5 个警告

图 14-6

03 通过 HD3D 导航器，可以查看模型中具体的信息列表，如图 14-7 所示。

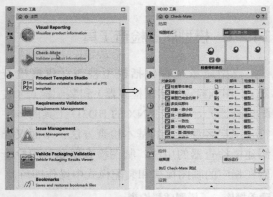

图 14-7

04 在 HD3D 导航器的 Check-Make 栏中，列出了检查结果的各种符号含义，然后参考这些符号含义，在"结果"栏中逐一找出带有错误的结果。

技术要点：

从图形区窗口顶部的信息栏中可以看出，检查的模型中出现了5个错误和5个警告，5个错误大多为文件错误，基本上不影响模型的质量。5个警告中4个警告属于文件类型，可以不考虑。其中1个警告表示在零件模式下设计了3个实体。提醒设计者是否将其合并或者进行其他操作。虽然有警告信息，但还是通过了模型检查。

14.2.2　属性工具

　　GC 工具箱提供的属性工具为属性填写和属性同步。适用于建模和制图应用环境。在"标准化工具 -GC 工具箱"组中单击"属性"按钮█，弹出"属性"对话框，如图 14-8 所示。该对话框包含两个选项卡："属性填写"选项卡和"属性同步"选项卡。

图 14-8

技术要点：

如果没有创建UG工程图，"属性同步"选项卡是不能使用的。将弹出警告信息提示，如图14-9所示。

图 14-9

属性工具主要实现以下功能。

➤ 修改或添加当前部件的属性。

➤ 从配置文件中加载属性项到当前部件。

➤ 从当前装配中的其他部件继承属性到当前部件。

➤ 从外部件文件 prt 中继承属性到当前部件。

"属性填写"选项卡中各表列及选项的含义如下：

➤ 列表标题：显示用户选择属性项目的标题。默认情况下该选项为灰显，只可显示不能编辑其内容，如果属性为用户通过"添加新集"创建的新属性，或者选择了用户新创建的属性，则该输入框处于激活状态，可以输入新的内容。

➤ 从组建继承：可以从图形界面或者装配导航栏上选择需要继承的组件，一旦选中组件，系统自动将其组件添加到属性列表，如果原先的属性存在并且值为空，则更新其值；如果不存在，则自动创建相同的属性项到列表。

➤ 从部件继承：可以从弹出的对话框中选择外部的 NX 部件文件，系统自动将其组件添加到属性列表。如果原先的属性存在并且值为空，则更新其值；如果不存在，则自动创建相同的属性项到列表。

➤ 从配置文件加载：系统读取指定位置的配置文件 %UGII_BASE_DIR%\Localization\prc\configuration\gc_tool.cfg 中定义的属性内容。如果对应的属性项目不存在，则自动添加，如果已存在，则不考虑。

14.2.3　标准化工具

标准化工具包含标准化引用集、标准化图层类别和标准化图层状态工具。

标准化引用集用于规范企业标准引用集的创建与使用过程。单击"标准化引用集"按

钮，弹出"创建标准引用集"对话框，如图14-10 所示。

图 14-10

➤ 在"工作部件引用集"列表中列出了当前工作部件存在的引用集。

➤ 重新创建：选中此复选框，系统将删除已经存在的，并在配置文件中定义的引用集，重新创建该引用集。

➤ 自动分配对象：选中此复选框，系统将根据引用集与图层的对应关系，自动将对应图层中的对象添加到引用集中。

➤ 显示创建信息：选中此复选框，在单击"确定"按钮或者应用后显示创建相关引用集结果的信息，如图 14-11 所示。

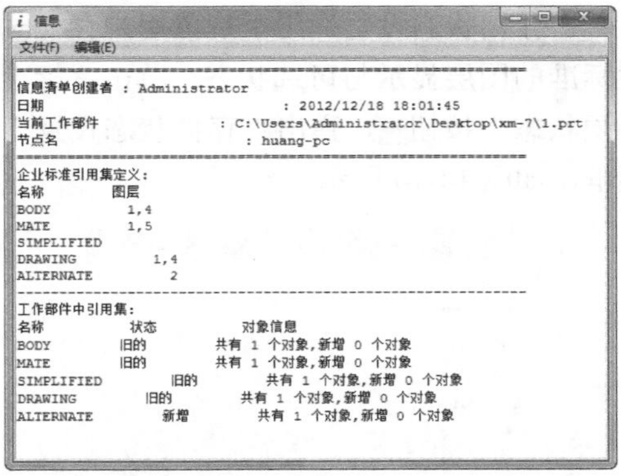

图 14-11

"创建层分类"命令用于规范企业标准图层分类的创建与使用过程。单击"创建层分类"按钮，弹出"创建层分类"对话框，如图 14-12 所示。

图 14-12

默认情况下，仅显示 UG 自行定义的几个图层，可以选中"删除原有层分类"复选框，单击"应用"按钮后，将参考当前模型创建新的图层分类，如图 14-13 所示。

图 14-13

14.2.4 存档状态设置

"存档状态设置"用于规范用户存盘时企业标准的图层显示与可选状态。单击"标准化图层状态"按钮，弹出"存档状态设置"对话框，如图 14-14 所示。

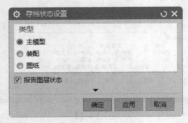

图 14-14

若选中"报告图层状态"复选框，将弹出"信息"窗口，如图 14-15 所示。从中查看当前的图层状态。

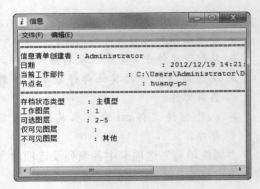

图 14-15

14.2.5 零组件更名及导出

利用"零组件更名及导出"命令，可以将当前装配体中的单个组件重命名，并且自动保存在原文件的文件夹中，还可以将当前装配体整体另存在其他目录路径中。

1. 更名组件

单击"零组件更名及导出"按钮，弹出"零组件更名及导出"对话框。该对话框包括两个选项卡："零组件更名"选项卡和"导出装配"选项卡，如图 14-16 所示。

图 14-16

下面以实例的操作，说明如何重命名装配体中的组件。

动手操作——重命名组件

操作步骤

01 打开源文件 huqian\huqian.prt，如图 14-17 所示。

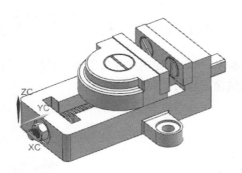

图 14-17

02 在重命名组件之前，先查看素材文件夹中重命名前的组件名称和模型状态，如图 14-18 所示。

图 14-18

03 在"标准化工具 -GC 工具箱"组中单击"零组件更名及导出"按钮 ，弹出"零组件更名及导出"对话框。

04 在装配体中选择要重命名的 DIZUO 组件，如图 14-19 所示。

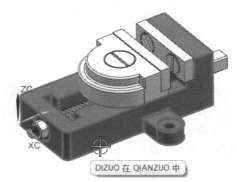

图 14-19

05 在该对话框中重新输入组件的新名称 huqiandizuo，并选中"删除原零件"复选框，然后单击"应用"按钮，如图 14-20 所示。

06 随后程序自动将所选组件重新命名并将其保存在路径文件夹中，如图 14-21 所示。

图 14-20

图 14-21

2. 导出装配

"导出装配"功能可以帮助用户完整地将当前装配体导入存储的文件夹中。如果不使用此功能，通过执行"另存为"命令，保存的将是一个空的装配体文件，如图 14-22 所示。

图 14-22

因此，在"重命名和导出组件"对话框的"导出装配"选项卡中，只要设置了输出装配体的目录，即可自动将完整的装配体组件保存在输出目录中，如图 14-23 所示。

图 14-23

14.3 齿轮建模工具

齿轮是常用件，是机械传递中应用最广泛的传递零件，所以齿轮的建模几乎都是参数化设计。而 GC 工具箱中提供的齿轮建模工具就是一套参数化快速建模的便捷工具。

14.3.1 齿轮的分类及传递形式

齿轮是用于机器中传递动力、改变旋向和改变转速的传动件。根据两啮合齿轮轴线在空间的相对位置不同，常见的齿轮传动可分为 3 种形式，如图 14-24 所示。其中，图（a）所示的圆柱齿轮用于两平行轴之间的传动；图（b）所示的圆锥齿轮用于垂直相交两轴之间的传动；图（c）所示的蜗杆蜗轮则用于交叉两轴之间的传动。

（a）圆柱齿轮　（b）圆锥齿轮　（c）蜗杆蜗轮

图 14-24

下面以圆柱直齿轮为例，详解其结构。如图 14-25 所示为圆柱齿轮各部分的名称和尺寸关系图。

标准直齿圆柱齿轮的名称及尺寸含义如下。

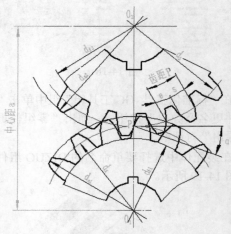

图 14-25

- ➢ 齿顶圆（直径 da）：通过轮齿顶部的圆称为"齿顶圆"。
- ➢ 齿根圆（直径 df）：通过轮齿根部的圆称为"齿根圆"。
- ➢ 分度圆（直径 d）：用来分度（分齿）的圆，该圆位于齿厚和槽宽相等的位置，称为"分度圆"。
- ➢ 齿高（h）：齿顶圆与齿根圆之间的径向距离称为"齿高"。分度圆将轮齿的高度分为两个不等的部分——齿顶高和齿根高。
- ➢ 齿顶高（ha）：齿顶圆与分度圆之间的径向距离称为"齿顶高"。
- ➢ 齿根高（hf）：分度圆与齿根圆之间的径向距离称为"齿根高"。
- ➢ 齿距（p）：分度圆上相邻两齿的对应点之间的弧长称为"齿距"。
- ➢ 齿数（z）：轮齿的个数。
- ➢ 模数（m）：在计算齿轮各部分尺寸和制造齿轮时，都要用到模数 m。

技术拓展——模数

模数的具体意义是什么呢？根据上面所说的齿距 p 的定义，则分度圆的周长 $=zp=\pi d$，即 $d=\dfrac{p}{\pi}z$。由于式中出现了无理数 π，不便计算和标准化，令 $m=\dfrac{p}{\pi}$ 则 $d=mz$。

我们把 m 称为"模数"。由于模数是齿距 p 和 π 的比值，因此若齿轮的模数大，其齿距就大，齿轮的轮齿就大。若齿数一定，则模数大的齿轮，其分度圆直径就大，轮齿也大，齿轮能承受的力量也就大。相互啮合的两个齿轮，其模数必须相等。加工齿轮也需要选用与齿轮模数相同的刀具，因而模数又是选择刀具的依据。

模数是设计和制造齿轮的基本参数。为了设计和制造方便，已将模数的数值标准化。模数的标准值见表 14-1。

表 14-1　标准模数（GB1357—87）　　　　　　　　　　　　　　　　　　mm

第一系列	1, 1.25, 1.5, 2, 2.5, 3, 4, 5, 6, 8, 10, 12, 16, 20, 25, 32, 40, 50
第二系列	1.75, 2.25, 2.75, (3.25), 3.5, (3.75), 4.5, 5.5, (6.5), 7, 9, (11), 14, 18, 22, 28, 36, 45

〔注〕选用模数时，应优先采用第一系列，括号内的模数尽可能不用。

➤ 齿形角（压力角）α：两个相互啮合的齿轮在分度圆上啮合点 P 的受力方向（即渐开线齿廓曲线的法线方向）与该点的瞬时速度方向（分度圆的切线方向）所夹的锐角 α 称为"压力角"。我国规定的标准齿形角 α=20°。

➤ 中心距 a：两圆柱齿轮轴线之间的最短距离称为"中心距"。装配准确的标准齿轮，其中心距

$$a = \frac{d_1}{2} + \frac{d_2}{2} = \frac{1}{2}m(z_1 + z_2)$$

只有模数和压力角都相同的齿轮才能相互啮合。

在设计齿轮时要先确定模数和齿数，其他各部分的尺寸都可由模数和齿数计算出来。标准直齿圆柱齿轮的计算公式见表 14-2。

表 14-2　标准直齿圆柱齿轮的尺寸计算公式

基本参数：摸数 m　齿数 z

各部分名称	代　号	公　式
分度圆直径	d	$d = m_z$
齿顶高	h_a	$ha = m$
齿根高	h_f	$hf = 1.25\,m$
齿顶圆直径	d_a	$da = m\,(z + 2)$
齿根圆直径	d_f	$df = m\,(z - 2.5)$
齿距	p	$p = \pi_m$
齿厚	s	$s = \frac{1}{2}pm$
中心距	a	$a = \frac{d_1}{2} + \frac{d_2}{2} = \frac{1}{2}m(z_1 + z_2)$

14.3.2　圆柱齿轮建模

在了解了齿轮的结构及其尺寸参数后，基本上就掌握了 GC 工具箱提供的齿轮建模工具了。齿轮建模工具如图 14-26 所示。

单击"柱齿轮建模"按钮，弹出"渐开线圆柱齿轮建模"对话框，如图 14-27 所示。

图 14-26

图 14-27

"渐开线圆柱齿轮建模"对话框包括以下齿轮操作方式。

➤ 创建齿轮：此选项用来创建或新建齿轮。

➤ 修改齿轮参数：此选项用来重新设定齿轮的参数。

➤ 齿轮啮合：此选项可以创建齿轮的啮合关系。

➤ 移动齿轮：此选项用来移动操作齿轮。

➤ 删除齿轮：利用此选项，可以完整地把齿轮的文件删除。如果没有使用此工具，而是直接删除齿轮，那么齿轮的模型虽然不存在，但已经保存在内存中了。

➤ 信息：单击以查看齿轮的信息。

选择"创建齿轮"单选按钮，单击"确定"按钮，将弹出"渐开线圆柱齿轮类型"对话框，如图 14-28 所示。各类型含义如下。

图 14-28

➤ 直齿轮：创建圆柱直齿轮，如图 14-29 所示。

图 14-29

➤ 斜齿轮：创建圆柱斜齿轮，如图 14-30 所示。

图 14-30

➤ 外啮合齿轮：根据齿轮的啮合情况进行划分的齿轮类型，图 14-30 的圆柱斜齿轮和直齿轮皆为外啮合齿轮。

➤ 内啮合齿轮：即小齿轮与大齿轮在内部形成啮合，如图 14-31 所示。

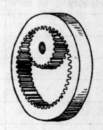

图 14-31

➤ 滚齿：是一种加工方法。其原理是一对交错轴斜齿圆柱齿轮副啮合，如图 14-32 所示。

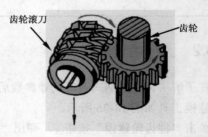

齿轮滚刀　　齿轮

图 14-32

> 插齿：为另一种齿轮加工方法。利用一对平行轴圆柱齿轮副啮合的原理，使用插齿刀进行切齿的加工方法，如图14-33所示。

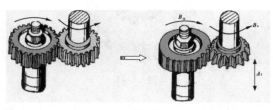

图 14-33

确定了齿轮类型及加工方法后，单击"确定"按钮，弹出"渐开线圆柱齿轮参数"对话框。该对话框中包括两个选项卡："标准齿轮"选项卡和"变位齿轮"选项卡，如图14-34所示。

图 14-34

> "标准齿轮"选项卡：此选项卡主要用于创建相等厚度的齿轮，可变的参数较少，为模数、牙数、齿宽和压力角。

> "变位齿轮"选项卡：此选项卡可以创建不同参数系列的齿轮。可以根据需求按设计标准来设计各种尺寸参数的齿轮。

技术要点：

直齿轮与锥齿轮除了"模数"参数不同外（锥齿轮为"法向模数"），其余的参数均相同。

动手操作——创建内啮合的齿轮副

操作步骤

01 单击"新建"按钮，新建一个命名为chilun的文件，进入建模模式。

02 在"齿轮建模-GC工具箱"组中单击"柱齿轮建模"按钮，打开"渐开线圆柱齿轮建模"对话框。保留默认的"创建齿轮"单选按钮，单击"确定"按钮，打开"渐开线圆柱齿轮类型"对话框，并在该对话框中设置如图14-35所示的类型及加工方法。

图 14-35

03 单击"渐开线圆柱齿轮类型"对话框的"确定"按钮，打开"渐开线圆柱齿轮参数"对话框，输入齿轮的各项参数（单击"默认值"按钮获取），如图14-36所示。

图 14-36

04 单击"确定"按钮，并指定矢量和齿轮端面中心参考点，完成齿轮的创建，如图14-37所示。

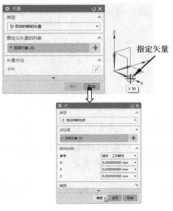

图 14-37

05 创建的齿轮如图 14-38 所示。

图 14-38

06 继续创建内啮合的齿轮。在打开的"渐开线圆柱齿轮类型"对话框中选择"内啮合齿轮"单选按钮，如图 14-39 所示。

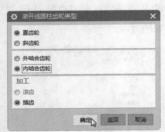

图 14-39

07 在"渐开线齿轮参数"对话框中设置如图 14-40 所示的齿轮参数后，单击"确定"按钮，选择矢量和端面参考点。

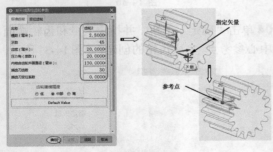

图 14-40

技术要点：

齿轮副中的两个齿轮模数、压力角一定是相等的，其他参数因具体情况而定。

08 最终创建的第 2 个标准内啮合齿轮，如图 14-41 所示。

图 14-41

09 下面为两个齿轮创建啮合。单击"柱齿轮建模"按钮，打开"渐开线圆柱齿轮建模"对话框。选择该对话框中的"移动齿轮"单选按钮，并单击"确定"按钮如图 14-42 所示。

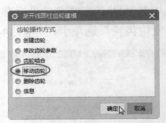

图 14-42

10 弹出"选择齿轮进行操作"对话框。选择齿轮 1 作为移动对象，然后单击该对话框中的"确定"按钮，如图 14-43 所示。

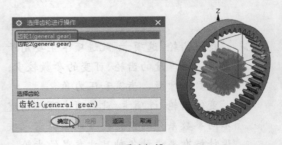

图 14-43

11 随后弹出"移动齿轮"对话框。单击"点到点"按钮，然后为移动齿轮选取起始点和终止点，如图 14-44 所示。

图 14-44

12 移动的结果如图 14-45 所示。移动的结果不能正确显示出两个齿轮的啮合关系，因此需要创建啮合关系。

图 14-45

13 单击"柱齿轮建模"按钮 ⚙️，打开"渐开线圆柱齿轮建模"对话框。选择该对话框中的"齿轮啮合"单选按钮，并单击"确定"按钮，如图 14-46 所示。

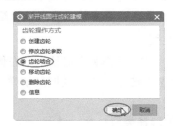

图 14-46

14 随后弹出"选择齿轮啮合"对话框。在"所有存在齿轮"列表中选择齿轮2（内啮合齿轮），然后单击"设置主动齿轮"按钮，如图 14-47 所示。

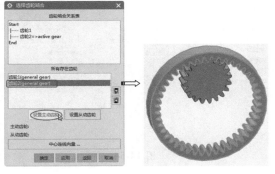

图 14-47

15 同理，选择齿轮 1 设为从动齿轮。单击"中心连线向量"按钮，打开"矢量"对话框，并选择 Z 轴作为中心连线矢量。如图 14-48 所示。

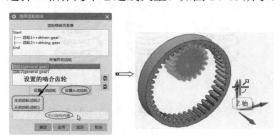

图 14-48

技术要点：

中心连线矢量就是齿轮1与齿轮2的中线点连线与所指矢量同向。以此保证运动过程中始终保持啮合状态。

16 最后单击"确定"按钮，完成齿轮啮合关系的确定。此时，两个齿轮自动调整为啮合状态，如图 14-49 所示。

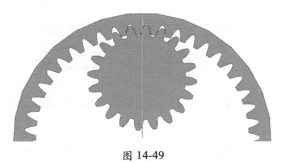

图 14-49

14.3.3 锥齿轮建模

锥齿轮建模与直齿轮建模操作是完全相同的，这里就不再详细讲述锥齿轮的相关操作了。

14.4 弹簧设计工具

弹簧是在机械中广泛用来减振、夹紧、储存能量和测力的零件。常用的弹簧如图 14-50 所示。

（a）压缩弹簧　（b）拉力弹簧　（c）扭力弹簧

图 14-50

如图 14-51 所示，制造弹簧用的金属丝直径用 d 表示；弹簧的外径、内径和中径分别用 D2、D1 和 D 表示；节距用 p 表示；高度用 H0 表示。

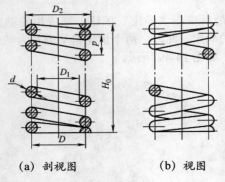

（a）剖视图　　　（b）视图

图 14-51

在 UG NX 的 GC 工具箱中提供了 3 种弹簧工具：圆柱压缩弹簧、圆柱拉伸弹簧和蝶簧，如图 14-52 所示。

图 14-52

14.4.1　圆柱压缩弹簧

单击"弹簧工具 -GC 工具箱"组中的"圆

柱压缩弹簧"按钮▤，弹出"圆柱压缩弹簧"对话框，如图 14-53 所示。

图 14-53

该对话框中包括创建弹簧的 3 个大步骤：选择类型→输入弹簧参数→显示验算结果。

1．类型

在"圆柱压缩弹簧"对话框的左侧列表中选中"类型"选项，右侧区域显示弹簧的类型选项。

（1）选择类型

➢ 输入参数：此类型是直接输入弹簧的尺寸参数来创建弹簧的简便类型。

➢ 设计向导：此类型除了需要输入弹出参数外，还可以设置弹簧的工作条件、材料及许用应力，如图 14-54 所示。

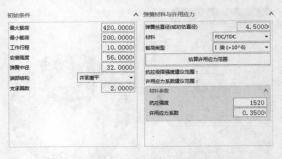

图 14-54

（2）创建方式

➢ 在工作部件中：在当前工作环境中，创建一个或连续多个相同参数的弹簧。

➢ 新建部件：重新设置参数创建不同参数的弹簧。

（3）位置

➤ 指定矢量：指定弹簧的轴向矢量参考。

➤ 指定点：弹簧中心轴的起点。

2．输入弹簧参数

弹簧的参数设置选项如图14-55所示。各选项含义如下。

图 14-55

➤ 旋向：螺旋方向，分为左旋和右旋，如图14-56所示。

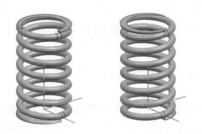

左旋　　　　　　　右旋

图 14-56

➤ 端部结构：弹簧顶部的结构形状，分并紧磨平、并紧不磨平、不并紧3种，如图14-57所示。

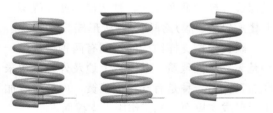

并紧磨平　　　并紧不磨平　　　不并紧

图 14-57

技术要点：

为使压缩弹簧工作平稳、受力均匀，弹簧的两端大都并紧且磨平（或锻平）。

➤ 参数输入：包括输入弹簧直径、有效圈数、弹簧高度、弹簧截面直径、支承圈数等参数。

弹簧的圈数

并紧磨平、仅起支承和定位作用的几圈，称为"支承圈"（如图14-58所示）。弹簧支承圈有1.5圈、2圈及2.5圈3种，常见为2.5圈。

除支承圈以外，其余各圈均参加受力变形，并保持相等的节距，称为"有效圈数"，它是计算弹簧受力的主要依据，有效圈数n=总圈数n_1-支承圈数n_z。

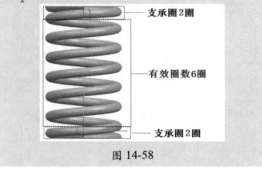

支承圈2圈

有效圈数6圈

支承圈2圈

图 14-58

3．显示结果

在显示结果页面，可以查看用户设置的弹簧参数，如图14-59所示。如果发现参数不符合设计要求，可以单击"上一步"按钮返回到上一页面重新设置。

图 14-59

14.4.2 圆柱拉伸弹簧

圆柱拉伸弹簧也称"圆柱拉力弹簧"。其参数设置页面及创建过程与压缩弹簧大致相同。下面以实例操作来演示弹簧参数的设置及创建过程。

动手操作——创建拉力弹簧

操作步骤

01 单击"弹簧工具 -GC 工具箱"组中的"圆柱拉伸弹簧"按钮，弹出"圆柱拉伸弹簧"对话框，如图 14-60 所示。

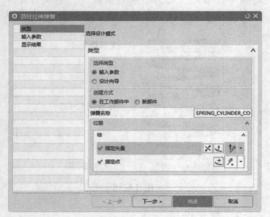

图 14-60

02 保留弹簧类型、创建方式、弹簧名称的默认设置，按信息提示在图形区中选择矢量及轴点，如图 14-61 所示。

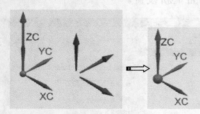

图 14-61

技术要点：

通常，默认的设置矢量为Z轴，轴点为坐标系原点。

03 单击"下一步"按钮进入输入弹簧参数的页面。保留默认的参数设置，单击"完成"按钮，创建圆钩环的弹簧，如图 14-62 所示。

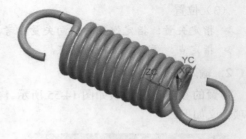

图 14-62

技术要点：

拉伸弹簧的端部结构包含3种类型：半圆钩环、圆钩环和圆钩环压中线，如图14-63所示。

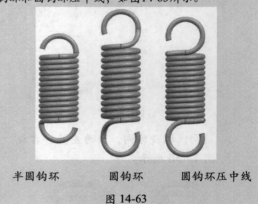

半圆钩环　　　　圆钩环　　　　圆钩环压中线

图 14-63

14.4.3 蝶形弹簧

碟形弹簧是法国人贝利维尔（J.Belleville）于是1866年发明的，当时主要是作为垫圈使用，并在美国及法国申请了专利，因此又被称为"贝氏弹簧"（Belleville Spring）。

碟形弹簧简称"碟簧"，它主要用金属弹簧材料（钢带、钢板或锻造坯料）加工成的截锥形弹簧。根据其截面和形状的不同可分为普通碟簧、梯形截面碟簧、锥状梯形截面碟簧、开槽形碟簧、膜片弹簧、圆板形碟簧。

碟簧根据支撑结构的不同有两种型式：一种是无支撑面碟簧，其内缘上边及外缘下边未经加工；另一种是有支撑面碟簧，内外缘经加工后形成支撑面，载荷作用于支撑面。

蝶形弹簧的一般结构如图 14-64 所示。表14-3列出了碟簧尺寸、参数名称、代号及单位。

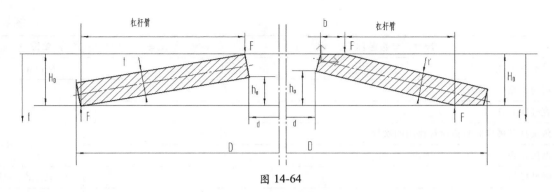

图 14-64

表 14-3　碟簧尺寸、参数名称、代号及单位

尺寸、参数名称	代号	单位
外径	D	
内径	d	
中性径	D_0	
厚度	t	mm
倒圆角	R	
单片碟簧的自由高度	H_0	
组合碟簧的自由高度	H_z	
无支承面碟簧压平时变形量的计算值 $h_o=H_o-t$	h_0	
单片碟簧压平时的计算高度	H_c	mm
组合碟簧压平时的计算高度 H	H_{II}	
单片碟簧的负荷	F	
压平时的碟簧负荷计算值	F_C	
与变形量 f2 对应的组合碟簧负荷	F_Z	
考虑摩擦时叠合组合碟簧负荷	F_R	N
对应于碟簧负荷 f1,f2,f3……fn 的负荷	$F_1, F_2, F_3……$	
单片碟簧在 f=0.75h0 时的负荷	$F_f=0.75h_0$	
与碟簧负荷 F1,F2,F3……Fn 对应的碟簧高度	$H_1, H_2, H_3……$	
单片碟簧的变形量	f	
对应于碟簧负荷 F1,F2,F3……Fn 的变形量	$f_1, f_2, f_3……$	mm
不考虑摩擦力时叠合组合碟簧或对合组合碟簧的变形量	f_1	
负荷降低值（松弛）	$\triangle F$	N
高度减少值（蠕变）	$\triangle H$	mm
对合组合碟簧中对碟簧片数或叠合组合碟簧中叠合碟簧的组数	i	
叠合组合碟簧中的碟簧片数	n	
碟簧刚度	F'	N/mm

续表

尺寸、参数名称	代号	单位
碟簧变形能	U	N·mm
组合碟簧变形能	U_2	
直径比 C=D/d	C	
碟簧疲劳破坏时负荷循环作用的次数	N	
摩擦系数	f_M、f_R	
弹性模量	E	N/mm^2
泊松比	μ	
计算系数	K_1、K_2、K_3、K_4	
计算应力	σ	
位置 OM、Ⅰ、Ⅱ、Ⅲ、Ⅳ处的计算应力	σ_{om}、$\sigma_{Ⅰ}$、$\sigma_{Ⅱ}$、$\sigma_{Ⅲ}$、$\sigma_{Ⅳ}$	N/mm^2
变负荷作用时计算上限应力	σ_{max}	
变负荷作用时计算下限应力	σ_{min}	
变负荷作用时对应于工作行程的计算应力幅	σ_0	
疲劳强度上限应力	σ_{rmax}	N/mm^2
疲劳强度下限应力	σ_{rmin}	
疲劳强度应力幅	σ_{ra}	
质量	m	kg

注：中性径指碟簧截面翻转点（中性点）所在圆的直径。Do=(D-d)/ln(D/d)。

　　GC 工具箱中蝶形弹簧的参数与压缩弹簧、拉伸弹簧的参数不同，提供了 3 种国标类型和用户定制类型，如图 14-65 所示。

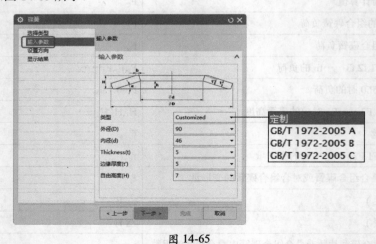

图 14-65

技术要点：

图14-65中，提供了3个系列同属GB/T 1972-2005标准的蝶形弹簧。

14.5　课后习题

　　创建如图 14-66 所示的齿轮副，包括一个内啮合齿轮和两个外啮合齿轮。创建齿轮后移动中间齿轮，并创建齿轮啮合。

图 14-66

第 *15* 章　零件参数化设计

参数化设计是 UG 重点强调的参数驱动设计理念，参数是参数化设计中的核心概念。在一个模型中，参数是通过"尺寸"的形式来体现的。参数化设计的突出优点在于可以通过变更参数的方法来方便地修改设计意图，从而修改设计结果。关系式是参数化设计中的另外一项重要内容，它体现了参数之间相互制约的"父子"关系。

本章全面介绍参数化建模的方法，包括表达式编辑器、可视化编辑器、WAVE 几何对象链接工具和电子表格等方法。

知识要点与资源二维码

- ◆　表达式
- ◆　部件间的表达式
- ◆　用户自定义特征（UDF）

第 15 章源文件　第 15 章课后习题　第 15 章结果文件　第 15 章视频

15.1　表达式

表达式是定义一些特征特性的算术或条件公式，可以使用表达式来控制部件特征之间的关系或者装配中部件之间的关系。可以定义、控制模型的诸多尺寸，如特征或草图的尺寸。

15.1.1　表达式的基本组成

表达式是定义关系的语句，它由两部分组成，左侧为变量名，右侧为组成表达式的字符串，表达式字符串经计算后将值赋予左侧的变量，如图 15-1 所示。

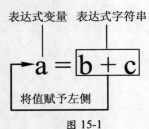

图 15-1

一个表达式等式的右侧可以是含有变量、函数、数字、运算符和符号的组合或常数。用于表达式等式右侧中的每一个变量，必须作为一个表达式名称出现在某处，如图 15-2 所示。

$$Length = 5 + 10*Cos(45)$$

图 15-2

15.1.2　表达式的语言

表达式有自己的语法，它通常模仿编程语言，下面介绍表达式语言的元素：变量名、运算符、运算符的优先顺序和相关性、机内函数及条件表达。

1. 表达式变量名

变量名是字母与数字组成的字符串，但必须以一个字母开始，变量名可含下画线，变量名的长度限制在 32 个字符内。

2. 运算符

UG 运算符与其他计算机编程软件程序语言中的其他运算符相同，包括算数运算符、字符串运算符、关系运算符、逻辑运算符、条件运算符、赋值运算符等。

（1）算术运算符

算术运算符有一元运算符与二元运算符。由算术运算符与操作数构成的表达式称为"算术表达式"。

➢ 一元运算符：－（取负）、＋（取正）、＋＋（增量）、－（减量）。

➢ 二元运算符：＋（加）、－（减）、＊（乘）、/（除）、%（求余）。

（2）字符串运算符

字符串运算符只有一个，即"＋"运算符，表示将两个字符串连接起来。例如：

```
string connec="abcd"+"ef"
```

其中，connec 的值为 abcdef。"＋"运算符还可以将字符型数据与字符串型数据或多个字符型数据连接在一起。

（3）关系运算符

关系运算符用于对两个值进行比较，运算结果为布尔类型 true（真）或 false（假）。常见的关系运算符为：>、<、>=、<=、==、!=。

依次为大于、小于、大于等于、小于等于、等于、不等于。

用于字符串的关系运算符只有相等"=="与不等"!="运算符。

（4）逻辑运算符

逻辑运算符用于对几个关系式运算表达式的计算结果进行结合，做出合理的判断。在程序语言编程中，最常用的逻辑运算符是！（非）、&& 与 ||（或）。

例如：

```
bool b1=!true;              // b1 的值为 false
bool b2=5>3&&1>2;          // b2 的值为 false
bool b3=5>3||1>2           // b3 的值为 true
```

（5）条件运算符

条件运算符是编程语言中唯一的三元运算符，条件运算符由符号"?"与":"组成，通过操作 3 个操作数完成运算，其一般格式如图 15-3 所示。

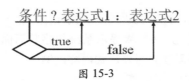

图 15-3

（6）赋值运算

在赋值表达式中，赋值运算符左边的操作数称为"左操作数"，赋值运算符右边的操作数称为"右操作数"。左操作数通常是一个变量。

复合赋值运算符，如"*="、"/="、"%="、"+="、"－="等。

由赋值运算符将一个变量和一个表达式连接起来的式子称为"赋值表达式"，它的一般形式为：

```
<变量> <赋值运算符> <表达式>
```

3．内置函数（机内函数）

在 UG 的表达式中允许有内置函数，常见的内置函数见表 15-1。

表 15-1　UG 表达式中常见内置函数

函　数　名	函　数　表　示	函　数　意　义	备　　注
sin	sin(x/y)	正弦函数	x 为角度函数
cos	cos(x/y)	余弦函数	x 为角度函数
tan	tan(x/y)	正切函数	x 为角度函数
sinh	sinh(x/y)	双曲正弦函数	x 为角度函数
cosh	cosh(x/y)	双曲余弦函数	x 为角度函数
tanh	tanh(x/y)	双曲正切函数	x 为角度函数
abs	abs(x)=	绝对值函数	结果为弧度
asin	asin(x/y)	反正弦函数	结果为弧度
acos	acos(x/y)	反余弦函数	结果为弧度
atan	atan(x/y)	反正切函数	结果为弧度
atan2	atan2(x/y)	反余切函数	atan(x/y) 结果为弧度
log	log (x)	自然对数	log (x)=ln(x)
log10	log10 (x)	常用对数	log10 (x)=lgx
exp	exp (x)	指数	ex
fact	fact (x)	阶乘	x!
sqrt	sqrt (x)	平方根	
hypot	hypot (x,y)	直角三角形斜边	=sqrt(x+y)
ceiling	ceiling (x)	大于或等于 x 的最小整数	
floor	floor (x)	小于或等于 x 的最大整数	
pi	Pi()	圆周率 π	3.14159265358

4．在表达式中应用注释

利用注释可以起到提示作用，说明表达式是"执行什么命令，将要达到的目的"的。

在注解前用双斜线进行区分。"//"将提示系统忽略其后面的语句。用 Enter 键中止注解。如果注解与表达式在同一行，则需要先写表达式内容，例如：

```
length=10*width//comment
```

15.1.3　表达式的分类

按 UG 表达式创建与生成的方式进行划分，表达式可分为用户表达式和软件表达式。

1．用户表达式

由用户创建，是用户自定义的表达式。

用户自定义表达式可通过以下操作进行。

➢ 执行"工具"|"表达式"命令选择用户先前创建的表达式，并更改名称与公式（更改公式即更改了参数），如图 15-4 所示。

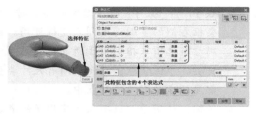

图 15-4

➢ 从草图中创建表达式。草绘图形利用尺寸约束工具进行约束，即可得到尺寸表达式。双击尺寸将弹出尺寸编辑文本框，文本框左侧显示的是表达式名，右侧为赋予的值，如图 15-5 所示。

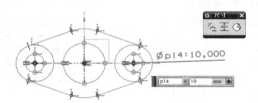

图 15-5

技术要点：

用户也可以在草图表达式中修改表达式名称。赋予的值可以通过手动输入常量、测量获取值、输入公式、函数关系及选取参考5种方式来获取，如图15-6所示。

图 15-6

➢ 在文本文件中输入表达式，然后执行"工具"|"导入或导出表达式"命令，将它们导入表达式变量表中，如图 15-7 所示。

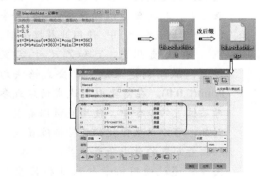

图 15-7

2. 软件表达式

在 UG 中的以下情形，将自动建立表达式，表达式的名称为 Pn,P，n 为表达式的序号，按创建表达式的先后顺序进行排列。

➢ 建立一个"特征"时，系统对特征的每个参数建立一个表达式，如图 15-8 所示。

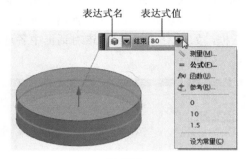

图 15-8

➢ 在草绘模式中执行"任务"|"草图样式"命令，打开"草图设置"对话框。选中"连续自动标注尺寸"复选框，并选择尺寸标签选项为"表达式"，标注草图尺寸后，系统对草图的每一个尺寸都建立一个相应的表达式，如图 15-9 所示。

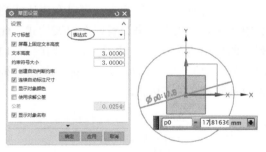

图 15-9

➢ 定位一个特征或一个草图时，系统对每一个定位尺寸都建立一个相应的表达式，如图 15-10 所示。

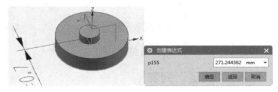

图 15-10

> 装配模式下，配对条件或装配约束的创建，系统会自动建立相应的表达式。

15.1.4 "表达式"对话框

在建模环境下，执行"工具"|"表达式"命令，或者在"工具"选项卡的"实用工具"组中单击"表达式"按钮=，弹出"表达式"对话框，如图15-11所示。该对话框中各选项的含义如下。

图 15-11

1. "列出的表达式"列表

"列出的表达式"列表：可以在表达式列表中选择表达式类型来查看或选取表达式。此列表的作用为表达式过滤器，包括如图15-12所示的14种类型。选择其中一种，表达式列表中将显示这种表达式。

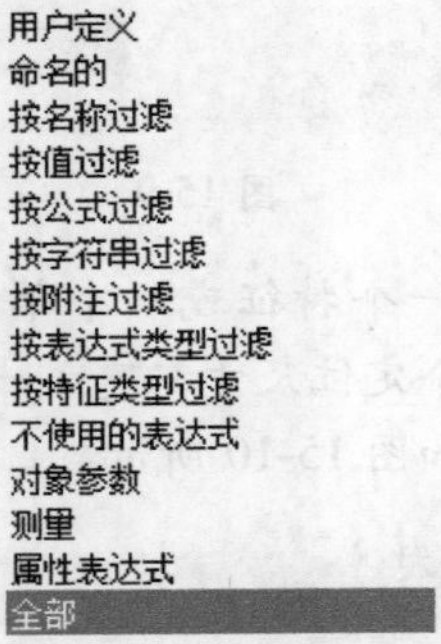

```
用户定义
命名的
按名称过滤
按值过滤
按公式过滤
按字符串过滤
按附注过滤
按表达式类型过滤
按特征类型过滤
不使用的表达式
对象参数
测量
属性表达式
全部
```

图 15-12

2. "类型"列表

此列表包括了表达式的运算类型，各类型含义如下。

> 数字：当"数字"作为选定的类型时，类型框右侧的量纲选项列表变得可用。使用量纲选项来指定用于新表达式的尺寸种类。单位管理器指定的所有尺寸类型都显示在量纲选项列表中。

> 量纲：使用量纲选项来指定用于新表达式的尺寸种类。单位管理器指定的所有尺寸类型都显示在量纲选项列表中。建模表达式所使用的最常见尺寸类型有：长度、距离、角度和恒定（即，无量纲，就如实例阵列中孔的数量）。

技术要点：

就输入和预期输出而言，为表达式公式指定的量纲和单位必须都正确。例如，如果创建一个新表达式C，该表达式将两个现有长度表达式（A和B，以毫米创建）相乘以得出面积(C=A*B)，则将C的量纲设置为"面积"，将单位设置为mm^2。否则，可能会遇到单位不一致错误。

> 字符串：使用字符串数据类型创建表达式。字符串表达式返回字符串而非数字，并且是指带双引号的字符序列。

技术要点：

字符串表达式的公式可以是常量（如"Text entry"），或者是可以计算的。
例如，以下字符串表达式：
NAME   FORMULA
mick   y2k+lg+yr+prep+terra

> 布尔运算：创建支持使用布尔值true或false的备选逻辑状态的表达式，使用此数据类型来表示相对条件，如由表达式抑制和组件抑制命令的抑制状态。

> 整数：创建使用数值计数而不带单位的表达式。在需要数值计数或数量的命令（例如实例几何体）中，使用此数据类型。

> 点：通过使用X、Y和Z尺寸定义位置，从而创建表达式。公式语法为Point(0,0,0)。在需要以表达式指定或参考某位置的命令中，使用此数据类型。例如，可以参数化控制旋转轴位置或关联测量距离的最小距离位置。

> 矢量：通过使用笛卡尔I、J和K坐标

定义方向，从而创建表达式。公式语法为：Vector(0,0,0)。

> 列表：可以使用此数据类型来简化 NX DesignLogic 交互方式，并提供可处理更多设计任务的额外功能。可以使用"扩展文本编辑器"选项很方便地指定列表表达式，列表表达式使用大括号时用逗号分隔任意 DesignLogic 数据类型的值。

3. 名称

用于指定新表达式的名称、更改现有表达式的名称，以及高亮显示现有表达式以进行编辑。表达式名必须以字母字符开始，但可以由字母、数字、字符组成。表达式名可以包括内置下画线，表达式名中不可以使用任何其他特殊字符，如 一、?、* 或!。

4. 公式

使用该字段可编辑从列表中选取的表达式公式、输入新表达式的公式或创建部件之间的表达式的引用。

可以通过以下各方法填充"公式"字段。

> 使用键盘输入表达式公式。
> 从列表窗口选择一个表达式以显示其公式，然后右击插入公式。
> 单击函数按钮，以插入一个函数。
> 单击一个测量按钮从图形窗口指定一个对象测量，然后将其插入一个表达式。
> 单击创建部件间的引用按钮，以插入其他部件的表达式。

可以在公式中输入简单的单位，如 mm。列表窗口的"值"列中显示任何必要的单位转换。如果在公式中使用其他尺寸或尺寸不一致，则会显示一个警告消息。也可以用科学计数法输入语句，输入的值必须含有正负号。例如：

```
2e+5 for 200000
2e-5 for 0.00002
```

技术要点：

从函数的参数输入选项打开"表达式"对话框时，只能编辑当前正在创建的表达式公式，如图 15-13 所示。虽然可以创建新的表达式，但不能使用该编辑器更改现有的表达式。

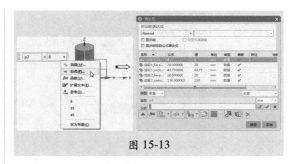

图 15-13

5. 对话框的按钮选项

"表达式"对话框中各按钮选项的含义如下。

> 扩展文本编辑器：打开一个窗口，可以在此窗口中编辑字符串并添加插入函数和插入条件语句。

技术要点：

使用此选项可以很方便地指定列表表达式，列表表达式使用大括号时用逗号分隔任意 DesignLogic 数据类型的值。

> 接受编辑：创建新表达式或最终确定现有表达式的编辑结果。单击此按钮将接受创建或编辑更改。表达式及其值在列表框中更新。
> 拒绝编辑：取消编辑或创建操作，并清除名称和公式框。
> 更少选项：减小表达式对话框的尺寸，并通过移除"表达式"列表框、列出的表达式、电子表格编辑、从文件导入表达式和导出表达式到文件选项将其简化。
> 更多选项：单击该按钮，将显示整个"表达式"对话框的选项，其中包括表达式列表框和所有选项。
> 函数：单击此按钮，打开"插入函数"对话框。在公式框中的光标位置，可以将函数插入到表达式中，如图 15-14 所示。双击某一函数，打开该函数的参数定义对话框。通过此对话框为函数设置参数，如图 15-15 所示。

图 15-14

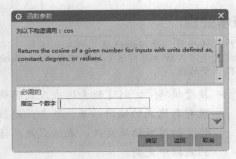

图 15-15

> **测量**：测量列表中有测量距离、测量长度、测量角度、测量面积、测量体等工具。

> 测量距离：使用分析距离函数可测量任意两个 NX 对象（如点、曲线、平面、体、边和面）之间的最小距离。系统计算三维距离和相对于 *XC* 和 *YC* 平面的二维距离。另外，它还返回每个对象上的最近点以及在绝对坐标系和 WCS 中的距离增量值。

> 测量长度：使用分析弧长函数可测量曲线或直线的弧长。可以使用选择意图以及截面构建来测量交点之间的曲线集的长度。

> 测量角度：使用分析角度函数可显示两条曲线之间、两个平面对象（平面、基准平面或平的面）之间或一条直线与一个平面对象之间的角度。

> 测量体：使用分析测量体函数可获得实体的体积、质量、回转半径、质心和表面积。

> 测量面积：使用分析测量面函数可计算体的面的面积和周长值。系统为面积和周长创建了多个表达式。

> 引用表达式：用于创建属性表达式，可以用来引用部件或对象属性。如果之后修改了部件或对象属性，表达式也会自动更新。

> 创建部件间引用：用于创建部件间的引用。选择该选项后，对话框列出会话中可用的部件。可从该列表、从图形屏幕选择部件，或使用"选择部件文件"选项，从磁盘选择部件。一旦选择了部件，便列出了该部件中的所有表达式。

> 打开被引用的部件：用于打开会话中任何部分载入的部件。首次打开一个装配时，系统不会加载每个组件部件的完整部件文件，为了节省内存，仅加载显示组件部件所需的信息。当更改工作部件时，系统确保已载入完整的部件文件，以便可对部件文件进行更改。

> 刷新来自外部电子表格的值：更新可能在外部电子表格中获取的表达式的值。

> 需求：包括"新建需求"和"选择现有需求"选项。

> 删除：用于移除选定的用户定义的表达式。可以在按住 Ctrl 键的同时使用鼠标中键选择多个表达式，然后将其删除。

技术要点：

软件会自动删除不再使用的任何表达式。例如，如果软件自动创建键槽宽度的表达式p17，则删除该键槽时也会删除p17。这种情况只会在p17不被其他表达式使用时发生。软件仅删除那些自动创建的表达式。

动手操作——参数化设计深沟球轴承

深沟球轴承是用于支承轴的标准部件，具有结构紧凑、摩擦阻力小的特点。一般由外圈（座圈）、内圈（轴圈）、滚动体和保持架等组成，如图 15-16 所示为深沟球轴承的示意图。

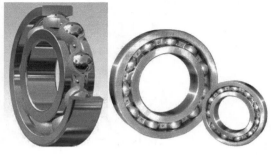

图 15-16

利用 UG 参数建模表达公式功能，改变深沟球轴承的基本参数，并通过特征操作实现建立不同的滚动轴承三维模型，从而真正实现滚动轴承的全参数化设计，提高深沟球轴承的设计效率。

6. 案例分析

下面以深沟球轴承 GB/T 276—1994 60000型代号 6000 为例，详解其参数化建模过程。

深沟球轴承零件图如图 15-17 所示。

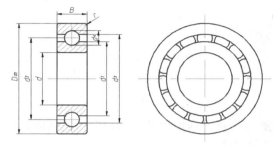

图 15-17

60000 型代号为 6000 的深沟球轴承的规格尺寸见表 15-2 所示。

表 15-2 深沟球轴承的规格尺寸

参数	Dm	B	d	d1	d2	d3	d4	r
值	26	8	10	d+(Dm-d)/3	Dm-(Dm-d)/2	Dm-(Dm-d)/3	(Dm-d)/3	0.3

通过修改轴承的几个变量（外径 Dm、内径 d、宽度 B 以及圆角半径 r），能够实现轴承的快速更新，并且滚珠的数量取大于等于"滚珠中心圆的周长"除以"1.5 倍的滚珠直径"的最小整数。

由表 15-2 可知，轴承的主变量参数为 Dm、d、B、r，其他固定参数都可由这几个变量参数通过计算获得。但对于轴承中滚珠的数量，可以利用 UG 内置函数 ceiling（）和 pi（）表达。

技术要点：

ceiling()为一个取整函数，返回一个大于等于给定数值的最小整数，ceiling(7.2)=8；pi()为圆周率，()内不要赋值。

7. 创建深沟球轴承在 UG 中的表达式

01 首先在系统桌面上新建名为 guanxishi 的记事本文件。打开记事本文件，然后输入深沟球轴承的表达式，如图 15-18 所示。

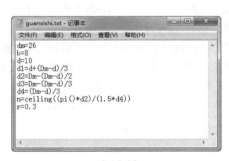

图 15-18

02 关闭记事本文件，然后将其后缀名由 txt 改为 exp。

03 启动 UG NX 12.0，新建名为"轴承"的模型文件。执行"工具"|"表达式"命令，打开"表达式"对话框。

04 在此对话框中单击"从文件导入表达式"按钮，然后从素材路径中打开 guanxishi.exp 表达式数据文件，打开后将在"表达式"对话框的列表框中显示先前输入的表达式，如图 15-19 所示。

图 15-19

05 单击该对话框中的"确定"按钮完成表达式的创建。

技术要点：

默认情况下，导入的表达式中，各参数的单位恒定。可以将每个参数的单位重新选择为"长度"，但表达滚珠特征的圆周阵列数量的变量"n"的单位为"恒定的"，没有"单位"。

8．建立模型

01 在"特征"工具条中单击"回转"按钮，打开"回转"对话框。

02 在该对话框的"截面"选项区单击"绘制截面"按钮，打开"创建草图"对话框，然后选择 YZ 基准平面作为草图平面，单击"确定"按钮进入草绘模式，如图 15-20 所示。

图 15-20

03 进入草绘模式后，利用矩形、直线、圆、快速修剪等命令首先创建如图 15-21 所示的基本草图（仅是绘制内、外圈的截面）。

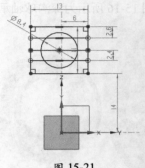

图 15-21

04 单击"自动判断尺寸"按钮，然后以 Y 轴为定位基准，重新标注草图，尺寸标注均以表达式显示，如图 15-22 所示。

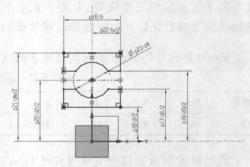

图 15-22

05 单击 完成草图 按钮退出草绘模式并返回"回转"对话框中，按信息提示选择旋转轴（Y 轴），随后显示预览。单击该对话框的"确定"按钮完成回转特征的创建，如图 15-23 所示。

图 15-23

06 同理，再利用"回转"命令，选择 YZ 基准平面为草图平面，进入草绘模式绘制如图 15-24 所示的草图。

技术要点：

在设置截面直径表达式时，需要增加0.001。以此在后续布尔运算时可以与内外圈实体形成相交完成操作，并在阵列操作中利用"阵列特征"完成阵列。

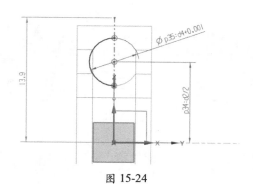

图 15-24

07 草图完成后，选择 Z 轴作为旋转轴，如图 15-25 所示。单击"确定"按钮，完成回转体（轴承滚动体）的创建。

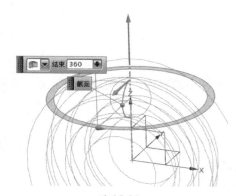

图 15-25

08 单击"合并"按钮，选择外圈实体作为目标体，再选择滚动体和内圈实体作为工具，单击"确定"按钮完成布尔求和操作，如图 15-26 所示。

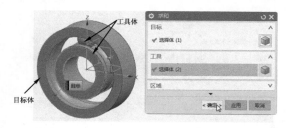

图 15-26

09 在"特征"工具条中单击"阵列特征"按钮，打开"阵列特征"对话框。首先选择要阵列的对象——滚动体，然后选择阵列类型为"圆形"，并选择阵列的旋转轴，如图 15-27 所示。

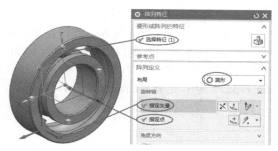

图 15-27

10 输入数量为 n，节距角为 360/n，最后单击"确定"按钮完成滚动体的阵列，如图 15-28 所示。

图 15-28

11 阵列的滚动体如图 15-29 所示。

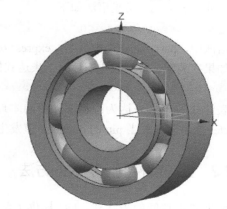

图 15-29

12 单击"边倒圆"按钮，然后对外圈和内圈的几条边倒圆，半径为 r，如图 15-30 所示。

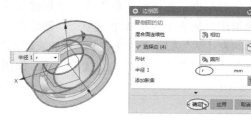

图 15-30

13 最后在部件导航器的"用户表达式"项目中，对dm、d、b、r及n等表达式进行参数编辑，随后立即更新为新参数的轴承模型。例如，60000型代号6002的深沟球轴承的d为15，dm为32，b为9，更新后的轴承如图15-31所示。

图 15-31

15.2　部件间的表达式

装配体各部件之间的形状和尺寸相互配合，存在一定函数关系的关联性。在装配结构的上下文参数化三维设计和编辑过程中，需要保证具有尺寸关联的零件之间的尺寸一致性，当一个零件的几何尺寸参数变更后，相关零件的几何尺寸参数若能自动适应，便可以提高设计的效率，减少重复修改工作，避免因疏忽造成的失误。

15.2.1　UG 部件间表达式的定义

在 UG 中，部件间表达式（IPE）就是指允许某个部件中的表达式控制或依赖于另一个部件中的表达式。

部件间表达式的常见语法如下。

```
part_name::expression
```

语法中，part_name 为部件名，expression 为表达式名。

如果在装配部件间设定表达式，表达式的语法如下。

```
hole__dia=pin::diameter+ tolerance
```

表达式的含义表达为：将部件中的本地表达式 hole__die 与部件命名为 pin 的引用表达式 diameter 联系起来，当 pin 的 diameter 值发生改变时，hole__die 的值也随之更新。

15.2.2　创建部件间表达式的方法

要创建部件间的表达式，UG 提供了两种方法：在单个部件间创建表达式和在多个部件间创建表达式。

执行"工具"|"表达式"命令，打开"表达式"对话框。在该对话框下方的"创建部件间的引用"列表中包括 3 个选项："创建单个部件间表达式"选项、"创建多个部件间表达式"选项和"编辑多个部件间表达式"选项，如图15-32 所示。

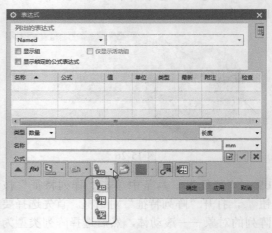

图 15-32

1. 在单个部件间创建表达式

选择"创建单个部件间表达式"选项，弹出"选择部件"对话框，如图15-33所示。各选项含义如下。

图 15-33

➤ 选择部件文件：单击"选择部件文件"按钮，可以打开路径中的装配体文件。该装配体文件中所包含的部件将显示在"选择部件"对话框的"选择已加载的部件"列表中，如图15-34所示。

图 15-34

➤ "部件名"列表：显示最近引用的部件名称，并将其展开，以便选择在当前会话期间引用的另一个部件名称。
➤ 选择所有者：在所选部件具有较高级别的子装配时可用。
➤ 选择组件：在单击"选择所有者"按钮之后变为可用。

在列表中选择要设定表达式的部件，单击"确定"按钮，会弹出"创建单个部件间表达式"对话框。该对话框中列出了该部件建模时的所有表达式，如图15-35所示。

图 15-35

在"创建单个部件间表达式"对话框中选择要定义"部件间表达式"的单个表达式，再单击"确定"按钮，该表达式将被添加到"表达式"对话框中，然后为该表达式命名即可，如图15-36所示。

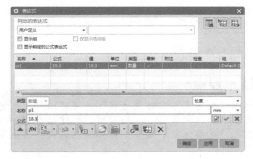

图 15-36

技术要点：

一次只能选择一个表达式。

2. 在多个部件间创建表达式

例如，一个螺钉与一个螺孔的装配就是属于两个装配部件间的装配关系，但一块固定板上有两个螺孔，那么就需要安装两个螺钉，也就形成了3个部件间的装配关系。

在"表达式"对话框中选择"创建多个部件间的表达式"选项，会弹出"创建多个部件表达式"对话框，如图15-37所示。

该对话框用于添加多个部件的表达式。单击"打开"按钮，将部件加载到对话框中。选择一个部件，在该对话框下方的"表达式"选项区的"源表达式"列表中显示该部件所有的表达式，可以同时选择多个表达式，如图15-38所示。单击"添加到组件"按钮，将表达式添加到"目标表达式"列表中。

如果要更改部件，单击"更改引用的部件"按钮，将再次打开"选择部件"对话框。通过该对话框重新选择要定义表达式的部件，如图15-40所示。

图 15-40

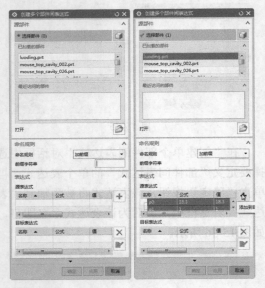

图 15-37   图 15-38

> ### 技术要点：
>
> 利用"创建多个部件表达式"选项可以一次性定义多个部件间表达式，而利用"创建单个部件表达式"选项，要创建多个部件间表达式，需要反复执行操作。

3. 编辑多个部件间表达式

利用"编辑多个部件间表达式"选项，将更改引用的部件。选择此选项后，将弹出"编辑多个部件间表达式"对话框，如图15-39所示。选中要编辑的部件，可以替换该部件，也可以删除部件，还可以删除列表中所有的部件。

图 15-39

动手操作——创建部件间的表达式

下面用一个小实例说明如何创建多个部件表达式。本例的装配体模型为一块垫板和两根螺钉，如图15-41所示。

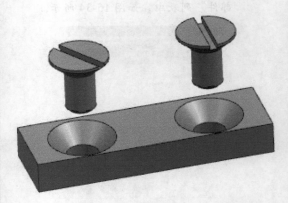

图 15-41

定义部件间表达式后，更改螺钉的直径，垫板中螺孔的直径也随之变化。

操作步骤

01 新建名为luodingzhuangpei的模型文件。

02 在"应用模块"选项卡中单击"装配"按钮，将"装配"选项卡调出。单击"添加组件"按钮，打开"添加组件"对话框。

03 单击"打开"按钮，从素材路径中打开源文件qiankouban.prt，如图15-42所示。

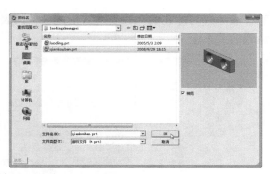

图 15-42

04 打开后在"添加组件"对话框中设置如图 15-43 所示的参数选项,然后单击"应用"按钮。

图 15-43

05 以坐标系原点放置第 1 个部件,如图 15-44 所示。

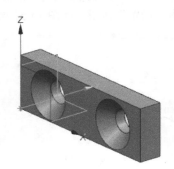

图 15-44

06 返回"添加组件"对话框,单击"打开"按钮将第 2 个部件 luoding.prt 导入。然后设置如图 15-45 所示的选项,并单击"确定"按钮。

图 15-45

07 随后打开"装配约束"对话框。选择"同心"约束类型,然后分别选择螺钉头部的边和螺孔外边作为一组约束参考,单击"应用"按钮完成"螺钉 1"的装配,如图 15-46 所示。

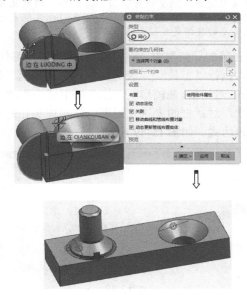

图 15-46

08 同理,在随后弹出的"装配约束"对话框中,为装配重复的螺钉组件设定"同心"类型,然后选择相同的约束参考,完成第 2 个螺钉的装配,结果如图 15-47 所示。

图 15-47

09 但是第1个螺钉的装配方向是反向的，因此在装配导航器中，右键选中第1个螺钉的约束关系，然后选择右键快捷菜单中的"反向"选项，改变该螺钉的装配方向，如图15-48所示。

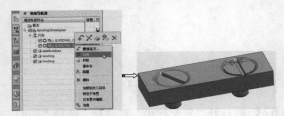

图 15-48

技术要点：

对装配完成的模型进行分析，得知垫板的螺孔直径与螺钉直径形成间隙配合。那么形成装配表达式关系的应该是直径表达式。

10 在装配导航器中，将垫板部件设为工作部件，然后执行"工具"|"表达式"命令，弹出"表达式"对话框。在图形区选择垫板中埋头孔，"表达式"对话框的表达式列表中显示埋头孔的全部表达式，如图15-49所示。

图 15-49

11 与螺钉形成部件间表达式关系的是P10的表达式（孔径）。同理，将某个螺钉设为工作部件，然后查看其表达式，如图15-50所示。

12 从螺钉的表达式中可以看出，名为P10的

直径表达式与螺孔的孔径表达式形成部件间表达式的关系。

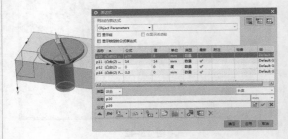

图 15-50

13 由于形成装配关系的两个部件中的表达式命名是相同的，为了避免表达式创建失败，将螺钉中的P10重命名为P20，如图15-51所示。

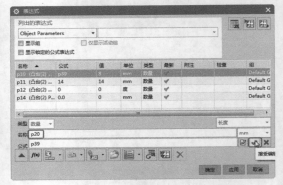

图 15-51

14 把P20表达式中的公式P43删除（删除字体），选择"创建单个部件间表达式"选项，打开"选择部件"对话框。选择qiankouban部件再单击"确定"按钮，如图15-52所示。

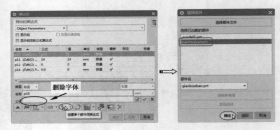

图 15-52

技术要点：

表达式中必须清除公式，否则链接新部件的表达式后，表达式格式将出现错误。

15 在随后弹出的"创建单个部件间表达式"对话框中选取 P10 的表达式，单击"确定"按钮返回"表达式"对话框。单击"接受编辑"按钮，完成部件间表达式的创建，如图 15-53 所示。

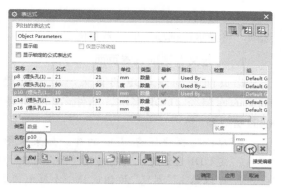

图 15-54

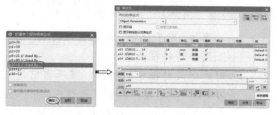

图 15-53

16 接下来检验一下表达式，将垫板设为工作部件。打开"表达式"对话框，选择螺孔面，在该对话框中修改孔径为 8，单击"接受编辑"按钮和"确定"按钮，如图 15-54 所示。

17 随后螺钉的直径也随之发生变化，如图 15-55 所示。

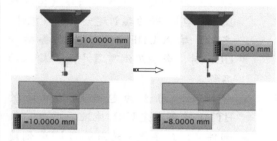

图 15-55

15.3 用户自定义特征（UDF）

使用用户自定义特征（User Defined Ferture，UDF），可以扩展 NX 内置特征的范围和功能。当机械设计人员频繁使用企业内标准化的特征，并想为这些特征建立库时，UDF 是非常有用的。

同其他特征一样，放置在其他模型上的用户定义特征可以被编辑，但是，你可以通过创建资源文件来控制如何编辑它，这类似于 AutoCAD 中的"动态块"。

要利用 UDF 进行设计，必须先创建 UDF。UG NX 12.0 提供用于创建 UDF 的向导对话框，通过此对话框的操作，完成用户定义的 UDF。

执行"工具"|"用户定义特征"|"向导"命令，弹出"用户定义特征向导"对话框，如图 15-56 所示。

图 15-56

该对话框左侧有 5 个复选选项，选中某个选项，将显示该选项下的设置页面。

1. "定义"选项设置页面

此页面是创建 UDF 的首页，用来设置 UDF 的库路径、UDF 名称、部件名、捕捉特征的视图等。

> 库：选择要保存 UDF 的库。如果未指定 UDF 库，则此选项的值将为"无库"，可以单击"浏览"按钮选择一个样例库。

> 捕捉图形▦：首次使用向导时，系统自动为 UDF 创建一个模型图像（出现在图像窗口），并为其创建一个 cgm 文件。

> 名称：输入 UDF 名称，在准备插入 UDF 时，会在库浏览器中看到输入的名称。

> 帮助页：用于为包含 UDF 帮助的 HTML 文件指定 URL 地址。

> 部件名：此字段中是系统为 UDF 创建的部件名，可以将部件名称更改为更具有描述性的名称。

2. "特征"选项设置页面

在首页中单击"下一步"按钮，进入"特征"设置页面，如图 15-57 所示。此页用于添加要定义的特征，各选项含义如下。

图 15-57

> 部件中的特征：显示可包含在 UDF 内的部件特征。从"部件中的特征"列表窗

口选择用于 UDF 定义的特征，并单击"添加特征"按钮◈，将它们发送到"用户定义特征中的特征"下面的列表窗口中。

> **技术要点：**
> 也可以双击"部件中的特征"列表中的特征，将它们添加到"用户定义特征中的特征"列表中。

> 过滤器：用于限制"部件中的特征"列表上显示的特征类型。

> 用户定义特征中的特征：显示当前定义为 UDF 一部分的特征。通过在"用户定义特征中的特征"列表窗口中选择特征，然后单击"移除特征"按钮◈，可以将其从 UDF 定义中移除。

> "添加子特征"复选框：当在 UDF 中添加或移除父特征时，使用"添加子特征"选项将添加或移除父特征的子特征。

> "允许特征操作"复选框：如果不希望用户可以爆炸用户定义特征中的特征，取消选中该复选框。如果想让用户可以爆炸 UDF，则选中此复选框。

3. "表达式"设置页面

此页面用于指定要添加到 UDF 的表达式，并为其定义不同的提示和参数。如果不需要设置表达式，可以单击"下一步"按钮，跳过此页面。

"表达式"设置页面如图 15-58 所示。

图 15-58

该页面中各选项含义如下。

> "可用表达式"列表框: 当在前一页面中选择定义的特征后, 列表显示所有可用的表达式, 选择表达式单击"添加表达式"按钮 , 将其添加到右侧的"用户可编辑表达式"列表框中。

> "用户可编辑表达式"列表框: 此列表框用于收集要定义的表达式, 选择一个表达式, 可用"表达式规则"选项组的选项进行编辑。单击"向上移动表达式"按钮 或"向下移动表达式"按钮 , 选取要编辑的表达式。

> "表达式规则"选项组: 用于为在"用户可编辑表达式"列表中选中的参数定义可能的值。

> "无"选项: 没有为选中的表达式指定参数值。

> "按整数范围"选项: 选中此选项将在右侧显示一对整数字段。可以为选中表达式的整数最小范围输入一个下限值, 为整数最大范围输入一个上限值。

> "按实数范围"选项: 选中此选项将在右侧显示一对实数范围字段。可以为选中表达式的实数最小范围输入一个下限值, 为实数最大范围输入一个上限值。

> 按选项: 在"值选项"字段输入新的选项值并单击"完成"按钮, 可以为选中的表达式创建新的选项值。要移除选中表达式的值, 在"值选项"窗口中选择它, 删除它并单击"完成"按钮。然后重新设置"表达式规则"为"无"。

4. "参考"设置页面

此页面用于解决新的 UDF 中可能存在的未解决的参考。

各选项含义如下。

> UDF 参考提示: 列表窗口中的条目显示了特征的所有外部参考, 可以解决这些参考, 以便在插入 UDF 时放置它。

技术要点:

根据情形的不同, 可能不必在插入UDF时解决全部参考。

> 新建提示: 用于通过输入新名称重命名选中的参考。

> 添加几何体: 用于向 UDF 定义添加更多的几何体, 方法是选择此选项并选择几何体。

5. "汇总"页面

"汇总"页面用于在完成 UDF 前进行仔细检查。它包含 UDF 名称、文件名、目录、所有特征和表达式的列表、此用户定义特征是否可爆炸的情况和当前定义的参考, 如图 15-59 所示。

图 15-59

动手操作——UDF 的应用

下面以一个零件的绘制实例来详解 UDF 的创建、应用、编辑等设计流程。本例是将创建的凸台特征定义为 UDF, 在进行其他机械零件设计时将插入 UDF, 可以很方便地创建相同形状的凸台, 只需更改参数即可。

操作步骤

01 新建名为 UDF 的模型文件。

02 单击"长方体"按钮, 创建一个长方体特征, 如图 15-60 所示。

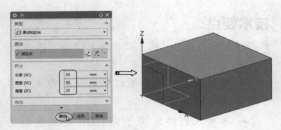

图 15-60

03 单击"凸台"按钮，弹出"凸台"对话框。选择一个放置面，生成凸台预览。然后设置凸台参数，如图 15-61 所示。

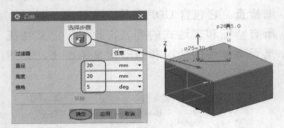

图 15-61

04 单击"应用"按钮，弹出"定位"对话框。以"垂直"方式，选择长方体的一条边作为参考，然后输入参考距离，按 Enter 键确认修改，如图 15-62 所示。

图 15-62

05 再选择另一条边作为参考，并输入参考距离，如图 15-63 所示。

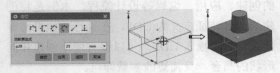

图 15-63

06 最后单击"确定"按钮完成凸台的创建。

07 使用"边倒圆"工具，创建凸台上的圆角特征，如图 15-64 所示。

08 执行"工具"|"用户定义特征"|"向导"命令，

打开"用户定义特征向导"对话框。首页中显示整个模型的默认视图。为 UDF 选择要保持的库 No Library，输入 UDF 名称和部件名为 tutai，然后单击"下一步"按钮，如图 15-65 所示。

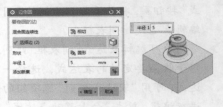

图 15-64

图 15-65

技术要点：

如果视图方向有问题，可以先调整，然后单击"捕捉图像"按钮即可。

09 在"特征"页面中，将"部件中的特征"列表中的凸台和边倒圆特征添加到右侧"用户定义特征中的特征"列表中，然后单击"下一步"按钮，如图 15-66 所示。

图 15-66

10 在"表达式"页面中将左侧"可用表达式"列表中的表达式全部添加到右侧的"用户可编辑表达式"列表中，并且为每个表达式重命名，命名后单击"下一步"按钮，如图 15-67 所示。

图 15-67

技术要点：

表达式名称不允许出现中文，所以必须命名为英文或数字。

11 在"参考"页面中，将参考的中文名重新命名为英文的 PL，然后单击"下一步"按钮，如图 15-68 所示。

图 15-68

12 最后单击"汇总"页面的"完成"按钮，完成 UDF 的创建，如图 15-69 所示。

13 将创建的 UDF 文件保存。执行"工具"|"用户定义特征"|"配置库"命令，弹出"用户定义特征库配置"对话框，单击"更改"按钮保存库文件，如图 15-70 所示。

图 15-69

图 15-70

14 通过执行"工具"|"用户定义特征"|"插入"命令，或者在"特征"工具条中单击"用户定义特征"按钮，弹出"用户定义特征库浏览器"对话框，可以看见创建的 UDF 显示在浏览器中，如图 15-71 所示。

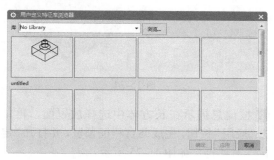

图 15-71

技术要点：

要想删除 UDF 库文件，可以打开"安装盘:\Program Files\Siemens\NX 10.0\UGII\library_dir.txt"记事本文件，删除记录即可，如图15-72所示。

图 15-72

15 下面验证特征库是否可引用。重新创建一个名为lingjian模型文件。利用"长方体"工具，创建如图15-73所示的长方体。

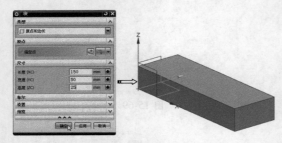

图 15-73

16 在"主页"选项卡"特征"组的"更多"命令组中单击"用户定义"按钮 ，打开"用户定义特征库浏览器"对话框。单击先前定义的UDF，弹出untitled对话框，同时弹出UDF特征预览窗口，如图15-74所示。

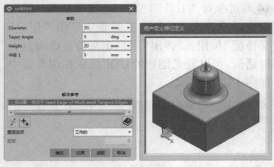

图 15-74

17 按信息提示在长方体中选择放置面，再单击"应用"按钮，生成凸台特征预览，并打开"定位"对话框，如图15-75所示。

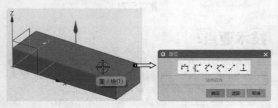

图 15-75

18 以"垂直"方式定义UDF的位置，选择两条参考边进行定位，如图15-76所示。

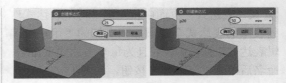

图 15-76

19 定位后自动创建凸台特征（包括圆角特征），如图15-77所示。

图 15-77

20 同理，再选择放置面以创建第二个凸台，且定位方式相同，结果如图15-78所示。

图 15-78

21 在部件导航器中，右键选中其中一个UDF特征，并选择快捷菜单中的"编辑参数"命令，重新打开untitled对话框。重新输入凸台参数，单击"确定"按钮完成编辑，如图15-79所示。

图 15-79

22 最后将结果保存。

15.4　综合实战——参数化螺母设计

◎ **源文件：无**

◎ **结果文件：螺母.prt**

◎ **视频文件：参数化螺母设计.avi**

利用 UG 部件族功能，创建用户自己的标准件库。下面列出一个螺母标准件的部件族设计案例，详解 UG 部件族的应用方法。

本例中，GB/T 6170–2000 1 型六角螺母参数图解，如图 15-80 所示。

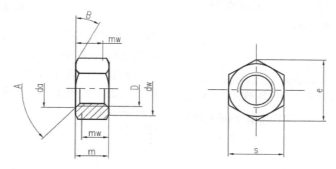

图 15-80

此型螺母共有 29 个规格，表 15-3 列出了部分规格尺寸。

表 15-3　GB /T 6170–2000 1 型六角螺母

螺纹规格 D	D	螺距 p	da（max）	dw（min）	m（max）	S（公称 =max）
M3	3	0.5	3.45	4.6	2.4	5.5
M4	4	0.7	4.6	5.9	3.2	7
M5	5	0.8	5.75	6.9	4.7	8
M6	6	1	6.75	8.9	5.2	10
M8	8	1.25	8.75	11.6	6.8	13
M10	10	1.5	10.8	14.6	8.4	16
M12	12	1.75	13	16.6	10.8	18

注：在图 15-80 中 A、B 为固定尺寸，可以不列入表达式。在生成零件时创建 mw、e 尺寸为实际产品的检测尺寸，也可以不计算。

15.4.1　螺母建模

本例中选用 M5 规格的螺母进行建模设计。

操作步骤

01 新建名为"螺母"的模型文件。

02 执行"工具"|"表达式"命令，弹出"表达式"对话框。

03 在该对话框中输入六角螺母的参数表达式，如图 15-81 所示。

图 15-81

技术要点：

六角螺母的主要尺寸特征有D、s、m、da、dw、P，可将这几个尺寸作为主要参数驱动螺母图形。

04 利用"拉伸"工具，在 XY 基准平面上绘制如图 15-82 所示的草图。

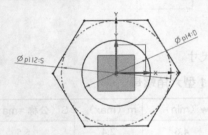

图 15-82

05 退出草绘模式后，在"拉伸"对话框中设置拉伸深度，如图 15-83 所示。

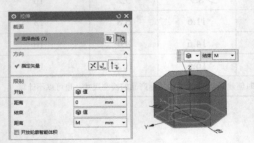

图 15-83

06 单击"拉伸"对话框的"确定"按钮完成特征的创建。

07 利用"回转"工具，选择 YZ 基准平面作为草图平面，绘制如图 15-84 所示的旋转截面。

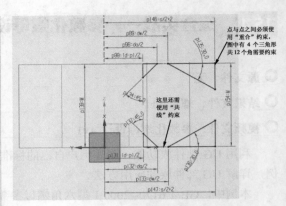

图 15-84

08 退出草绘模式，在"回转"对话框中指定轴为 Z 轴（或者竖直的草图曲线），设置布尔减去运算，最后单击"确定"按钮得到减去的旋转特征，如图 15-85 所示。

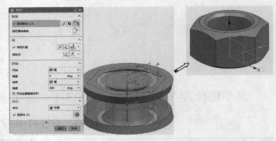

图 15-85

09 创建螺纹的起始参考平面。这里具体说明为什么要设置这个参考平面，如果没有单独创建参考平面，创建的螺纹特征在所选圆柱面上表现得不真实（没有收尾），如图 15-86 所示。如图 15-87 所示为单独创建参考平面后，创建的真实螺纹。

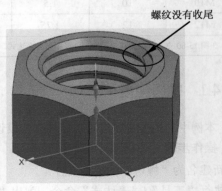

螺纹没有收尾

图 15-86

图 15-87

10 利用"基准平面"工具，选择 *XY* 基准平面作为偏移参考，创建偏移距离为 m+6 的参考平面，如图 15-88 所示。

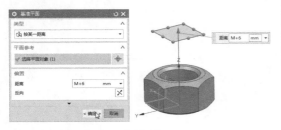

图 15-88

技术要点：

这里讲解距离为什么是 M+6？因为 GB/T 6170—2000 1 型六角螺母的规格最大的螺距 P 值为 6，这样，足以保证所有规格的螺母的螺纹都能全部有收尾。

11 创建内螺纹。单击"螺纹"按钮，打开"螺纹"对话框。选择"详细"螺纹类型，然后选择圆柱面（回转切除特征的内表面）来创建螺纹，如图 15-89 所示。

图 15-89

12 随后提示选取新参考平面为螺纹起始面，

如图 15-90 所示。

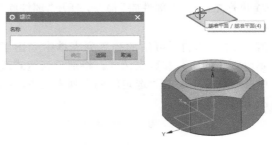

图 15-90

13 再接下来提示选择螺纹轴方向，如图 15-91 所示。

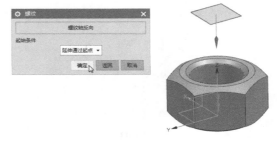

图 15-91

技术要点：

螺纹轴方向始终指向起始面内。如果默认向外，需要单击"螺纹轴反向"按钮来改变方向。

14 返回"螺纹"对话框后，输入螺纹的参数，单击"确定"按钮完成螺纹特征的创建，如图 15-92 所示。

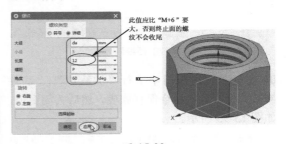

图 15-92

15.4.2 创建 UG 部件族

创建 UG 部件族需要利用电子表格工具来创建或编辑相关的库数据。

操作步骤

01 执行"工具"|"部件族"命令,打开"部件族"对话框。

02 该对话框的"可用的列"列表框中列出了螺母六角的所有参数表达式。将部分表达式选中并添加到下面的"选定的列"列表框中,如图 15-93 所示。

图 15-93

03 单击"创建"按钮,打开 Excel 电子表格窗口。在电子表格窗口中添加表 15-3 中其余规格的六角螺母参数,如图 15-94 所示。

图 15-94

04 在电子表格窗口中执行"加载项"|"部件族"|"保存族"命令保存族表,然后关闭窗口,如图 15-95 所示。

图 15-95

05 最后单击"部件族"对话框中的"确定"按钮,完成整个设计工作,将结果保存。

06 下面来验证六角螺母的部件族。重新建立一个 UG 模型文件,然后在"装配"工具条中单击"添加组件"按钮,打开"添加组件"对话框。

07 单击"打开"按钮,在素材文件中将前面创建的"螺母.prt"打开。然后单击"确定"按钮,弹出"选择族成员"对话框,如图 15-96 所示。

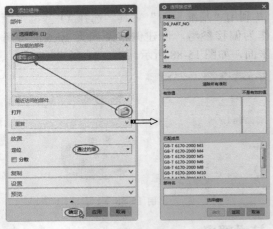

图 15-96

08 在"选择族成员"对话框中选择 M12 的螺母规格,单击"确定"按钮,即可查看所选规格的螺母模型,如图 15-97 所示。

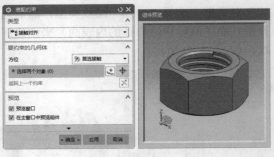

图 15-97

15.5　课后习题

（1）利用参数化建模工具，设计如图 15-98 所示的人字齿轮。

（2）利用参数化建模工具，设计如图 15-99 所示的涡轮。

图 15-98

图 15-99

（3）利用参数化建模工具，设计如图 15-100 所示的斜齿轮。

（4）利用参数化建模工具，设计如图 15-101 所示的锥齿轮。

图 15-100

图 15-101

第 *16* 章 运动仿真

本章主要介绍 UG NX 12.0 模块中运动仿真的功能。运动仿真是 UG NX 12.0 模块中的主要部分，它能对任何二维或三维机构进行复杂的运动学分析、动力分析和设计仿真。通过 UG 的建模功能建立一个三维实体模型，利用 UG 的运动仿真功能为三维实体模型的各个部件赋予一定的运动学特性，再在各个部件之间设立一定的连接关系即可建立一个运动仿真模型。

UG 的运动仿真功能可以对运动机构进行大量的装配分析工作、运动合理性分析工作，诸如干涉检查、轨迹包络等，从而得到大量运动机构的运动参数。通过对这个运动仿真模型进行运动学或动力学运动分析，即可验证该运动机构设计的合理性，并且可以利用图形输出各个部件的位移、坐标、加速度、速度和力的变化情况，对运动机构进行优化。

知识要点与资源二维码

◆ UG NX 12.0运动仿真概述
◆ 运动模型管理
◆ 连杆
◆ 运动副
◆ 创建解算方案与求解
◆ 运动仿真和结果输出

第 16 章源文件　第 16 章课后习题　第 16 章结果文件　　第 16 章视频

16.1　UG NX 12.0 运动仿真概述

在进行运动仿真之前，先要打开 UG NX 12.0 运动仿真的主界面。在 UG "应用模块" 选项卡的 "仿真" 组中单击 "运动" 按钮 ，随后弹出提示框，单击 "是" 按钮，进入运动仿真的主界面，如图 16-1 所示。

图 16-1

16.1.1　运动仿真工作界面介绍

UG 运动仿真界面分为 3 部分：运动仿真功能区、运动场景导航窗口和绘图区，如图 16-2 所示。

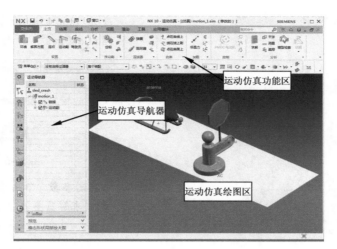

图 16-2

运动仿真功能区选项卡部分主要是运动仿真各项功能的快捷按钮，运动场景导航窗口部分主要是显示当前操作下处于工作状态的各个运动场景的信息。功能区"结果"选项卡可以查看运动仿真的结果及其他操作，如图 16-3 所示。

图 16-3

运动场景导航窗口显示了文件名称、运动场景的名称、类型、状态、环境参数的设置以及运动模型参数的设置，如图 16-4 所示。运动场景是 UG 运动仿真的框架和入口，它是整个运动模型的载体，储存了运动模型的所有信息。同一个三维实体模型通过设置不同的运动场景可以建立不同的运动模型，从而实现不同的运动过程，得到不同的运动参数。

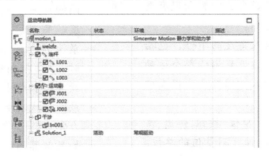

图 16-4

16.1.2 运动预设置

运动仿真模块预设置功能用于控制显示参数、分析文件及后处理参数，这些参数控制运动仿真元素的显示方式、求解器用到的质量、重力常数以及一些其他的后处理功能。

执行"首选项"|"运动"命令，弹出"运动首选项"对话框，如图 16-5 所示。

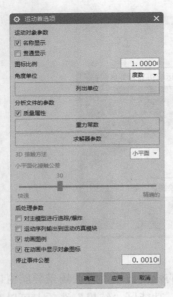

图 16-5

1. 运动对象参数

该选项用于控制显示何种运动分析对象以及显示方式设置，其中包括以下选项。

> 名称显示：用于控制名称的显示与否。选中该复选框，当将创建连杆和运动副时，名称将显示在图形区。该复选框对现存及随后创建的对象均起作用，创建调试机构时，建议选中该复选框。

> 图标比例：用于控制机构对象图标的显示比例，改变该参数会立即影响现有及随后创建的对象图标。

> 角度单位：用于输入角度的单位，包括"度数"和"弧度"。该设置影响整个运动仿真模块的角度输入，以及各类报表中的角度单位。

> 列出单位：单击"列出单位"按钮，弹出"信息"对话框，显示各种可测量值的单位。

> 质量属性：当进行运动仿真时，该复选框控制解算器在求解时是否采用质量特性。

> 重力常数：单击"重力常数"按钮，弹出"全局重力常数"对话框，可设置重力加速度的大小和方向，如图16-6所示。通常当采用公制单位时，重力加速度为9806.65mm/s²，采用英制单位为

度为 9806.65mm/s²，采用英制单位为386.0880in/s²，方向为负 Z 方向。

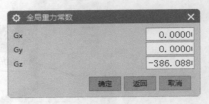

图 16-6

> 求解器参数：单击"求解器参数"按钮，弹出"求解器参数"对话框，如图16-7所示。

图 16-7

"求解器参数"对话框用于控制所用的积分和微分方程的求解精度，其包括以下选项。

> 误差：用于控制求解结果与微分方程之间的误差，最大求解误差越小，求解精度越高。

> 最大步长：当求解一个运动仿真模型时，该项控制积分和微分方程dx因子，最大步长越小，精度越高。

> 最大迭代次数：用于控制解算器作为动力学或静力学分析时的最大迭代次数，如果解算器的迭代次数已达到最大迭代次数，但结果与微分方程之间的误差未达到要求时（即不收敛时），解算器结束求解。

> 积分器：在静力学分析时，指定求解静态方程的方法，包括 N-R(Newton-Raphson method) 和 Robust N-R （改进 Newton-Raphson method）两种。

2. 后处理参数

用于设置后处理阶段的参数，其中选中"追踪 / 爆炸到主模型"复选框，则在运动仿真中创建的跟踪或爆炸的对象会输出到主模型中。

16.1.3 创建运动仿真

在进入机构运动仿真主界面时，运动导航器中仅显示一个节点，该节点代表进入运动仿真模块前的装配主模型。只有当创建一个机构运动文件时，仿真界面中的按钮才能被激活。

创建机构运动文件时，单击"运动导航器"按钮，当装配主模型节点是激活的工作零件时，将光标移动到装配主模型节点上，右击，选择"新建仿真"命令，弹出"环境"对话框，可按照如图 16-8 所示进行操作。

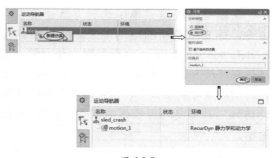

图 16-8

图 16-8 所示的"环境"对话框用于指定求解器环境为"运动学"，还是"动力学"。

➢ 运动学：将运动仿真限制在运动学的求解范围，只求解几何体的运动。运动学环境对结构约束敏感，而且要求结构是全约束的。

➢ 动力学：该选项提供了所有的运力学分析功能，包括几何体的运动以及运动中力的因素。

16.2 运动模型管理

建立新仿真场景之后，功能区将会显示用于模型准备的"机构组"和"运动组"，如图 16-9 所示。

图 16-9

16.2.1 运动导航器

1. 建立运动场景

在进行运动仿真之前必须建立一个运动模型，而运动模型的数据都存储在运动场景中，所以运动场景的建立是整个运动仿真过程的入口。

利用 UG 建模功能建立了一个三维实体模型时，必须将该模型设为一个运动可控模型，

完成几何模型的创建之后，在"特征"工具条中选择"启动"|"运动仿真"命令，弹出运动场景导航窗口。选中该模型右击将弹出命令快捷菜单，如图 16-10 所示。

图 16-10

在模型的快捷菜单中选择"新建仿真"命令，建立一个新的运动场景，默认名称为model1_motion_1.sim，分析类型为动力学，运动仿真环境为静态动力学仿真，该信息将显示在运动场景导航窗口中，并且运动仿真的各运动仿真工具将变为可操作的状态，如图16-11所示。

图 16-11

运动场景建立后即可对三维实体模型设置各种运动参数了，在该场景中设立的所有运动参数都将存储在该运动场景中，由这些运动参数所构建的运动模型也将以该运动场景为载体进行运动仿真。重复该操作可以在同一个主模型下设立各种不同的运动场景，包含不同的运动参数，以实现不同的运动。

2．运动场景的编辑

运动场景建立后可以对它进行一定的编辑，包括运动场景的命名、删除和复制。

（1）重命名运动场景

选中某个运动场景，右击，将弹出快捷菜单，如图16-12所示。

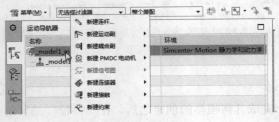

图 16-12

选择快捷菜单中的"重命名"命令后，运动场景导航窗口中的场景名称将自动变为可编辑状态，如图16-13所示。在该对话框中输入新的运动场景名称后即可实现运动场景的重命名。

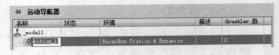

图 16-13

（2）删除运动场景

选择快捷菜单中的"删除"命令即可实现运动场景的删除。

（3）运动场景的复制

选择快捷菜单中的"克隆"命令即可实现运动场景的复制，克隆后的运动场景与原来运动场景的各个参数相同，通过分别选择 motion_1|motion_2|motion_3|motion_4命令新建了3个与 motion_1 各项参数都相同的运动场景。

3．运动场景参数的设置和信息的输出

（1）运动场景环境参数的设置

选种某个运动场景，右击，将弹出快捷菜单，选择"环境"命令，或者在功能区的"设置"组中单击"环境"按钮 ，将弹出"运动仿真环境类型设置"对话框，如图16-14所示。

图 16-14

该对话框中的各个选项说明如下。

➤ 运动学：选中该选项，指在不考虑运动原因的状态下，研究机构的位移、速度、加速度与时间的关系。

➤ 动力学：选中该选项，指考虑运动的真正因素——力、摩擦力、组件的质量和惯性等及其他影响运动的因素。

通过不同的选择可以将运动仿真环境设置为运动学仿真或者静态动力学仿真

（2）运动场景信息的输出

选中某个运动场景，右击，将弹出快捷菜单，选择"信息"|"运动连接"命令，将弹出

显示运动模型各项参数的设置的窗口，它记载了运动模型所有的参数，如图16-15所示。

图 16-15

弹出的运动模型参数设置窗口，如图16-16所示。

图 16-16

16.2.2　干涉与追踪

在建立了一个运动场景后，用户可以对运动场景中几何体模型进行干涉与追踪。

利用干涉检查，可以在运动过程中模拟在产生干涉（部件间相互阻碍运动）的情况下，及时发现并解决问题。在UG运动仿真的"分析"选项卡中单击"干涉"按钮，弹出"干涉"对话框。在装配体中选择疑似产生干涉的两个部件，单击"确定"按钮即可创建干涉，如图16-17所示。如果在运动仿真过程中选定的两个部件有干涉现象，将会停止运动。

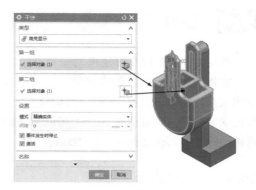

图 16-17

利用追踪功能，在播放动画时可以查看运动过程中追踪对象的轨迹，并复制每一步的副本模型。在"分析"选项卡中单击"追踪"按钮，弹出"追踪"对话框。选择机构中的某个部件作为追踪对象，如图16-18所示。

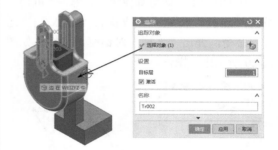

图 16-18

指定追踪对象后，单击"动画"按钮，在弹出的"动画"对话框的"封装选项"选项组中选中"追踪"选项，单击"前进"按钮播放动画，随后可以看到在运动过程中产生了多个追踪对象的副本，如图16-19所示。

图 16-19

16.3　连杆

利用UG NX 12.0的建模功能建立了一个三维实体模型后，并不能直接将各个部件按一定的关系连接起来，必须给各个部件赋予一定的运动学特性，即让其成为一个可以与别的有着相同特性的部件之间相连接的连杆构件。

16.3.1　定义连杆

在UG NX 12.0中，可以认为机构是"连接在一起运动的连杆"的集合，是创建运动仿真的第一步。所谓"连杆"是指用户选择的模型几何体，必须选择所有的想让它运动的模型几何体。

在UG NX运动仿真模块下，单击"机构"组的"连杆"按钮，或执行"插入"|"连杆"命令，弹出"连杆"对话框，可按照如图16-20所示进行操作。

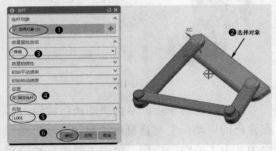

图16-20

"连杆"对话框中各选项含义如下。

1．"连杆对象"选项区

➢ 选择对象：该选项用于选择连杆特性的几何模型。激活该命令后，在图形窗口中选择将要赋予该连杆特性的几何模型。

技术要点：

对象不能与多个连杆相关，即一个对象被定义为连杆的一部分，就不能再次被选择为另外一个连杆的一部分。

➢ 向上一级：当在装配体文件中创建连杆时，选择其中的一个组件，然后单击"向上一级"按钮，可选择整个装配体。

2．"质量属性选项"选项区

"质量属性选项"下拉列表中的选项用于设置连杆的质量特性。当连杆没有质量特性时，不能进行动力学分析和反作用力的静力学分析。用于设置连杆的质量特性创建的方式，包含3个选项（如图16-21所示）：

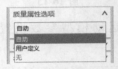

图16-21

➢ 自动：由系统自动生成连杆的质量特性。大多数情况下，默认计算值能生成精确的仿真结果。

➢ 用户定义：由用户定义质量特性。选择该选项后，"质量""惯性矩""初始移动速度"和"初始转动速度"选项将被自动激活。

➢ 无：设置无质量的连杆，通常没有质量的连杆可认为是纯线框对象或无厚度的片体。

3．"质量和惯性"选项区

该选项区用于定义连杆对象的质量与惯性。当选择质量属性选项为"用户定义"时才可用，如图16-22所示。

图16-22

➢ 质心：该选项用于连杆质心的位置点设置。

➢ 惯性的 CSYS：该选项用于设置连杆惯性的惯性矩坐标系参考。

➢ 质量：定义所选连杆几何模型的质量。

➢ lxx（及 lyy、lzz、lxy、lxz、lyz）：设置几何模型在各方向的惯性距。

4．"初始平动速率"选项区

该选项区用于设置连杆的初始平移速度。仅当将运动分析类型设定为"动力学"时，此选项才变为可用，如图 16-23 所示。

图 16-23

➢ 启用：选中此复选框，显示初始平动速率的设置选项。

➢ 指定方向：指定初始平动的方向。

➢ 平移速度：输入平移的速率，包括公制单位和英制单位。

5．"初始转动速率"选项区

该选项区用于设置连杆的初始转动速度。仅当将运动分析类型设定为"动力学"时，此选项才变为可用，如图 16-24 所示。

图 16-24

➢ 速度类型：包括幅值和分量两种类型。

➢ 指定方向：指定旋转轴。

➢ 转动速度：设置转速。

6．"设置"选项区

选中"固定连杆"复选框，将所选几何模型设置为固定连杆，即主动杆。

16.3.2　定义连杆材料

如果未指定连杆的材料，系统采用默认的密度值 $7.83 \times 10\text{-}6 \text{Kg/mm}^3$。此外，用户可以在运动仿真模块中定义连杆的材料属性。

执行"工具"|"材料"|"指派材料"命令，弹出"指派材料"对话框，如图 16-25 所示。从材料库中选择一种材料后，选择所要赋予材料的连杆，单击"确定"按钮即可。

图 16-25

也可以单击"创建"按钮 ，自定义材料属性，如图 16-26 所示。

图 16-26

16.4 运动副

为了组成一个能运动的机构，必须把两个相邻构件（包括机架、原动件、从动件）以一定方式连接起来，这种连接必须是可动连接，而不能是无相对运动的固接（如焊接或铆接），凡是使两个构件接触而又保持某些相对运动的可动连接即称为运动副。

在 UG NX 的机构运动与仿真模块中，两个部件被赋予了连杆特性后，就可以用运动副相连接组成运动机构，运动副具有双重作用，即设置所需的运动方式和限制不需要的运动自由度。

单击"耦合副"组上的"接头"按钮，弹出"运动副"对话框，如图 16-27 所示。该对话框包含 3 个选项卡：定义、摩擦和驱动。

图 16-27

16.4.1 定义运动副

"定义"选项卡的选项含义如下。

1. "类型"下拉列表

用于设置运动副的类型，包括"旋转副""滑动副""球面副""柱面副"和"万向节"等 14 种运动副类型，下面仅介绍常用的几种运动副。

（1）旋转副

旋转副，即铰链连接，可以实现两个相连件绕同一轴做相对转动，如图 16-28 所示。

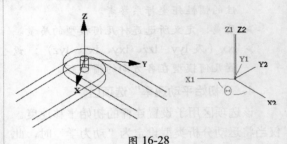

图 16-28

旋转副允许有一个绕 Z 轴转动的自由度，但两个连杆不能相互移动。旋转副的原点可以位于 Z 轴的任何位置，旋转副都能产生相同的运动，但推荐将旋转副的原点放在模型的中间。

（2）滑动副

滑动副是两个相连杆件互相接触并保持着相对的滑动，如图 16-29 所示。

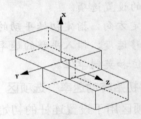

图 16-29

滑动副允许沿 Z 轴方向移动，但两个连杆不能相互转动。滑动副的原点可以位于 Z 轴的任何位置，滑动副都能产生相同的运动，但推荐将滑动副的原点放在模型的中间。

（3）柱面副

柱面副连接实现了一个部件绕另一个部件（或机架）的相对转动，如图 16-30 所示。

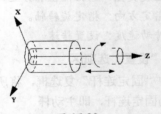

图 16-30

柱面副可实现两个自由度，允许沿 Z 轴方向移动和绕 Z 轴转动。柱面副的原点可以位于 Z 轴的任何位置，柱面副都能产生相同的运动，但推荐用户将柱面副的原点放在模型的中间。

（4）螺旋副（螺钉）

螺旋副实现一个杆件绕另一个杆件（或机架）做相对的螺旋运动，如图 16-31 所示。螺旋副用于模拟螺母在螺栓上的运动，通过设置螺旋副比率可实现螺旋副旋转一周，第二个连杆相对于第一个连杆沿 Z 轴所运动的距离。

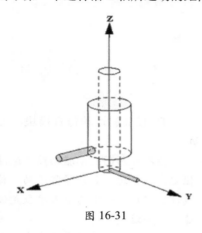

图 16-31

（5）万向节

万向节用于两个连杆之间绕互相垂直的两根轴做相对的转动，它只有一种形式，必须是两个连杆相连的，如图 16-32 所示。

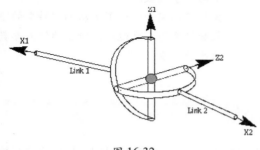

图 16-32

万向节中每个连杆绕自身的轴旋转，两个连杆旋转轴的交点即为万向节的原点。通常指定 X 轴方向是确定万向节方向的最简单方法，不必关心 Y 轴和 Z 轴的初始方向，因为 Y、Z 轴在旋转方向上可自由移动。

（6）球面副

球面副实现一个杆件绕另一个杆件（或机架）做相对转动，它只有一种形式必须是两个连杆相连，如图 16-33 所示。

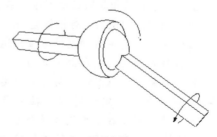

图 16-33

球面副允许 3 个转动自由度，相当于球铰连接。球面副的原点必须位于两个连杆的公共中心点，球面副没有方向。

（7）平面副

平面副可以实现两个杆件之间以平面相接触运动，如图 16-34 所示。

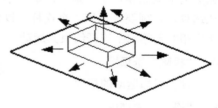

图 16-34

平面副允许 3 个自由度，两个连杆在相互接触的平面上自由滑动，并可绕平面的法向做自由转动。平面副的原点可以位于三维空间的任何位置，平面副都能产生相同的运动，但推荐将平面副的原点放在平面副接触面中间。

（8）固定副

固定副用于阻止连杆进行运动，单个具有固定副的连杆自由度为零。

2．"操作"选项区

用于选择所设置运动副的第一个连杆，包括以下选项。

➢ 选择连杆：选择设置运动的连杆。用户可以选择任意属于连杆的对象，则连杆的所有对象将被全部选中。

➤ 指定原点：指定运动副的原点。对于滑动副和旋转副来说，运动副的原点应位于滑动轴或旋转轴上。通常系统根据所选择连杆对象自动推断运动的副原点位置；如果自动推断的运动副原点不正确，可利用"点构造器"对话框选择。

➤ 方位类型：指定运动副的方位，运动副的方位是指运动副自由运动的方向。包括"矢量"和"CSYS"两种方位类型。

➤ 指定矢量：指定旋转副的轴矢量。例如，旋转副按右手螺旋法则绕运动副的Z轴转动；滑动副沿Z轴进行移动。通常系统根据所选择连杆对象自动推断运动副方位；如果自动推断的运动副方位不正确，可利用"矢量构造器"对话框选择。

3．"基本"选项区

用于选择所设置运动副的第二个连杆。如果所创建的运动副相对于"地"固定，不需要指定该选项，否则要选择第二个连杆，以使第一个连杆相对于第二个连杆约束其运动。

4．"极限"选项区

用于设置机构运动的极限。

5．"设置"选项区

显示比例：控制运动副图标的相对大小。

16.4.2 摩擦

"摩擦"选项卡用于设定运动副各部件间的摩擦。进行一般运动仿真时，将忽略各部件之间的摩擦。

16.4.3 驱动类型

单击"驱动"选项卡，可设置运动副的运动驱动，如图 16-35 所示。

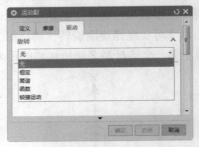

图 16-35

在 UG NX 12.0 的运动仿真模块，可设置5 种驱动类型。

➤ 无：没有外加的运动驱动赋予运动副。

➤ 恒定：设置运动副为等常运动（旋转或线性位移），所需的输入参数是位移、速度和加速度。

➤ 简谐：运动副向前或向后产生一个正弦运动，输入参数为振幅、频率、相位角和位移。

➤ 函数：设置运动副的运动类型为一个复杂的数学函数。

➤ 铰接运动驱动：设置运动副以特定的步长和特定的步数运动，所需的输入参数为步长和步数。

16.5 创建解算方案与求解

当创建好连杆和运动副后，接下来要进行求解方案参数和求解器参数的设置，最后将该解算方案求解出来，并进行运动结果分析和动画演示。

16.5.1 创建解算方案

单击"结算方案"组上的"解算方案"按钮 ，或执行"插入"|"解算方案"命令，弹出"解算方案"对话框，如图 16-36 所示。设置好解算方案选项和求解器参数后，单击"确定"按钮即可。

图 16-36

"解算方案"对话框中相关选项参数含义如下。

1．"解算方案选项"选项区

"解算方案选项"选项区的选项用于指定运动仿真中机构的运动形式及其参数,包括以下选项。

- ➢ 解算方案类型:包括常规驱动、铰接运动驱动、电子表格驱动和柔性体4种类型。
- ➢ 分析类型:选择运动分析的类型——"静力平衡分析"或"静力 / 动力平衡分析"。
- ➢ 时间:表示运动仿真模型所分析的时间段内的时间。
- ➢ 步数:表示在所设置的时间段内,分几个瞬态位置进行分析和显示。
- ➢ 包含静态分析:选中此复选框,解算时将同时进行静态分析。
- ➢ 通过按"确定"进行解算:选中此复选框,在单击该对话框的"确定"按钮后

将自动进行解算。

2．"重力"选项区

"重力"用于设置重力加速度的大小和方向,通常当采用公制单位时,重力加速度为 $9806.65mm/s^2$,采用英制单位为 $386.0880in/s^2$,方向为负 Z 方向。

3．"设置"选项区

在"名称"文本框中可设定该解算方案的名称。

4．"求解器参数"选项区

"求解器参数"用于控制所用的积分和微分方程的求解精度。

16.5.2　求解运动方案

单击"结算方案"组中的"求解"按钮 ,可求解运动方案,并生成结果数据。当求解完成后,运动导航器中的 Solution_1 方案节点下出现 Results 节点,如图 16-37 所示。

图 16-37

运动仿真和结果输出

当运动方案被求解后,可通过动画、表格和文件等方式,显示求解结构,并验证模型的合理性。

16.6.1　关节运动仿真

当运动解算方案为铰接运动驱动时,在求解器求解结束前,弹出"铰接运动"对话框,如图 16-38 所示。选中运动副名称前面的复选框,激活关节运动副,激活步长和步数文本框,然后输入步长和步数后,单击"单步向后"按钮 或"单步向前"按钮 可进行运动仿真。

图 16-38

16.6.2 运动仿真动画

当运动方案为基于时间的常规运动时，在求解器求解结束后，单击"分析"选项卡中的"动画"按钮，弹出"动画"对话框，如图16-39所示，利用该对话框可以动画方式显示运动效果。

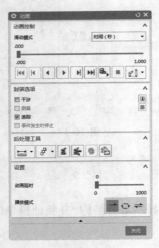

图 16-39

"动画"对话框中各选项的功能如下。

➤ 播放：单击该按钮可以查看运动模型在设定的时间和步骤内的整个连续运动过程，在绘图区以动画的形式输出。

➤ 单步向前：单击该按钮可以使运动模型在设定的时间和步骤限制范围内向前运动一步，方便用户查看运动模型下一个运动步骤的状态。

➤ 单步向后：单击该按钮可以使运动模型在设定的时间和步骤限制范围内向后运动一步，方便查看运动模型上一个运动步骤的状态。

➤ 设计位置：单击该按钮后，可以使运动模型回到未进行运动仿真前置处理的初始三维实体设计状态。

➤ 装配位置：单击该按钮后，可以使运动模型回到进行了运动仿真前置处理后的 ADAMS 运动分析模型的状态。

➤ 跟踪整个机构：单击该按钮后可以在每个分析步骤处生成一个对象模型。

16.6.3 输出动画文件

在运动导航器窗口中选中一个仿真方案，右击之后将会弹出一个快捷菜单，在该菜单中选择"导出"命令，将会显示 UG/Motion 提供的几种动画输出的格式，如图16-40所示。在各种动画输出格式中选择 MPEG，将可以输出一个 mpg 文件，选择 Animated GIF 格式将会输出一个 gif 文件。无论选择哪一种格式，系统都将弹出动画文件设置对话框。

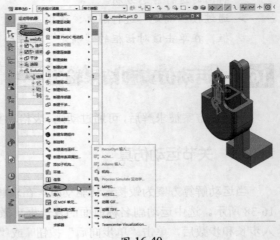

图 16-40

16.6.4　图表运动仿真

图表功能是指生成电子表格数据库并绘出位移、速度、加速度和力等的仿真结果曲线。单击"分析"组中的"XY 结果"按钮 📊，将会在结算方案中生成"XY- 作图"图形，右键选择某一轴的图形结果，可以打开新图形窗口查看仿真结果曲线，如图 16-41 所示。

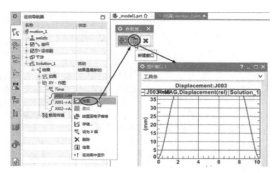

图 16-41

16.7　拓展训练

鉴于本章篇幅限制，UG 运动仿真模块的许多功能没有详细为大家讲解，因此在本节将在几个仿真案例中逐渐掌握其他功能的用法。

16.7.1　连杆机构运动仿真

◎ **源文件：proj_1.prt**

◎ **结果文件：proj_1.prt**

◎ **视频文件：连杆机构运动仿真.avi**

连杆机构经常根据其所含构件数目的多少而命名，如四杆机构、五杆机构等，其中平面四杆机构不仅应用特别广泛，而且常作为多杆机构的基础，所以本节将重点讨论平面四杆机构的有关基本知识，并对其进行运动仿真研究。

机构有平面机构与空间机构之分。

➢ 平面机构：各构件的相对运动平面互相平行（常用的机构大多数为平面机构）。

➢ 空间机构：至少有两个构件能在三维空间中相对运动。

1．平面连杆机构

平面连杆机构就是用低副连接而成的平面机构。其特点如下。

➢ 运动副为低副，面接触。

➢ 承载能力大。

➢ 便于润滑，寿命长。

➢ 几何形状简单——便于加工，成本低。

下面介绍几种常见的连杆机构。

（1）铰链四杆机构

铰链四杆机构是平面四杆机构的基本形式，其他形式的四杆机构均可以看作此机构的演化。如图 16-42 所示为铰链四杆机构的示意图。

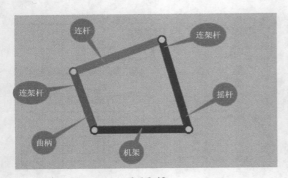

图 16-42

铰链四杆机构根据其两连架杆的不同运动情况，可以分为以下 3 种类型。

➤ 曲柄摇杆机构：铰链四杆机构的两个连架杆中，若其中一个为曲柄，另一个为摇杆，则称其为"曲柄摇杆机构"。当以曲柄为原动件时，可将曲柄的连续转动转变为摇杆的往复摆动，如图 16-43 所示。

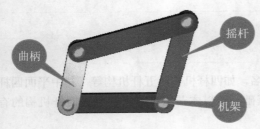

图 16-43

➤ 双摇杆机构：若铰链四杆机构中的两个连架杆都是摇杆，则称其为"双摇杆机构"，如图 16-44 所示。

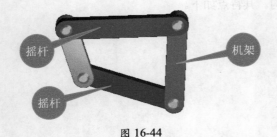

图 16-44

技术要点：

铰链四杆机构中，与机架相连的构件能否成为曲柄的条件是：

最短杆长度+最长杆长度≤其他两杆长度之和（杆长条件）。
"机架长度－被考察的连架杆长度"≥"连杆长度——另1连架杆长度"。
上述的条件表明，如果铰链四杆机构满足杆长条件，则最短杆两端的转动副均为周转副。此时，若取最短杆为机架，则可得到双曲柄机构；若取最短杆相邻的构件为机架，则得到曲柄摇杆机构；取最短杆的对边为机架，则得到双摇杆机构。如果铰链四杆机构不满足杆长条件，则以任意杆为机架得到的都是双摇杆机构。

➤ 双曲柄机构：若铰链四杆机构中的两个连架杆均为曲柄，则称其为"双曲柄机构"。在双曲柄机构中，若相对两杆平行且长度相等，则称其为"平行四边形机构"。它的运动有两个显著特征：一是两曲柄以相同速度同向转动；二是连杆作平动。这两个特性在机械工程上都得到了广泛应用，如图 16-45 所示。

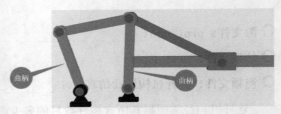

图 16-45

（2）其他演变机构

其他由铰链四杆机构演变而来的机构还包括常见的曲柄滑块机构、导杆机构、摇块机构和定块机构、双滑块机构、偏心轮机构、天平机构及牛头刨床机构等。

组成移动副的两个活动构件，画成杆状的构件称为"导杆"，画成块状的构件称为"滑块"。如图 16-46 所示为曲面滑块机构。

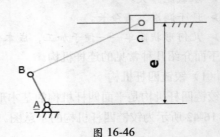

图 16-46

导杆机构、摇块机构和定块机构是在曲柄

滑块基础上分别固定的对象不同而演变的新机构，如图 16-47 所示。

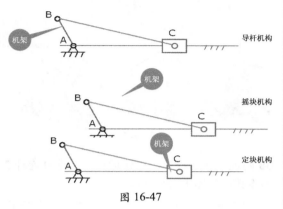

图 16-47

2．空间连杆机构

在连杆机构中，若各构件不都在相互平行的平面内运动，则称为"空间连杆机构"。

空间连杆机构，从动件的运动可以是空间的任意位置，其机构紧凑、运动多样、灵活可靠。

（1）常用运动副

组成空间连杆机构的运动副除转动副 R 和移动副 P 外，还常有球面副 S、球销副 S'、圆柱副 C 及螺旋副 H 等。在科学研究和实际应用中，常以机构中所含运动副的代表符号来命名各种空间连杆机构，如图 16-48 所示。

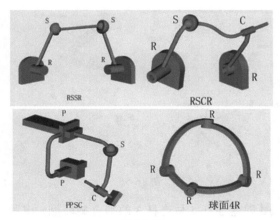

图 16-48

（2）万向联轴节

万向联轴节：传递两相交轴的动力和运动，而且在传动过程中两轴之间的夹角可变。如图

16-49 所示为万向联轴节的结构示意图。

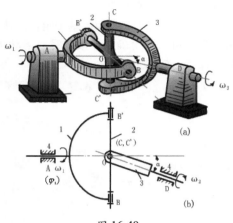

图 16-49

万向联轴节分为单向和双向。

> 单向万向联轴节：输入输出轴之间的夹角 180-α，为特殊的球面四杆机构。主动轴匀速转动，从动轴作变速转动。随着 α 的增大，从动轴的速度波动也增大，在传动中将引起附加的动载荷，使轴产生振动。为消除这一缺点，通常采用双万向联轴节。

> 双向万向联轴节：一个中间轴和两个单万向联轴节。中间轴采用滑键连接，允许轴向距离有变动，如图 16-50 所示。

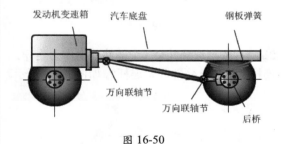

图 16-50

3．机构仿真

本例的四连杆机构的建模与装配工作已经完成，下面仅介绍其运动仿真过程。

操作步骤

01 打开源文件 proj_1.prt。

02 在"应用模块"选项卡的"仿真"组中单击"运动"按钮，进入 UG 运动仿真环境。

03 在运动导航器中右击，选择"新建仿真"命令，打开"环境"对话框。

04 选择"动力学"选项，选中"基于组件的仿真"复选框后，再单击"确定"按钮完成运动仿真环境的设置，如图 16-51 所示。

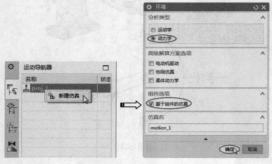

图 16-51

05 在"机构"工具条中单击"连杆"按钮，打开"连杆"对话框。首先选择如图 16-52 所示的部件作为固定连杆。

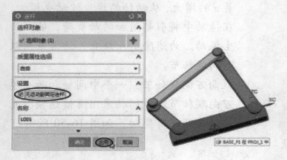

图 16-52

06 随后依次选择其余 3 个部件分别作为连杆 2、连杆 3 和连杆 4（非固定连杆），如图 16-53 所示。

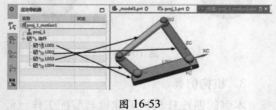

图 16-53

07 单击"接头"按钮，打开"运动副"对话框。首先选择连杆 2 来创建运动副。按如图 16-54 所示的操作步骤选择连杆 2。

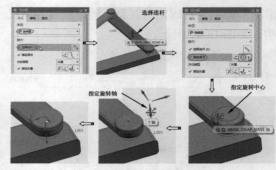

图 16-54

08 同理，在连杆 3 上创建运动副。选择连杆 3 的步骤，如图 16-55 所示。

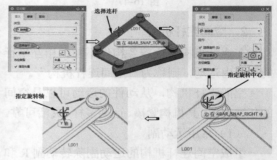

图 16-55

09 在"运动副"对话框的"底数"选项区中选中"啮合连杆"复选框，然后选择连杆 2 作为啮合对象，如图 16-56 所示。

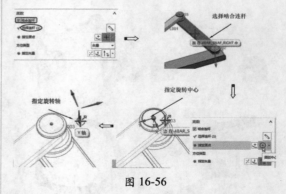

图 16-56

10 创建连杆 4 与连杆 3 的啮合旋转副，其操作步骤与连杆 3 与连杆 2 的啮合旋转副相同。

11 最后创建连杆 4 与连杆 1 的旋转副（非啮合连杆），如图 16-57 所示。

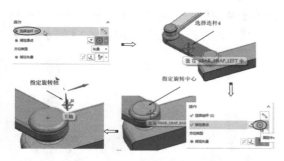

图 16-57

12 选择后在对话框的"驱动"选项卡中设定连杆 4 的旋转初速度为 10，最后单击"应用"按钮完成运动副的创建，如图 16-58 所示。

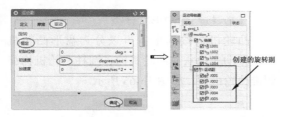

图 16-58

13 单击对话框的"确定"按钮，关闭对话框并完成 4 个运动副的创建。

14 单击"解算方案"按钮，弹出"解算方案"对话框。选择"铰接运动驱动"类型，然后指定重力方向，如图 16-59 所示。

图 16-59

15 单击"确定"按钮，打开"铰接运动"对话框。选中运动副 J005 的复选框，然后输入步长为 20，步数为 500。单击"单步向前"按钮，播放四连杆机构的运动动画，如图 16-60 所示。

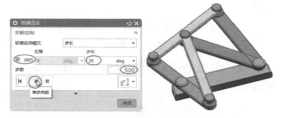

图 16-60

16.7.2 凸轮机构运动仿真

◎ **源文件：cam_valve_assy.prt**

◎ **结果文件：proj_10.prt**

◎ **视频文件：凸轮机构运动仿真.avi**

凸轮传动是通过凸轮与从动件间的接触来传递运动和动力，是一种常见的高副机构，其结构简单，只要设计出适当的凸轮轮廓曲线，就可以使从动件实现任何预定的复杂运动规律。

如图 16-61 所示为常见的凸轮传动机构示意图。

1．凸轮机构的组成

凸轮机构是由凸轮、从动件和机架构成的三杆高副机构，如图 16-62 所示。

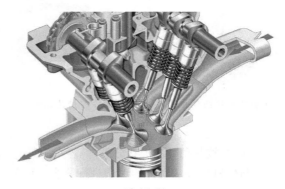

图 16-61

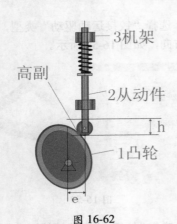

图 16-62

凸轮机构的优点如下。

只要适当地设计凸轮的轮廓曲线，便可使从动件获得任意预定的运动规律，且机构简单紧凑。

凸轮机构的缺点如下。

凸轮与从动件是高副接触，比压较大，易于磨损，故这种机构一般仅用于传递动力不大的场合。

2. 凸轮机构的分类

凸轮机构的分类方法大致有 4 种，介绍如下。

（1）按从动件的运动分类

凸轮机构按从动件的运动进行分类，可以分为直动从动件凸轮机构和摆动从动件凹槽凸轮机构，如图 16-63 所示。

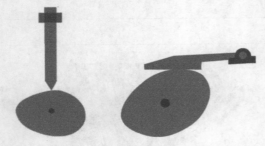

直动从动件凸轮机构　　摆动从动件凹槽凸轮机构

图 16-63

（2）按从动件的形状分类

凸轮机构按从动件的形状进行分类，可分

为滚子从动件凸轮机构、尖顶从动件凸轮机构和平底从动件凸轮机构，如图 16-64 所示。

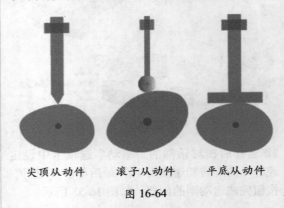

尖顶从动件　　滚子从动件　　平底从动件

图 16-64

（3）按凸轮的形状分类

凸轮机构按其形状可以分为盘形凸轮机构、移动（板状）凸轮机构、圆柱凸轮机构和圆锥凸轮机构，如图 16-65 所示。

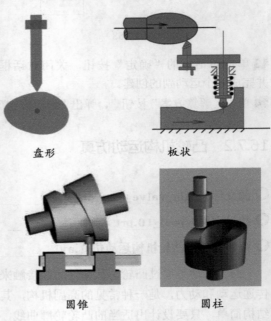

盘形　　　　　　　板状

圆锥　　　　　　　圆柱

图 16-65

（4）按高副维持接触的方法分类

按高副维持接触的方法可以分成力封闭的凸轮机构和形封闭的凸轮机构。

力封闭的凸轮机构利用重力、弹簧力或其他外力，使从动件始终与凸轮保持接触，如图 16-66 所示。

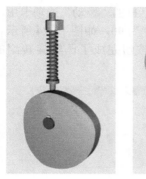

图 16-66

形封闭的凸轮机构利用凸轮与从动件构成高副的特殊几何结构，使凸轮与推杆始终保持接触。如图 16-67 所示为常见的几种形封闭的凸轮机构。

沟槽凸轮　　　　　　等宽凸轮

等径凸轮　　　　　　共轭凸轮

图 16-67

3. 机构仿真

凸台机构的装配工作已经完成，如图 16-68 所示。下面进行仿真操作。

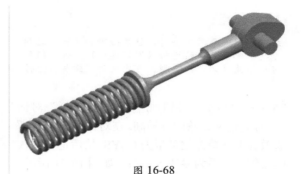

图 16-68

操作步骤

01 打开源文件 cam_valve_assy.prt。

02 在"应用模块"选项卡的"仿真"组中单击"运动"按钮，进入运动仿真环境。

03 在运动导航器中新建运动仿真，然后设置仿真环境，如图 16-69 所示。

图 16-69

04 单击"连杆"按钮，打开"连杆"对话框，然后选择凸轮定义为连杆 1、顶杆组件为连杆 2，如图 16-70 所示。

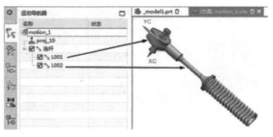

图 16-70

技术要点:

这里仅仅创建两个连杆，包括凸轮和顶杆。这两个连杆都是非接地连杆（固定连杆）。弹簧组件可以不定义为几何模型，可定义为"弹簧"柔性单元。

05 单击"接头"按钮 📐，打开"运动副"对话框。首先定义凸轮的旋转副。在对话框的"操作"选项区中选择方位类型为CSYS，然后定义默认的工作坐标系为参考坐标系，如图16-71所示。

图 16-71

06 旋转动态坐标系上的句柄，将ZC轴指向原XC方向，如图16-72所示。

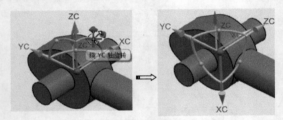

图 16-72

技术要点:

为什么要旋转坐标系呢？这是因为旋转副始终是参考CSYS的ZC轴进行旋转的。

07 选择凸轮为旋转副的几何模型。

08 随后定义原点为参考坐标系的原点，如图16-73所示。

图 16-73

09 在"运动副"对话框的"驱动"选项卡中，定义旋转恒定初速度为90，如图16-74所示。最后单击"应用"按钮完成了凸轮旋转副的定义。

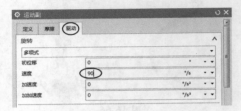

图 16-74

10 在"运动副"对话框选择"滑块"类型，并选择顶杆部件为连杆，如图16-75所示。

图 16-75

11 设置方位类型为CSYS，然后指定顶杆上圆形边线的中心点为CSYS坐标系参考，如图16-76所示。

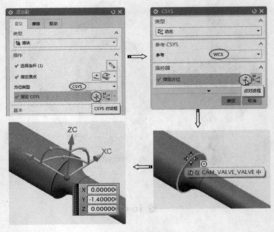

图 16-76

12 将此参考坐标系的ZC轴旋转至原YC轴的负方向，如图16-77所示。

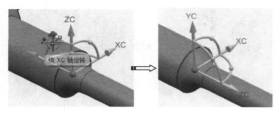

图 16-77

这是因为滑动副的几何模型始终参考CSYS的*ZC*轴进行平移。

13 为滑动副连杆模型重新指定原点，即 CSYS 的原点，如图 16-78 所示。

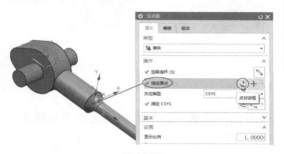

图 16-78

技术要点：

当选择连杆模型后，默认情况下原点就是选取面的位置点。基本上默认点是不符合要求的。

14 在"主页"选项卡的"接触"组中单击"3D 接触"按钮，打开"3D 接触"对话框。然后选择顶杆部件为操作体，选择凸轮为基本体，如图 16-79 所示。

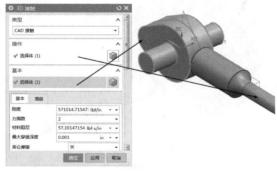

图 16-79

技术要点：

定义3D接触，目的是为了让顶杆部件在运动过程中始终与凸轮部件接触。以此达到凸轮传动的作用。

15 在"连接器"组中单击"弹簧"按钮🔩，弹出"弹簧"对话框。

16 首先选择顶杆底部的边界，程序自动拾取其中心点为原点（此点为弹簧的起点），同时也自动选取了连杆，如图 16-80 所示。

图 16-80

17 按信息提示在弹簧底端的中心位置选取现有的参考点为弹簧的终点，此点也是接地点，如图 16-81 所示。

图 16-81

18 在"弹簧参数"选项区中设置弹簧参数，最后单击"确定"按钮完成弹簧的定义，如图 16-82 所示。将弹簧不隐藏即可看见定义的弹簧。

图 16-82

技术要点：

"预载长度"的值，实际上是凸轮与顶杆接触的最近点和最远点之间的差值。

19 单击"解算方案"按钮 🗂，打开"解算方案"对话框。设定时间和步数均为50，然后指定重力方向，最后单击"确定"按钮，完成解算方案的创建，如图 16-83 所示。

图 16-83

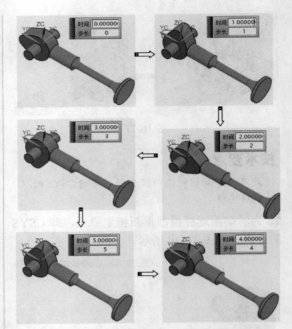

图 16-84

20 单击"动画控制"工具条中的"播放"按钮 ▶，检验凸轮机构运动仿真的结果，如图16-84 所示。

21 至此，完成了凸轮机构的运动仿真操作，将结果保存。

16.8 课后习题

1. 凸轮机构仿真

在 UG 仿真模块下，对如图 16-85 所示的凸轮机构进行仿真。

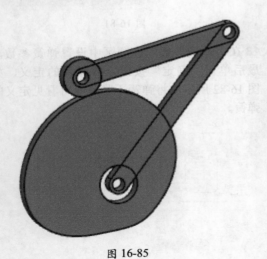

图 16-85

2. 汽车转向传动机构仿真

在 UG 仿真模块下，对如图 16-86 所示的汽车转向传动机构进行仿真。

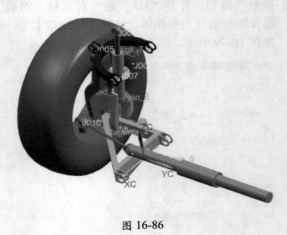

图 16-86

第 *17* 章 机械装配设计

本章主要介绍 UG NX 12.0 的装配功能。学完本章的内容，读者能够轻松掌握"从底向上"方法建立装配、建立装配配对条件、引用集、加载选项、自顶向下方法建立装配和几何链接器等重要知识。

第 17 章源文件　第 17 章课后习题　第 17 章结果文件　　第 17 章视频

17.1　装配概述

UG 装配过程是在装配中建立部件之间的链接关系，它通过装配条件在部件之间建立约束关系来确定部件在产品中的位置。在装配中，部件的几何体是被装配引用的，而不是复制到装配中。无论如何编辑部件和在何处编辑部件，整个装配部件都保持关联性，如果某部件被修改，则引用它的装配部件自动更新，反映部件的最新变化。

17.1.1　装配概念及术语

装配建模的过程是建立组件装配关系的过程。用户在进行装配设计之前，需要先了解一些有关装配的基本概念及相关术语。

1．装配建模的特点

装配件直接引用组件部件的主要几何体。可以在装配部件中看到各个相关组件通过使用配对条件参数化装配组件。

2．装配部件

装配部件是由零件和子装配构成的部件。在 UG 中允许向任何一个 Part 文件中添加部件构成装配，因此任何一个 Part 文件都可以作为装配部件。在 UG 中，零件和部件不必严格区分。需要注意的是，当存储一个装配时，各部件的实际几何数据并不是存储在装配部件文件中的，而是存储在相应的部件（即零件文件）中。

3．子装配

子装配是在高一级装配中被用作组件的装配，子装配也拥有自己的组件。子装配是一个相对的概念，任何一个装配部件可在更高级装配中作为子装配。

4．组件对象

组件对象是一个从装配部件链接到部件主模型的指针实体。一个组件对象记录的信息包括：部件名称、层、颜色、线型、线宽、引用集和配对条件等。

5．组件

组件是装配中由组件对象所指的部件文件。组件可以是单个部件（即零件），也可以是一个子装配。组件是由装配部件引用的，而不是复制到装配部件中的。

6．单个零件

单个零件是指在装配外存在的零件几何模

型，它可以添加到一个装配中，但它不能含有下级组件。

7. 自底向上装配

自底向上装配是指在设计过程中，先设计单个零部件，在此基础上进行装配生成总体设计。这种装配建模需要设计人员交互地给定配合构件之间的配合约束关系，然后由 UG 系统自动计算构件的转移矩阵，并实现虚拟装配。

8. 自顶向下装配

自顶向下装配，是指在装配级中创建与其他部件相关的部件模型，是在装配部件的顶级向下产生子装配和部件（即零件）的装配方法。即先由产品的大致形状特征对整体进行设计，然后根据装配情况对零件进行详细设计。

9. 混合装配

混合装配是将自顶向下装配和自底向上装配结合在一起的装配方法。例如先创建几个主要部件模型，再将其装配在一起，然后在装配中设计其他部件，即为混合装配。在实际设计中，可根据需要在两种模式之间切换。

10. 主模型

主模型是供 UG 模块共同引用的部件模型。同一主模型，可同时被工程图、装配、加工、机构分析和有限元分析等模块引用，当主模型修改时，相关应用自动更新。

17.1.2 装配中零件的工作方式

在一个装配体中零部件有两种不同的工作方式——工作部件和显示部件。

➤ **工作部件**：即是图形区中正进行编辑、操作的部件，同时也是显示部件。

➤ **显示部件**：在装配应用中，图形区中所有能看见的部件都是显示部件。而工作部件只有一个，当某个部件定义为工作部件时，其余显示部件将变为灰色。

技术要点：

只有工作部件才可以进行编辑修改工作。

17.1.3 引用集

所谓"引用集"，就是 UG 文件（*.prt）中被命名的部分数据，这部分数据就是要装入大批装配件中的数据。

在装配中，由于各部件含有草图、基准平面及其他辅助图形数据，如果要显示装配中各部件和子装配的所有数据，一方面容易混淆图形，另一方面由于引用零部件的所有数据，需要占用大量内存，因此不利于装配工作的进行。通过引用集可以减少这类混淆，提高机器的运行速度。在程序默认状态下，每个装配组件都有 4 个引用集——整个部件、空、FACET（面）和 MODEL（模型）。

➤ **整个部件（Entire Part）**：即引用部件的全部几何数据。

➤ **空**：空的引用集是不含任何几何对象的引用集，当部件以空的引用集形式添加到装配中时，在装配中看不到该部件。

➤ **FACET（面）**：这是一个小平面化（轻量化）实体的引用集。

➤ **MODEL（模型）**：引用部件在建模模式下创建的模型数据集。

17.1.4 进入装配环境

UG 装配模块不仅能快速组合零部件成为产品，而且在装配中，可参照其他部件进行部件关联设计，并可对装配模型进行间隙分析、重量管理等操作。装配模型生成后，可建立爆炸视图，并可将其引入装配工程图。同时，在装配工程图中可自动产生装配明细表，并能对轴测图进行局部挖切。

在 UG 欢迎界面窗口中新建一个采用装配模板的装配文件，或者在"应用模块"选项卡的"设计"组中单击"装配"按钮 装配，进入装配工作环境中，并弹出"装配"选项卡，如图 17-1 所示。

图 17-1

17.2　组件装配设计

组件装配设计（虚拟装配）是指通过计算机对产品装配过程和装配结果进行分析和仿真、评价和预测产品模型，并做出与装配相关的工程决策，而不需要实际产品作为支持。采用虚拟装配方法装配产品，装配体中的零件与原零件之间是链接关系的，对原零件的修改会自动反映到装配体中，从而节约内存，提高装配速度，UG 采用的就是虚拟装配。

UG 虚拟装配分为自底向上装配（bottom-up）和自顶向下装配（top-down）。

17.2.1　自底向上装配

自底向上装配所使用的工具是"添加组件"，"添加组件"是指通过选择已加载的部件或从系统磁盘中选择部件文件，将组件添加到装配。添加组件的过程也是自底向上的装配过程。在"装配"选项卡的"关联控制"组中单击"添加组件"按钮，弹出"添加组件"对话框，如图 17-2 所示。

图 17-2

该对话框中各选项的含义如下。

➤ 选择部件：指在图形区中直接选择装配组件。

➤ 已加载的部件：若程序此前或者即将打开某个装配部件文件，则该部件文件被自动收集在此选项列表中，最后通过选择列表中的部件来进行装配。

➤ 最近访问的部件：指此前装配过的组件。

➤ 打开：通过单击此按钮，可在磁盘中将装配部件加载进 UG 程序中。

➤ 重复：当一个装配体中需要添加多个相同的部件时，则在"数量"文本框中输入相应的值即可。

➤ 定位：为组件的装配进行约束定位。其方法包括绝对原点、通过原点、通过约束和移动。

➤ 多重添加：用于组件的添加。它包括 3 种添加方法——"无""添加后重复"和"添加后生成阵列"。"无"是指重复不添加组件。"添加后重复"是指添加该组件后再重复添加一个或多个。"添加后生成阵列"是指将重复添加的组件进行阵列。

➤ 名称：组件的名称。可在此文本框中修改组件的名称。

➤ Reference Set（当前引用集）：它包括了程序默认的 4 个引用集——模型、轻量化、整个部件和空集。

➤ 图层选项：用于设置组件在新图形窗口

的层。它包括"原先的""工作"和"按
指定"的3种层定义。"原先的"是指组
件将以原来的所在图层作为新窗口中的图
层，"工作"是指将组件指定到装配的当
前工作层中。"按指定的"是指将组件指
定到任何一个图层中，并可在下方的"图
层"文本框中输入指定的层号。

要进行虚拟装配设计，需要先创建一个装
配文件。一般情况下，自底向上进行装配设计，
则直接选择装配模板来创建文件。

动手操作——自底向上的装配设计

操作步骤

01 单击"新建"按钮，弹出"新建"对话
框。在此对话框中选择"装配"模板，并在"名
称"文本框内输入新的文件名 assembly-1.prt，
单击"确定"按钮，完成装配文件的创建，如
图 17-3 所示。

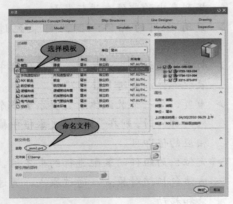

图 17-3

02 弹出"添加组件"对话框。单击该对话框
中的"打开"按钮，然后将 17-1 文件夹中的
gujia.prt 组件文件打开，如图 17-4 所示。

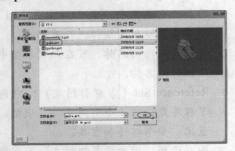

图 17-4

03 打开此组件文件后，弹出"组件预览"对话框，
如图 17-5 所示。

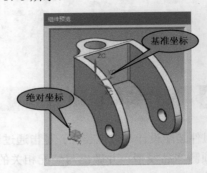

图 17-5

04 在该对话框的"放置"选项区的"定位"
下拉列表中选择"绝对原点"选项，在"设置"
选项区的当前引用集下拉列表中选择"模型"
选项，如图 17-6 所示。

图 17-6

05 单击该对话框的"应用"按钮，打开的第 1
个组件被自动添加到装配体文件中，且基准坐
标系与绝对坐标系自动重合，如图 17-7 所示。

图 17-7

06 单击该对话框中的"打开"按钮 ▣，然后将素材路径下的 gunlun.prt 组件文件打开，随后弹出该组件的"组件预览"对话框，如图 17-8 所示。

图 17-8

07 在该对话框的"放置"选项区的"定位"下拉列表中选择"移动"选项，然后单击"应用"按钮，弹出"点"对话框，如图 17-9 所示。

图 17-9

08 按信息提示，选择第一个组件中小圆孔的圆心作为移动参考点，如图 17-10 所示。

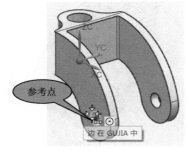

图 17-10

09 选择参考点后，弹出"移动组件"对话框（该工具对话框将在后面介绍），如图 17-11 所示。

图 17-11

10 在图形区中单击第二个组件的动态坐标系的 *YC* 轴手柄，并在弹出的移动尺寸文本框内输入"距离"为 35，单击"移动组件"对话框的"确定"按钮，完成第二个组件的装配，如图 17-12 所示。

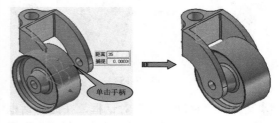

图 17-12

11 在"添加组件"对话框中再单击"打开"按钮 ▣，然后将素材路径下的 lunzhou.prt 组件文件打开，并弹出第三个组件的"组件预览"对话框，如图 17-13 所示。

图 17-13

12 在"放置"选项区中选择"移动"选项，然后单击"应用"按钮，如图 17-14 所示。

13 弹出"点"对话框，接着在第一个组件上选择小圆孔的圆心来作为移动参考点，选择参考点后，第三个组件添加到装配文件中，如图 17-15 所示。

图 17-14

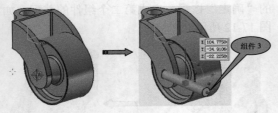

图 17-15

14 又弹出"移动组件"对话框,在此对话框中选择"绕轴旋转"类型,按信息提示在图形区中选择旋转轴,如图 17-16 所示。

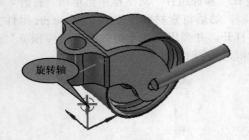

图 17-16

15 激活"旋转轴"选项区的"指定点"命令,然后选择第三个组件的端面圆心作为旋转点,如图 17-17 所示。

图 17-17

16 在"绕轴的角度"选项区中输入角度值为90,按 Enter 键确认,第三个组件则自动旋转90°,如图 17-18 所示。

图 17-18

17 在"移动组件"对话框中选择"动态"类型,然后单击动态坐标系的 *YC* 轴手柄,并在弹出的尺寸文本框中输入距离为 –5,按 Enter 键确认后,第三个组件被移动,如图 17-19 所示。

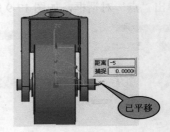

图 17-19

18 最后单击"移动组件"对话框中的"确定"按钮,接着单击"移动组件"对话框的"取消"按钮,完成装配设计并结束操作。装配设计的结果如图 17-20 所示。

图 17-20

17.2.2 自顶向下装配

自顶向下装配过程使用的工具命令是"新

建组件"。"新建组件"是指通过选择几何体并将其保存为组件，或者在装配中创建组件。自顶向下装配设计包括两种设计模式：由分到总和由总至分。

1. 由分到总设计模式

这种模式是先在建模环境设计好模型，然后将创建好的模型全部链接为装配部件。

下面以实例来详解由分到总的装配设计模式。

动手操作——由分到总设计模式

操作步骤

01 打开源文件 17-2\xiaoche.prt，如图 17-21 所示。

图 17-21

02 在"装配"选项卡中单击"新建组件"按钮，弹出"新建文件"对话框，在此对话框中选择装配模板以创建装配文件，然后输入新的文件名 chejia.prt 后，单击"确定"按钮，接着程序弹出"新建组件"对话框，如图 17-22 所示。

图 17-22

03 按信息提示选择整个模型中的其中一个实体特征作为新组件，如图 17-23 所示。

图 17-23

04 保留该对话框的默认设置，再单击"确定"按钮，完成第一个组件的创建，同时，程序自动创建原模型文件作为总装配文件，而新建的组件则成为其子文件。

05 同理，在"装配"选项卡中单击"新建组件"按钮，创建新组件文件后，并为其添加对象。最终，按此方法完成模型中其余组件的创建，在装配导航器中即可查看总装配文件创建完成的结果，如图 17-24 所示。

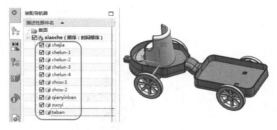

图 17-24

2. 由总至分模式

由总至分模式则是先创建一个空的总装配文件，然后再依次创建多个新的装配文件，并且这些新装配文件将成为总装配文件的子文件，最后将子文件设为工作部件后，即可使用建模环境中的建模功能来创建组件模型。

此模式与前一种模式不同的是，当打开"新建组件"对话框后，不再选择特征作为组件，而是直接单击该对话框中的"确定"按钮，即生成一个空的子装配文件，将此空文件设为工作部件后，接下来就可以进行组件的实体造型设计了，如图 17-25 所示。

图 17-25

技术要点：

在进行此项工作前，应将程序安装目录下的UG Ⅱ 中的公制默认文件ug_metric.def中的Assemblies Allow interpart参数设置为Yes，否则将不能进行后 续步骤的操作。

17.3 编辑组件

组件添加到装配后，可对其进行替换、移动、属性编辑、抑制、阵列和重新定位等编辑操作。 下面来介绍实现各种编辑的方法和过程。

除了在"装配"选项卡中使用对组件的编辑工具外，还可在"装配导航器"中或绘图工作区中执行快捷菜单命令，在弹出的快捷菜单中使用相关的编辑工具，如图17-26所示。

图 17-26

图 17-27

17.3.1 新建父对象

"新建父对象"就是为当前显示的总装配部件文件再创建一个新的父部件文件。当在"装配"选项卡中单击"新建父对象"按钮 ，在弹出的"新建父对象"对话框中输入父对象的名称及存放路径后，再单击"确定"按钮，即可创建一个新的父对象，如图17-27所示。

从装配导航器中即可看见新建的父部件文件，如图17-28所示。

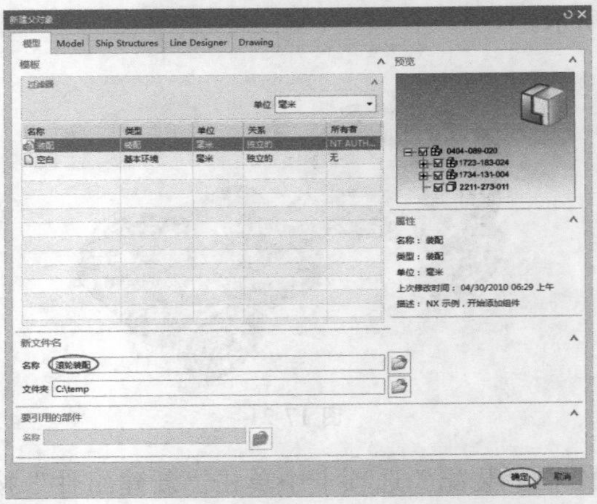

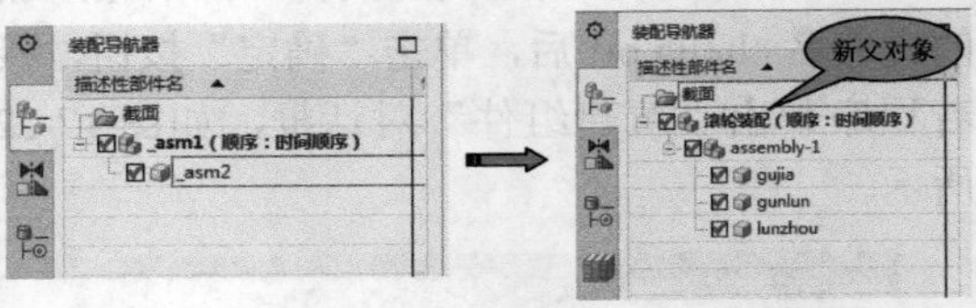

图 17-28

17.3.2 阵列组件

"阵列组件"就是将组件复制到矩形或圆型图样中。在"装配"选项卡中单击"阵列组件"按钮 ，弹出"类选择"对话框，选择一个要阵列的组件后，单击"确定"按钮，弹出"阵列组件"对话框，如图17-29所示。

图 17-29

此对话框中包含3种阵列定义的布局选项，其含义如下。

➤ 参考：自定义的布局方式。
➤ 线形：以线形布局的方式进行阵列。
➤ 圆形：以圆形布局的方式进行阵列。

动手操作——创建组件阵列

　　操作步骤

01 打开源文件 17-3/zhuangpei.prt。

02 在"装配"选项卡中单击"阵列组件"按钮，打开"类选择"对话框，

03 单击"类选择"对话框中的"确定"按钮，再弹出"阵列组件"对话框，按信息提示选择装配体中的螺钉组件作为阵列对象，如图17-30 所示。

图 17-30

04 选中"阵列组件"对话框的"圆形"布局选项，如图 17-31 所示。

图 17-31

05 指定旋转轴。激活"指定矢量"命令，选择 Z 轴为旋转轴。激活"指定点"命令，选择坐标系原点为旋转点，如图 17-32 所示。

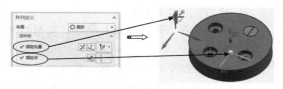

图 17-32

06 选择旋转轴后，"创建圆形阵列"对话框的参数被自动激活。按信息提示输入总数为4，角度为 90，最后单击"确定"按钮，完成组件的阵列操作，如图 17-33 所示。

图 17-33

17.3.3 替换组件

"替换组件"就是将一个组件替换为另一个组件。在"装配"选项卡中单击"替换组件"按钮，弹出"替换组件"对话框，如图17-34 所示。

图 17-34

该对话框中各选项含义如下。

➤ 要替换的组件：即被替换的组件。

➤ 替换件：用来替换原组件。

➤ 浏览：打开替换部件。

➤ 维持关系：保留替换与原组件之间的关联关系。

➤ 替换装配中的所有事例：若选中此复选框，将替换与被替换组件呈阵列关系的组件。

动手操作——替换组件

操作步骤

01 打开源文件 17-4/zhuangpei.prt。

02 在"装配"选项卡中单击"替换组件"按钮，弹出"替换组件"对话框。

03 按信息提示，选择装配体中的螺栓组件作为要替换的组件，如图 17-35 所示。

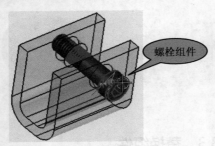

图 17-35

04 在"替换部件"选项区中激活"选择部件"命令，单击"浏览"按钮，将素材文件中的 luosuan-1.prt 组件文件打开，打开后该组件被自动收集到"未加载部件"列表中，如图 17-36 所示。

图 17-36

05 保留该对话框中其余选项的默认设置，再单击"确定"按钮，完成螺栓组件的替换操作，如图 17-37 所示。

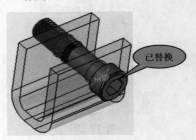

图 17-37

17.3.4 移动组件

"移动组件"就是移动装配中的组件。在"装配"选项卡中单击"移动组件"按钮，弹出"移动组件"对话框，如图 17-38 所示。

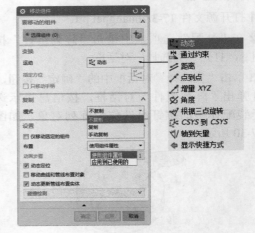

图 17-38

该对话框中包含多种组件移动的类型，这些类型及相关选项设置的含义如下。

➤ 动态：动态地平移或旋转组件的基准参照坐标系，使组件随着基准坐标系位置的变换而移动。

➤ 通过约束：通过装配约束的方法来移动组件。

➤ 点到点：选择一个点作为位置起点，再选择一个点作为位置目标点，使组件平移。

➢ 平移：采用输入增量值的方法移动组件。

➢ 沿矢量：以矢量作为移动方向，并在矢量方向上加以一定的距离，使组件移动。

➢ 绕轴旋转：绕指定的轴旋转，从而移动组件。

➢ 两轴之间：以两个矢量作为组件的从方向和目标方向，再确定一个旋转点，使组件绕点旋转。

➢ 重定位：从自身基准坐标系到新指定的基准坐标系，为组件重定位。

➢ 使用点旋转：指定一个旋转轴，再以两个点作为旋转起点和终点，以此旋转组件。

➢ 复制：是否复制要移动的组件，包括无复制、复制、手动复制3种。

➢ 仅移动选定的组件：仅移动选定的组件。

移动组件的具体操作过程在前面进行自底向上装配设计时已介绍过，因此本节就不介绍了。

17.3.5 装配约束

"装配约束"是指组件的装配关系，以确定组件在装配中的相对位置。装配约束条件由一个或多个关联约束组成，关联约束限制组件在装配中的自由度。在"装配"选项卡中单击"装配约束"按钮，弹出"装配约束"对话框，如图17-39所示。

图 17-39

该对话框中"设置"选项区的选项含义如下。

➢ 布置：指在选择约束对象时，可使用的组件属性。包括"使用组件属性"和"应用到已使用的"两个选项。

➢ 动态定位：选中此复选框，可对组件进行动态定位。

➢ 关联：选中此复选框，约束后的组件与原先没约束的组件有父子关联关系。

➢ 移动曲线和管线布置对象：选中此复选框，即可移动装配中的曲线和管线布置对象。

➢ 动态更新管线布置实体：选中此复选框，即动态更新管线布置实体。

在"装配约束"对话框中包含10种装配约束类型，如角度约束、中心约束、胶合约束、适合约束、接触对齐约束、同心约束、距离约束、固定约束、平行约束、垂直约束等。

1．角度约束

角度约束是子装配组件与父装配部件呈一定角度的约束。角度约束可以在两个具有方向矢量的对象间产生，角度是两个方向矢量的夹角。这种约束允许关联不同类型的对象，例如可以在面和边缘之间指定一个角度约束。

角度约束有两种类型：方向角度和3D。方向角度类型需要确定3个约束对象即旋转轴、第一对象和第二对象。3D类型不需要旋转轴，只需选择两个约束对象，程序会自动判断出其角度，在其角度值文本框内输入一定角度值后，即可约束组件。以3D类型进行角度约束的示例如图17-40所示。

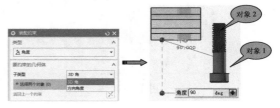

图 17-40

2．中心约束

该约束是选择两个对象的中心或轴，使其

中心对齐或轴重合。"中心约束"选项设置如图 17-41 所示。其选项含义如下：

图 17-41

> 子类型：即组件内部特征，如点、线、面等。它包括下列 3 种子类型。
> • 1 对 2：指选择子组件（要进行约束并产生移动的组件）上的一个特征和父部件（固定不动的组件）上的两个特征来作为约束对象。
> • 2 对 1：指选择子组件上的两个特征和父部件上的一个特征来作为约束对象。
> • 2 对 2：指选择子组件上的两个特征和父部件上的两个特征来作为约束对象。
> 轴向几何体：即约束对象，包括"使用几何体"和"自动判断中心或轴"两重约束对象的选择方式。

3．胶合约束

胶合约束是一种不进行任何平移、旋转、对齐的装配约束。它以默认的当前位置作为组件的位置状态。"胶合约束"选项设置如图 17-42 所示，当选择要约束的组件对象后，单击"创建约束"按钮，即可创建胶合约束。

图 17-42

4．适合约束

此类约束适合两个约束对象大小相等的情况。如装配销钉至零件的孔上，销钉的直径与孔的直径必须相等，才可使用此约束。使用适合约束来装配组件的示例，如图 17-43 所示，

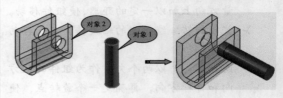

图 17-43

5．接触对齐约束

接触对齐约束实际上是两个约束，接触约束和对齐约束。"接触"是指约束对象贴着约束对象。"对齐"是指约束对象与约束对象是对齐的，且在同一个点、线或平面上。

技术要点：
> 这个约束对象只能是组件上的点、线、面。

接触对齐约束的选项设置如图 17-44 所示，该约束类型包括 4 种方位选项——首选接触、接触、对齐和自动判断中心／轴。

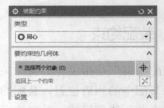

图 17-44

> 首选接触：此选项既包含接触约束，又包含对齐约束，但首先对约束对象进行的是接触约束。
> 接触：仅是接触约束。
> 对齐：仅是对齐约束。
> 自动判断中心／轴：自动将约束对象的中心或轴进行对齐或接触约束。

6．同心约束

同心约束是将约束对象的圆心进行同心约束。此类约束适合于轴类零件的装配。操作时，只需选择两约束对象的圆心即可。

7．距离约束

距离约束主要是调整组件在装配中的定

位。距离约束选项设置如图 17-45 所示。当从配对组件上选择一个对象（点、线或面），再在父部件上选择另一个约束对象后，可在弹出的"距离"文本框中输入值，使组件得以重定位。

图 17-45

8．固定约束

固定约束与胶合约束类似，都是将组件固定在装配中的一个位置上，不再进行其他类型的约束。

9．平行约束

该约束类型是约束两个对象的方向矢量彼此平行，操作步骤与接触约束相似。

10．垂直约束

该约束类型是约束两个对象的方向矢量彼此垂直，操作步骤与接触约束相似。

动手操作——装配约束

操作步骤

01 打开源文件 17-5\zhuangpeiti.prt，如图 17-46 所示。

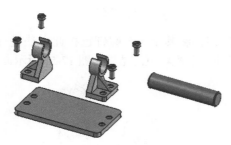

图 17-46

02 在"装配"选项卡中单击"装配约束"按钮，打开"装配约束"对话框。

03 在该对话框中选择约束类型为"接触对齐"，接着在图形区中选择支架的底面作为第一对象，再选择底座上表面作为第二对象，如图 17-47 所示。

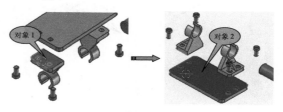

图 17-47

04 随后支架组件自动与底座组件接触，如图 17-48 所示。

图 17-48

05 在该对话框中选择"同心"约束类型，接着选择支架上螺纹孔的边界作为同心约束对象 1，如图 17-49 所示。

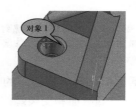

图 17-49

06 选择底座上与支架螺纹孔相对应的螺纹孔边界作为同心约束对象 2，如图 17-50 所示。

图 17-50

07 随后两个孔自动进行同心约束，约束后又显示约束符号，表示已约束，如图 17-51 所示。

图 17-51

08 将支架与底座的另一个螺纹孔进行同心约束。

09 同理，照此方法使另一支架与底座进行接触对齐约束和同心约束。装配约束的结果如图 17-52 所示。

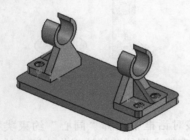

图 17-52

技术要点：

支架约束完成后，接着装配约束螺钉，装配模型中共有4个相同的螺钉，因此，装配约束其中一个，其余的按此方法操作即可。

10 在该对话框中选择"适合"约束类型，然后依次选择螺钉螺纹面和支架螺纹孔面作为约束对象 1 与约束对象 2，如图 17-53 所示。

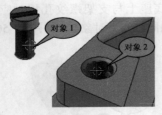

图 17-53

11 螺钉与支架螺纹孔进行适合约束，如图 17-54 所示。

图 17-54

12 在该对话框中选择"接触对齐"约束类型，然后选择螺钉头部下端面和支架上表面作为约束对象 1 与约束对象 2，如图 17-55 所示。

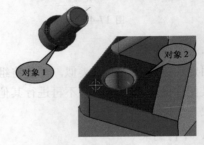

图 17-55

13 螺钉与支架表面进行接触约束，结果如图 17-56 所示。

图 17-56

14 同理，将其余 3 个螺钉也按此方法进行装配约束，装配约束的结果如图 17-57 所示。

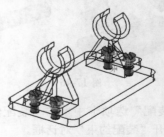

图 17-57

15 当螺钉都进行装配约束后，最后就是对圆柱进行装配约束了。在"装配约束"对话框中选择"接触对齐"约束类型，并在"方位"下拉列表中选择"接触"选项。

16 按信息提示选择圆柱的圆弧表面作为第一对象，再选择支架上的内圆弧面作为第二对象，如图 17-58 所示。

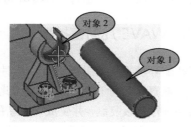

图 17-58

17 在该对话框的"方位"下拉列表中选择"对齐"选项，然后依次选择圆柱端面和支架侧面作为约束对象 1 和约束对象 2，如图 17-59 所示。

图 17-59

18 最终完成支架组件所有装配约束如图 17-60 所示。

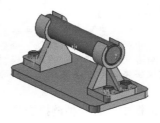

图 17-60

17.3.6　镜像装配

"镜像装配"是指为整个装配体或单个装配组件创建镜像装配。在"装配"选项卡中单击"镜像装配"按钮 ，弹出"镜像装配向导"对话框，如图 17-61 所示。

图 17-61

装配体或装配组件的镜像操作与建模环境下的镜像体的操作类似。

动手操作——镜像装配组件

操作步骤

01 打开源文件 17-6/jingxiang.prt。

02 在"装配"选项卡中单击"镜像装配"按钮 ，弹出"镜像装配向导"对话框。

03 单击该对话框中的"下一步"按钮，此时该对话框有操作信息提示："希望镜像哪个组件？"选择整个装配体的所有组件作为镜像的对象，选择的装配对象被自动添加到对话框的"选定的组件"列表中，如图 17-62 所示。

图 17-62

04 选择镜像对象后单击"下一步"按钮，随后对话框中又有操作信息提示："希望使用哪个平面作为镜像平面？"接着单击对话框中的"创建基准平面"按钮 ，弹出"基准平面"对话框，如图 17-63 所示。

图 17-63

05 在"基准平面"对话框中选择"XC-ZC平面"类型，并输入偏置距离为 –10，如图 17-64 所示。

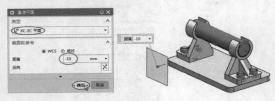

图 17-64

06 单击"基准平面"对话框的"确定"按钮返回"镜像装配向导"对话框，并单击该对话框的"下一步"|"下一步"按钮，此时"镜像装配向导"对话框的操作提示是"希望使用什么类型的镜像？"如图 17-65 所示。

图 17-65

07 保留默认的镜像类型，单击"下一步"按钮，程序自动创建出镜像的装配体，如图 17-66 所示。

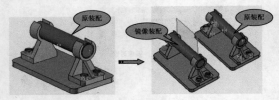

图 17-66

08 创建镜像装配后，对话框又显示操作提示"您希望如何定位镜像的实例？"保留默认的设置，单击对话框的"完成"按钮，退出镜像装配操作，如图 17-67 所示。

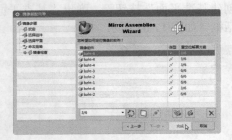

图 17-67

17.3.7 抑制组件和取消抑制组件

"抑制组件"是指将显示部件中的组件及其子组件移除。抑制组件并非删除组件，组件的数据仍然保留在装配中，只是不执行一些装配功能。反之，要想将抑制的组件显示并能编辑，则使用"取消抑制组件"命令即可。

17.3.8 WAVE 几何链接器

在装配环境下进行装配设计，组件与组件之间是不能直接进行布尔运算的，因此需要将这些组件进行链接复制，并生成一个新的实体，此实体并非装配组件，而是与建模环境下创建的实体类型相同。

在"装配"选项卡的"常规"组中单击"WAVE 几何链接器"按钮，弹出"WAVE 几何链接器"对话框，如图 17-68 所示。

图 17-68

技术要点：

"WAVE几何链接器"功能就是一个复制工具，与建模环境中的"抽取几何特征"命令类似。不同的是，前者是将装配体中的组件模型抽取出来转换成建模实体；后者是直接在建模环境复制实体或特征。

该对话框中包含9种链接类型，这9种类型及"设置"选项区的选项含义如下。

➢ 复合曲线：是指装配中所有组件上的边。

➢ 点：指在组件上直接创建出点或点阵。

➢ 基准：选择组件上的基准平面进行复制。

➢ 草图：复制组件的草图。

➢ 面：选择组件上的面进行复制。

➢ 面区域：选择组件上的面区域进行复制。

- ➤ 体：选择单个组件进行复制，并生成实体。
- ➤ 镜像体：选择组件进行镜像复制，生成实体。
- ➤ 管线布置对象：选择装配中的管路（如机械管线、电气管线、逻辑管线等）进行复制。
- ➤ 关联：选中此项，复制的链接体与原组件有关联关系。
- ➤ 隐藏原先的：选中此复选框，原先的组

件将被隐藏。

- ➤ 固定于当前时间戳记：将关联关系固定在当前时间戳记上。
- ➤ 允许自相交：允许复制的曲线自相交。
- ➤ 使用父部件的显示属性：以原组件的属性显示于装配中。
- ➤ 设为与位置无关：选中此复选框，链接对象将与装配位置无关联。

17.4　爆炸装配

"爆炸装配"就是创建与编辑装配模型的爆炸图。装配爆炸图是在装配模型中，组件按装配关系偏离原来的位置的拆分图形。爆炸图的创建可以方便用户查看装配中的零件及其相互之间的装配关系。装配模型的爆炸效果图，如图17-69所示。

图 17-69

爆炸图在本质上也是一个视图，与其他用户定义的视图一样，一旦定义和命名就可以添加到其他图形中。爆炸图与显示部件关联，并存储在显示部件中。用户可以在任何视图中显示爆炸图形，并对该图形进行任何的操作，该操作也将同时影响到非爆炸图中的组件。

单击"装配"选项卡中的"爆炸图"按钮，展开"爆炸图"组，该组中包含用于创建或编辑装配爆炸图的工具，如图17-70所示。接下来对创建爆炸图的相关工具逐一进行介绍。

图 17-70

17.4.1　创建爆炸图

"创建爆炸图"是指为装配中的组件进行重定位后，而生成组件分散图。在"爆炸图"选项卡中单击"创建爆炸图"按钮，弹出"创建爆炸图"对话框，如图17-71所示。在该对话框中为新的爆炸图命名后，单击"确定"按钮完成爆炸图的创建。

图 17-71

17.4.2　编辑爆炸图

"编辑爆炸图"指在爆炸图中对组件重定位，以达到理想的分散、爆炸效果。在"爆炸图"选项卡中单击"编辑爆炸图"按钮，弹出"编辑爆炸图"对话框，如图17-72所示。

该对话框中有3个单选选项，其含义如下。

- ➤ 选择对象：在装配中选择要重定位的组件对象。
- ➤ 移动对象：选择组件对象后，选中此单

选按钮,即可对该组件进行重定位操作。组件的移动可由输入值来确定,也可拖曳坐标手柄直接移动组件。

➢ 只移动手柄:组件不移动,只移动坐标手柄。

图 17-72

动手操作——创建并编辑爆炸图

　　操作步骤

01 打开源文件 17-7/gunlun.prt。

02 在"爆炸图"选项卡中单击"创建爆炸图"按钮 🔲,弹出"创建爆炸图"对话框。在该对话框中为新的爆炸图命名后,单击"确定"按钮完成爆炸图的创建。

03 在"爆炸图"选项卡中单击"编辑爆炸图"按钮 🔲,打开"编辑爆炸图"对话框。

04 按信息提示在装配模型中选择要爆炸的组件,如图 17-73 所示。

图 17-73

05 在该对话框中选中"移动对象"单选按钮,如图 17-74 所示。

图 17-74

06 随后在图形区中拖曳 *XC* 轴方向上的坐标手柄,向下拖曳至如图 17-75 所示的位置,或者在对话框中被激活的选项中输入距离值为 80,并按 Enter 键确认。

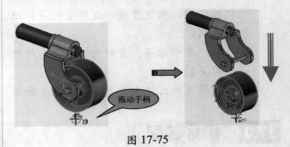

图 17-75

07 选中"选择对象"单选按钮,按 Shift 键选择高亮显示的轮子组件,然后选择"销"作为要爆炸的组件,如图 17-76 所示。

图 17-76

08 选中"移动对象"单选按钮,然后拖曳 *YC* 轴手柄至如图 17-77 所示的位置,或者在对话框中输入距离 100。

图 17-77

09 同理,选择轴和垫圈作为要爆炸的组件,并将其重定位,最终编辑完成的爆炸图,如图 17-78 所示。

图 17-78

17.4.3 自动爆炸组件

"自动爆炸组件"指通过输入统一的自动爆炸组件值，程序沿每个组件的轴向、径向等矢量方向进行自动爆炸。在图形区中选择要爆炸的组件后，再在"爆炸图"选项卡中单击"自动爆炸组件"按钮🔀，弹出"自动爆炸组件"对话框，如图 17-79 所示。

图 17-79

该对话框中的"添加间隙"选项，控制自动爆炸组件中是否包含组件的间隙值。通过此对话框输入统一的自动爆炸组件值后，若选中该选项，总的自动爆炸组件相当于自动爆炸组件值（"距离"文本框的值）加上间隙值；若不选中，总的自动爆炸组件就等于"距离"文本框中的值，间隙的说明如图 17-80 所示。

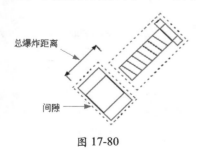

图 17-80

在"自动爆炸组件"对话框中输入距离值，再单击"确定"按钮，即可创建自动爆炸图，如图 17-81 所示。

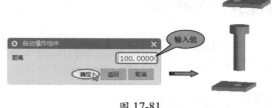

图 17-81

17.4.4 取消爆炸组件

"取消爆炸组件"是指将组件恢复到未爆炸之前的位置。在图形区中选择要取消爆炸的组件后，然后在"爆炸图"选项卡中单击"取消爆炸组件"按钮🔼，即可将爆炸图恢复到组件未爆炸时的状态，如图 17-82 所示。

图 17-82

17.4.5 删除爆炸图

"删除爆炸图"是指删除未显示在任何视图中的装配爆炸图。在"爆炸图"选项卡中单击"删除爆炸图"按钮🗙，随后弹出"爆炸图"对话框，该对话框中列出了所有爆炸图的名称，在列表中选择一个爆炸图，再单击"确定"按钮即可删除已建立的爆炸图，如图 17-83 所示。

图 17-83

技术要点：

在图形窗口中显示的爆炸图不能直接删除。如果要删除它，先要将其复位。

17.5 综合实战

本章主要学习了组件的装配设计、组件的编辑、创建爆炸图等知识，接下来以几个实例的讲解来回顾前面的学习内容。

17.5.1 装配轮轴

◎ **源文件：** 轮轴\a.prt、b.prt

◎ **结果文件：** 轮轴\lunzhou.prt

◎ **视频文件：** 装配轮轴.avi

本例装配的组件及装配效果如图 17-84 所示。由于轮轴的装配较简单，只需在轴上装配一个轴承，另一个重复装配即可。

图 17-84

操作步骤

1. 装配轴

01 单击"新建"按钮，打开"新建"对话框。在对话框的"模型"选项卡中选择"装配"模板，并在下方的"名称"文本框中输入新的文件名 lunzhou.prt，单击"确定"按钮进入装配环境。

02 进入装配环境后，自动打开"添加组件"对话框。单击该对话框中的"打开"按钮，

然后在"Ch17\ 轮轴"文件夹中打开 a.prt（轴）组件，如图 17-85 所示。

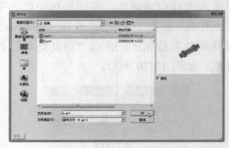

图 17-85

03 在对话框的"放置"选项区的"定位"下拉列表中选择"绝对原点"选项，然后单击"应用"按钮，将装配组件 a 装配到环境中，如图 17-86 所示。

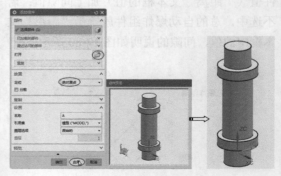

图 17-86

2. 装配第一个轴承

01 单击"打开"按钮，然后将 lunzhou 文件夹中 b.prt 文件打开，如图 17-87 所示。

图 17-87

02 在对话框的"放置"选项区的"定位"下拉列表中选择"通过约束"选项，然后单击"应用"按钮，随后弹出"装配约束"对话框，并在此对话框中选择"接触对齐"类型，如图17-88 所示。

图 17-88

03 首先在"组件预览"对话框中选择轴承的内圈表面以及轴的表面作为接触约束的两个对象，如图 17-89 所示。

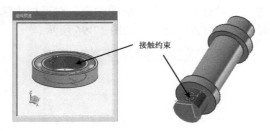

图 17-89

04 在"组件预览"对话框中选择轴承的内侧表面以及轴毂的表面作为对齐约束的两个对象，如图 17-90 所示。

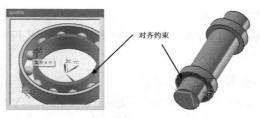

图 17-90

05 在"装配约束"对话框中选择装配类型为"同心"，然后在"组件预览"对话框中选择轴承的中心（选择边，程序自动搜索其圆心）以及轴的轴心作为同心约束的两个对象，如图 17-91 所示。

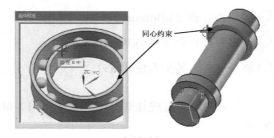

图 17-91

技术要点：

一般情况下，轴承和轮轴配合得很好，只需要"接触对齐"约束就能满足装配要求。如果添加"同心"约束后，约束符号显示为红色，说明此约束是过约束，是多余的。

06 最后单击"装配约束"对话框的"确定"按钮，轴承被装配到轴上，如图 17-92 所示。

图 17-92

3．装配第二个轴承

第二个轴承的装配，只需在"添加组件"对话框的"已加载的部件"列表中直接选择b.prt组件（轴承），接着的装配过程与第一个轴承的装配过程完全一样，因此这里不再重复叙述。最终第二个轴承装配到轴上的效果如图 17-93 所示。

技术要点：

在装配第二个轴承时，为避免装配错误，在"装配约束"对话框的"预览"选项区中选中"在主窗口中预览组件"复选框，即可观察实际的装配效果。

图 17-93

17.5.2 装配台虎钳

◎ **源文件：台虎钳\dizuo.prt**

◎ **结果文件：台虎钳\taihuqian.prt**

◎ **视频文件：装配台虎钳.avi**

本例装配的台虎钳爆炸效果图如图 17-94 所示。

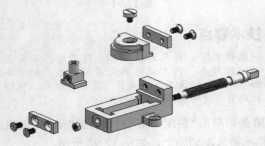

图 17-94

台虎钳主要由两大部分构成，一是钳座，二是活动钳口。因此，装配台虎钳的顺序是，先装配钳座部分，接着装配活动钳口部分，最后再总装配。

操作步骤

1. 装配钳座

01 新建装配文件，文件名为 qianzuo.prt。

02 在打开的"添加组件"对话框中单击"打开"按钮，然后在源文件"台虎钳"中打开 dizuo.prt 文件。

03 以"绝对原点"的定位方式，将虎钳底座装配到环境中，如图 17-95 所示。

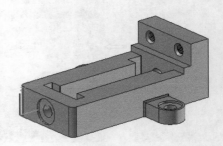

图 17-95

04 单击"打开"按钮，将 qiankouban.prt 文件打开。以"通过约束"的定位方式，单击"添加组件"对话框的"应用"按钮，打开"装配约束"对话框，并在"装配约束"对话框中选择"接触对齐"类型，如图 17-96 所示。

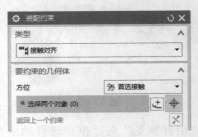

图 17-96

05 分别选择钳口板的表面和底座上的表面作为接触约束的两个对象，如图 17-97 所示。

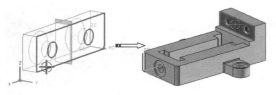

图 17-97

06 将约束类型设置为"同心"，然后选择钳口板上一个孔的孔中心和底座上的孔中心作为同心约束的两个对象，如图 17-98 所示。

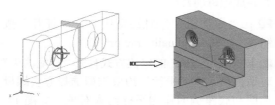

图 17-98

07 选择钳口板上另一个孔的孔中心和底座上的孔中心作为同心约束的两个对象，如图 17-99 所示。

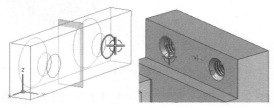

图 17-99

08 单击该对话框的"确定"按钮，钳口板被装配到底座上，如图 17-100 所示。

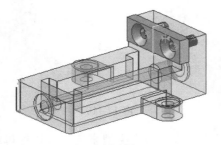

图 17-100

09 在"添加组件"对话框中单击"打开"按钮 ，将 huqian 文件夹中的 luoding.prt 文件打开。

10 以"通过约束"的定位方式打开"装配约束"

对话框后，以"适合"约束类型来选择螺钉斜面和钳口板孔的斜面作为适合约束对象，如图 17-101 所示。

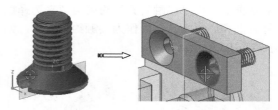

图 17-101

11 以"同心"约束类型来选择螺钉头顶端面中心和钳口板斜面中心作为同心约束对象，如图 17-102 所示。

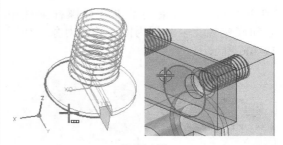

图 17-102

12 单击"装配约束"对话框的"确定"按钮，螺钉被装配到钳口板上，如图 17-103 所示。同理，以相同方式再次选择此螺钉组件，并将其装配到钳口板的另一个孔上，如图 17-104 所示。

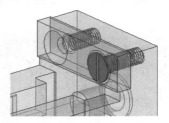

图 17-103

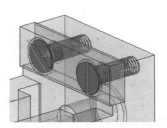

图 17-104

13 在"添加组件"对话框中单击"打开"按钮，打开 luogan.prt 文件。

14 以"通过约束"的定位方式打开"装配约束"对话框后，以"接触对齐"约束类型来选择螺杆表面和底座螺孔端面作为接触约束对象，如图 17-105 所示。

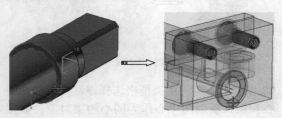

图 17-105

15 以"同心"约束类型来选择螺杆圆柱中心和底座螺孔中心作为同心约束对象，如图 17-106 所示。

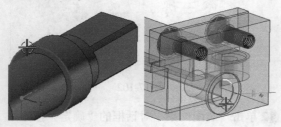

图 17-106

16 单击"装配约束"对话框中的"确定"按钮，螺杆被装配到虎钳底座上，如图 17-107 所示。

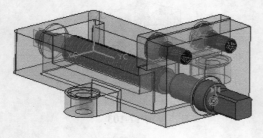

图 17-107

17 在"添加组件"对话框中单击"打开"按钮，打开 luomu.prt 文件。

18 以"通过约束"的定位方式打开"装配约束"对话框后，以"接触对齐"约束类型来选择螺母端面和底座螺孔端面作为接触约束对象，如图 17-108 所示。

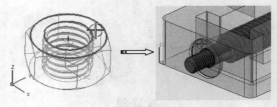

图 17-108

19 同理，以"同心"约束类型选择螺母内圆中心和底座螺孔中心作为两个同心约束对象，并完成螺母的装配。

20 在"添加组件"对话框中单击"打开"按钮，打开 fangkuailuomu.prt 文件。

21 以"通过约束"的定位方式打开"装配约束"对话框后，以"平行"约束类型选择方块螺母侧面和底座侧面作为平行约束对象。如图 17-109 所示。

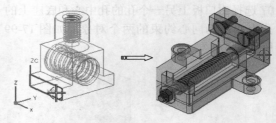

图 17-109

22 以"距离"约束类型选择方块螺母端面和底座内表面作为距离约束对象，并在距离文本框内输入 60，按 Enter 键完成距离约束，如图 17-110 所示。

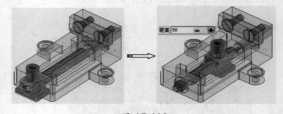

图 17-110

23 以"同心"约束类型来选择方块螺母螺孔中心和螺杆中心作为同心约束对象。最后单击"装配约束"对话框的"确定"按钮，方块螺母被装配到螺杆上，如图 17-111 所示。

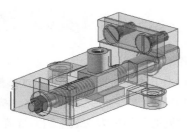

图 17-111

2．装配活动钳口

活动钳口的装配和底座上钳口板、螺钉的装配是完全一样的，也需要新建一个装配文件，文件名为 huodongqiankou-A.prt。首先将活动钳口组件装配在环境中，然后再装配钳口板、螺钉、沉头螺钉等，而装配过程这里就不再重复介绍了。装配完成的活动钳口如图 17-112 所示。

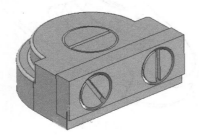

图 17-112

3．虎钳总装配

01 新建一个总装配文件，并命名为 huqian. prt。

02 在弹出的"添加组件"对话框中单击"打开"按钮 📂，然后将 qianzuo.prt 文件与 huodongqiankou-A.prt 文件同时打开，并以"通过约束"的定位方式，单击"确定"按钮，接着弹出"装配约束"对话框，如图 17-113 所示。

图 17-113

03 以"接触对齐"约束类型来选择活动钳口

的底面和钳座的滑动面作为接触约束对象，如图 17-114 所示。

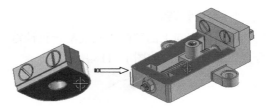

图 17-114

04 以"角度"约束类型来选择活动钳口的侧面和钳座的侧表面作为角度约束对象，并在角度文本框中输入角度值为270，并按 Enter 键，活动钳口则旋转了270°，如图 17-115 所示。

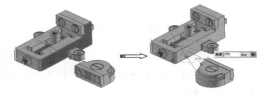

图 17-115

05 以"同心"约束类型来选择活动钳口的螺孔中心和方块螺母的螺孔中心作为同心约束对象，如图 17-116 所示。

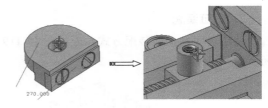

图 17-116

06 最后单击"装配约束"对话框的"确定"按钮，完成整个虎钳的装配操作。装配的台虎钳，如图 17-117 所示。

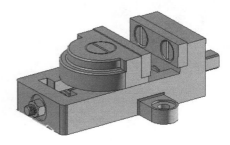

图 17-117

17.6 课后习题

1. 合页铰链装配

使用自底向上的装配方式装配合页铰链，合页铰链装配模型如图 17-118 所示。

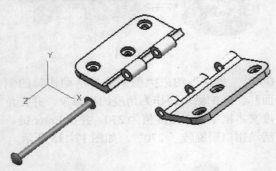

图 17-118

操作提示：

（1）使用"添加组件"工具将其中一合页装配到主模型中。

（2）使用"装配约束"的"接触/对齐"和"同心"约束将另一合页装配。

（3）使用"拟合"和"同心"约束将铆钉装配。

2. 气缸装配

使用自底向上的装配方式装配如图 17-119 所示的气缸。

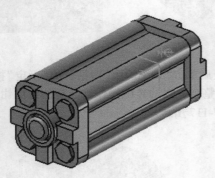

图 17-119

操作提示：

（1）使用"绝对原点"定位方法装配缸体。

（2）使用"添加后生成阵列""接触/对齐"和"同心"约束方法装配侧面缸盖。

（3）使用"添加后生成阵列""接触/对齐"和"同心"约束方法装配螺钉、螺帽和拉帽等组件。

3. 切割机装配

利用自底向上的高级装配方法装配如图 17-120 所示的切割机。

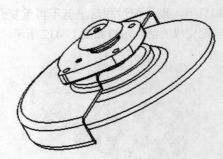

图 17-120

操作提示：

（1）先将砂轮装配至装配环境中。

（2）装配螺母。

（3）装配上、下垫片。

（4）装配凸轮。

（5）装配套筒。

（6）装配机罩与螺钉。

第 *18* 章　工程图设计

UG 制图基于建模中生成的三维模型，在制图模式中建立的二维图与三维模型完全相关，对三维模型做的任何修改，二维图会自动更改。本章将主要介绍非主模型模板的制作与图框制作、图纸布局、图纸编辑、标注及编辑修改、文字注释与公差添加、自定义符号、明细表制作等相关的制图功能。

知识要点与资源二维码

- ◆ 工程图概述
- ◆ 创建图纸与工程图视图
- ◆ 尺寸标注
- ◆ 工程图注释
- ◆ 表格
- ◆ 工程图的导出

第 18 章源文件　第 18 章课后习题　第 18 章结果文件　　第 18 章视频

18.1　工程图概述

利用 UG 的 Modeling（实体建模）功能创建的零件和装配模型，可以导引到 UG 的制图（工程图）功能中，快速生成二维工程图。由于 UG 的制图功能是基于创建三维实体模型的二维投影所得到的二维工程图，因此工程图与三维实体模型是完全关联的，实体模型的尺寸、形状和位置的任何改变，都会引起二维工程图做出时时变化。

技术要点：

UG 的产品数据是以单一数据文件进行存储管理的。每个文件在特定时刻只允许单一用户写入的权利。如果所有开发者都基于同一文件进行工作，最后将导致部分人员的数据不能保存。

18.1.1　UG 制图特点

UG 制图基于建模中生成的三维模型，在制图中建立的二维图与三维模型完全相关，对三维模型做的任何修改，二维图会自动更改。其特点如下。

- ➤ 主模型方式支持并行工程，当设计员在模型上工作时，制图员可同时进行制图。
- ➤ 大多数制图对象的编辑和建立。
- ➤ 一个直观的，易于使用的，图形化的用户界面。
- ➤ 图与模型相关。
- ➤ 主模型方法支持并行工程。
- ➤ 自动的正交视图对准。
- ➤ 用户可控制的图更新。
- ➤ 支持大部分 GB 制图标准。

UG 主模型利用 UG 装配机制建立这样一个工程环境，使所有工程参与者能共享三维设计模型，并以此为基础进行后续开发工作。

18.1.2　制图工作环境

在"应用模块"选项卡中单击"制图"按钮，即可进入 UG NX 12.0 制图工作环境界面，如图 18-1 所示。

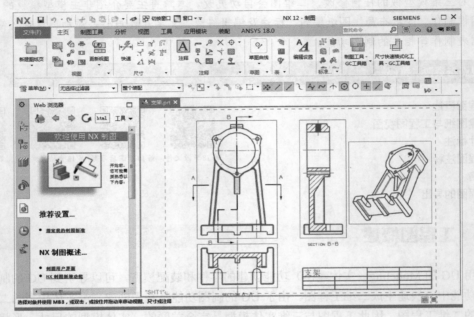

图 18-1

18.2　创建图纸与工程图视图

在 UG 环境中，任何一个三维模型都可以通过不同的投影方法、不同的图样尺寸和不同的比例建立多样的二维工程图。UG 工程图的创建首先是建立图纸，以及图纸中视图的创建。接下来对工程图图纸的建立以及工程视图的创建进行介绍。

18.2.1　建立图纸

图纸的建立可由两个途径来完成。一是在 UG 欢迎界面窗口中单击"新建"按钮，在弹出的"新建"对话框中单击"工作表"按钮，然后在模板列表中选择任意一个模板，在下方的"新文件名"选项区中输入新名称后，单击"确定"按钮，即可创建新的图纸页，如图 18-2 所示。

技术要点：

要创建图纸，可以先打开已有3D模型或在建模环境下设计3D模型，也可以到制图环境中创建基本视图时加载3D模型。

图 18-2

另一种途径是在 UG 建模环境中的"应用模块"选项卡中单击"制图"按钮，随后进入制图环境。进入制图环境的同时，弹出"工作表"对话框。

此对话框中包括了 3 种图纸的定义方式——使用模板、标准尺寸和定制尺寸。

1．使用模板

"使用模板"方式是使用 UG 提供的具有国际标准的图纸模板。此类模板的图纸单位是英寸。在"工作表"对话框中选中"使用模板"单选按钮后，对话框则弹出如图 18-3 所示的选项设置。用户在图纸模板的下拉列表选择一个标准模板后，单击该对话框的"确定"按钮，即可创建标准图纸。

图 18-3

2．标准尺寸

"标准尺寸"方式可以让用户选择具有国家标准的 A0 ～ A4 的图纸模板，并且可以选择图纸的比例、单位和视图投影方式。

该对话框下方的"投影"选项卡，主要是为工程视图设置投影方法。其中"第一角投影"是根据我国《技术制图》国家标准规定，而采用的第一角投影画法；"第三角投影"则是国际标准，程序默认的是"第三角投影"。"标准尺寸"方式的选项设置如图 18-4 所示。

图 18-4

3．定制尺寸

"定制尺寸"方式是用户自定义的一种图纸创建方式。用户可自行输入图纸的长、宽、名称，以及选择图纸的比例、单位、投影方法等。"定制尺寸"方式的选项设置如图 18-5 所示。

图 18-5

18.2.2 基本视图

图纸建立后，在图纸中添加各种基本视图。基本视图包括模型的俯视图、仰视图、前视图、后视图、左视图、右视图、正等轴测图及轴测图。当选择其中的一个视图作为主视图在图纸中创建后，并通过投影再生成其他视图。

创建图纸后，自动弹出"基本视图"对话框。或者在"主页"选项卡上单击"基本视图"按钮，弹出"基本视图"对话框，如图18-6所示。

图 18-6

1. "部件"选项区

该选项区的作用主要是选择部件来创建工程图。如果先加载了部件，再创建工程图，则该部件被收集在"已加载部件"列表中。如果没有加载部件，则通过单击"打开"按钮来打开要创建工程图的部件，如图18-7所示。

图 18-7

2. "视图原点"选项区

该选项区用于确定视图放置点，以及放置主视图的方法，如图18-8所示。该选项区的各选项含义如下。

图 18-8

> 指定位置：在图纸框内为主视图指定原点位置。

> 方法：指定位置的方法。当图纸中没有视图作参照时，只有"快速"方法，当图纸中已经创建了视图，则由此增加了4种方法——水平、竖直、垂直于直线、叠加。

> 水平：选择参照视图后，主视图只能在其水平位置上创建。

> 竖直：选择参照视图后，主视图只能在其竖直位置上创建。

> 垂直于直线：在参照视图中选择直线或矢量，主视图将在直线或矢量的垂直方向上创建。

> 叠加：选择参照视图，主视图的中心将与参照视图的中心重合叠加。

> 光标跟踪：指主视图以光标的放置来确定创建位置。选中此选项，主视图将在X方向或Y方向上确定位置。

3. 模型视图

该选项区的作用是选择基本视图来创建主视图，在其"要使用的模型视图"下拉列表中包括了6种基本视图和两种轴测视图，它们是俯视图、前视图、右视图、后视图、仰视图、左视图、正等轴测视图、正二等视图（也称斜二轴测图），如图18-9所示。

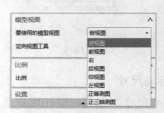

图 18-9

除此之外，还可单击"定向视图工具"按钮，在弹出的"定向视图工具"对话框及"定向视图"模型预览对话框中，自行定义视图的方位，如图 18-10 所示。

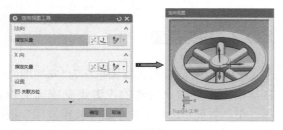

图 18-10

4．缩放

"比例"选项区用于设置视图的缩放比例。在"比例"下拉列表中包括多种给定的比例尺，如 1:2，表示视图缩小至原来的 1/2。如 5:1，表示视图放大为原来的 5 倍，如图 18-11 所示。

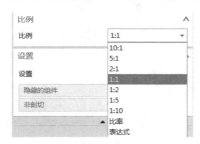

图 18-11

除给定的固定比例值外，UG 程序还提供了"比率"和"表达式"两种自定义形式的比例。在"比例"下拉列表中选择"比率"选项，用户可在随后弹出的比例参数文本框内输入合适的比例值，如图 18-12 所示。

图 18-12

5．设置

该选项区主要用来设置视图的样式。在选项区中单击"视图样式"按钮，然后在随后弹出的"视图样式"对话框中选择视图样式的设置标签进行选项设置，如图 18-13 所示。

图 18-13

动手操作——创建基本视图

操作步骤

01 启动 UG NX 12.0，打开源文件 18-1.prt。

02 在"应用模块"选项卡中单击"制图"按钮，弹出"工作表"对话框，在此对话框中以"标准尺寸"的图纸定义方式，并在"大小"下拉列表中选择 A4—210×297 选项，如图 18-14 所示。

图 18-14

03 保留"工作表"对话框默认的图纸名及其余选项设置，单击"确定"按钮，进入制图环境。

同时弹出"基本视图"对话框。

04 保留默认的放置方法和模型视图，在"比例"选项区的"比例"下拉列表中选择2:1选项，如图18-15所示。

图 18-15

05 按信息提示，在图纸框内为基本视图指定放置位置，如图18-16所示。随后弹出"投影视图"对话框，单击此对话框的"取消"按钮，完成基本视图的创建，创建的基本视图如图18-17所示。

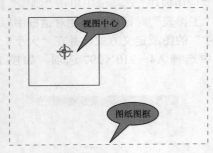

图 18-16

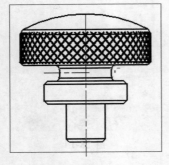

图 18-17

技术要点：

图纸中的视图类型是根据模型在建模环境中的工作坐标系方位来确定的，如TOP视图就是从ZC轴到XC-YC平面的视角视图；LEFT视图是从−XC到YC-ZC平面的视角视图，等等。

18.2.3 投影视图

在机械工程中，投影视图也称为"向视图"。它是根据主视图来创建的投影正交或辅助视图。在"主页"选项卡中单击"投影视图"按钮，弹出"投影视图"对话框，如图18-18所示。

图 18-18

该对话框中各选项区的功能含义介绍如下。

1. 父视图

该选项区的作用是选择创建投影视图的父视图（主视图）。

2. 铰链线

该选项区的功能主要是确定视图的投影方向及投影视图与主视图的关联关系等。选项区的各选项含义如下。

➢ 矢量选项 此选项中包括"快速"和"已定义"。"快速"指用户自定义视图的任意投影方向；"已定义"指通过矢量构造器来确定投影方向。

➢ 反转投影方向：指投影视图与投影方向相反。

> ➤ 关联：选中此复选框，投影视图与诸视图保持关联关系。

3．视图原点

该选项区的作用是确定投影视图的放置位置。选项区中的选项功能与"基本视图"对话框中的"视图原点"选项区相同。

4．移动视图

该选项区的功能是移动图纸中的视图。在图纸中选择一个视图后，即可拖移此视图至任意位置。

5．设置

该选项区的功能与"基本视图"对话框中"设置"选项区相同。

动手操作——创建投影视图

操作步骤

01 打开源文件 18-2.prt。

02 在"主页"选项卡中单击"投影视图"按钮 ，弹出"投影视图"对话框。

03 同时程序自动选择图纸中的模型基本视图作为投影主视图，在"铰链线"选项区中取消选中"反转投影方向"复选框，并以"快速"的方式来确定投影方向。

04 按信息提示，在图纸中如图 18-19 所示的位置上放置第一个投影视图。

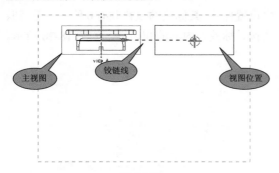

图 18-19

05 在图纸中如图 18-20 所示的位置上放置第二个投影视图。

06 创建出第二个投影视图后，接着在如图 18-21 所示的位置上放置第三个投影视图。

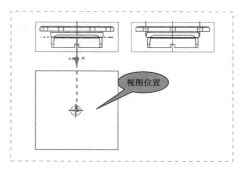

图 18-20

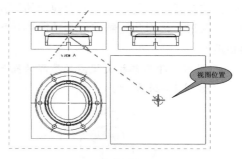

图 18-21

07 最后单击"投影视图"对话框的"关闭"按钮，完成投影视图的创建，结果如图 18-22 所示。

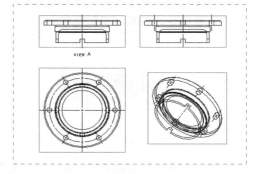

图 18-22

18.2.4 局部放大图

有时，视图中某些细小的部位由于太小，而不能进行尺寸标注或注释等，这就需要将视图中的细小部分放大显示，则单独放大显示的视图就是局部放大视图。在"主页"选项卡中单击"局部放大图"按钮 ，弹出"局部放大图"对话框，如图 18-23 所示。

图 18-23

在该对话框中包含 3 种放大视图的创建类型——圆形、按拐角绘制矩形和按中心和拐角绘制矩形。

➤ 圆形：即局部放大视图的边界为圆形，如图 18-24 所示。

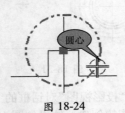

图 18-24

➤ 按拐角绘制矩形：按对角点的方法创建矩形边界，如图 18-25 所示。

图 18-25

➤ 按中心和拐角绘制矩形：以局部放大图的中心点及一个角点来创建矩形边界，如图 18-26 所示。

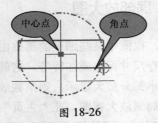

图 18-26

该对话框的各功能选项区的介绍如下。

1．边界

该选项区的功能是确定局部放大图创建类型的参考点，即中心点和拐角点。

2．父视图

该选项区的功能是选择一个视图作为局部放大图的父视图。

3．原点

该选项区的功能是确定局部放大图的放置位置以及局部视图的移动控制等。"原点"选项区的选项设置如图 18-27 所示。

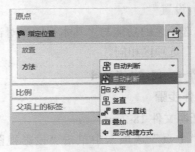

图 18-27

4．比例

该选项区功能是设置局部放大图的比例尺。

5．父项上的标签

该选项区的功能是在局部放大图的父视图中设置标签，其标签的设置共有 6 种——无、圆、注释、标签、内嵌的和边界，如图 18-28 所示。

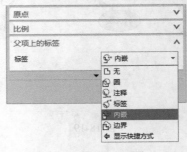

图 18-28

6．设置

该选项区的功能与前面所讲的相同，这里不再赘述。

动手操作——创建局部放大图

　　操作步骤

01 打开源文件 18-3.prt，源文件为已创建了主视图和投影视图的工程图纸，如图 18-29 所示。

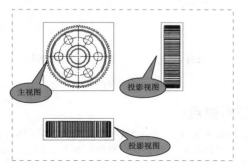

图 18-29

02 在"主页"选项卡中单击"局部放大图"按钮 ，弹出"局部放大图"对话框。

03 保留该对话框的"圆形"创建类型，在图形区中滑动鼠标滚轮将图纸放大，并按信息提示在主视图中选择一个点作为圆形的圆心，如图 18-30 所示。

图 18-30

04 接着在旁边设置一点作为圆形的边界点，如图 18-31 所示。

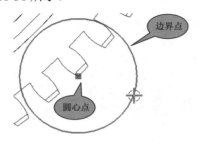

图 18-31

05 在该对话框的"比例"选项区中选择 2:1 选项，在"父项上的标签"选项区中选择"标签"选项，如图 18-32 所示。

图 18-32

06 滑动鼠标滚轮将图纸缩小，然后在图纸的右下角选择一个位置来放置局部放大图，如图 18-33 所示。

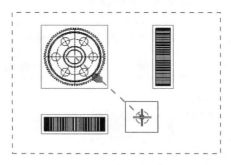

图 18-33

07 在图纸中选择放置位置后，即刻生成局部放大图，如图 18-34 所示。最后单击"局部放大图"对话框的"关闭"按钮，结束操作。

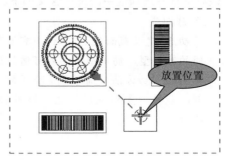

图 18-34

18.2.5　剖切视图

　　在工程图中创建零件模型的剖切视图是为了表达零件内部结构、形状。零件的剖切视图包括全剖视图、半剖视图、旋转剖视图、折叠剖视图、定向剖视图、轴测剖视图、局部剖、展开剖视图等。本节将对这些剖切视图的创建进行详细说明。

1. 全剖视图

用剖切面完全地剖开零件后生成的剖切视图称为"全剖视图"。全剖视图是根据所选的主视图来确定建立的。在"主页"选项卡中单击"剖视图"按钮，弹出"剖视图"对话框，当在图纸中选择一个视图后，"剖视图"对话框则弹出剖切视图的创建与编辑功能命令，如图18-35所示。

图 18-35

该对话框各选项区中的选项含义如下。

（1）截面线

➤ "动态"定义截面线：若零件中有多种不同的孔类型、筋类型等，则可通过选择不同的剖切方法（简单剖／阶梯剖、半剖、旋转、点到点）表达，如图18-36所示。

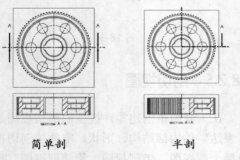

简单剖　　　　　　半剖

图 18-36

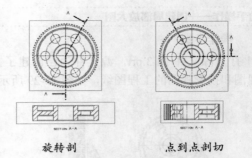

旋转剖　　　　　点到点剖切

续图 18-36

技术要点：

要编辑截面线，可以在关闭创建剖视图的"剖视图"对话框后，双击截面线即可编辑，如图18-37所示。

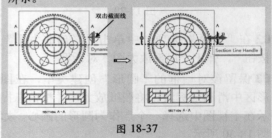

图 18-37

➤ 选择现有的：如果利用"主页"选项卡中"视图"组的"截面线"工具创建了截面线，可以直接选择现有的截面线来创建剖切视图。

（2）铰链线

矢量选项中包括"快速"和"已定义"选项。

➤ "快速"铰链线：程序自动判断剖切方向。单击此按钮，再定义剖切位置后，用户即可随意定义铰链线，如图18-38所示。

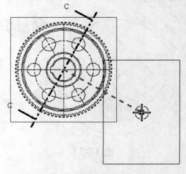

图 18-38

➢ "已定义"铰链线：以指定方向的方式来定义剖切方向，如图 18-39 所示。

➢ 反向 ✕：使剖切方向相反。

➢ 关联：此选项确定铰链线是否与视图相关联。

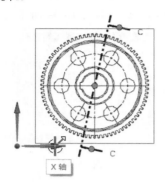

图 18-39

（3）Section Line Segments（部分线段）

➢ 指定位置：当确定剖切线后，此按钮自动激活，即可在图纸中选择截面线中的剖切点并重新放置。

（4）父视图

➢ 选择视图：会自动选择基本视图为父视图，还可以选择其他实体作为剖视图的父视图。

（5）视图原点

➢ 方向：包括正交的、继承方向的和剖切现有的。

➢ 指定位置：指定剖切视图的原点位置，以此放置剖切视图，如图 18-40 所示。

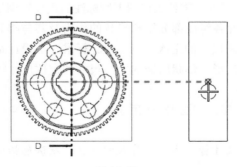

图 18-40

➢ 方法：放置剖切视图的方法，包括水平、竖直、垂直于直线、叠加等。

➢ 对齐：剖切视图相对于父视图的对齐方法，可以基于父视图放置、基于模型点放置和点到点放置等。

➢ 光标跟踪：选中此复选框，可以输入视图原点的坐标系相对位置。

（6）设置

➢ 设置：单击"设置"按钮，可以打开"设置"对话框设置截面线型，如图 18-41 所示。用户可对剖切线的形状、尺寸、颜色、线型、宽度等参数进行编辑。

图 18-41

➢ 非剖切：如果是装配体，可以选择不需要剖切的组件，创建的剖切图将不包括非剖切组件。

2．展开的点和角度剖视图

展开的点和角度剖视图是指通过指定剖切段的位置和角度来创建的视图。这种方式也是先定义铰链线，然后选择剖切位置，并编辑剖切位置处剖切线的角度，最后再指定投影位置并生成剖视图。

3．局部剖

局部剖视图是指通过移除父视图中的一部分区域来创建的剖视图。在"主页"选项卡中单击"局部剖"按钮 ，弹出"局部剖"对话框，如图 18-42 所示。在该对话框的列表中选择一个基本视图作为父视图，或者直接在图纸中选择父视图，将激活如图18-43所示的一系列操作步骤的按钮。

图 18-42

图 18-43

"局部剖"对话框中的选项和按钮的含义如下。

> 创建：此选项是用于创建局部剖视图。
> 编辑：此选项用于编辑创建的局部剖视图。
> 删除：此选项用于删除局部剖视图。
> 选择视图：单击此按钮，即可选择基本

视图作为局部剖视图的父视图。

> 指出基点：基点是用于指定剖切位置的点。
> 指出拉伸矢量：用于指定剖切投影方向。选择基点后，选择矢量的选项功能自动弹出，如图18-44所示。

图 18-44

> 选择曲线：指选择局部剖切的边界，激活此命令，可通过单击"成链"按钮来自动选择，若选择过程中有错误，则单击"取消选择上一个"按钮即可，如图18-45所示。

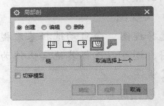

图 18-45

18.3 尺寸标注

尺寸是用来表达零件形状、大小及其相互位置关系的。零件工程图上所标注的尺寸应满足齐全、清晰、合理的要求。标注零件时，一般应对零件各组成部分结构形状的作用及其与相邻零件的有关表面之间的关系有所了解，在此基础上分清尺寸的主次、确定设计标准，从设计基准出发标注主要尺寸，并按形体分析的方法，标注确定形体形状所需的定形尺寸和定位尺寸等非主要尺寸工具。

在制图环境下，用于工程图尺寸标注的"尺寸"组，如图18-46所示。

工具条上各工具的功能含义如下。

> 快速：该工具由系统自动推断出选用哪种尺寸标注类型进行尺寸标注，默认包括所有的尺寸标注形式。
> 线性：该工具用于标注工程图中所选对象之间的水平尺寸、竖直、平行、垂直等。
> 半径：该工具用于标注工程图中所选圆或圆弧的半径尺寸，但标注不过圆心。

图 18-46

原点的位置，作为一个距离的参考点位置，进而可以明确给出所选择对象的水平或垂直坐标（距离）。

"尺寸"组中各工具的对话框功能都有相同的，以一个工具对话框为例说明。在"尺寸"组中单击"快速"按钮，弹出"快速尺寸"对话框，如图 18-47 所示。

图 18-47

- ➢ 角度△：该工具用于标注工程图中所选两直线之间的角度。
- ➢ 倒斜角：该工具用于创建具有 45°的倒斜角尺寸。
- ➢ 厚度：该工具用于创建一个厚度尺寸，测量两条曲线之间的距离。
- ➢ 弧长：该工具用于标注工程图中所选圆弧的弧长尺寸。
- ➢ 周长尺寸：标注圆弧和圆的周长。
- ➢ 坐标：用来在标注工程图中定义一个

制图环境中的零件图尺寸标注方法与草图环境中草图尺寸标注是完全一样的，因此，对标注过程就不再重复介绍了。

18.4 工程图注释

工程图的注释就是在工程图中标注制造技术要求，也就是用规定的符号、数字或文字说明制造、检验时应达到的技术指标，如尺寸公差、表面粗糙度、形状与位置公差、材料热处理及其他方面。本节将对"注释"组上的系列注释工具进行讲解，如图 18-48 所示。

图 18-48

18.4.1 文本注释

"注释"组中的"注释"工具主要用来创建和编辑工程图的注释。单击"注释"按钮，弹出"注释"对话框，如图 18-49 所示。"注释"对话框中各选项区的功能介绍如下。

图 18-49

1. 原点

该选项区用于注释参考点的设置。选项区各选项含义如下。

> 指定位置：为注释指定参考点位置。参考点位置可通过在视图中自行指定，也可单击"原点工具"按钮 Ａ，在弹出的"原点工具"对话框中选择原点与注释的位置关系来确定，如图 18-50 所示。

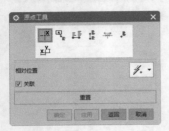

图 18-50

> 自动对齐：用于确定原点和注释之间的关联设置。该下拉列表中包括 3 个选项——关联、非关联和关。"关联"指注释与原点有关联关系，当选择此项时，下方的 4 个复选框全部打开；"非关联"指注释与原点不保持关联关系，当选择此项时，下方仅有"叠放注释"和"水平或竖直对齐"复选框被打开；"关"指将下方的 4 个复选框全部关闭，即注释与原点不保持关联关系。

> 层叠注释：即新注释叠放于参照注释的上、下、左、右，如图 18-51 所示。

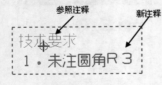

图 18-51

> 水平或竖直对齐：即新注释与参照注释呈水平或竖直放置，如图 18-52 所示。

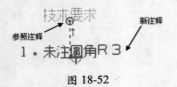

图 18-52

> 相对于视图的位置：新注释以选定的视图中心作为位置参照并放置，如图 18-53 所示。

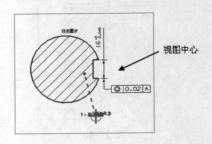

图 18-53

> 相对于几何体的位置：新注释以选定的几何体作为位置参照并放置，如图 18-54 所示。

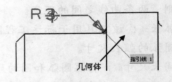

图 18-54

> 捕捉点处的位置：新注释以捕捉点作为参考进行放置。

> 锚点：指光标在注释中的位置，在其下拉列表中包括 9 种光标摆放位置。

2. 指引线

该选项区的作用主要是创建和编辑注释的指引线，其选项设置如图 18-55 所示。

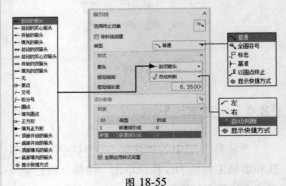

图 18-55

该选项区的各选项含义如下。

➢ 选择终止对象：为指引线选择指引对象，如图 18-56 所示。

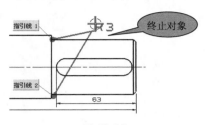

图 18-56

➢ 创建折线：选择此复选框，即可创建折弯的指引线，如图 18-57 所示。

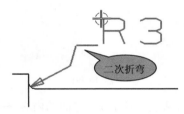

图 18-57

➢ 类型：指引线的类型。其下拉列表中包括 5 种指引线的类型。
➢ 样式：指引线的样式设置。包括箭头的设置、短画线侧的设置和短画线长度的设置。
➢ 添加新集：单击此按钮，添加新的折弯过渡点。
➢ 列表：列出创建的折线。

3. 文本输入

"文本输入"选项区的作用是创建和编辑注释的文本。此选项区的功能设置与前面所介绍的尺寸标注"快速"对话框的文本设置是相同的，因此不再过多介绍。

4. 设置

"设置"选项区主要用于注释文本的样式编辑，设置方法前面已介绍。

18.4.2　形位公差标注

为了提高产品质量，使其性能优良并有较长的使用寿命，除应给定零件恰当的尺寸公差

及表面粗糙度外，还应规定适当的几何精度，以限制零件要素的形状和位置公差，并将这些要求标注在图纸上。在"注释"组中单击"特征控制框"按钮，弹出"特征控制框"对话框，如图 18-58 所示。

图 18-58

"特征控制框"对话框中除"框"选项区外，其余选项区的功能及设置均与前面所讲的"注释"对话框相同，因此这里仅介绍"框"选项区的功能设置。在"框"选项区的各选项组中选择选项来标注的形位公差，如图 18-59 所示。接下来将各个选项组介绍如下。

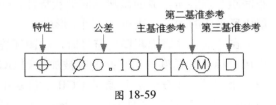

图 18-59

1. 特性

"特性"选项组中包括 14 个形位公差符号。

2. 框样式

"框样式"选项组中包括单框和复合框。单框就是单行并列的标注框；复合框就是两行并列的标注框。

3．公差

"公差"选项组主要用来设置形位公差标注的公差值、形位公差遵循的原则以及公差修饰等。

4．主基准参考

"主基准参考"选项组主要用来设置主基准以及遵循的原则、要求。

5．第一基准参考

"第一基准参考"选项组主要用来设置第一基准以及遵循的原则和要求。

6．第二基准参考

"第二基准参考"选项组主要用来设置第一基准以及遵循的原则和要求。

如图18-59所示的形位公差标注的含义是：公差带是直径为公差值0.10，且以4孔各自的理想位置轴线为轴线的4个圆柱面内的区域。第二基准A遵守最大实体要求，且自身又要遵守包容原则，而基准轴线A对基准平面C又有垂直度ϕ0M要求，故位置度公差是在基准A处于实效边界时给定的，当它偏离实效边界时，4螺孔的理想位置轴线在必须垂直基准平面B的情况下移动。

18.4.3 粗糙度标注

零件的表面粗糙度是指加工面上具有的较小间距和峰谷所组成的微观几何形状特性。一般由所采用的加工方法和其他因素形成。

在首次标注表面粗糙度符号时，制图环境中用于标注粗糙度的工具并没有被加载到UG中。用户要在UG安装目录的UGII子目录中找到环境变量设置文件ugii_env.dat，并用写字板将其打开，将环境变量UGII_SURFACE_FINISH的默认设置由OFF改为ON。保存环境变量设置文件并重新启动UG，然后才能进行表面粗糙度的标注工作。

在"注释"组中单击"表面粗糙度符号"按钮√，弹出"表面粗糙度"对话框，如图18-60所示。

图 18-60

该对话框涉及了3个方面的内容——符号、填写格式和标注方位。

1．符号

该对话框中总共有9个粗糙度符号，可将其分为3类。第一类：零件表面的加工方法。此类符号包括基本符号、基本符号-需要材料移除和基本符号-禁止材料移除。

➢ 基本符号√：表示表面可由任何方法获得。当不加注粗糙度参数或有关说明（例如表面处理、局部热处理状况等）时，仅适用于简化代号标注。

➢ 基本符号-需要材料移除√：基本符号上加一短画，表示表面是用去除材料的方法获得的。例如车、铣、钻、磨、剪切、抛光、腐蚀、电火花加工、气割等。

➢ 基本符号-禁止材料移除√：基本符号及一小圆，表示表面是用不去除材料的方法来获得的。例如铸、冲压变形、热轧、冷轧、粉末冶金等。

第二类是标注参数及有关说明。它包括带修饰符的基本符号、带修饰符的基本符号-需要移除材料和带修饰符的基本符号-禁止移除材料。

➤ 带修饰符的基本符号☑: 表示表面可由任何方法获得，但在符号上需标注说明或参数。

➤ 带修饰符的基本符号 - 需要移除材料☑: 表示表面是用去除材料的方法获得的，但在符号上需要标注说明或参数。

➤ 带修饰符的基本符号 - 禁止移除材料☑: 表示表面是用不去除材料的方法来获得的，但在符号上需要标注说明或参数。

第三类是表面粗糙度要求。它包括带修饰符和全圆符号的基本符号、带修饰符和全圆符号的基本符号 - 需要移除材料和带修饰符和全圆符号的基本符号 - 禁止移除材料。

➤ 带修饰符和全圆符号的基本符号☑: 表示表面是用去除材料的方法获得的，但在符号上需要标注说明或参数，且所有表面具有相同粗糙度要求。

➤ 带修饰符和全圆符号的基本符号 - 需要移除材料☑: 表示表面是用去除材料的方法获得的，但在符号上需要标注说明或参数，且所有表面具有相同粗糙度要求。

➤ 带修饰符和全圆符号的基本符号 - 禁止移除材料☑: 表示表面是用不去除材料的方法来获得的，但在符号上需要标注说明或参数，且所有表面具有相同粗糙度要求。

2. 填写格式

表面粗糙度符号的填写格式所包含的字母以及符号文本、粗糙度、圆括号选项的含义如下。

➤ a1 和 a2: 粗糙度高度参数的允许值（单位为 μm）。

➤ b: 加工方法、渡涂或其他表面处理。

➤ c: 取样长度（单位为 mm）。

➤ d: 加工纹理方向符号。

➤ e: 加工余量（单位为 mm）。

➤ f1 和 f2: 粗糙度间距参数值（单位为 μm）。

➤ 圆括号: 指是否为粗糙度符号添加圆括号，它有 4 种添加方法: 无（不添加）、左（添加在粗糙度符号左侧）、右视图（添加在粗糙度符号右侧）和两者皆是（添加在粗糙度符号两侧）。

➤ Ra 单位: Ra 是指在取样长度内，轮廓偏距的算术平均值，它代表着粗糙度参数值。此单位有两种表示方法，一是以微米为单位的粗糙度；二是以标准公差代号为等级的粗糙度，如 IT。

➤ 符号文本大小（mm）: 粗糙度符号上的文本高度值。

➤ 重置: 重新设置填写格式。

3. 标注方法

表面粗糙度在图样上的标注方法有多种，如下表述。

➤ 符号方位: 指粗糙度符号为水平标注或竖直标注。

➤ 指引线类型: 指粗糙度符号标注时指引线的样式。

➤ 在延伸线上创建☑: 指在模型边的延伸线上或尺寸线上标注的粗糙度符号。

➤ 在边上创建☑: 在模型的边上标注粗糙度符号。

➤ 在尺寸上创建☑: 在标注的尺寸线上标注粗糙度符号。

➤ 在点上创建☑: 在指定的点上标注粗糙度符号。

➤ 用指引线创建☑: 在创建的指引线上标注粗糙度符号。

➤ 重新关联: 重新指定相关联的符号。

➤ 撤销: 撤销当前所标注的粗糙度符号。

18.5　表格

　　"表"组上的工具是用来创建图纸中的标题栏的。一个完整标题栏应包括表格和表格文本。接下来对创建和编辑标题栏的工具进行介绍。

18.5.1 表格注释

"表格注释"指在图纸中插入表格。在"表"组中单击"表格注释"按钮🔲，随后按信息提示在图纸的右下角处指明表格的放置位置，放置后程序自动插入表格，如图 18-61 所示。插入的表格如图 18-62 所示。

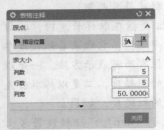

图 18-61

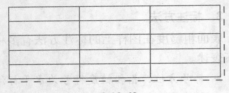

图 18-62

18.5.2 零件明细表

零件明细表用于创建装配工程图中零件的物料清单。在"表"组中单击"零件明细表"按钮🔲，在标题栏上方选择一个位置来放置零件明细表。零件明细表如图 18-63 所示。

图 18-63

18.5.3 编辑表格

所谓"编辑表格"，是指编辑选定的表格单元中的文本。首先选择一个单元格，接着在"表"组中单击"编辑表格"按钮🔲，此时在单元格处弹出文本框。在此文本框中输入正确的文本后，单击鼠标中键或按 Enter 键即可完

成编辑表格的操作，如图 18-64 所示。

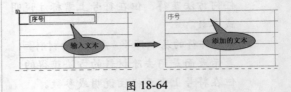

图 18-64

18.5.4 编辑文本

"编辑文本"指使用"注释编辑器"来编辑选定单元格中的文本。首先选择有文本的单元格，然后在"表"组中单击"编辑文本"按钮🔲，弹出"文本"对话框，如图 18-65 所示。通过此对话框中可对单元格中的文本进行文字、符号、文字样式、文字高度等属性的设置。

图 18-65

18.5.5 插入行、列

当标题栏中所填写的内容较多而插入的表格又不够时，就需要插入行或列。插入表格行或列的工具包括"上方插入行""下方插入行""插入标题行""左边插入列"以及"右边插入列"。

1．上方插入行

"上方插入行"指在选定行的上方插入新的行，如图18-66所示，在表格中选中一行，接着在"表"组中执行"上方插入行"命令，随后程序自动在选定行的上方插入新的行。

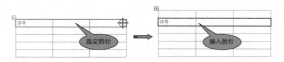

图 18-66

技术要点：

选择行与列时，需要注意光标的选择位置，选择行时，必须将光标靠近所选行的最左端或最右端。同理，选择列时，将光标靠近所选列的顶部或底部，否则不能被选中。

2．下方插入行

"下方插入行"指在选定行的下方插入新的行。操作方法同上。

3．插入标题行

"插入标题行"指在选定行的表格区域顶部或底部插入新的行。如图18-67所示，在表格中选中一行，接着在"表"组上执行"插入标题行"命令，随后程序自动在表格区域的底部插入新的行。

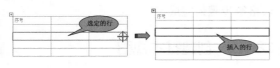

图 18-67

4．左边插入列

"左边插入列"指在选定列的左侧插入新的列。如图18-68所示，在表格中选中一列，接着在"表"组中执行"左边插入列"命令，随后程序自动在选定类的左侧插入新的列。

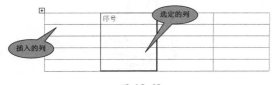

图 18-68

5．右边插入列

"右边插入列"指在选定列的右侧插入新的列。操作方法同"左边插入列"。

18.5.6　调整大小

"调整大小"指调整选定行或选定列的高度或宽度。若选定行，使用"调整大小"工具只能调整其高度值，若选定列，则只能调整宽度值。如图18-69所示，在表格中选中一行，接着在"表"组中单击"调整大小"按钮，并在随后弹出的"行高度"文本框中输入新值10，按 Enter 键，选定行的高度被更改。

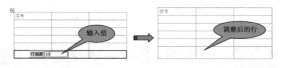

图 18-69

18.5.7　合并或取消合并

"合并单元格"指合并选定的多个单元格。多个单元格的选择方法是在一个单元格中按住左键，然后向左或向右、向上、向下拖曳光标至下个单元格，光标经过的单元格即被自动选中。如图18-70所示，在表格中选中3个单元格后，在"表"组中执行"合并单元格"命令，随后选中的3个单元格被合并为一个单元格。

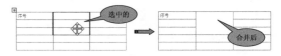

图 18-70

"取消合并单元格"指将合并的单元格拆解成合并前的状态。取消合并单元格的操作过程是选择合并的单元格，然后执行"取消合并单元格"命令，即可将合并的单元格拆解。

18.6 工程图的导出

UG 提供了工程图的导出功能。工程图创建完成后，可将其以图纸的通用格式 DXF/DWG 导出。执行"文件"｜"导出"|AutoCAD DXF/DWG 命令，弹出"AutoCAD DXF/DWG 导出向导"对话框，如图 18-71 所示。

通过该对话框，用户将导出文件的选项如格式、导出数据、导出路径等进行设置后，单击"确定"按钮，即可完成工程图的导出。

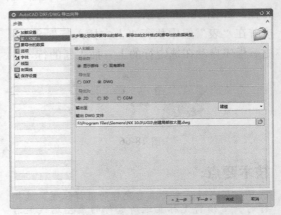

图 18-71

18.7 综合实战——支架零件工程图

◎ **源文件：支架.prt**

◎ **结果文件：支架.prt**

◎ **视频文件：支架零件工程图.avi**

为了更好地说明如何创建工程图、如何添加视图、如何进行尺寸的标注等工程图的常用操作，本节将以实例的方式对整个图纸设计过程进行说明。

本例支架的零件工程图如图 18-72 所示。

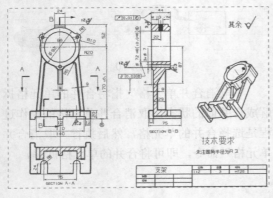

图 18-72

支架零件工程图可分为创建基本视图、创建剖切视图、添加中心线、工程图注释、创建表格等步骤来完成。

18.7.1 创建基本视图

操作步骤

01 启动 UG NX 12.0。在建模环境中打开支架零件文件，打开的支架零件如图 18-73 所示。

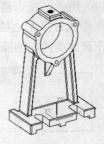

图 18-73

02 在"应用模块"选项卡中执行"制图"命令，进入制图环境。在"主页"选项卡中单击"新建图纸页"按钮📄，弹出"工作表"对话框。在此对话框中选择 A3-297×420 图纸，在下方的"投影"选项组中选择"第一象限角投影"（国家标准）选项，最后单击"确定"按钮，如图 18-74 所示。

图 18-74

03 随后弹出"基本视图"对话框，在该对话框的"比例"选项区的"比率"下拉列表中选择"比率"选项，并将比率更改为 0.8:1，如图 18-75 所示。

图 18-75

04 按信息提示在图纸中选择一个位置来放置主视图，如图 18-76 所示。放置主视图后，再关闭"基本视图"对话框。

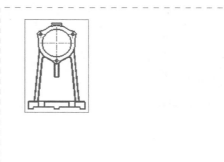

图 18-76

18.7.2 创建剖切视图

操作步骤

01 在"主页"选项卡中单击"剖视图"按钮◉，弹出"剖视图"对话框。

02 在"剖视图"对话框中单击"设置"按钮📊，弹出"设置"对话框。

03 在该对话框的"视图标签"选项区中输入字母 A，在"截面线"选项区的"类型"下拉列表中选择 GB 标准"粗端，箭头远离直线"类型，选择后关闭此对话框，如图 18-77 所示。

图 18-77

技术要点：

可适当设置截面线的线宽，最好设置为 0.35mm。

04 在图纸中选择主视图作为剖视图的父视图，如图 18-78 所示。

技术要点：

当图纸中仅有一个视图时，可以不用选择主视图，默认情况下是自动选择的。仅当图纸中有多个视图时，那么就必须手动选择父视图了。

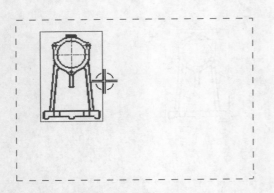

图 18-78

05 按信息提示，在视图上选择一点作为剖切线的位置，如图 18-79 所示。

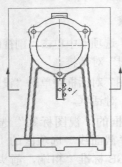

图 18-79

06 在主视图下方放置 A-A 剖切视图，如图 18-80 所示。关闭对话框。

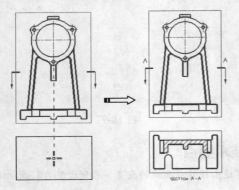

图 18-80

07 重新打开"剖视图"对话框。通过打开"设置"对话框输入字母 B，并将剖切线设为 GB 标准样式。

08 选择主视图作为剖视图的父视图，然后在"剖视图"对话框的"截面线"选项区中选择

"简单剖 / 阶梯剖"方法，并在主视图上选择第一个点，如图 18-81 所示。

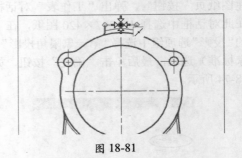

图 18-81

09 接着按信息提示在主视图中选择如图 18-82 所示的中心点，作为剖切段的第二点。

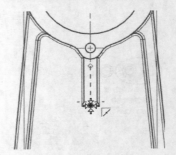

图 18-82

技术要点：

选取第一个点后，必须重新激活Section Line Segments 选项区中的"指定位置"命令，否则自动生成的最简单剖切视图，达不到我们所要求的剖切样式。

10 继续选择第三点，如图 18-83 所示。

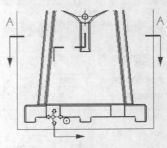

图 18-83

技术要点：

指定第三点后若发现剖切方向非理想方向，需要更改铰链线的"矢量"选项为"已定义"，并指定剖切方向。

11 在主视图右侧放置 B-B 剖视图，如图 18-84
所示。完成后关闭对话框。

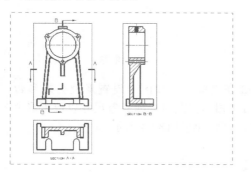

图 18-84

18.7.3　创建中心线

操作步骤

01 在"注释"组的"中心线"下拉列表中选择"2D
中心线"选项⊕，弹出"2D 中心线"对话框。

02 在此对话框中选择"从曲线"类型，然后
在视图中选择对象以创建中心线，如图 18-85
所示。

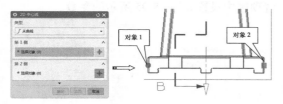

图 18-85

03 在"设置"选项区中将"（C）延伸值"文
本框的值更改为 100，最后单击"确定"按钮，
完成中心线的创建，如图 18-86 所示。

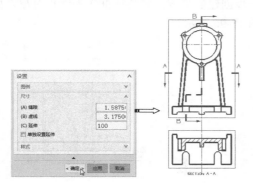

图 18-86

04 同理，在两个视图中创建如图 18-87 所示的
延伸值为 10 的 4 条中心线。

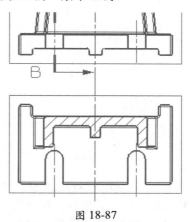

图 18-87

05 在"中心线"工具条中单击"中心标记"
按钮⊕，则弹出"中心标记"对话框，如图
18-88 所示。

图 18-88

06 按信息提示在第一个剖视图中选择两个圆
心作为中心标记参考点，单击"确定"按钮，
创建出中心标记，如图 18-89 所示。

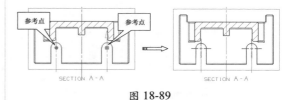

图 18-89

18.7.4　工程图标注

操作步骤

01 使用"尺寸"组上的尺寸标注工具，在 3 个
视图中标注合理的尺寸，标注结果如图 18-90
所示。

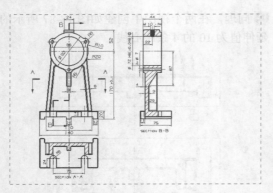

图 18-90

02 在"注释"组中单击"特征控制框"按钮<img>，打开"特征控制框"对话框。首先在"对齐"选项组的"自动对齐"下拉列表中选择"关"选项，如图 18-91 所示。

图 18-91

03 在"框"选项区中设置如图 18-92 所示的参数。

图 18-92

04 在"指引线"选项区中单击"选择终止对象"按钮<img>，然后在剖视图中选择一个参考尺寸，随后自动生成形位公差，如图 18-93 所示。

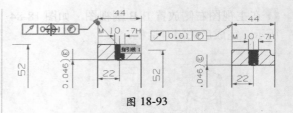

图 18-93

05 在"框"选项区中设置形位公差参数，然后在相同视图中选择参考尺寸以放置形位公差特征框，如图 18-94 所示。

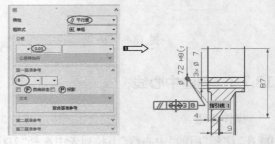

图 18-94

06 在"注释"组上单击"基准特征符号"按钮<img>，弹出"基准特征符号"对话框。在该对话框的"指引线"选项区和"基准标识符号"选项区中设置如图 18-95 所示的参数。

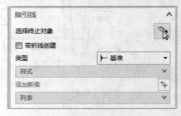

图 18-95

07 单击"选择终止对象"按钮，然后选择上一步创建的形位公差特征框作为终止对象，如图 18-96 所示。

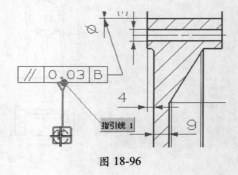

图 18-96

08 同理，在主视图中如图 18-97 所示的尺寸上标注基准符号，符号为 **B**。

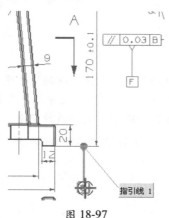

图 18-97

09 使用"表面粗糙度符号"工具，在图纸中如图 18-98 所示的零件实线和尺寸线上（共5处）进行标注。

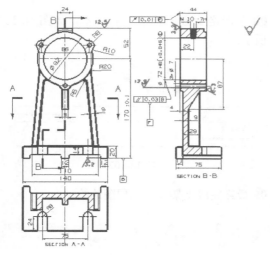

图 18-98

技术要点：

若标注的符号或尺寸看不清，可以参见视频文件或打开源文件。

10 使用"基本视图"工具在图纸右侧插入一个正等轴测图，其视图比率为 0.6：1。并打开"设置"对话框，将"角度"选项区的角度值设置为 35，如图 18-99 所示。

11 旋转视图后的结果如图 18-100 所示。

图 18-99

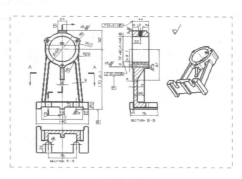

图 18-100

18.7.5 创建表格注释

操作步骤

01 在"表"组中单击"表格注释"按钮，然后在图纸右下角放置表格，如图 18-101 所示。

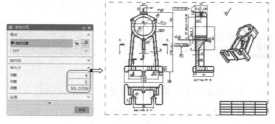

图 18-101

02 使用"表"组中的"左边插入列"工具，添加 3 列单元格至表格中，如图 18-102 所示。

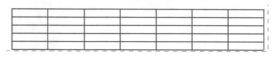

图 18-102

03 使用"合并单元格"工具合并选择的单元格，合并后的效果如图 18-103 所示。

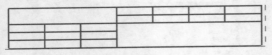

图 18-103

04 添加文本时，先选中单元格，然后在"表"组中单击"编辑文本"按钮，弹出"文本编辑器"对话框。

05 在该对话框的字体下拉列表中选择 chinesef（中文简字体），接着在"字体大小"下拉列表中选择 2.5，然后在文本框内输入"支架"，单击"确定"按钮后，在单元格中生成文本，如图 18-104 所示。

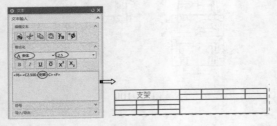

图 18-104

技术要点：

若要在单元格中输入文本，则需要在"文本编辑器"对话框输入文字时，按空格键以调整文本的位置。

06 同理，在表格的其他单元格中也输入文本，如图 18-105 所示。

图 18-105

07 在"注释"组中单击"注释"按钮A，在弹出的"注释"对话框的"文本输入"选项区中设置如图 18-106 所示的参数及文本。

图 18-106

08 在表格上方放置编辑的文本，如图 18-107 所示。

图 18-107

09 最终完成支架零件工程图的绘制。

18.8　课后习题

1. 创建垫片零件工程图

本练习的垫片零件模型如图 18-108 所示。

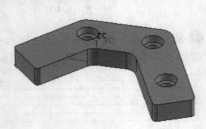

图 18-108

练习步骤及要求：

➤ 开随书素材路径下的零件文件。

➤ 设置 A3 图纸。

➤ 创建主视图、剖视图及轴测图。

➤ 标注零件视图。

创建完成的最终垫片零件工程图结果如图 18-109 所示。

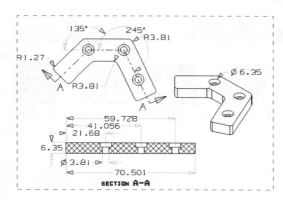

图 18-109

2. 创建多通管零件工程图

本练习的多通管零件模型如图 18-110 所示。

图 18-110

练习步骤及要求：

➤ 打开随书素材路径下的零件文件。

➤ 设置 A2 图纸。

➤ 创建主视图、投影视图、剖视图及轴测图。

➤ 标注零件视图。

➤ 文本注释。

创建完成的最终多通管零件工程图结果如图 18-111 所示。

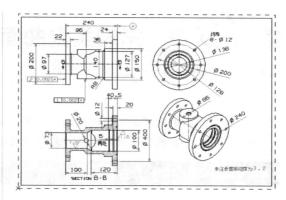

图 18-111

3. 创建齿轮轴零件工程图

本练习的齿轮轴零件模型如图 18-112 所示。

图 18-112

练习步骤及要求：

➤ 打开随书素材路径下的零件文件。

➤ 设置 A4 图纸。

➤ 创建主视图、剖视图及局部放大图。

➤ 工程图注释。

➤ 创建表格。

➤ 文本注释。

创建完成的最终齿轮轴零件工程图结果如图 18-113 所示。

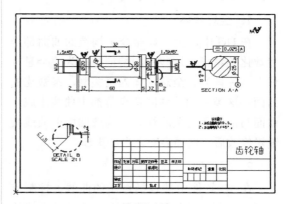

图 18-113

第3篇 产品造型篇

第 19 章 常规类型曲面

常规类型曲面就是常用的拉伸、旋转、点曲面等。这些曲面工具是产品造型的最基本曲面工具，下面我们详解常规曲面的命令及应用。

知识要点与资源二维码

◆ 曲面概述
◆ 拉伸曲面
◆ 旋转曲面
◆ 有界平面
◆ 以点构建曲面

第 19 章源文件　　第 19 章课后习题　　第 19 章结果文件　　第 19 章视频

19.1 曲面概述

　　自由形状特征用于构建用标准建模方法所无法创建的复杂形状，它既能生成曲面，也能生成实体。定义自由形状特征可以采用点、线、片体或实体的边界和表面。

19.1.1 曲面基本概念及术语

　　利用 UG 自由曲面设计功能进行造型设计，需要先了解一些相关的曲面基本概念与术语，这包括全息片体、行与列、曲面阶次、曲面公差、补片、截面曲线及引导曲线等。

1. 全息片体

　　在 UG 中，大多数命令所构造的曲面都是参数化的特征，这些曲面特征被称为"全息片体"（片体）。全息片体为全关联、参数化的曲面。这类曲面的共同特点是都由曲线生成，曲面与曲线具有关联性。当构造曲面的曲线被编辑修改后，曲面会随之自动更新。

2. 行与列

　　在 3D 软件中都包括点做的曲线、控制点曲线和 B 样条曲线等，曲面就是由这些曲线构

成的。我们可以把曲面看作布，布上面有很多经纬线，实际上曲面中也有经纬线。构成曲面的这些经纬线则称为行和列。

　　行定义了片体的 U 方向，而列是大致垂直于片体行的纵向曲线方向（V 方向），如图19-1 所示，6 个点定义了曲面的第一行。

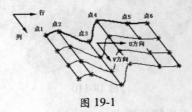

图 19-1

3. 曲面阶次

　　阶次是一个数学概念，表示定义曲面的三元多项式方程的最高次数。UG 程序中使用相同的概念定义片体，每个片体均含有 U、V 两个方向的阶次。UG 中建立片体的阶次必须介于 2～24 之间。阶次过高会导致运算速度变慢，同时容易在数据转换时产生错误。

　　对于高阶片体，要使片体的形状发生可感知的改变，必须把极点移动很长的距离，从这

方面而言，高阶片体更"硬"，低阶片体更"软"，并趋向于更紧密地跟随它们的极点。

4．曲面公差

某些自由曲面特征在建立时使用近似方法，因此需要使用公差来限制。曲面的公差一般有两种：距离公差和角度公差。距离公差是指建立的近似片体与理论上精度片体所允许的误差；角度公差是指建立的近似片体的面法向与理论上的精确片体的面法向角度所允许的误差。

5．补片

补片指构成曲面的片体，在 UG 中主要有两种补片类型。一种是单一补片构成曲面，另一种则是多个片体组合成曲面。

当创建片体时，最好是将用于定义片体的补片数降到最小。限制补片数可以改善下游软件功能运行速度并可产生一个更光滑的片体。

6．截面曲线

截面曲线是指控制曲面 U 方向的方位和尺寸变化的曲线组。可以是多条或者是单条曲线。其不必光顺，而且每条截面线内的曲线数量可以不同，一般不超过 150 条。

7．引导曲线

引导曲线用于控制曲线的 V 方向的方位和尺寸。可以是样条曲线、实体边缘和面的边缘，可以是单条曲线，也可以是多条曲线。其最多可选择 3 条，并且需要 G1 连续。

19.1.2　曲面连续性

在曲面的造型过程中，经常需要关注曲线和曲面的连续性问题。曲线的连续性通常是曲线之间的端点的连续问题，而曲面的连续性通常是曲面的边线之间的连续问题，曲线和曲面的连续性通常有位置连续、斜率连续、曲率连续和曲率变化的连续这 4 种常用类型。

1．位置连续

曲线在端点处连接或者曲面在边线处连接，通常称为 G0 连续，如图 19-2 所示。

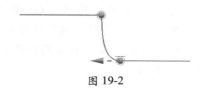

图 19-2

2．斜率连续

对于斜率连续，要求曲线在端点处连接，并且两条曲线在连接的点处具有相同的切向并且切向夹角为 0°。对于曲面的斜率连续要求曲面在边线处连接，并且在连接线上的任何一点，两个曲面都具有相同的法向，斜率连续通常称为 G1 连续，如图 19-3 所示。

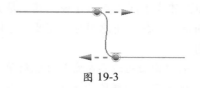

图 19-3

3．曲率连续

曲率连续性通常称为 G2 连续。对于曲线的曲率连续，要求在 G1 连续的基础上，还要求曲线在接点处曲率具有相同的方向，以及曲率大小相同。对于曲面的曲率连接要求在 G1 的基础上还要求两个曲面与公共曲面的交线也具有 G2 连续，如图 19-4 所示。曲率误差是一个相对误差，如果两条曲线的连接点处分别具有曲率 R 和 r，并且 R>r，那么曲率误差的计算方式为：

Error（G2）=2*（R－r）/（r+R）

曲率误差值最大为 2，或者百分比表示为 200%。

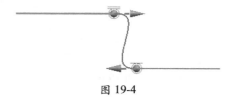

图 19-4

4．曲率的变化率的连续

曲率的变化率的连续通常称为"G3 流连

续"。对于曲线的曲率变化率连续，要求曲线具有 G2 连续，并且曲率梳具有 G1 连续。对于曲面的曲率变化率连续，同样要求具有 G2 连续并且两个曲面与公共曲面的交线也具有 G3 连续，如图 19-5 所示。

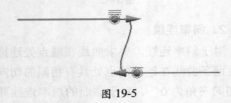

图 19-5

19.1.3 曲面建模的基本原则

曲面建模不同于实体建模，其不是完全参数化的特征。在曲面建模时，需要注意以下基本原则。

➢ 创建曲面的边界曲线尽可能简单。一般情况下，曲线阶次不大于 3。当需要曲率连续时，可以考虑使用五阶曲线。

➢ 用于创建曲面的边界曲线要保持光滑连续，避免产生尖角、交叉和重叠。另外在创建曲面时，需要对所利用的曲线进行曲率分析，曲率半径尽可能大，否则会造成加工困难和形状复杂。

➢ 避免创建非参数化曲面特征。

➢ 曲面要尽量简洁，面尽量做大。对不需要的部分要进行裁剪。曲面的张数要尽量少。

➢ 根据不同部件的形状特点，合理使用各种曲面特征创建方法。尽量采用实体修剪，再采用挖空方法创建薄壳零件。

➢ 曲面特征之间的圆角过渡尽可能在实体上进行操作。

➢ 曲面的曲率半径和内圆角半径不能太小，要略大于标准刀具的半径，否则容易造成加工困难。

19.2 拉伸曲面

拉伸曲面就是沿着矢量拉伸截面所创建的片体类型特征。在"主页"选项卡的"特征"组中单击"拉伸"按钮▦，弹出"拉伸"对话框，如图 19-6 所示。

图 19-6

要创建拉伸曲面，截面必须是开放的，若截面是封闭的，可以在"拉伸"对话框的"设置"选项区中设置体类型为"片体"即可。

动手操作——利用拉伸曲面设计旋钮

作为基本曲面工具，"拉伸"的用途很多，下面用旋钮造型设计来介绍"拉伸"工具的应用方法。实际上，旋钮设计是由曲面工具和实体造型工具箱结合才能完成的。通过此例，我们也将会学习实体造型功能，旋钮造型如图 19-7 所示。

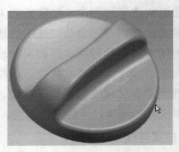

图 19-7

操作步骤

01 新建并命名模型文件，并进入建模环境。

02 在"主页"选项卡的"特征"组中单击"拉伸"按钮 **■**，打开"拉伸"对话框。单击"绘制截面"按钮 **■**，打开"创建草图"对话框，保留默认的 *XC-YC* 基准平面作为草图平面，单击"确定"按钮进入草图环境，如图 19-8 所示。

图 19-8

03 在草图环境中绘制直径为 65 的圆，然后单击"完成"按钮退出草图环境，如图 19-9 所示。

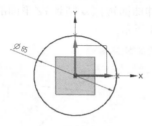

图 19-9

04 返回"拉伸"对话框，设置拉伸深度为 20，输出体类型为"片体"，如图 19-10 所示。

图 19-10

05 单击"确定"按钮完成拉伸曲面的创建，如图 19-11 所示。

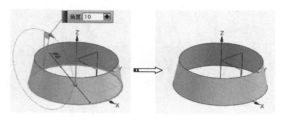

图 19-11

技术要点：

单击"应用"按钮表示下面将继续使用"拉伸"工具来设计特征。同样在利用其他工具进行设计时，如果是连续使用该工具，单击"应用"按钮即可。

06 选择拔模拉伸曲面的底端边线，以此作为新曲面的截面曲线。

07 设置拉伸参数后，单击"应用"按钮完成此拉伸曲面（无拔模）的创建，如图 19-12 所示。

图 19-12

08 继续使用此命令。在图形区选取基准坐标系中的 *XZ* 平面作为草图平面，将直接进入草图环境，如图 19-13 所示。

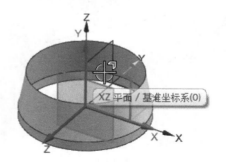

图 19-13

09 绘制如图 19-14 所示的草图截面，然后单击"完成"按钮退出草图环境。

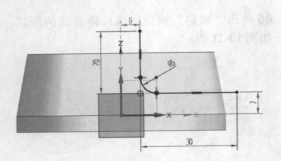

图 19-14

10 退出草图环境后在"拉伸"对话框中设置拉伸参数,最后单击"确定"按钮完成拉伸曲面的创建,如图 19-15 所示。

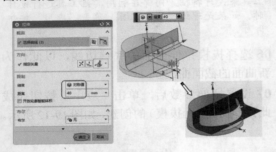

图 19-15

11 接下来对上一步创建的曲面进行变形操作。在"曲面"选项卡的"编辑曲面"组中单击"I 成形"按钮 ,打开"I 成形"对话框。

12 按如图 19-16 所示的操作步骤,完成曲面的变形。

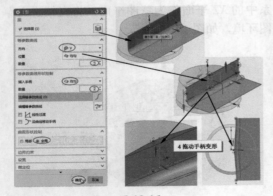

图 19-16

技术要点:

控制手柄的数量有两个,拖曳操作完成时,这两个手柄在俯视图中要重合,使曲面整体变形一致。

13 同理,对拉伸曲面进行 I 变形,过程及结果如图 19-17 所示。

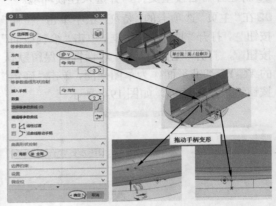

图 19-17

14 执行"插入"|"关联复制"|"镜像几何体"命令,打开"镜像几何体"对话框。然后将变形后的拉伸曲面镜像复制到 *YZ* 平面的另一侧,如图 19-18 所示。

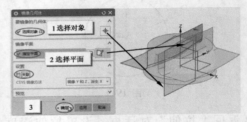

图 19-18

技术要点:

值得注意的是,不能利用"镜像特征"和"镜像面"命令。因为要镜像的对象是变形后的拉伸曲面,而不仅是拉伸曲面。镜像特征仅能镜像拉伸曲面,变形部分是不能镜像的。镜像面是一个增加或减去的操作,当然也就不能用在此处了。镜像几何体可以将曲面、实体等组合体进行镜像。

15 在"曲面"选项卡的"曲面"组的"更多"命令库中单击"有界平面"按钮,打开"有界平面"对话框,然后创建如图 19-19 所示的有界平面。

图 19-19

16 同理，再创建底部的有界平面，如图 19-20 所示。

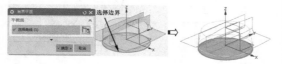

图 19-20

17 在"曲面"选项卡的"曲面操作"组的"更多"命令库中单击"缝合"按钮，打开"缝合曲面"对话框。除变形的拉伸曲面和镜像曲面外，其余面缝合成整体，如图 19-21 所示。

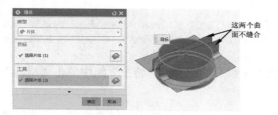

图 19-21

18 在"曲面操作"组中单击 [修剪和延伸] 按钮，打开"修剪和延伸"对话框。选择"制作拐角"类型，再选择缝合的曲面作为目标体，最后选择变形的拉伸曲面作为工具，单击"确定"按钮完成曲面修剪，结果如图 19-22 所示。

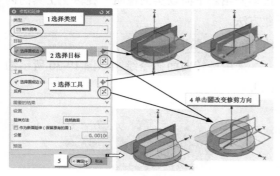

图 19-22

19 同理，再利用"修剪和延伸"命令，用镜像曲面来修剪缝合的曲面，最终结果如图 19-23 所示。

技术要点:

制作拐角后，曲面特征已经自动转变成了实体特征，这是因为"制作拐角"包括了修剪与缝合功能。当所有曲面都缝合后，自然就形成了实体。

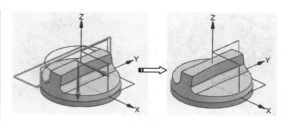

图 19-23

20 在"主页"选项卡的"特征"组中单击"边倒圆"按钮 [图]，打开"边倒圆"对话框。首先创建倒圆半径为 10 的圆角特征，如图 19-24 所示。

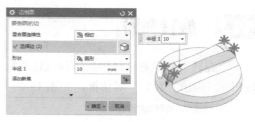

图 19-24

21 创建倒圆半径为 2 的圆角特征，如图 19-25 所示。

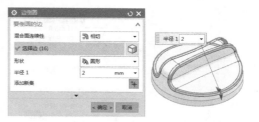

图 19-25

技术要点:

倒圆时我们也要注意，在同一实体上倒圆，操作原则是：先倒圆半径大的，再倒圆半径小的。否则不能按照设计要求进行操作，有时还会出现不能倒圆的问题。如图19-26所示就是不按倒圆原则进行倒圆的情况。

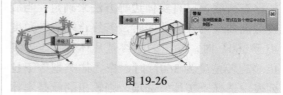

图 19-26

22 在"特征"组中单击"抽壳"按钮 [抽壳]，然后选择底部平面进行抽壳，如图 19-27 所示。

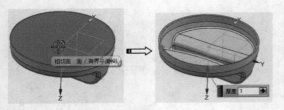

图 19-27

23 最后利用"拉伸"命令，以 *XY* 平面为草图平面，绘制草图并创建出如图 19-28 所示的拉伸实体特征。

24 至此，旋钮造型设计完成。

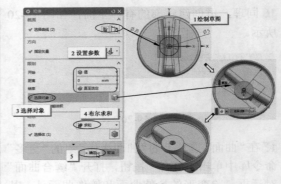

图 19-28

19.3　旋转曲面

"旋转"就是通过绕轴旋转而创建的特征。在"主页"选项卡的"特征"组中单击"旋转"按钮，弹出"旋转"对话框，如图 19-29 所示。

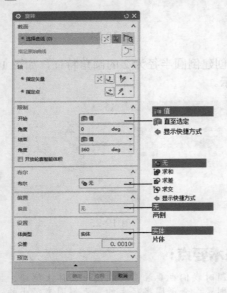

图 19-29

创建旋转体，旋转轴可通过指定矢量、选择已有直线、已有实体边等方法来确定。当旋转截面曲线为开放曲线时，若终止端旋转角度小于360°时，输出的始终是片体特征。若终止端旋转角度为360°时，在"体类型"下拉列表中选择"实体"选项，则输出的就是实体特征；若选择"片体"选项，则输出的就是片体特征。

当旋转截面曲线为封闭曲线时，其旋转角度无论为何值，在"体类型"下拉列表中若选择"实体"选项，则输出的就是实体特征；若选择"片体"选项，则输出的就是片体特征。

该对话框中的选项设置功能与"拉伸"工具对话框的选项设置功能类似，因此不再进行过多介绍。下面以实例说明"旋转"工具的创建方法。

动手操作——漏斗曲面造型

采用旋转曲面命令绘制如图 19-30 所示的图形。

图 19-30

操作步骤

01 新建模型文件进入建模环境。

02 旋转 WCS。双击坐标系，弹出坐标系操控手柄和参数输入框，动态旋转 WCS，如图 19-31 所示。

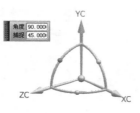

图 19-31

03 绘制草绘。执行"插入"|"在任务环境中绘制草图"命令，选取草图平面为 *XY* 平面，绘制草图如图 19-32 所示。

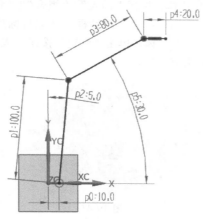

图 19-32

04 创建旋转曲面。在"特征"组中单击"旋转"按钮，弹出"旋转"对话框。选取刚才绘制的草图，指定矢量和轴点，设置创建为片体，结果如图 19-33 所示。

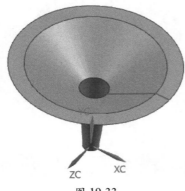

图 19-33

05 调整坐标系。双击坐标系，弹出坐标系的操控手柄和参数输入框，动态旋转 WCS 如图 19-34 所示。

图 19-34

06 绘制平行线。执行"插入"|"曲线"|"基本曲线"命令，弹出"基本曲线"对话框，选取类型为"直线"，先靠近直线并选取直线后，并在距离栏中输入平行距离为 20，单击"确定"按钮即可绘制偏移指定距离的直线，结果如图 19-35 所示。

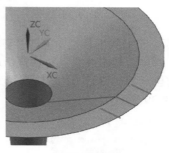

图 19-35

07 绘制圆。执行"插入"|"曲线"|"基本曲线"命令，弹出"基本曲线"对话框，选取类型为"圆"，选取原点为圆心，直径为 300 和曲面边界，结果如图 19-36 所示。

图 19-36

08 修剪。执行"插入"|"曲线"|"基本曲线"命令，弹出"基本曲线"对话框。在"基本曲线"对话框中单击"修剪"按钮，弹出"修剪曲线"对话框，选取要修剪的曲线后，再选取修剪边界，结果如图 19-37 所示。

图 19-37

09 有界平面。执行"插入"|"曲面"|"有界平面"命令，弹出"有界平面"对话框，选取曲线，单击"确定"按钮完成创建，结果如图19-38 所示。

图 19-38

10 绘制圆。在曲线工具栏中单击"基本曲线"按钮，弹出"基本曲线"对话框，选取类型为圆，定位点为（130,0,0），圆直径为20，结果如图 19-39 所示。

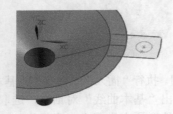

图 19-39

11 修剪片体。在"曲面操作"组中单击"修剪片体"按钮，弹出"修剪片体"对话框，选取曲面为目标片体，再选取圆为边界对象，投影方向为沿指定的矢量，单击"确定"按钮完成修剪，结果如图 19-40 所示。

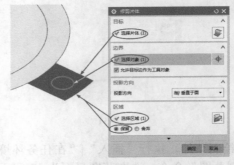

图 19-40

12 缝合片体。执行"插入"|"组合"|"缝合"命令，弹出"缝合"对话框，选取目标片体，再选取工具片体，单击"确定"按钮完成缝合，结果如图 19-41 所示。

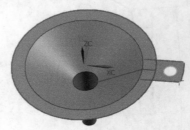

图 19-41

13 隐藏曲线和草图。按Ctrl+W快捷键，弹出"显示和隐藏"对话框，单击曲线栏和草图栏中的"—"按钮，即可将所有的曲线隐藏，结果如图 19-42 所示。

图 19-42

19.4 有界平面

有界平面是通过在平面内的封闭边界来创建的填充曲面。执行"插入"|"曲面"|"有界曲面"命令，弹出"有界平面"对话框。该对话框主要用来设置选取截面曲线的参数，如图 19-43 所示。

图 19-43

动手操作——创建有界曲面

采用有界曲面命令绘制如图 19-44 所示的图形。

图 19-44

操作步骤

01 新建模型文件进入建模环境。

02 绘制矩形。单击"曲线"选项卡"曲线"组中的"矩形"按钮，输入矩形对角坐标点，绘制长为 50、宽为 50 的矩形，如图 19-45 所示。

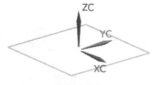

图 19-45

03 拉伸曲面。在"特征"组中单击"拉伸"按钮，弹出"拉伸"对话框，选取刚绘制的曲线，指定矢量，拉伸类型为片体，结果如图 19-46 所示。

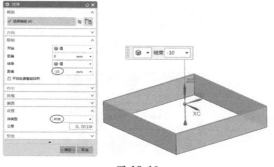

图 19-46

04 拔模偏置曲线。执行"插入"|"来自曲线集的曲线"|"偏置"命令，弹出"偏置曲线"对话框，选择类型为"拔模"，选取要偏置的直线，再输入偏置距离和角度，结果如图 19-47 所示。

图 19-47

05 连接矩形各边的中点。执行"插入"|"曲线"|"基本曲线"命令，弹出"基本曲线"对话框，选取类型为"直线"，选取直线通过的点连接直线，结果如图 19-48 所示。

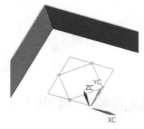

图 19-48

06 绘制直线。执行"插入"|"曲线"|"基本曲线"命令，弹出"基本曲线"对话框，选取类型为"直线"，选取直线通过的点连接直线，结果如图 19-49 所示。

图 19-49

07 创建有界平面。执行"插入"|"曲面"|"有界平面"命令，弹出"有界平面"对话框，选

取曲线，单击"确定"按钮完成创建，结果如图 19-50 所示。

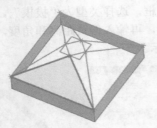

图 19-50

08 创建有界平面。执行"插入"|"曲面"|"有界平面"命令，弹出"有界平面"对话框，采用上一步同样的方式，完成其他有界平面的创建，单击"确定"按钮完成创建，结果如图 19-51 所示。

图 19-51

09 曲面缝合。执行"插入"|"组合"|"缝合"命令，弹出"缝合"对话框，选取目标片体，再选取工具片体，单击"确定"按钮完成缝合，结果如图 19-52 所示。

图 19-52

10 隐藏曲线。按 **Ctrl+W** 快捷键，弹出"显示和隐藏"对话框，单击曲线栏中的"—"按钮，即可将所有的曲线隐藏，结果如图 19-53 所示。

图 19-53

19.5 以点构建曲面

由点构建曲面是通过在空间中的多个点构建曲面，这些点是按一定的规则排列的，只有按线、不规则面、平面等方式进行排列，才能构成合理的曲面。

19.5.1 通过点构建曲面

该命令是通过定义曲面的控制点来创建曲面的，控制点对曲面的控制是以组合为链的方式来实现的，链的数量决定了曲面的圆滑程度。

单击"曲面"选项卡中的"通过点"按钮，弹出如图 19-54 所示的对话框，使用默认的"行阶次"和"列阶次"，单击"确定"按钮。随即弹出如图 19-55 所示的对话框，单击"全部成链"按钮，此时通过选取起始点和结束点来定义链。

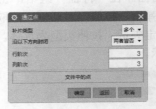

图 19-54

图 19-55

在点云中依次选取链的起始点和结束点。阶次为3的情况需要定义4个链，单击每条链的始点和结束点后，此时形成4个曲线链。随即弹出"过点"对话框，如图19-56所示，单击"所有指定点"按钮即生成曲面。如果单击"指定另一行"按钮，还可以继续增加链来控制曲线。

图 19-56

技术要点：

设置多面片体的封闭方式如果选择了后三者，最后均将生成实体。此外在设置行阶次时，最小的行数或每行的点数是2，并且最大的行数或每行的点数是2，并且最大的行数或每行的点数是25。

动手操作——利用"通过点"工具生成曲面

操作步骤

01 打开源文件 19-4.prt，如图 19-57 所示。

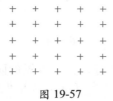

图 19-57

02 执行"插入"|"曲面"|"通过点"命令，弹出"通过点"对话框，如图 19-58 所示。

图 19-58

03 单击"确定"按钮，弹出"过点"对话框。单击"在矩形内对象成链"按钮，弹出"指定点"对话框。

04 移动鼠标到绘图区，单击第一行的左上角，移动鼠标到第一行右下角后并单击，形成一个矩形，再根据提示选择第一点和最后一点，按如图 19-59 所示的操作步骤执行。

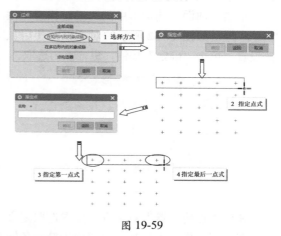

图 19-59

技术要点：

由于使用"在矩形内对象成链"模式，为了方便选择点需要把视图方位调整到正确位置（俯视图）。

05 参照步骤4选取剩下的3行点，弹出"过点"对话框，如图 19-60 所示。

图 19-60

06 单击"指定另一行"按钮，参照步骤4选取剩下的一行点，

07 单击"所有指定的点"按钮，完成退出"过点"对话框。通过点曲面创建完成，如图 19-61 所示。

图 19-61

19.5.2 从极点构建曲面

该方式与通过点方式构造曲面类似，不同之处在于选取的点，将成为曲面的控制极点。

单击"曲面"选项卡中的"通过极点"按钮，弹出如图 19-62 所示的对话框，使用默认设置。单击"确定"按钮，进行点的选取。

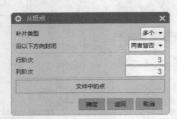

图 19-62

弹出"点构造器"对话框，要求选取定义点，在绘图工作区中依次选取要成为第一条链的点。选取完成后，在"点构造器"对话框中单击"确定"按钮。此时弹出"指定点"对话框，单击"是"按钮，接受选取的点，完成第一条链的定义。

使用同样的方法，在绘图工作区中创建其他的 3 条链。当定义了 4 条链后，程序将弹出"从极点"对话框，单击"所有指定点"按钮，随即生成曲面，该曲面是由极点控制的。

动手操作——利用"从极点"工具生成曲面

操作步骤

01 打开源文件 19-5.prt，如图 19-63 所示。

图 19-63

02 执行"插入"｜"曲面"｜"从极点"命令，弹出"从极点"对话框，如图 19-64 所示。

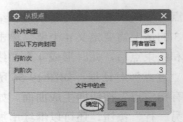

图 19-64

技术要点：

每行或列的点数要大于对应的阶次数才能顺利完成极点曲面（例如行阶次数为3列阶次数为4，那么一行至少要有4个点，至少5列）。

03 单击"确定"按钮，弹出"点"对话框。按照如图 19-65 所示的操作步骤，从左到右依次单击第一行的点，直到选择完最后一个，如此循环做完 4 行。

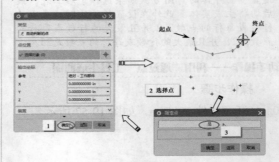

图 19-65

04 选取完第 4 行，大于设置的阶次数以后，弹出"从极点"对话框，单击"指定另一行"按钮，弹出"点"对话框，选取第 5 行。选取完毕之后，单击"确定"按钮，弹出"指定点"对话框，单击"是"按钮，弹出"从极点"对话框，按照如图 19-66 所示的操作步骤完成剩下的 3 行点。

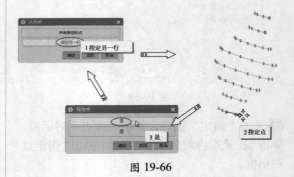

图 19-66

05 选取完所有的点后，弹出"从极点"对话框。单击"所有指定的点"按钮，从极点创建曲面完成，如图 19-67 所示。

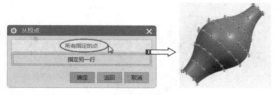

图 19-67

19.5.3 四点曲面

四点曲面命令即在空间中指定 4 点创建曲面，其中四点的位置只要不在同一直线上。四点曲面是一种典型的直纹面，指定点时的规则为逆时针方向，通过点构造器完成点的指定。点的指定需要遵循以下条件。

➢ 在同一条直线上不能存在 3 个选定点。

➢ 不能存在两个相同的或在空间中处于完全相同位置的选定点。

➢ 必须指定 4 个点才能创建曲面。如果指定 3 个点或不到 3 个点，则会显示出错消息。

动手操作——创建四点曲面

操作步骤

01 打开源文件 19-6.prt。

02 执行"插入"|"曲面"|"四点曲面"命令，弹出"四点曲面"对话框，如图 19-68 所示。

图 19-68

03 移动鼠标到绘图区，按逆时针指定 4 点，如图 19-69 所示。

04 单击"确定"按钮，退出"四点曲面"对话框。

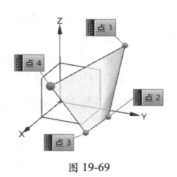

图 19-69

技术要点：

在指定点的过程中，如有指定错误，单击对应错误点的按钮之后重新指定位置，替换原来的点。

19.5.4 整体突变

"整体突变"指利用矩形对角点的方法先创建一个矩形平面，然后再通过拉长、折弯、歪斜、扭转、移位等动态操作来编辑此面，最终获得一个具有复杂形状的曲面。在"曲面"选项卡中单击"整体突变"按钮，弹出"点"对话框。

此时程序要求定义两个点来作为矩形框的对角点，创建两个点后，程序以矩形框为边界自动创建出矩形曲面，如图 19-70 所示。

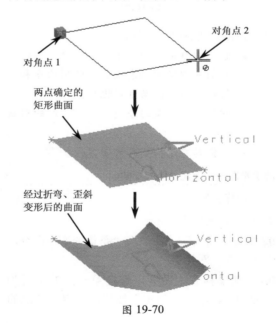

图 19-70

同时，弹出"整体突变形状控制"对话框，如图19-71所示。通过此对话框，设置控制方法及曲面阶次后，再拖曳各选项的滑块即可创建用户所需的变形曲面（图19-70中）。

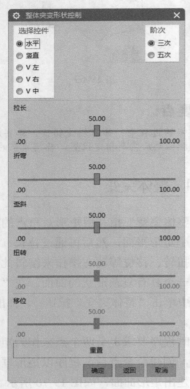

图 19-71

整体突变有以下特性。

➤ 它们的自由度数很小，因此便于编辑。

➤ 它们可以实时动态编辑（使用曲率和反射线分析来协助可视化）。

➤ 它们具有内置的理想、而可预测的形状属性。

➤ 它们具有结构感和可重复性。

动手操作——创建整体突变曲面

操作步骤

01 打开源文件 19-7.prt。

02 执行"插入"|"曲面"|"整体突变"命令，弹出"点"对话框。

03 移动鼠标到绘图区，指定第一点的位置为（0,0,0）。单击"确定"按钮，指定第二点的

位置为（100,50,0），如图 19-72 所示。

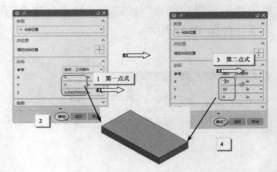

图 19-72

04 指定第二点的位置后，弹出"整体突变形状控制"对话框。

05 首先设置整体突变形状控制水平方向，拖曳折弯滑块到 75 左右、拖曳歪斜滑块到 25 左右。再单击"竖直"单选按钮，设置整体突变形状控制竖直方向，拖曳折弯滑块到 70 左右。单击"确定"按钮，退出"整体突变形状控制"对话框，完成的曲面如图 19-73 所示。

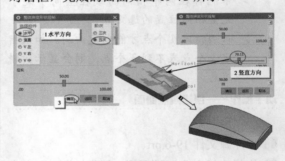

图 19-73

06 执行"插入"|"同步建模"|"替换面"命令，弹出"替换面"对话框，对长方体表面进行替换，具体的操作步骤如图 19-74 所示。

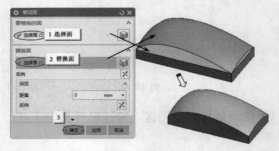

图 19-74

19.6 综合实战——电动剃须刀外壳造型

◎ 源文件：剃须刀外壳.prt

◎ 结果文件：剃须刀外壳.prt

◎ 视频文件：剃须刀外壳造型.avi

电动剃须刀的上、下面壳是由造型曲面构成的。因此在本节中将详细讲解前、下壳体的曲面建模设计过程。电动剃须刀的上、下面壳模型，如图19-75所示。

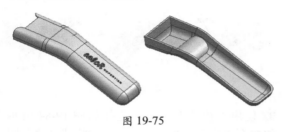

图 19-75

19.6.1　设计分析

电动剃须刀外壳分上、下壳体，造型思路是：造型时先造型整体曲面，然后再进行拆分，最后分别建立上下壳体的结构和外观。

1．整体曲面造型

在整体曲面造型过程中，主要利用"拉伸""修剪和延伸""拆分体"等工具来完成操作，如图19-76所示。

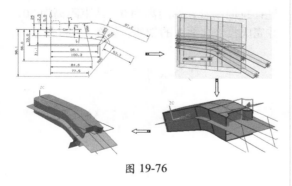

图 19-76

2．下壳体造型

将整体曲面通过制作拐角由曲面转换成实体后进行拆分，变成上、下外壳的实体模型。接下来进行下壳体的造型设计，这里我们将会用到"拉伸""修剪体""抽取曲面""修剪的片体""加厚""抽壳""减去"等工具，如图19-77所示。

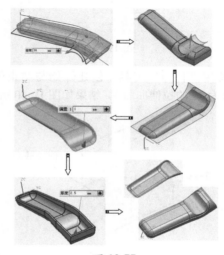

图 19-77

3．上壳体造型

拆分后的上壳体部分此时也是一个实体而非壳体，我们将会利用"抽壳""边倒圆""文本""拉伸"等工具完成上壳体的造型，如图19-78所示。

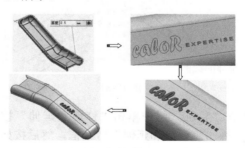

图 19-78

19.6.2　整体曲面造型

操作步骤

01 打开源文件"剃须刀外壳 .prt"。

02 使用"草图"工具，以 *ZC-XC* 基准平面为草图平面，进入草绘模式绘制如图 19-79 所示的草图曲线。

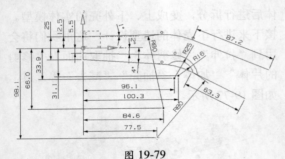

图 19-79

03 使用"拉伸"工具，创建开始与结束的距离都为 70 的拉伸曲面 1，结果如图 19-80 所示。

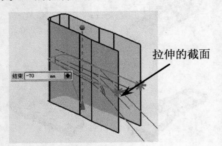

图 19-80

04 使用"拉伸"工具，创建开始、结束距离都为 30 的拉伸曲面 2，结果如图 19-81 所示。

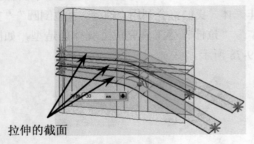

图 19-81

05 在"特征"组中单击"修剪和延伸"按钮，弹出"修剪和延伸"对话框。然后按如图 19-82 所示的操作步骤来修剪拉伸曲面 1。

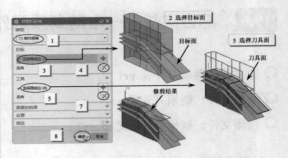

图 19-82

06 同理，选择如图 19-83 所示的拉伸曲面 2，并进行修剪。

图 19-83

07 使用"拉伸"工具，选择如图 19-84 所示的曲面作为草图平面，进入草绘模式创建草图曲线。

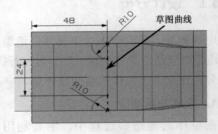

图 19-84

08 退出草绘模式后，对草图截面向默认方向进行拉伸，且开始距离为 0、结束距离为 30，并完成拉伸曲面 3 的创建，如图 19-85 所示。

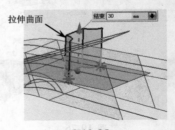

图 19-85

09 使用"修剪和延伸"工具，对先前修剪后的曲面进行再次修剪，如图 19-86 所示。

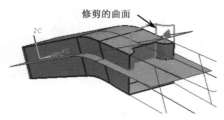

图 19-86

10 使用"拉伸"工具，选择 *ZC-XC* 基准平面作为草图平面，进入草绘模式绘制如图 19-87 所示的草图曲线。

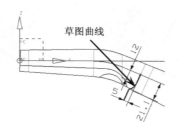

图 19-87

11 退出草图模式后，对草图截面向默认方向进行拉伸，且开始距离为 30、结束距离为 −30，创建完成的拉伸曲面 4，如图 19-88 所示。

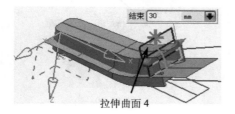

图 19-88

12 使用"特征操作"工具条上的"拆分体"工具，选择上一步创建的拉伸曲面 4 作为刀具面，将"修剪和延伸"操作后的曲面进行拆分，如图 19-89 所示。

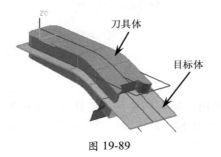

图 19-89

13 使用"修剪和延伸"工具，选择拉伸曲面作为刀具面，对拆分后的下壳体曲面进行修剪，如图 19-90 所示。

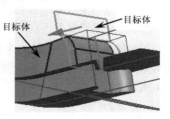

图 19-90

14 使用"抽取"工具，从如图 19-91 所示的拉伸曲面中抽取与原曲面相等的曲面。

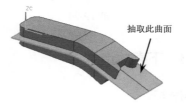

图 19-91

15 使用"修剪和延伸"工具，选择拉伸曲面作为刀具面，对拆分后的上壳体曲面进行修剪，如图 19-92 所示。

图 19-92

16 使用"修剪和延伸"工具，选择抽取曲面作为刀具面，对拆分后的下壳体曲面进行修剪，如图 19-93 所示。

图 19-93

技术要点：

使用"修剪与延伸"工具修剪曲面，将使余下的目标曲面和刀具自动缝合成一个整体，若是封闭曲面完全缝合，则会生成实体。因此，当修剪完成上、下盖曲面后，则分别生成了实体特征。

17 使用"边倒圆"工具，对自动生成的实体进行圆角处理，且圆角半径为10，倒圆角结果如图 19-94 所示。

图 19-94

19.6.3 下壳体造型

操作步骤

01 使用"拉伸"工具，选择如图 19-95 所示的草图曲线向默认方向进行拉伸，且拉伸的开始距离和结束距离均为30。

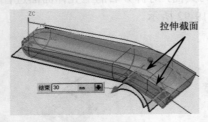

图 19-95

02 使用"修剪体"命令，以小圆弧曲面作为刀具面来修剪如图 19-96 所示的实体。

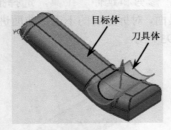

图 19-96

03 使用"抽取曲面"工具，选择如图 19-97 所示的实体表面进行复制。

图 19-97

04 使用"修剪的片体"工具，选择抽取的曲面作为目标片体，选择拉伸曲面 5 作为边界对象，修剪的结果如图 19-98 所示。

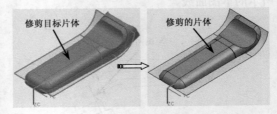

图 19-98

05 使用"特征"组中的"加厚"工具，对修剪的抽取曲面进行加厚处理，其厚度为1，结果如图 19-99 所示。

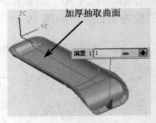

图 19-99

06 使用"抽壳"工具，对下壳实体进行抽壳，抽壳厚度为2.5，结果如图 19-100 所示。

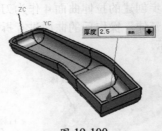

图 19-100

07 使用"减去"工具，选择如图 19-101 所示的目标体和刀具体进行减去运算，减去后得到两个实体。

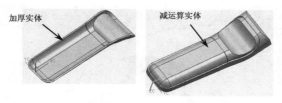

图 19-101

08 使用"边倒圆"工具，对下壳体中的加厚实体进行倒圆角处理，且圆角半径为1，如图 19-102 所示。

图 19-102

19.6.4 上壳体造型

操作步骤

01 使用"抽壳"工具，对上壳实体进行抽壳，抽壳厚度为2.5，结果如图 19-103 所示。

图 19-103

02 使用"文本"工具，在上壳体表面上创建 Calor 文本，如图 19-104 所示。在确定锚点位置时，需要在"选择条"工具条上单击"面上的点"按钮。

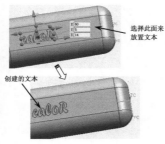

图 19-104

03 同理，再使用"文本"工具，在上壳体表面创建 EXPERTISE 文本，如图 19-105 所示。

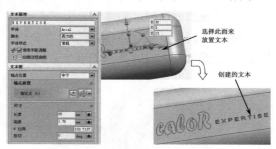

图 19-105

04 使用"拉伸"工具，选择文本作为拉伸截面，创建出拉伸距离为0.5的文本实体特征，如图 19-106 所示。

图 19-106

05 至此，手柄上、下壳体设计已完成，如图 19-107 所示。最后将结果保存。

图 19-107

19.7 课后习题

1. 水壶曲面造型

利用"拉伸""通过网格曲线""旋转"等工具,创建如图 19-108 所示的水壶曲面模型。

图 19-108

2. 足球曲面造型

使用"拉伸""旋转""球体""修剪体""偏置"等工具创建如图 19-109 所示的足球曲面模型。

图 19-109

3. 耳机曲面造型

使用"拉伸""旋转""修剪体""管道""边倒圆""阵列"等工具创建如图 19-110 所示的耳机曲面模型。

图 19-110

第 *20* 章　高级曲面指令一

对于那些产品外形或结构比较复杂的设计，我们会经常使用 UG NX 12.0 的网格曲面功能。网格曲面功能包括直纹、通过曲线组曲面、通过曲线网格、艺术曲面等，本章将分别进行详解。

知识要点与资源二维码

◆　直纹曲面
◆　通过曲线组曲面
◆　通过曲线网格
◆　艺术曲面
◆　N边曲面

第 20 章源文件　第 20 章课后习题　第 20 章结果文件　第 20 章视频

20.1　直纹曲面

直纹面命令可以通过两条曲线链创建曲面或实体，所创建的曲面呈现绷紧状态。选择的对象可以是曲线、边缘、点等，其中两组曲线之间不可以交叉，方向也要一致。由于创建曲面的曲线的类型比较多，直纹面上有多种对齐方式，如：参数、圆弧长、根据点等。

在"曲面"选项卡"曲面"组的"网格曲面"下拉列表中单击"直纹"按钮 ，弹出"直纹"对话框，如图 20-1 所示。

图 20-1

创建直纹面的相关参数含义如下：

➢ 截面线串 1、截面线串 2：截面线串是

创建直纹曲面的两个必要条件，线串可以是单条曲线，也可以是组合曲线。

➢ 保留形状：使用保留锐边（角），覆盖逼近输出曲面的默认值，仅用于参数和根据点。一般和点、参数对齐配合使用。如果要使用其他对齐方式则不要选中。

➢ G0（位置）：指定输入的曲线和创建的曲面之间的最大距离，公差越小创建的曲面越精确，但是计算的时间会增加，成功率会降低。

➢ 对齐：截面线串的对齐方式。

➢ 参数：沿定义的曲线将等参数的形式分段，使用每条曲线的长度。一般使用在两曲线链曲线数量一致且形状相似的情况下。

➢ 圆弧长：沿定义的曲线将等圆弧长的形式分段，使用整个曲线链的长度，如图 20-2 所示。一般使用在两曲线链内部曲线相切的情况下。

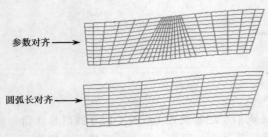

图 20-2

> 根据点：沿定义的曲线将以定义的点形
  式分段，中间为直线段。主要用于两曲
  线链曲线数量不一致，且有锐边的情况
  下创建直纹面，如图 20-3 所示。

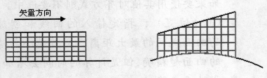

图 20-3

技术要点：

建议尖角处包含对齐点。否则，软件将创建高曲
率、有光顺拐点的体来逼近这些拐角，在这些拐
角或面上执行的任何后续特征操作（如倒圆、抽
壳操作），可能会由于该曲率而失败。

> 距离：在指定方向上将点沿每个截面以
  相等的距离隔开。这样会得到全部位于
  垂直于指定方向矢量的平面内的等参数
  曲线，如图 20-4 所示。

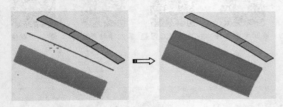

图 20-4

> 角度：在所指定的轴线周围将曲线以
  相等的角度形式划分，这样得到所有在
  包含轴线的平面内的等参数曲线。曲面
  的范围取决于定义曲线：曲面继续直到
  它到达一条定义曲线的终点为止，如图
  20-5 所示。

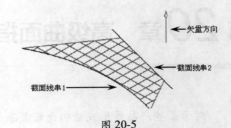

图 20-5

> 脊线：它距离对齐的演变，在指定的参
  照曲线方向上将每条曲线以相等的距离
  隔开，得到全部垂直于参照曲线的等参
  数的段，如图 20-6 所示。

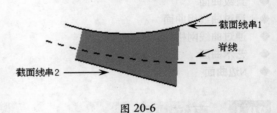

图 20-6

动手操作——钻石造型

本实例操作主要是练习直纹面的参数与点
对齐区别，设计出钻石的造型，如图 20-7 所示。
钻石由 3 部分组成，上多面体、拉伸面、下多
面体构成。需要使用两次直纹面命令和一次拉
伸命令才能完成。

操作步骤

01 执行"插入"｜"曲线"｜"多边形"命令，
弹出"多边形"对话框，如图 20-7 所示。

图 20-7

02 输入多边形的侧面数为 8。单击"确定"按
钮，弹出"多边形"对话框，单击"外接圆半径"
按钮，弹出"多边形尺寸"对话框，如图 20-8
所示。

图 20-8

03 创建第一个八边形，如图 20-9 所示。

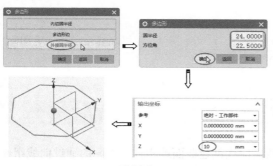

图 20-9

04 然后创建出第二个八边形，如图 20-10 所示。

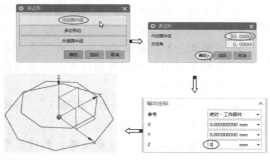

图 20-10

05 单击"直纹"按钮 ，弹出"直纹"对话框。移动鼠标到绘图区，选择截面线串 1，操作过程如图 20-11 所示。在截面线串 2 组单击"选择曲线"按钮，或者按鼠标中键，选择截面线串 2。

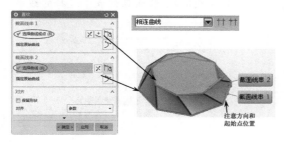

图 20-11

06 在"对齐"选项区的"对齐"下拉列表中选择"根据点"选项，单击"指定点"按钮，在直线中间增加点创建新的直纹边缘，并拖曳点使一个面均匀划分为两个三角形面，依次完成 7 个点，操作过程如图 20-12 所示。

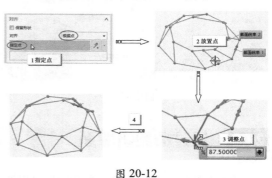

图 20-12

07 单击"确定"按钮，退出"直纹"对话框。

08 单击"拉伸"按钮 ，弹出"拉伸"对话框。使用曲线规则为面的边缘，选择底部面作为拉伸的对象。在限制文本框输入拉伸高度为 6，操作步骤如图 20-13 所示。单击"确定"按钮，退出"拉伸"对话框。

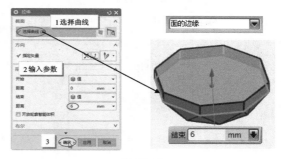

图 20-13

09 执行"插入"｜"基准 / 点"｜"点"命令，弹出"点"对话框，在坐标（0,0,−50）处创建一点。

10 单击"直纹"按钮 ，弹出"直纹"对话框，移动鼠标到绘图区，选择截面线串 1 为点，选择截面线串 2 为底部面边缘，操作过程如图 20-14 所示。单击"确定"按钮，退出"直纹"对话框。

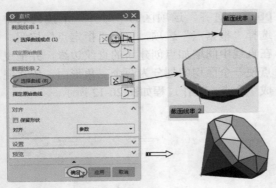

图 20-14

11 单击"合并"按钮⚙，弹出"合并"对话框。单击任意实体为目标，单击刀具的"选择体"按钮，选择其他实体为刀具。单击"确定"按钮，退出"合并"对话框。

20.2 通过曲线组曲面

通过曲线组命令和直纹面命令同样可以通过两条曲线创建曲面或实体，不同的通过曲线组命令能选择更多的曲线链，但是通过曲线组命令能完全代替直纹面命令。

单击"曲面"组中的"通过曲线组"按钮⚙，弹出"通过曲线组"对话框，如图20-15所示。

图 20-15

"通过曲线组"对话框选项的含义如下。

1. 截面

截面作用是设置选择曲线的方法、管理曲线等。它包含选择曲线、反向、添加新集等命令，如图20-16所示，具体的含义如下。

➤ 选择曲线🔲：截面线串可以由一个对象或多个对象组成，并且每个对象既可以是曲线、实体边，也可以是实体面，最多150个截面线串。如果是点仅用于第一个截面的点。

➤ 反转✖：各个截面的方向。为了生成最光顺的曲面，所有截面线串都必须指向相同的方向。

➤ 指定原点曲线➤：俗称"起始点"，多曲线对齐的端点作用十分重要。

➤ 添加新集✦：将当前截面添加到模型中并创建一个新的空截面，还可以在选择截面时，通过按鼠标中键来添加新集。

➤ 列表：显示所选的截面线串。

➤ 上移／下移线串⬆：重排序线串。选择一个线串，然后根据需要单击相应的按钮，将其在列表中向上或向下移动。

➤ 移除线串✖：移除在列表中选择的线串。

图 20-16

2. 连续性

选择开始的曲线链或结束的曲线链截面处的约束面，然后可以指定连续性，如图 20-17 所示。连续性可以从 G0 到 G2，如图 20-18 所示。

图 20-17

图 20-18

3. 对齐

通过定义对齐类型，调整隔开创建曲面的等参数曲线。由于通过曲线组对齐类型大部分和直纹面命令相同，本节只讲解根据分段。

> 根据分段：与参数对齐方法相似，只是软件沿每条曲线段等距隔开等参数曲线，而不是按相同的圆弧长参数间隔隔开。此方法产生的补片的数量与段数相同。

> 样条点：使用输入曲线的点和相切值生成曲面。新的曲面需要通过定义输入曲线的点，而不是曲线本身。这样更改曲线参数并且生成光顺的曲面。当更改曲线参数时，相切值保持不变。当生成样条点曲面时，截面线串必须为单个 B 曲线，每条都带有相同数量的定义点。

4. 输出曲面选项

输出曲面选项主要是设置补片类型、V 向封闭、垂直于终止截面等。如图 20-19 所示，具体的参数含义如下。

图 20-19

> 补片类型：创建单个补片、多个补片、匹配线串的曲面，一般使用多个补片得到更加自然的曲面。

> V 向封闭：使用的曲线链数大于等于 3 使用多个补片，而且起始和结束没有约束的情况下，可以将开放的曲面封闭。当"V 向封闭"为开时，片体沿列（V 向）方向封闭。如果截面线串处于封闭状态并且该选项启用时，软件将创建一个实体，如图 20-20 所示。

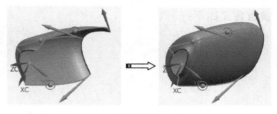

图 20-20

> 垂直于终止截面：使用于输出的曲面起始和结束垂直于对应的曲线链，此时连续性将无效，如图 20-21 所示。

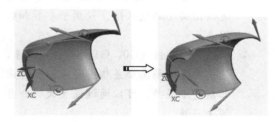

图 20-21

> 构造：创建曲面的方式，一共有 3 种类型——法向、样条点和简单。具体的含义如下：

• 法向：使用标准步骤建立曲线网格曲面，和其他的"构造选项"相比，将使用更多数目的补片来创建体或曲面。

• 样条点：通过为输入曲线使用点和这些点处的斜率值来创建体，对于此选项，选择的曲线必须是有相同数目定义点的单根 B 曲线。这些曲线通过它们的定义点临时重新参数化（保留所有用户定义的相切值），然后这些临时的曲线用于创建体。这有助于用更少的补片创建更简单的体。

- 简单：建立尽可能简单的曲线网格曲面，带有约束的简单曲面尽可能避免插入额外的数学成分，从而减少曲率的突然更改，简单曲面还使曲面中的补片数和边界杂质最小化。

5. 设置

主要是设置曲面的阶次、重新构造和公差。它和直纹面不同的是多阶次可以得到直纹和各种光顺等级的曲面，如图20-22所示。具体的参数含义如下：

图 20-22

- 保留形状：使用在保留锐边，覆盖逼近输出曲面的默认值，仅用于参数和根据点。
- 公差：连续性（G0、G1、G2）的公差，连续的等级越高公差相应越大，有时曲面创建不成功，可以通过设置大的公差解决问题。
- 阶次：创建曲面时方程方式，阶次越大则曲面越光顺，如图20-23所示。

图 20-23

6. 重新构造

重新构造仅当输出曲面选项下的构造设置为法向时可用，通过重新定义截面线串的阶次和/或段数，能构造一个高质量的曲面。但是如果创建的曲线很糟糕，或者这些线串之间的阶次不同，则输出曲面也难以纠正。具体的含义如下。

- 无：关闭重新构造功能。
- 手工：使用指定的阶次重新构建曲面。指定的阶次在U和V向有效。较高阶次的曲线通常会降低不希望的曲率偏转和突变的可能性。NX 按需插入结点，以实现G0、G1 和G2 公差设置。
- 高级：在所需的公差内创建尽可能光顺的曲面。指定最高阶次及最大段数，软件尝试重新构建曲面而不会一直添加段至最高阶次。如果该曲面超出公差范围，软件会一直添加段，直至指定的最大段数为止。

动手操作——沐浴露瓶身造型

沐浴露瓶的设计效果图如图20-24所示。这里仅制作瓶身部分。

图 20-24

操作步骤

01 打开源文件 20-1.prt。

02 在"曲面"组中单击"通过曲线组"按钮，弹出"通过曲线组"对话框。

03 按信息提示先选择椭圆1作为第一个截面，如图20-25所示。接着单击"添加新集"按钮，再按信息提示选择椭圆2作为第二个截面，如图20-26所示。

图 20-25

图 20-26

04 同理，继续以"添加新集"的方式添加其余椭圆为截面（不添加椭圆 7），且必须保证截面的生成方向始终一致，如图 20-27 所示。

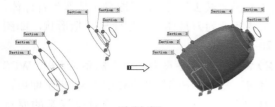

图 20-27

05 保留对话框其余选项的默认设置，再单击"应用"按钮完成实体 1 的创建。

06 在"特征"组中单击"圆柱"按钮 ，弹出"圆柱"对话框。在对话框中选择"轴、直径和高度"类型，按信息提示在图形区中选择 ZC 方向上的矢量轴，激活"指定点"命令，再选择如图 20-28 所示的截面圆圆心作为参考点。

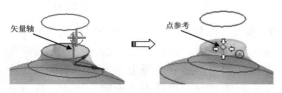

图 20-28

07 在对话框的"尺寸"选项区中设置圆柱直径为 30，高度为 20，最后单击"确定"按钮，完成圆柱的创建，如图 20-29 所示。

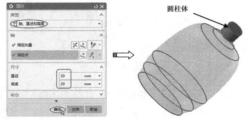

图 20-29

08 使用"合并"工具，将实体 1 和圆柱体合并，得到一个整体即瓶身主体。

09 在"实用程序"组的 WCS 下拉菜单中单击"WCS 定向"按钮 ，在图形区中选中 XC 方向的手柄，并在弹出的浮动文本框内输入距离值为 40，按 Enter 键，工作坐标系向 XC 正方向平移。在图形区中选中 ZC 方向的手柄，并在弹出的浮动文本框内输入距离为 106，按 Enter 键，工作坐标系向 ZC 正方向平移，如图 20-30 所示。

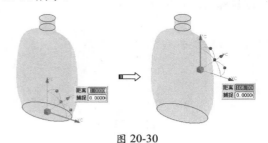

图 20-30

10 选中 YC-ZC 平面上的旋转柄，然后在浮动文本框输入角度值为 90，按 Enter 键，工作坐标系统 XC 轴旋转，如图 20-31 所示。

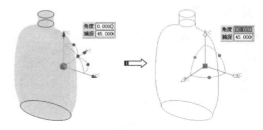

图 20-31

11 在"曲线"组中单击"椭圆"按钮 ，弹出"点"对话框。在该对话框中设置椭圆圆心坐标值为 XC=0、YC=0、ZC=0，再单击"确定"按钮，弹出"椭圆"对话框。

12 在"椭圆"对话框中输入长半轴为 16，短半轴为 40。保留其余参数的默认值，然后单击"确定"按钮，程序自动创建出椭圆，如图 20-32 所示。

13 单击"椭圆"对话框的"后退"按钮，返回"点"对话框。在"点"对话框中输入第二个椭圆的圆心坐标值为 XC=—4、YC=0、ZC=40，然后单击"确定"按钮。

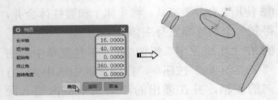

图 20-32

14 弹出"椭圆"对话框，并在该对话框中输入第二个椭圆的参数值：长半轴为 22.5，短半轴为 55。完成后单击"确定"按钮，在图形区中创建椭圆，如图 20-33 所示。

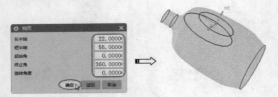

图 20-33

15 同理，第三个椭圆的圆心坐标值为 $XC=-4$、$YC=0$、$ZC=-40$。在"椭圆"对话框中输入椭圆参数值：长半轴为 22.5，短半轴为 55。完成后单击"确定"按钮，在图形区中创建椭圆，如图 20-34 所示。

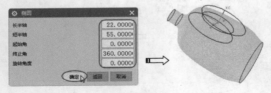

图 20-34

16 在"曲面"组中单击"通过曲线组"按钮，弹出"通过曲线组"对话框。

17 以"添加新集"的方式选择和添加椭圆 3、椭圆 1 和椭圆 2 作为截面 1、截面 2 和截面 3，如图 20-35 所示。

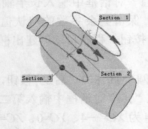

图 20-35

18 保留对话框中其余选项的默认设置，再单击对话框中的"确定"按钮，完成实体特征的创建，如图 20-36 所示。

图 20-36

19 使用"减去"工具，以瓶身主体作为目标体、实体特征为刀具体，并创建出手把形状，如图 20-37 所示。

20 将工作坐标系设为绝对坐标系。即在"WCS 定向"对话框中选择"绝对 CSYS"类型即可。

21 使用"椭圆"工具，以绝对坐标系的原点作为椭圆的圆心，且椭圆的长半轴为 47.5，短半轴为 25，并创建出如图 20-38 所示的椭圆。

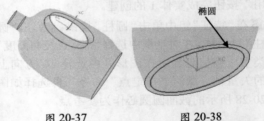

图 20-37　　　　图 20-38

22 执行"编辑"|"曲线"|"分割曲线"命令，弹出"分割曲线"对话框。在此对话框中选择"等分段"类型，然后选择上一步创建的椭圆作为要分割的对象。再单击"确定"按钮，椭圆被分割成两段，如图 20-39 所示。

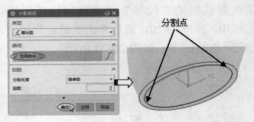

图 20-39

23 执行"插入"|"曲线"|"直线和圆弧"|"圆弧（点-点-点）"命令，弹出"圆弧"对话框和浮动文本框。

24 按信息提示选择椭圆的两个分割点作为圆弧的起点和终点，然后在浮动文本框中输入圆弧的中点坐标参数为 $XC=0$、$YC=0$、$ZC=5$，最后单击鼠标中键完成圆弧的创建，如图 20-40 所示。

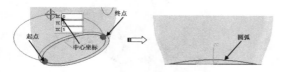

图 20-40

25 在"曲面"组中单击"通过曲线组"按钮，打开"通过曲线组"对话框。以"添加新集"的方式选择 3 段弧作为截面 1、2、3，保留对话框其余选项的默认设置，单击"确定"按钮完成曲面的创建，如图 20-41 所示。

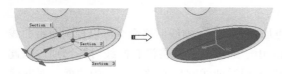

图 20-41

26 在"特征"组中单击"修剪体"按钮，弹出"修剪体"对话框。按信息提示选择瓶身主体作为目标体，再选择上一步创建的曲面作为刀具面，保留默认的修剪方向后，单击"确定"按钮完成修剪体操作，如图 20-42 所示。

图 20-42

27 使用"特征"组中的"边倒圆"工具，选择手把位置上的左右两条边进行倒圆，其圆角值为 1，如图 20-43 所示。

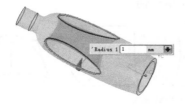

图 20-43

28 再选择底座形状上的内、外边进行倒圆，其圆角值为 2.5，如图 20-44 所示。

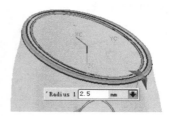

图 20-44

29 单击"特征"组中的"抽壳"按钮，弹出"抽壳"对话框。在此对话框中选择"移除面，然后抽壳"类型，接着按信息提示选择瓶口端面作为要移除的面，然后在对话框中设置抽壳厚度为 1.5，最后单击"确定"按钮完成抽壳操作，如图 20-45 所示。

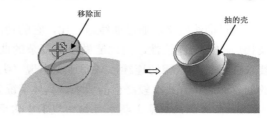

图 20-45

技术要点：

瓶口螺纹特征属于外螺纹，而 UG 提供的螺纹创建工具只能创建内螺纹特征，因此瓶口螺纹特征需要使用"螺旋线"工具、"草图"工具和"扫掠"工具来共同完成。

30 在"特征"组中单击"拉伸"按钮，弹出"拉伸"对话框。按信息提示选择瓶口处的一条边作为拉伸截面，如图 20-46 所示。

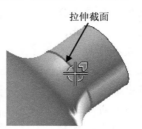

图 20-46

31 在对话框中设置如下参数：选择拉伸矢量为 ZC 轴，输入起始距离为 0、拉伸结束为 2，选择"合并"选项，在"偏置"选项区中选择"两侧"选项，并输入偏置的开始值为0、结束值为3，如图20-47所示。

图 20-47

32 最后单击"确定"按钮完成拉伸特征的创建，如图20-48所示。

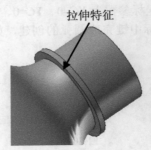

拉伸特征

图 20-48

33 此时完成了沐浴露瓶的造型。

20.3 通过曲线网格

通过曲线网格和通过曲线组相比，它的功能更加强大。通过曲线网格命令可以控制两组曲线及相应的4个连续性，因此能做出更复杂的曲面。由于通过曲线网格没有曲线对齐选项，因此要求曲线链尽量相切连续，从而避免出现"尖锐"。通过曲线网格要做出完美的曲面，对曲线的创建和选择方式有较严格的要求，具体情况如下。

> 在曲线链数量上要求每组曲线至少需要两条曲线链，完成一个通过曲线网格曲面至少需要4条曲线链。其中主曲线可以加点构成截面，但是最多能加两个点，且点的位置在只能在首端或尾端。

> 每组曲线的生长方向大致平行，主曲线和交叉曲线之间的方向需要大致的垂直。

> 两组曲线之间极力避免相切、尖锐连接，否则网格结构混乱后续处理困难（例如连续性约束、加厚、抽壳、倒圆角等）。

> 具体选择曲线时，一定按照曲线的排列顺序先后选择，选完一组曲线后切换到下一组曲线完成选择。其中在封闭线框内，选择主曲线时箭头方向必须一致，交叉曲线必须按照主曲线的箭头方向依次完成。

> 曲线务必做到全部交点相交在最小公差范围内。因此，在交点内的曲线不能短，但是可以有多出部分，例如常见的曲线断开、中间两曲线没有交点、端点重合、曲线无网格结构等，如图20-49所示。

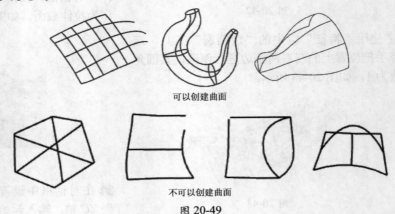

可以创建曲面

不可以创建曲面

图 20-49

单击"曲面"组中的"通过曲线网格"按钮，弹出"通过曲线网格"对话框，如图20-50所示。

图 20-50

"通过曲线网格"与"通过曲线组"对话框的相关选项含义大部分相同，在"输出曲面选项"选项区中的"着重"含义为：指定生成的体通过主线串或交叉线串，或者这两个线串的平均线串。此选项只在主线串对和交叉线串对不相交时才适用，它一共有3种类型：两个皆是、主线串和十字。其含义分别是：线串和交叉线串有同样效果、主线串更有影响、交叉线串更有影响，如图20-51所示。

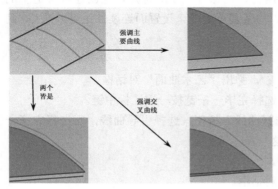

图 20-51

动手操作——灯罩造型

利用"通过曲线网格"命令，创建如图20-52所示的灯罩曲面。

图 20-52

操作步骤

01 打开源文件 20-3.prt，如图 20-53 所示。

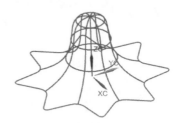

图 20-53

02 单击"通过曲线网格"按钮，打开"通过曲线网格"对话框。

03 首先选择主曲线，如图 20-54 所示。

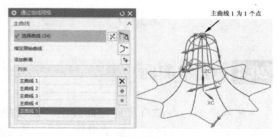

图 20-54

技术要点：

每选择一条主曲线，必须单击"添加新集"按钮进行添加。不要一次性选择主曲线，否则不能创建曲面。

04 在"交叉曲线"选项区中激活"选择曲线"命令，然后选择交叉曲线，如图 20-55 所示。

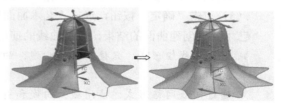

图 20-55

技术要点：

在选择交叉曲线时，一定要将阵列前的原始曲线作为最后的交叉曲线。如果作为交叉曲线1会出现"坏面"，如图20-56所示。作为中间的交叉曲线，会弹出警告信息，如图20-57所示（仅限于本例）。

图 20-56

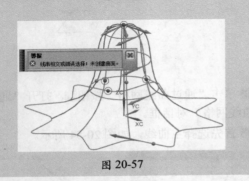

图 20-57

05 选择中间的直线作为脊线，然后设置体类型为"片体"，如图20-58所示。

图 20-58

06 最后单击"确定"按钮，创建灯罩曲面，如图 20-59 所示。

图 20-59

20.4 艺术曲面

艺术曲面命令结合了通过曲线组、通过曲线网格、扫掠等命令的特点，能创建各种造型的曲面。艺术曲面选择的曲线很灵活，可以是两条、三条甚至更多。设置面连续性也可以从G0到G2，一共是 4 个约束。

艺术曲面的创建步骤如下。

（1）单击"曲面"组中的"艺术曲面"按钮 ，弹出"艺术曲面"对话框。

（2）移动鼠标到绘图区，选择截面曲线，每选择完毕一条链按一次鼠标中键。

（3）按鼠标中键，或者单击交叉曲线的"选择曲线"按钮，选择引导曲线，每选择完毕一条链按鼠标中键。如果没有引导曲线，可以跳过这一步。

（4）设置相关参数，如连续性、输出曲面等。

（5）单击"确定"按钮，退出"艺术曲面"对话框。

艺术曲面创建曲面的结果，根据曲线的使用可以归纳为三类，如下所示。

➢ **通过曲线组形式**：只使用截面曲线，曲线在两条以上，它们之间为大致平行关系，如图20-60所示。

➢ **通过曲线网格形式**：使用截面曲线和引导曲线，做法和通过曲线网格命令一样，每组曲线至少两条，不同的是艺术曲线还可以设置对齐，如图20-61所示。

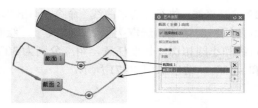

图 20-60

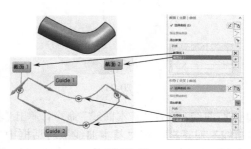

图 20-61

> 扫掠形式：使用截面曲线和引导曲线，每组曲线的数量不限，可以是 1，使用方法几乎和扫掠一样，不同的是它可以设置连续性，曲面过渡更光顺，如图 20-62 所示。

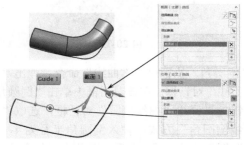

图 20-62

动手操作——水壶造型

　　采用艺术曲面命令构建如图 20-63 所示的水壶造型。

图 20-63

操作步骤

01 新建模型文件。

02 动态旋转坐标系。双击坐标系，弹出坐标系操控手柄和参数输入框，动态旋转 WCS，如图 20-64 所示。

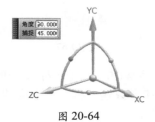

图 20-64

03 绘制矩形。单击"曲线"组中的"矩形"按钮□，选取原点为起点，绘制长为 17、宽为 65 的矩形，如图 20-65 所示。

图 20-65

04 绘制圆弧。在"曲线"组中单击"圆弧"按钮↷，弹出"圆弧/圆"对话框，设置支持平面，选取直线端点、输入半径为 100，创建圆弧，结果如图 20-66 所示。

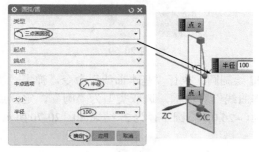

图 20-66

05 创建旋转曲面。在"特征"组中单击"旋转"按钮▩，弹出"旋转"对话框，选取刚才绘制的直线，指定矢量和轴点，设置创建为片体，结果如图 20-67 所示。

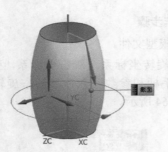

图 20-67

06 动态移动 WCS。双击坐标系，弹出坐标系操控手柄和参数输入框，动态旋转 WCS，如图 20-68 所示。

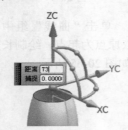

图 20-68

07 绘制圆。执行"插入"|"曲线"|"基本曲线"命令，弹出"基本曲线"对话框，选取类型为"圆"，选取原点为圆心，圆半径为 20，结果如图 20-69 所示。

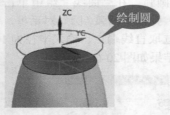

图 20-69

08 绘制圆。执行"基本曲线"命令，弹出"基本曲线"对话框，选取类型为"圆"，定位点为（−26,0,0），圆半径为 2，结果如图 20-70 所示。

图 20-70

09 绘制直线。执行"基本曲线"命令，弹出"基本曲线"对话框。选取类型为"直线"，绘制直线和小圆相切，长度任意，角度分别为 30°和 −30°，结果如图 20-71 所示。

图 20-71

10 修剪曲线。执行"基本曲线"命令，弹出"基本曲线"对话框。在"基本曲线"对话框中单击"修剪"按钮，弹出"修剪曲线"对话框，选取要修剪的曲线后，再选取修剪边界，结果如图 20-72 所示。

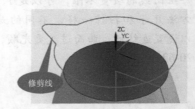

图 20-72

11 倒圆角。执行"基本曲线"命令，弹出"基本曲线"对话框。在该对话框中单击"倒圆角"按钮，弹出"曲线倒圆"对话框，选取"两曲线倒圆角"方式，输入倒圆角半径为 4，再选取倒圆角的曲线，之后在圆角内部任意单击，即可完成倒圆角，结果如图 20-73 所示。

图 20-73

12 分割曲线。执行"编辑"|"曲线"|"分割"命令，弹出"分割曲线"对话框，选取分割类型为"等分段"，选取圆为要分割的对象，输入分割段数为 2，单击"确定"按钮完成分割，结果如图 20-74 所示。

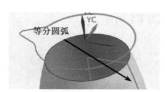

图 20-74

13 创建艺术曲面。执行"插入"|"网格曲面"|"艺术曲面"命令，弹出"艺术曲面"对话框，依次选取截面曲线，对齐类型为"弧长"，结果如图 20-75 所示。

图 20-75

14 动态旋转 WCS。双击坐标系，弹出坐标系操控手柄和参数输入框，动态旋转 WCS 如图 20-76 所示。

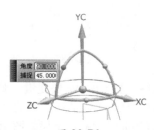

图 20-76

15 绘制线。执行"基本曲线"命令，弹出"基本曲线"对话框。选取类型为"直线"，绘制直线，第一点为（0,0,55）、角度为 −5°，再绘制一条直线平行于竖直线、距离 40，结果如图 20-77 所示。

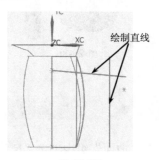

图 20-77

16 倒圆角。执行"基本曲线"命令，弹出"基本曲线"对话框。在该对话框中单击"倒圆角"按钮，弹出"曲线倒圆"对话框，选取两曲线倒圆角方式，输入倒圆角半径为 10，再选取倒圆角的曲线，之后在圆角内部任意单击，即可完成倒圆角，结果如图 20-78 所示。

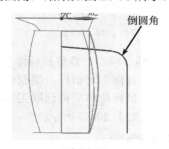

图 20-78

17 动态旋转坐标系。双击坐标系，弹出坐标系操控手柄和参数输入框，动态旋转 WCS，如图 20-79 所示。

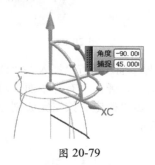

图 20-79

18 绘制圆。执行"基本曲线"命令，弹出"基本曲线"对话框，选取类型为"圆"，选取直线端点为圆心，圆直径为 10，结果如图 20-80 所示。

图 20-80

19 创建艺术曲面。执行"插入"|"网格曲面"|"艺术曲面"命令，弹出"艺术曲面"对话框，选取圆为截面曲线，曲线链为引导曲线，体类型为"片体"，结果如图 20-81 所示。

图 20-81

20 修剪与延伸。单击"修剪和延伸"按钮🍥，弹出"修剪和延伸"对话框，类型设为"制作拐角"，选取目标片体后再选取工具片体，切换方向，结果如图 20-82 所示。

图 20-82

21 创建有界平面。执行"插入"|"曲面"|"有界平面"命令，弹出"有界平面"对话框，选取曲线，单击"确定"按钮完成创建，结果如图 20-83 所示。

图 20-83

22 曲面缝合。执行"插入"|"组合"|"缝合"命令，弹出"缝合"对话框，选取目标片体，再选取工具片体，单击"确定"按钮完成缝合，

结果如图 20-84 所示。

图 20-84

23 边倒圆。在"特征"组中单击"边倒圆"按钮🥟，弹出"边倒圆"对话框，选取要倒圆角的边，输入倒圆角半径为 2 后，单击"确定"按钮，结果如图 20-85 所示。

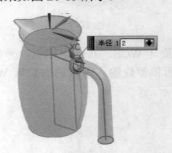

图 20-85

24 隐藏曲线。按 Ctrl+W 快捷键，弹出"显示和隐藏"对话框，单击曲线栏中的"—"按钮，即可将所有的曲线隐藏，结果如图 20-86 所示。

图 20-86

20.5　N 边曲面

"N 边曲面"就是创建一组端点相连曲线封闭的曲面。在"曲面"组中单击"N 边曲面"按钮🖼，弹出"N 边曲面"对话框，如图 20-87 所示。

图 20-87

该对话框包含了两种曲面类型："已修剪"类型和"三角形"类型。

> 已修剪：创建的 N 边曲面以选择的边界来进行修剪。
> 三角形：创建的 N 边曲面由多个三角形组成。

接下来将对话框的各选项区介绍如下。

1. 外环

"外环"指为创建曲面而选择的曲面封闭边界。

2. 约束面

"约束面"是用以控制 N 边曲面形状的参照面。

3. UV 方位

"UV 方位"选项区主要是控制 N 边曲面 U、V 的方位。"UV 方位"选项区如图 20-88 所示。它包括脊线、矢量和面积 3 种定义方法。

图 20-88

> 脊线：U、V 方位是以选择的脊线来确定的。

> 矢量：由矢量方向来确定 U、VU、V 方位。
> 面积：U、V 方位是以外部参照曲面来确定。
> 内部曲线：选择 N 边曲线来作为曲面的内部曲线，以创建 UV 方位。
> 定义矩形：创建的 N 边曲面边界以定义的矩形框来控制。
> 重置矩形：重新定义矩形框。

4. 形状控制

主要是以选择约束面来控制的 N 边曲面形状，且 N 边曲面与约束面相切连续。

5. 设置

"设置"选项区主要是控制 N 边曲面的边界。若不选中"修剪到边界"复选框，则创建的 N 面曲面会超过所选的 N 边曲线。若选中该复选框，创建的曲面将以 N 边曲线为边界。

动手操作——创建 N 边曲面

下面以实例来说明"N 边曲面"工具的应用方法。采用 N 边曲面命令绘制如图 20-89 所示的图形。

图 20-89

操作步骤

01 新建命名为 20-7 的模型文件。

02 绘制椭圆。执行"插入"|"曲线"|"椭圆"命令，选取原点为椭圆中心，绘制长半轴为 50、短半轴为 30 的椭圆，如图 20-90 所示。

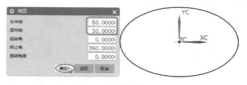

图 20-90

03 创建拉伸曲面。在"特征"组中单击"拉伸"按钮，弹出"拉伸"对话框，选取刚绘制的曲线，指定矢量，拔模角度为 −20°，拉伸类型为片体，结果如图 20-91 所示。

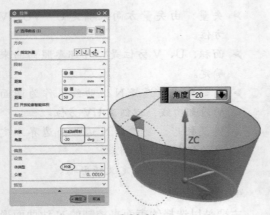

图 20-91

04 绘制圆弧。在"曲线"组中单击"圆弧"按钮，弹出"圆弧/圆"对话框，设置支持平面，起点为（-80,0,35），终点为（80,0,45），中点为（5,0,35），结果如图 20-92 所示。

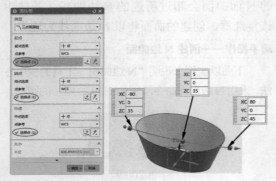

图 20-92

05 修剪片体。单击"修剪片体"按钮，弹出"修剪片体"对话框，选取曲面为目标片体，再选取圆弧为边界对象，投影方向沿指定的矢量，单击"确定"按钮完成修剪，结果如图 20-93 所示。

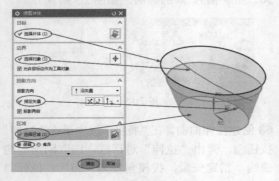

图 20-93

06 N 边曲面。执行"插入"|"网格曲面"|"N 边曲面"命令，弹出"N 边曲面"对话框，选取类型为"已修剪"，选取修剪曲面的边，选中"修剪到边界"复选框，如图 20-94 所示。

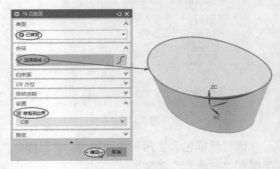

图 20-94

07 曲面缝合。执行"插入"|"组合"|"缝合"命令，弹出"缝合"对话框，选取目标片体，再选取工具片体，单击"确定"按钮完成缝合。

08 边倒圆。单击"边倒圆"按钮，弹出"边倒圆"对话框，选取要倒圆角的边，输入倒圆角半径为 10 后，单击"确定"按钮，结果如图 20-95 所示。

图 20-95

09 隐藏曲线。按 Ctrl+W 快捷键，弹出"显示和隐藏"对话框，单击曲线栏中的"—"按钮，即可将所有的曲线隐藏，结果如图 20-96 所示。

图 20-96

20.6　综合实战——小黄鸭造型

◎ **源文件：无**

◎ **结果文件：小黄鸭.prt**

◎ **视频文件：小黄鸭造型.avi**

本案例主要运用"通过曲线网格"工具来造型。其他命令是辅助造型命令，也会详细介绍其操作步骤。小鸭造型的结果如图20-97所示。

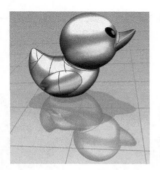

图 20-97

小鸭造型分 3 个阶段进行：身体造型、头部造型，以及尾巴和翅膀的创建。

操作步骤

1. 身体造型

01 新建命名为"小黄鸭"的模型文件。

02 单击"直接草图"组中的"草图"按钮，打开"创建草图"对话框。选择 ZX 基准平面为草图平面，进入草图环境中绘制如图20-98所示的草图曲线。

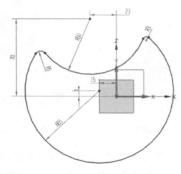

图 20-98

03 单击"特征"组中的"拉伸"按钮，打开"拉伸"对话框。选择上一步创建的草图曲线作为拉伸截面，创建拉伸开始距离为 0 结束距离为 2 的拉伸片体特征，如图 20-99 所示。

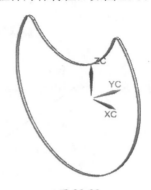

图 20-99

04 单击"草图"按钮，打开"创建草图"对话框。选择 ZX 基准平面为草图平面，进入草图环境中绘制如图 20-100 所示的草图曲线。

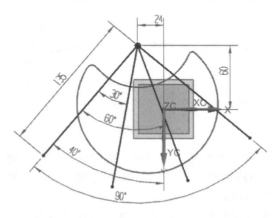

图 20-100

05 单击"曲面操作"组中"更多"命令库的"分割面"按钮，打开"分割面"对话框，按如图20-101 所示的步骤完成面的分割。

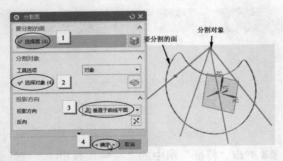

图 20-101

06 单击"桥接曲线"按钮，然后按如图 20-102 所示操作步骤创建桥接曲线。

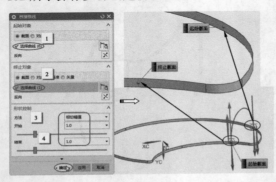

图 20-102

07 以同样的方式在分割面的其余 3 个位置分别创建桥接曲线，如图 20-103 所示。

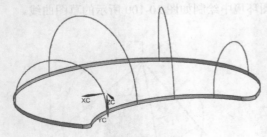

图 20-103

08 单击"通过曲线网格"按钮，打开"通过曲线网格"对话框，按如图 20-104 所示的步骤创建网格曲面。

09 以同样的方式创建其余 3 个网格曲面，结果如图 20-105 所示。

10 在"特征"组的"更多"命令库中单击"镜像特征"按钮，选择所有的网格曲面，并将其镜像到另一侧，如图 20-106 所示。

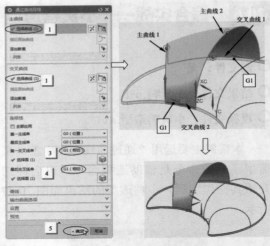

图 20-104

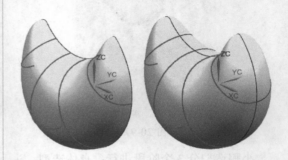

图 20-105   图 20-106

2. 头部造型

01 在"直接草图"组中单击"草绘"按钮，并选择 XZ 平面，绘制如图 20-107 所示的草图。

02 单击"特征"组"设计特征"下拉列表中的"球"按钮，选择"圆弧"类型，选择上一步创建的圆创建一个球体，如图 20-108 所示。

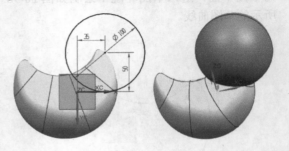

图 20-107   图 20-108

03 利用"直接草图"工具，在 YZ 基准平面上绘制如图 20-109 所示的草图，并退出草图模式。

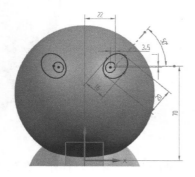

图 20-109

04 单击"投影曲线"按钮 ，打开"投影曲线"对话框。选择上一步绘制的曲线，将其沿矢量 *XC* 投影到头部的球体表面，结果如图 20-110 所示。

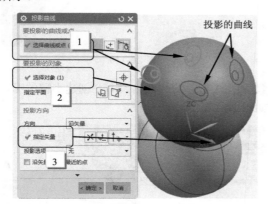

图 20-110

05 利用"分割面"工具用投影的曲线分割球体表面，并改变各自的颜色，如图 20-111 所示。

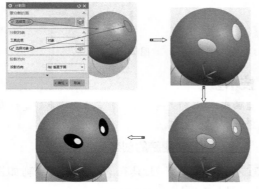

图 20-111

06 利用"草图"工具在 *YZ* 平面上创建如图 20-112 所示的草图曲线，并退出草图模式。

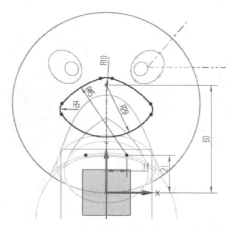

图 20-112

07 利用"投影"工具将上一步绘制的曲线投影到头部的球体表面，如图 20-113 所示。

图 20-113

08 将视图切换到前视图，单击"抽取曲线"按钮 ，打开抽取曲线对话框，按如图 20-114 所示的步骤抽取曲线。

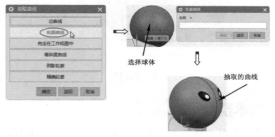

图 20-114

09 利用"草图"工具选择 *XZ* 平面为草绘平面，进入草绘模式。

10 单击"投影曲线"按钮 ⤶，选择如图 20-115 所示的草图曲线投影，并将投影的曲线转化为基准线。

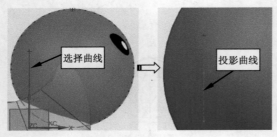

图 20-115

11 利用投影曲线创建两条基准线，并在基准线与抽取的轮廓曲线相交点创建两个点，且将创建的所有基准线固定，如图 20-116 所示。

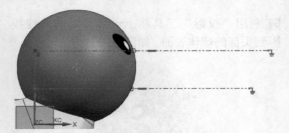

图 20-116

12 绘制如图 20-117 所示的草图，完成草图并退出草绘模式。

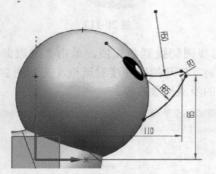

图 20-117

技术要点：

在为草图曲线添加约束时，应先创建半径为R3的圆角。

13 单击"艺术样条"按钮 ⤶，通过如图 20-118 所示的 3 个点创建一条样条曲线。

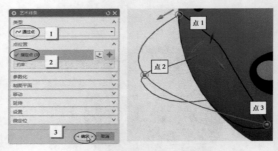

图 20-118

14 单击"基准点"按钮 ＋，打开"点"对话框，按如图 20-119 所示的步骤创建基准点。

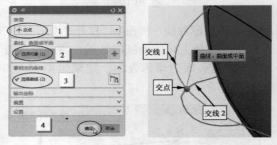

图 20-119

15 利用"通过曲线网格"命令创建小鸭的嘴，如图 20-120 所示。

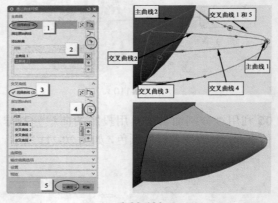

图 20-120

技术要点：

主曲线1选择的是一个点，此点为上一步创建的基准点。

3．尾巴和翅膀的创建

01 利用"草绘"工具在 XZ 平面上绘制如图 20-121 所示的草图。

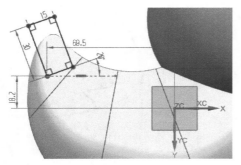

图 20-121

02 单击"投影曲线"按钮 ，按如图 20-122 所示的步骤创建投影曲线，并以同样的方式投影至另一侧。

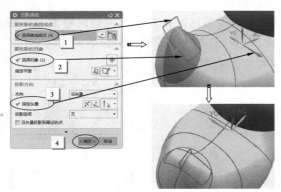

图 20-122

03 单击"修剪片体"按钮 ，按图 20-123 所示的操作步骤完成片体的修剪。

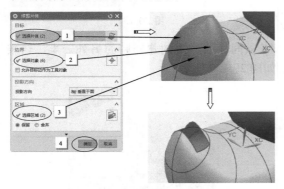

图 20-123

04 将早前拉伸距离为2的拉伸特征显示，并利用"通过曲线网格"工具创建网格曲面，如图 20-124 所示。

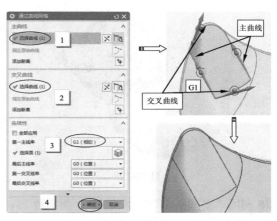

图 20-124

05 利用"镜像"工具，将刚创建的网格曲面镜像到另一侧，也可以采用同样的方式创建曲面，如图 20-125 所示。

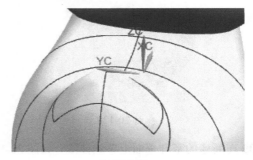

图 20-125

06 利用"草图"工具，在 XZ 平面绘制如图 20-126 所示的草图曲线，并退出草图模式。

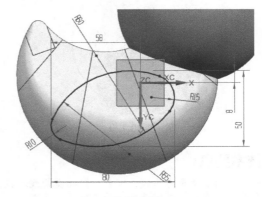

图 20-126

07 利用"投影曲线"将上一步绘制的曲线投影到小鸭的身体表面，如图 20-127 所示。

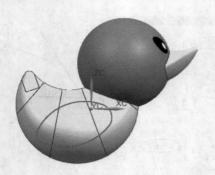

图 20-127

08 利用"基准平面"工具将 YZ 平面偏置 15，创建基准平面，如图 20-128 所示。

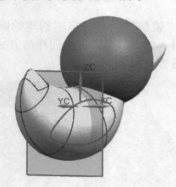

图 20-128

09 在新建的基准平面上草绘曲线，如图 20-129 所示。

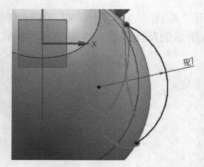

图 20-129

技术要点：

绘制草图需要参考曲线，可以利用相交曲线和投影曲线来实现，并将其相交的点创建为基准点，再绘制圆弧即可。

10 利用"草图"工具，在 XZ 平面上绘制样条曲线，如图 20-130 所示。

图 20-130

11 利用"投影"命令将样条曲线投影至小鸭的身体表面。

12 利用"通过网格曲线"创建网格曲面，按如图 20-131 所示的操作步骤完成创建。

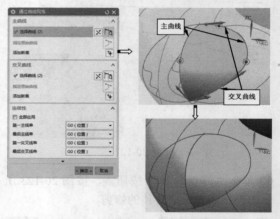

图 20-131

13 以同样的方式创建翅膀的另外一半，结果如图 20-132 所示。

图 20-132

14 将两曲面缝合，并镜像到身子的另一侧，如图 20-133 所示。

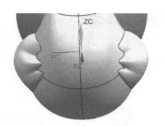

图 20-133

15 利用"基准平面"工具按"某一距离"的方式将 *XY* 平面向下偏移 50。再用创建的基准平面来修剪小鸭的身体，结果如图 20-134 所示。

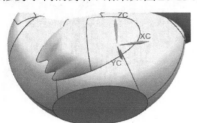

图 20-134

16 利用"特征"组的"抽取几何体"命令，将头和眼睛的面抽取并将球体隐藏，如图 20-135 所示。

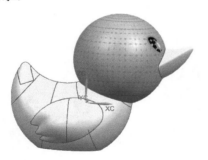

图 20-135

17 利用"修剪片体"命令，用小鸭的嘴修剪抽取的头部片体。

18 利用"缝合"工具，将头、眼睛和嘴缝合，成为实体，如图 20-136 所示。

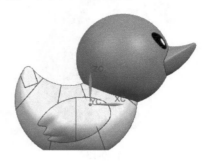

图 20-136

19 利用"缝合"命令将小鸭的身体缝合，成为实体特征，并将身体与头部合并，结果如图 20-137 所示。

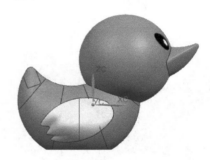

图 20-137

20 单击"特征"组中的"边倒圆"按钮，按如图 20-138 所示的步骤完成边倒圆。改变小鸭子身体各部分的颜色，完成小鸭子的造型。

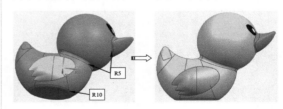

图 20-138

20.7 课后习题

1. 洗衣液瓶造型

利用"拉伸""通过网格曲线"和"修剪片体"等工具，创建如图 20-139 所示的洗衣液瓶曲面模型。

图 20-139

2．叉子曲面模型

利用"通过曲线组""通过网格曲线""边倒圆"和"修剪体"等工具，创建如图 20-140 所示的叉子曲面模型。

图 20-140

3．6通管曲面模型

使用"拉伸""旋转""抽壳"和"N 边曲面"等工具构建如图 20-141 所示的六通管曲面模型。

图 20-141

第 21 章　高级曲面指令二

本章的弯边曲面工具在产品造型中也是比较常用的，特别是过渡曲面和延伸曲面的应用。在光滑度要求较高的产品造型时，这些曲面工具能帮助用户快速建模，使曲面质量得到保证。本章将着重介绍这些工具的基本原理和实际应用。

知识要点与资源二维码

- ◆　过渡曲面
- ◆　规律延伸曲面
- ◆　延伸曲面
- ◆　修剪和延伸
- ◆　桥接曲面

第 21 章源文件　第 21 章课后习题　第 21 章结果文件　第 21 章视频

21.1　过渡曲面

使用"过渡"命令可以在两个或多个截面曲线相交的位置创建一个"过渡"特征。

在"曲面"选项卡的"曲面"组的"更多"命令库中单击"过渡"按钮，打开"过渡"对话框，如图 21-1 所示。通过该对话框，用户还可以在截面相交处设定相切或曲率条件，也可以设定不同的截面单元数目。如图 21-2 所示为通过 3 个截面构建的过渡曲面。

图 21-1

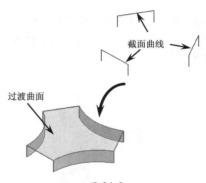

图 21-2

动手操作——四通管造型

管形曲面是在不同柱面之间进行光滑过渡而生成的各种复合曲面，三角型、十字型管是管道工业中重要的连接元件。本节将以曲面三通管造型实例来阐述以低次曲面作为过渡曲面的多通管造型方法。

在曲面三通管的造型过程中，主要利用"抽取曲线""过渡曲面"和"修剪片体"等工具来抽取曲面中的曲线、创建过渡平滑曲面及修剪片体等操作。曲面造型设计的三通管图例如图 21-3 所示。

图 21-3

操作步骤

01 打开源文件 21-1.prt，如图 21-4 所示。

图 21-4

02 单击"主页"选项卡中"直接草图"组的"草图"按钮，在 XY 平面绘制如图 21-5 所示的 3 条直线。

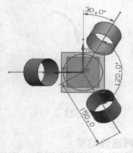

图 21-5

03 在"曲面操作"组的"更多"命令库中单击"分割面"按钮，打开"分割面"对话框。按如图 21-6 的操作步骤分割 -Z 方向的片体。

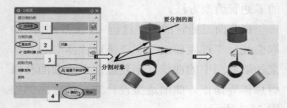

图 21-6

04 在"曲线"选项卡的"派生的曲线"组中单击"等参数曲线"按钮，打开"等参数曲线"对话框，按如图 21-7 所示的操作步骤创建等参数曲线。

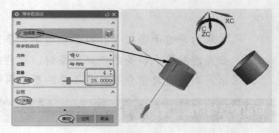

图 21-7

05 以同样的方式创建另外两个片体上的等参数曲线。

06 利用"分割面"命令，用创建的等参数曲线分割 3 个面，如图 21-8 所示。

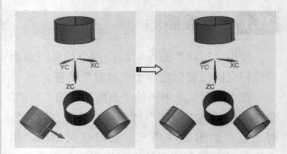

图 21-8

技术要点：

在首次分割面时，需要选择两条曲线，这样便于操作，最好选择两条相对的等参数曲线。

07 利用等参数曲线按如图 21-9 的步骤创建等参数曲线。

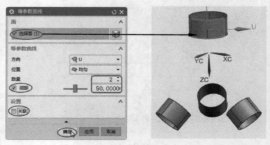

图 21-9

08 利用"分割面"工具用上一步创建的等参

数曲线,按如图 21-10 的步骤分割面。

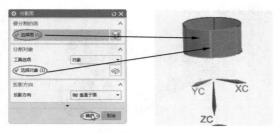

图 21-10

09 在"曲面"选项卡的"曲面"组的"更多"命令库中单击"过渡"按钮 ,打开"过渡"对话框。接着按照如图 21-11 所示的操作步骤,在两个曲面之间创建过渡曲面。

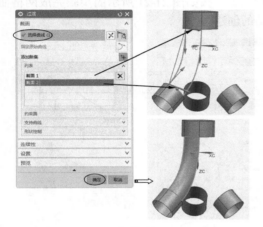

图 21-11

技术要点:

在创建过渡曲面的过程中,选择截面曲线时应使两曲线的扫掠方向指向相同的方向,否则创建的过渡曲面可能是扭曲的。

10 同理,再创建两个过渡曲面,结果如图 21-12 所示。

图 21-12

11 在"曲线"选项卡的"派生的曲线"组中单击"在面上偏置曲线"按钮 ,选择要偏置的曲线(过渡曲面的边)和参考曲面(过渡曲面),并输入偏置距离为 10,如图 21-13 所示。

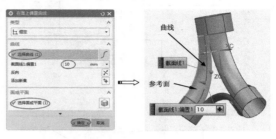

图 21-13

12 单击"确定"按钮完成曲线的偏置,结果如图 21-14 所示。同理,在另两个过渡曲面上也完成曲线偏置操作,结果如图 21-15 所示。

图 21-14

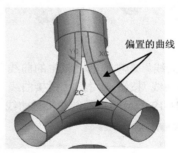

图 21-15

13 在"曲面"选项卡的"曲面操作"组中单击"修剪片体"按钮 ,打开"修剪片体"对话框。按如图 21-16 所示的操作步骤,利用 3 条偏置曲线来修剪过渡曲面。

14 利用"等参数曲线"命令,按如图 21-17 所示的步骤,在过渡曲面上分别创建等参数曲线。

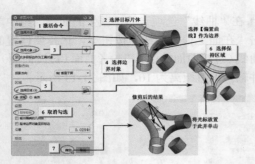

图 21-16

图 21-17

15 以同样的方式创建其余两条过渡曲面上的等参数曲线，再利用"分割面"命令，用创建的曲线分割过渡曲面，如图 21-18 所示。

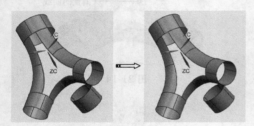

图 21-18

16 在"曲线"选项卡的"派生的曲线"组中单击"桥接曲线"按钮，打开"桥接曲线"对话框。按如图 21-19 所示的步骤创建桥接曲线。

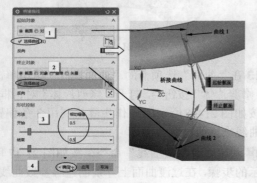

图 21-19

17 同理，在另两个过渡曲面上创建桥接曲线，如图 21-20 所示。

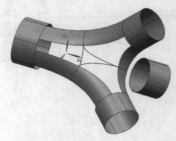

图 21-20

18 单击"曲面"选项卡中"曲面"组的"通过曲线网格"按钮，打开"通过曲线网格"对话框，按如图 21-21 所示的步骤完成网格曲面的创建。

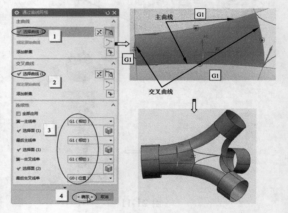

图 21-21

19 以同样的方式创建另外两个网格曲面，如图 21-22 所示。

图 21-22

20 利用"等参数曲线"工具在 3 个网格曲面上创建 U 方向参数为 80 的等参数曲线，如图 21-23 所示。

21 利用"修剪片体"工具，用等参数曲线修剪网格曲面，结果如图 21-24 所示。

图 21-23　　　　　图 21-24

22 使用"等参数曲线"工具在网格曲面中创建 V 方向参数为 50 的等参数曲线，如图 21-25 所示。

23 使用"分割面"工具，用等参数曲线分割 3 个网格曲面，结果如图 21-26 所示。

图 21-25　　　　　图 21-26

24 利用"桥接曲线"工具创建 3 条桥接曲线，如图 21-27 所示。

25 使用"通过网格曲面"工具，创建网格曲面，结果如图 21-28 所示。

图 21-27　　　　　图 21-28

26 再使用前面介绍的方法，再重复操作一次，结果如图 21-29 所示。

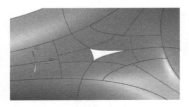

图 21-29

27 单击"曲面"组中的"N 边曲面"按钮，弹出"N 边曲面"对话框，按如图 21-30 所示的步骤完成 N 边曲面的创建。

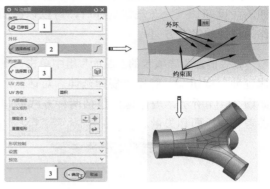

图 21-30

28 以同样的方式完成与其余两个方向上的连接，如图 21-31 所示。

29 在底部也采取同样的方式完成连接，如图 21-32 所示。

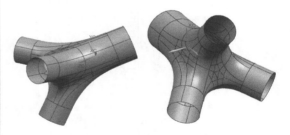

图 21-31　　　　　图 21-32

30 单击"缝合"按钮，将所有的片体缝合。如图 21-33 所示。

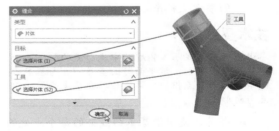

图 21-33

21.2 规律延伸曲面

规律延伸曲面功能通过延伸已存在曲面上的曲线或曲面的边线而创建曲面，并且可以控制延伸的角度和长度。在规律延伸时，可以以截面的法向作为延伸的参考方向，也可以用一个矢量作为延伸的参考方向。

在"曲面"选项卡的"曲面"组中单击"规律延伸"按钮，弹出"规律延伸"对话框，如图21-34所示。规律延伸包括两种方式创建参考方向：面和矢量。

图 21-34

➢ 面：使用一个或多个面来定义延伸曲面的参考坐标系。

技术要点：

参考坐标系是在基本轮廓的中点形成的，即第一根轴垂直于平面，该平面与面垂直，并与基本曲线串轮廓的中点相切；第二根轴在基本轮廓的中点与面垂直。

➢ 矢量：使用沿基本曲线串的每个点处的单个坐标系来定义延伸曲面。

技术要点：

形成坐标系以便，第一根轴与指定的参考矢量平行。第二根轴与平面垂直，该平面包含第一根轴，并在基本轮廓的中点上相切。

动手操作——以"面"方式创建风车

采用规则延伸曲面命令绘制如图21-35所示的图形。

图 21-35

操作步骤

01 新建模型文件。

02 动态旋转坐标系。在图形区中双击工作坐标系，打开坐标系操控手柄和参数输入框，动态旋转WCS，如图21-36所示。

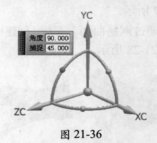

图 21-36

03 绘制矩形。单击"曲线"组的"矩形"按钮，选取原点为起点，绘制长为50，宽为50的矩形，如图21-37所示。

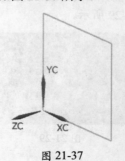

图 21-37

04 倒圆角。执行"插入"|"曲线"|"基本曲线"命令，弹出"基本曲线"对话框，在该对话框中单击"倒圆角"按钮■，打开"曲线倒圆角"对话框，选取三曲线倒圆角方式，依次选取3条曲线，再选取圆角内部任意单击一点，即可完成倒圆角，结果如图21-38所示。

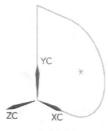

图 21-38

05 创建有界平面。执行"插入"|"曲面"|"有界平面"命令，弹出"有界平面"对话框，选取曲线，单击"确定"按钮完成曲面创建，结果如图21-39所示。

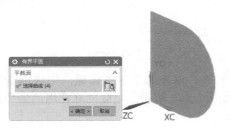

图 21-39

06 规律延伸。执行"插入"|"弯边曲面"|"规律延伸"命令，弹出"规律延伸"对话框，选取要延伸曲面的边，再选取参考面为有界平面，规律类型为线性，从5到150之间变化，角度为90°，如图21-40所示。

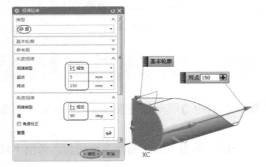

图 21-40

07 旋转复制。执行"编辑"|"移动对象"命令，选取要移动的对象，单击"确定"按钮，弹出"移动对象"对话框，设置运动变换类型为角度，指定旋转矢量和轴点，输入旋转角度和副本数，单击"确定"按钮完成移动操作，结果如图21-41所示。

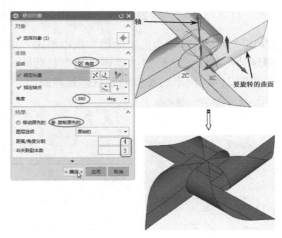

图 21-41

08 至此完成了风车的造型设计。

动手操作——以"矢量"方式创建麻花绳

本例的麻花绳是由4条相互缠绕的链条组成的。造型时先建立圆形曲线，然后利用"规律延伸"命令设计链条轨迹，最后创建管道。麻花绳造型，如图21-42所示。

图 21-42

操作步骤

01 新建模型文件。

02 在"主页"选项卡中单击"草图"按钮圖，然后在 XC-YC 基准平面上绘制圆形草图，如图21-43所示。

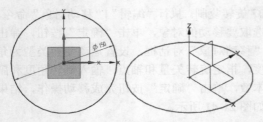

图 21-43

03 在"曲面"选项卡的"曲面"组中单击"规律延伸"按钮，弹出"规律延伸"对话框。按如图 21-44 所示的操作创建规律延伸曲面。

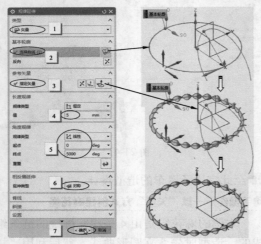

图 21-44

04 同理，以相同的轮廓和参考矢量，再创建如图 21-45 所示的规律曲面。

05 在"曲面"组的"更多"命令库中单击"管道"按钮，弹出"管道"对话框，如图 21-46 所示。

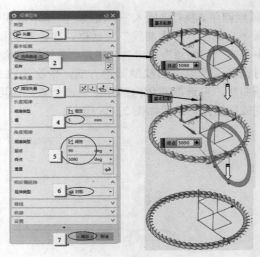

图 21-45

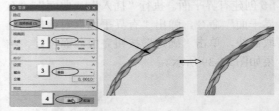

图 21-46

06 同理，创建其余 3 条管道，完成的管道特征如图 21-47 所示。至此，麻花绳的造型设计完成。

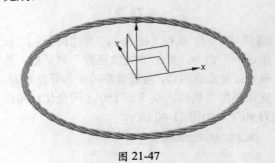

图 21-47

21.3　延伸曲面

　　延伸曲面功能可以通过延伸已存在曲面上的曲线或曲面的边线而创建曲面。UG NX 12.0 提供了两种延伸曲面类型——边和拐角。

　　在"曲面"选项卡的"曲面操作"组的"更多"命令库中单击"延伸曲面"按钮，弹出"延伸曲面"对话框，如图 21-48 所示。

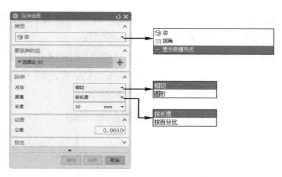

图 21-48

下面介绍以不同延伸方法创建延伸曲面的操作方法。

1."边"类型的延伸曲面

"边"类型是通过选取要延伸的曲面边，按不同的延伸方法或距离进行延伸。

相切的延伸方式创建的曲面与已存在的参考曲面相切，创建的曲面以参考曲面边线或角点为起点，并且在创建曲面时可以选择将固定长度参考曲面长度的百分比作为延伸长度。选择按固定长度进行延伸时，只能选择参考曲面的边线作为延伸曲面的起点；选择百分比进行延伸时，可以选择参考曲面的边线或角点作为延伸曲面的起点。

技术要点：

当选择以边线为起点创建相切的延伸曲面时，选择的边线必须是参考曲面的原始边线，而不能是由修剪等操作产生的边线。

动手操作——按长度方式创建相切的延伸曲面

"按长度"方式是输入长度距离或手动拖动控制手柄来确定延伸曲面的。

操作步骤

01 打开源文件 21-4.prt，如图 21-49 所示。

图 21-49

02 单击"延伸曲面"按钮 ，打开"延伸曲面"对话框，保留默认的"边"类型。

03 在曲面中选择要延伸的边，如图 21-50 所示。

图 21-50

04 在"延伸"选项区中选择"相切"方法和"按长度"距离方式，然后输入延伸距离为 300。最后单击"确定"按钮完成相切延伸曲面的创建，如图 21-51 所示。

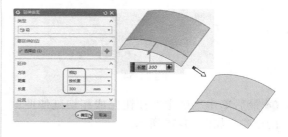

图 21-51

技术要点：

除了在"长度"文本框内输入长度值外，还可以直接拖动控制手柄来确定延伸距离的长度，如图 21-52 所示。

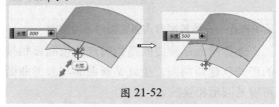

图 21-52

动手操作——按百分比方式创建相切的延伸曲面

"按百分比"方式是以参考曲面延伸侧的总长百分比来确定延伸曲面。所选的边不同，其百分比也会有所不同。

01 打开源文件 21-5.prt，如图 21-53 所示。

02 单击"延伸曲面"按钮 ，打开"延伸曲面"对话框，保留默认的"边"类型。

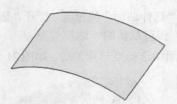

图 21-53

03 选择要延伸的边，然后在"延伸"选项区中选择"相切"方法和"按百分比"距离方式，然后输入百分比为30，如图 21-54 所示。

图 21-54

04 最后单击"确定"按钮完成相切延伸曲面的创建，如图 21-55 所示。

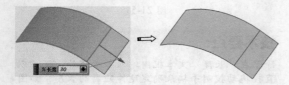

图 21-55

动手操作——按长度方式创建圆形延伸曲面

创建圆形延伸曲面是指所选边按圆弧相接的形式创建新曲面，也就是新曲面与参考曲面可以是圆形相接的。

操作步骤

01 打开源文件 21-6.prt，如图 21-56 所示。

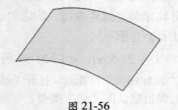

图 21-56

02 单击"延伸曲面"按钮，打开"延伸曲面"对话框，保留默认的"边"类型。

03 选择要延伸的边，在"延伸"选项区中选择"圆形"方法和"按长度"距离方式，然后输入长度为4000，如图 21-57 所示。

图 21-57

04 最后单击"确定"按钮完成相切延伸曲面的创建，如图 21-58 所示。

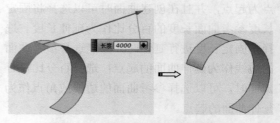

图 21-58

2."拐角"类型延伸曲面

"拐角"是通过所选曲面拐角的位置，创建不同方位的新延伸曲面。

动手操作——创建拐角的延伸曲面

操作步骤

01 打开源文件 21-7.prt，如图 21-59 所示。

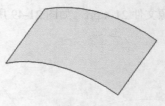

图 21-59

02 单击"延伸曲面"按钮，打开"延伸曲面"对话框，选择"拐角"类型。

03 在参考曲面中选择要延伸的角点，如图 21-60 所示。

图 21-60

技术要点：

对于多边曲面来说，有多少个角，就能创建出多少个拐角曲面。拐角曲面与原参考曲面是相切的，由参考曲面的两条边相切交叉形成，因此拐角曲面也是平面。

04 在"延伸"选项区中输入 U 向百分比为 50，V 向百分比为 30，最后单击"确定"按钮完成拐角曲面的创建，如图 21-61 所示。

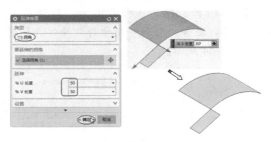

图 21-61

21.4　修剪和延伸

　　"修剪和延伸"是指按距离或与一组面的交点方式来修剪或延伸曲面。在"曲面操作"组中单击"修剪和延伸"按钮，打开"修剪和延伸"对话框，如图 21-62 所示。

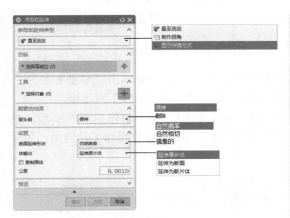

图 21-62

　　该对话框中包含两种修剪和延伸类型：直至选定对象和制作拐角，主要用于修剪曲面。

1．直至选定对象

　　"直至选定对象"类型是指修剪曲面至选定的参照对象，如面或边等。应用此类型来修建曲面，修剪边界无须超过目标体。此类型选项设置，如图 21-63 所示。

图 21-63

　　该类型中各选项含义如下（仅介绍与前面类型不同的）：

➢ 目标：要修剪的目标体（包括面或边）。

➢ 刀具：修剪目标体的边界对象，也称"工具"。

➢ 需要的结果：此选项区提供可选择的修剪结果，用户可在"箭头侧"下拉列表中选择其中一种修剪结果。

> 曲面延伸形状：其下拉列表中包括3种延伸方法——自然曲率、自然相切和镜像的。选择其一，将以此来延伸曲面边。

> 体输出：包括3种输出——延伸原片体、延伸为新面和延伸为新片体，如图21-64所示。

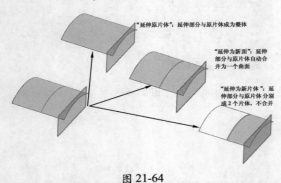

图 21-64

2．制作拐角

"制作拐角"类型是指修剪边界无须再完全包容目标体，会自动将修剪边界进行延伸，以使目标体被修剪。此类型选项设置如图21-65所示。

图 21-65

应用此类型来修剪片体的结果，如图21-66所示。

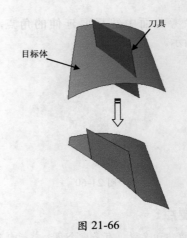

图 21-66

动手操作——制作拐角

操作步骤

01 打开源文件 21-8.prt，如图21-67所示。

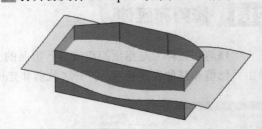

图 21-67

02 在"曲面"选项卡中单击"修剪和延伸"按钮，弹出"修剪和延伸"对话框。

03 在该对话框中选择"制作拐角"类型，然后按信息提示选择目标曲面和工具曲面，如图21-68所示。

图 21-68

04 通过预览结果，更改目标曲面的修剪方向，如图21-69所示。

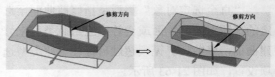

图 21-69

05 更改工具曲面的修剪方向，如图 21-70 所示。

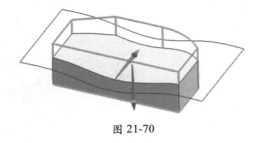

图 21-70

06 保留该对话框其余选项的默认设置，单击"确定"按钮完成拐角的制作，如图 21-71 所示。

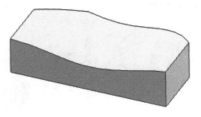

图 21-71

21.5　桥接曲面

桥接曲面是在两曲面之间创建过渡的光顺连接的曲面。执行"插入"|"细节特征"|"桥接"命令，弹出"桥接曲面"对话框，如图 21-72 所示。

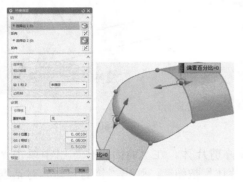

图 21-72

各选项含义如下。

➢ 边：选取要桥接的曲面边线。

➢ 约束：指定曲面边线和相邻曲面的连续性。

➢ 相切幅值：调整曲面相切向量的长度。

动手操作——挠痒器曲面造型

采用桥接曲面命令绘制如图 21-73 所示的挠痒器曲面造型。

图 21-73

操作步骤

01 新建命名为 9-9 的模型文件。

02 绘制三点圆弧，在"曲线"组中单击"圆弧"按钮，打开"圆/圆弧"对话框，设置支持平面视图为前视图，指定圆弧经过三点（−25,0,0）、（25,0,0），中点（0,0,10），结果如图 21-74 所示。

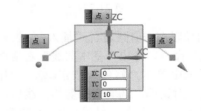

图 21-74

03 创建拉伸曲面。单击"拉伸"按钮，打开"拉伸"对话框，选取刚绘制曲线，指定矢量，拉伸类型为片体，结果如图 21-75 所示。

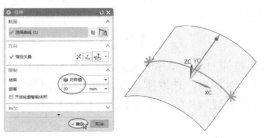

图 21-75

04 旋转并移动 WCS。双击坐标系，打开坐标系操控手柄和参数输入框，动态旋转 WCS，如图 21-76 所示。

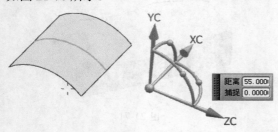

图 21-76

05 绘制圆。执行"插入"|"曲线"|"基本曲线"命令，弹出"基本曲线"对话框，选取类型为圆，选取原点为圆心，圆半径为 10，结果如图 21-77 所示。

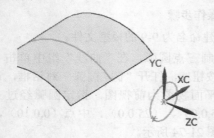

图 21-77

06 采用象限点修剪圆。执行"插入"|"曲线"|"基本曲线"命令，弹出"基本曲线"对话框，在该对话框中单击"修剪"按钮，打开"修剪曲线"对话框，选取要修剪的曲线后，再选取象限点为修剪边界，结果如图 21-78 所示。

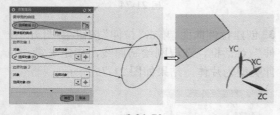

图 21-78

07 拉伸曲面。单击"拉伸"按钮，打开"拉伸"对话框，选取刚绘制的曲线，指定矢量，拉伸类型为片体，结果如图 21-79 所示。

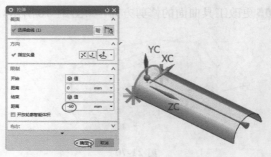

图 21-79

08 桥接曲面。执行"插入"|"细节特征"|"桥接"命令，弹出"桥接曲面"对话框。选取曲面的边界，设置约束流向为垂直边 1 和边 2，结果如图 21-80 所示。

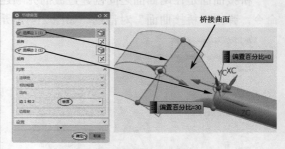

图 21-80

09 修剪片体。在"曲面操作"组中单击"修剪片体"按钮，弹出"修剪片体"对话框，选取曲面为目标片体，再选取曲面边线为边界对象，投影方向为垂直于面，单击"确定"按钮完成修剪，结果如图 21-81 所示。

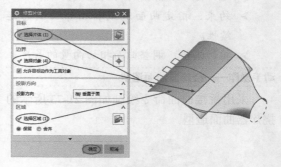

图 21-81

10 恢复 WCS 到绝对坐标系。执行"格式"|WCS|"WCS 设置为绝对"命令，即将 WCS 恢复到原始绝对坐标系上，如图 21-82 所示。

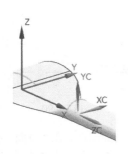

图 21-82

11 绘制矩形，单击"矩形"按钮▢，输入矩形对角坐标点，第一点为（-30,-17,0），第二点为（5,-12,0），绘制长为35、宽为5的矩形，如图 21-83 所示。

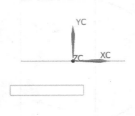

图 21-83

12 移动矩形。执行"编辑"|"移动对象"命令，选取要移动的对象，单击"确定"按钮，弹出"移动对象"对话框，设置运动变换类型为距离，指定移动矢量，单击"确定"按钮完成移动，结果如图 21-84 所示。

13 修剪片体。单击"修剪片体"按钮▣，打开"修剪片体"对话框，选取曲面为目标片体，再选取圆为边界对象，投影方向为沿指定的矢量，

单击"确定"按钮完成修剪，结果如图 21-85 所示。

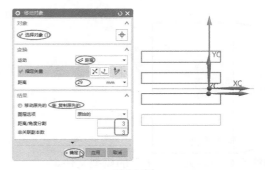

图 21-84

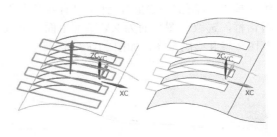

图 21-85

14 缝合曲面。执行"插入"|"组合"|"缝合"命令，弹出"缝合"对话框，选取目标片体，再选取工具片体，单击"确定"按钮完成缝合，结果如图 21-86 所示。

图 21-86

21.6　综合实战——勺子造型

◎ **源文件：无**

◎ **结果文件：勺子.prt**

◎ **视频文件：勺子造型设计.avi**

　　采用高级曲面功能绘制如图 21-87 所示的勺子。

图 21-87

操作步骤

01 新建命名为"勺子"的模型文件。

02 绘制草图。在"主页"选项卡的"直接草图"组中单击"草图"按钮📐，弹出"直接草图"对话框，选取草图平面为 XY 基准平面。进入草图环境并绘制草图，如图 21-88 所示。

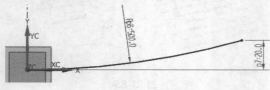

图 21-88

03 在"特征"组中单击"旋转"按钮🔘，弹出"旋转"对话框，选取刚才绘制的草图曲线，指定 ZC 轴矢量，单击"确定"按钮创建旋转曲面，结果如图 21-89 所示。

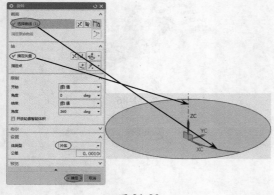

图 21-89

04 绘制草图。单击"草图"按钮📐，选取草图平面为 XY 基准平面，绘制如图 21-90 所示的草图。

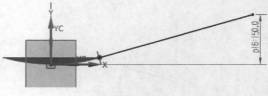

图 21-90

05 创建变化扫掠曲面。在"曲面"选项卡的"曲面"组的"更多"命令库中单击"变化扫掠"按钮，弹出"变化扫掠"对话框。单击"绘制截面"按钮📐，打开"创建草图"对话框，选取刚创建的斜直线为扫掠轨迹线，并绘制圆弧草图。设置平面位置为 100% 进行绘制截面，最后的扫掠结果如图 21-91 所示。

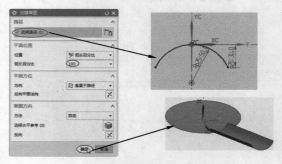

图 21-91

06 绘制直线，在"曲线"选项卡的"曲线"组中单击"直线"按钮📏，打开"直线"对话框。设置起点为（270,100,0），长度为 −200，创建的直线如图 21-92 所示。

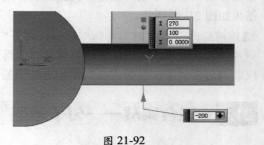

图 21-92

07 修剪片体。在"曲面"选项卡的"曲面操作"组中单击"修剪片体"按钮，弹出"修剪片体"对话框，选取曲面为目标片体，再选取直线为边界对象，投影方向为"沿矢量"，选择保留区域后单击"确定"按钮完成修剪，结果如图 21-93 所示。

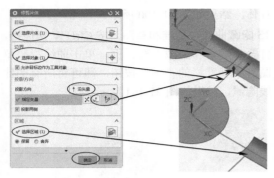

图 21-93

08 创建基准平面。在"主页"选项卡的"特征"组中单击"基准平面"按钮 □，弹出"基准平面"对话框，创建与 *YC-ZC* 基准平面平行且偏置距离为 30 的新基准平面，如图 21-94 所示。

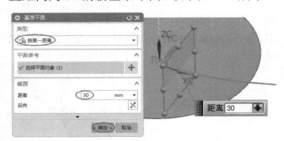

图 21-94

09 修剪片体。单击"修剪片体"按钮 ，打开"修剪片体"对话框，选取曲面为目标片体，再选取基准平面为边界对象，投影方向为"垂直于面"，单击"确定"按钮完成修剪，结果如图 21-95 所示。

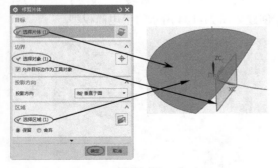

图 21-95

10 创建桥接曲线。单击"曲线"选项卡中"派生的曲线"组的"桥接曲线"按钮 ，弹出"桥接曲线"对话框。选取两曲面的边线为起始对

象和终止对象，设置连接处 G1 连续，结果如图 21-96 所示。

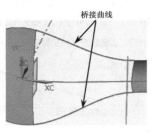

图 21-96

11 网格曲面。在"曲面"选项卡的"曲面"组中单击"通过曲线网格"按钮 ，弹出"曲线网格"对话框。依次选取主曲线和交叉曲线，并设置交叉线串的边界条件为 G1（相切），结果如图 21-97 所示。

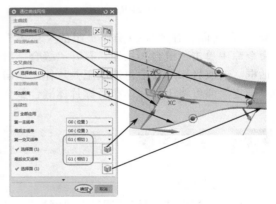

图 21-97

12 创建桥接曲线。单击"桥接曲线"按钮 ，选取柄部曲面的两条边线，设置连接处 G1（相切），结果如图 21-98 所示。

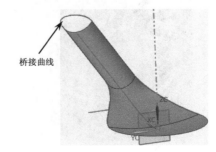

图 21-98

13 创建通过曲线组曲面。在"曲面"组中单击"通过曲线组曲面"按钮，打开"通过曲线组曲面"对话框。依次选取曲面边线和刚创建的桥接曲线为截面曲线，并约束最后的截面为G1（相切），结果如图21-99所示。

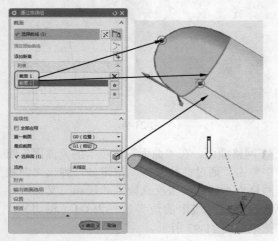

图 21-99

14 缝合曲面。在"曲面操作"组的"更多"命令库中单击"缝合"按钮，打开"缝合"对话框。选取目标片体后再选取工具片体，单击"确定"即可将工具片体和目标片体缝合整个

片体，结果如图21-100所示。

15 隐藏曲线、基准和草图。按Ctrl+W快捷键，打开"显示和隐藏"对话框，单击曲线栏、草图栏和基准栏的"一"按钮，即可将所有的曲线隐藏，结果如图21-101所示。

图 21-100　　　　　图 21-101

16 最后在"曲面操作"组的"更多"命令库中单击"加厚"按钮，打开"加厚"对话框。设置加厚厚度为2，选择勺子曲面，再单击"确定"按钮完成勺子的造型设计，结果如图21-102所示。

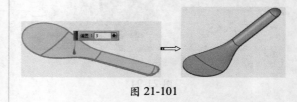

图 21-101

21.7　课后习题

1. 轮毂造型

利用"拉伸""旋转""通过曲线网格""修剪和延伸"等工具，创建如图21-103所示的轮毂模型。

图 21-103

2. 手电筒造型

利用"拉伸""旋转""阵列"等工具，创建如图21-104所示的手电筒模型。

图 21-104

第22章　高级曲面指令三

本章将详细讲解扫掠曲面的功能及曲面造型设计应用的方法。扫掠曲面就是将截面沿引导线（轨迹线）扫描，而得到的曲面特征。UG 中的扫掠曲面包括管道、沿引导线扫掠、扫掠、样式扫掠、变化扫掠、条带构造器等功能命令。

知识要点与资源二维码

◆　管道
◆　沿引导线扫掠
◆　扫掠
◆　样式扫掠
◆　变化扫掠
◆　条带构建器

第22章源文件　第22章课后习题　第22章结果文件　第22章视频

22.1　管道

管道命令通过沿着一个或多个相切连续的曲线或边扫掠一个圆形横截面来创建具有一定厚度的实体。使用此命令创建线捆、线束、管道、电缆或管道应用。管道与沿导线扫掠相似，如果要将关联对象添加到管道特征（如基准轴或尺寸），则应该使用沿引导线扫掠特征。

技术要点：

管道曲线的要求是必须相切连续，不能断开，同时路径的半径不要大于管道半径。

单击"曲面"组中"更多"命令库的"管道"按钮，弹出"管道"对话框。选择路径曲线，输入管道的直径，操作步骤如图 22-1 所示。

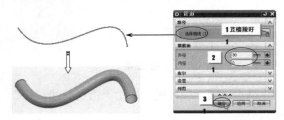

图 22-1

单击"确定"按钮，完成管道曲面的创建并退出"管道"对话框。

"管道"对话框相关选项的含义如下。

➢ 指定管道内直径的值。该值可以为零。
➢ 指定管道外直径的值。该值不能为零。

➢ 输出：指定是否将管道精确创建为单段，或由多个圆柱和圆环段近似创建。仅适用于样条路径，输出一共有两个选项：多段和单段。

- 多段：多段管道用一系列圆柱和圆环面沿路径逼近管道表面。这些操作的依据是根据用直线和圆弧逼近样条路径（使用建模公差）。对于直线路径段，将把管道创建为圆柱，对于圆形路径段，将创建为圆环。

- 单段：如果是单段管道，则在整个样条路径长度上只有一个管道面（存在内直径时为两个）。这些表面是 B 曲面，如图 22-2 所示。

图 22-2

22.2 沿引导线扫掠

沿引导线扫掠通过沿着由一个或一系列曲线、边或面构成的引导线，拉伸开放的或封闭的边界草图、曲线、边或面来生成单个体。引导线和管道不同，可以有尖角进行扫掠，扫掠结果也会生成一个拐角。

单击"曲面"组中"更多"命令库的"沿引导线扫掠"按钮，弹出"沿引导线扫掠"对话框。

选择截面曲线，通常是以封闭的曲线或者较短的曲线为对象。单击引导线的"选择曲线"按钮，选择引导曲线，操作步骤如图 22-3 所示。

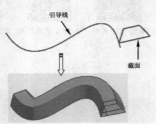

图 22-3

如果需要偏置，使部件成为薄壳，可以使用此选项，单击"确定"按钮，退出"扫掠"对话框。

技术要点：

如果截面沿着具尖角的引导线扫掠，建议把截面线串放置到远离尖角的位置，一般截面放在引导线的起点，如图22-4所示。引导路径上的半径对于截面曲线而言太小，无法创建扫掠特征。

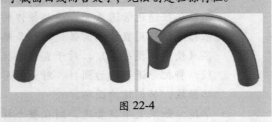

图 22-4

动手操作——水杯造型

操作步骤

01 打开源文件 22-1.prt。

02 单击"旋转"按钮，弹出"旋转"对话框。

03 选择外部轮廓样条作为旋转的对象，指定轴为中心基准轴。在限制文本框输入旋转角度值为 360，操作步骤如图 22-5 所示。单击"确定"按钮，退出"旋转"对话框。

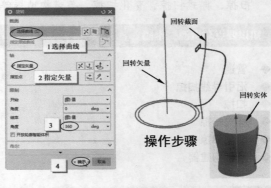

图 22-5

04 单击"曲面"组中"更多"命令库的"沿引导线扫掠"按钮，弹出"沿引导线扫掠"对话框。

05 先选择截面曲线为矩形，再选择引导曲线为样条，最后设置布尔合并于旋转体，操作步骤如图 22-6 所示。

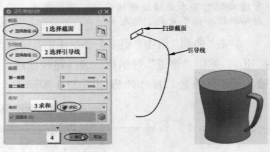

图 22-6

06 单击"确定"按钮，退出"沿引导线扫掠"对话框。

07 单击"拉伸"按钮，弹出"拉伸"对话框。

08 先选择底部的两圆作为拉伸的对象。再在限制文本框输入拉伸高度为 2，最后设置布尔合并于旋转体，操作步骤如图 22-7 所示。

09 单击"确定"按钮，退出"拉伸"对话框。

图 22-7

10 单击"抽壳"按钮，弹出"壳单元"对话框。

11 单击指定要移除的顶面，输入抽壳厚度为3，如图 22-8 所示。单击"确定"按钮，退出"壳单元"对话框，完成水杯的造型。

图 22-8

22.3 扫掠

扫掠可通过沿着一条、两条或三条引导线串扫掠一个或多个截面线串，从而创建实体或片体。它是扫掠中使用率最高的命令之一。

执行"插入"|"扫掠"|"扫掠"命令，弹出"扫掠"对话框。如图 22-9 所示。要创建扫掠，就必须选择截面和引导线。

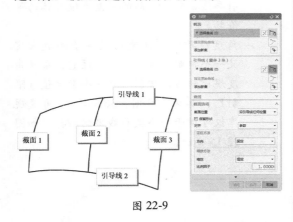

图 22-9

"扫掠"对话框的选项卡有截面、引导线、脊线、截面设置等，其中和样式扫掠相同的本节不再赘述，具体的含义如下。

1. 脊线

使用脊线可控制截面线串的方位，并避免在导线上不均匀分布参数导致的变形，如图 22-10 所示。当脊线串处于截面线串的法向时，该线串状态最佳。软件构造垂直于脊线并与引导线串相交的剖切平面，将扫掠所依据的等参数曲线与这些平面对齐。

图 22-10

2. 截面位置

设置截面的所在位置，仅有单个截面时有效。它包含两种含义：①沿引导线任何位置，当截面位于导线的中间位置时，使用此选项将在沿导线的两个方向上进行扫掠；②引导线末端，沿导线从截面开始仅在一个方向进行扫掠，如图 22-11 所示。

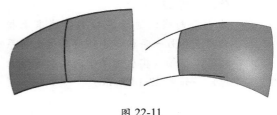

图 22-11

3. 对齐方法

设置截面沿引导曲线扫掠时曲面的构建方法，注意要有两个以上截面或引导线。对齐方法有3种：参数、圆弧长和根据点。具体含义如下。

> 参数：沿定义曲线将等参数曲线所通过的点以相等的参数间隔隔开。NX 使用每条曲线的全长。

> 圆弧长：沿定义曲线将等参数曲线将要通过的点以相等的圆弧长间隔隔开，软件使用整个曲线的全长。

> 根据点：将不同外形的截面线串之间的点对齐。如果截面线串包含任何尖角，建议使用根据点保留它们。

4. 定位方法

设置截面在引导线上的定位，只有使用一条引导线时才有此选项，常用的定位方法包括：固定、矢量方向、角度规律等。具体含义如下。

> 固定：在截面线串沿着引导线移动时保持固定的方位，并且结果是平行的或平移的简单扫掠。

> 面法向：局部坐标系的第二个轴与一个或多个沿着引导线每一点指定公有基的面的法矢一致。这样将约束截面线串保持与基面的固定联系，如图 22-12 所示。

图 22-12

> 矢量方向：局部坐标系的第二轴与用户在整个引导线串长度上指定的矢量一致，如图 22-13 所示。

> 另一条曲线：通过连结引导线串上相应的点和另一条曲线来获得局部坐标系的第二个轴（实质上等于两条引导线扫掠），如图 22-14 所示。

图 22-13

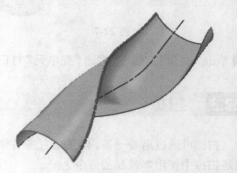

图 22-14

> 一个点：和"另一条曲线"相似，不同之处在于获得第二个轴的方法是通过引导线串和点之间的三面直纹片体的等价物。

> 角度规律：允许使用规律子函数来定义一个控制方位的规律。注意，旋转角度规律的方位控制具有一个最大值（限制），其为 100 圈，36000°。角度规律仅可用于一个截面线串的扫掠，如图 22-15 所示。

图 22-15

> 强制方向：类似矢量方向，允许用户在截面线串沿着引导线串扫掠时，使用一个矢量固定剖切平面的方位。

5. 缩放方法

缩放方法是针对引导线小于 3 的情况下对截面形状的控制，其中引导线为一条和两条时缩放选项有差别，对于只有一条导线时才有此选项，具体含义如下。

➤ 恒定：指定沿整条导线保持恒定的比例因子。

➤ 倒圆功能：在指定的起始和终止比例因子之间允许线性或三次比例，那些起始比例因子和终止比例因子对应于引导线串的起点和终点，如图 22-16 所示。

图 22-16

➤ 另一条曲线：类似于方位控制中的"另一条曲线"，但是此处在任意给定点的比例是以引导线串和其他的曲线或实边之间的画线长度为基础的。

➤ 一个点：和"另一条曲线"相同，但是使用点而不是曲线。选择此种形式的比例控制的同时还可以(在构造三面扫掠时)使用同一个点进行方位控制。

➤ 面积规律：允许使用规律子函数控制扫掠体的交叉截面面积。

➤ 周长规律：类似于"面积规律"，不同的是，用户控制扫掠体的横截面的周长，而不是它的面积。

➤ 缩放：控制截面生长的选项，有均匀与横向两种：①均匀，在横向和竖直两个方向比例缩放截面线串；②横向，仅在横向比例缩放截面线串，如图 22-17所示。

图 22-17

技术要点：

> 均匀与横向选项的使用，仅在只有两条导线时才有此选项。

6. 插值

插值实质上就是阶次，对于一个以上的截面，确定在截面之间曲面过渡的形状，如图 22-18 所示。它只有两个选项：线性和三次，具体含义如下。

图 22-18

➤ 线性：按照线性分布使新曲面从一个截面过渡到下一个截面。软件将在每一对截面线串之间创建单独的面。

➤ 三次：按照三次分布使新曲面从一个截面过渡到下一个截面。软件将在所有截面线串之间创建单个面。

动手操作——牙刷造型

本实例操作主要是练习扫掠的操作，设计牙刷的造型，如图 22-19 所示。水杯由两部分组成，纤维和手柄。其中手柄需要两次扫掠、和一次旋转命令等才能完成，具体的步骤如下。

图 22-19

操作步骤

01 打开源文件 22-2.prt。

02 执行"插入"|"扫掠"|"扫掠"命令，弹出"扫掠"对话框。

03 选择截面曲线。每选择完毕一条链按一次鼠标中键，单击引导线"选择曲线"按钮，选择引导曲线，每选择完毕一条链按一次鼠标中键。注意最多是 3 根，操作步骤如图 22-20 所示。设置截面选项，插值为三次、对齐为圆弧长。单击"确定"按钮，退出"扫掠"对话框。

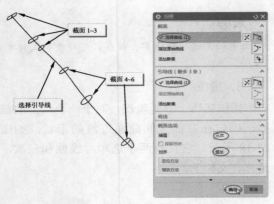

图 22-20

技术要点：

由于牙刷需要光顺，因此采用三次插值，又由于截面曲线段数量不一致，所以采用圆弧长对齐。

04 单击"旋转"按钮 ，弹出"旋转"对话框。

05 先选择半个轮廓曲线作为旋转的对象，再指定轴为中心直线，在限制文本框输入旋转角度为180°，最后设置布尔合并，具体的操作步骤如图 22-21 所示。单击"确定"按钮，退出"旋转"对话框。

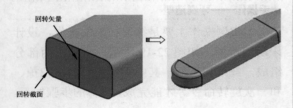

图 22-21

06 执行"插入"|"扫掠"|"扫掠"命令，弹出"扫掠"对话框。

07 先选择截面曲线为椭圆，单击引导线的"选

择曲线"按钮，再选择两条引导曲线，每选择完毕一条链按一次鼠标中键。最后选择脊线为直线（曲线可重复使用），操作步骤如图 22-22 所示。

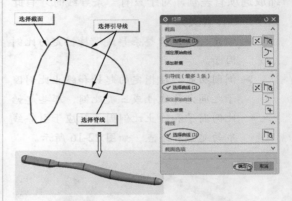

图 22-22

08 设置截面选项，插值为三次，对齐为圆弧长。

09 单击"确定"按钮，退出"扫掠"对话框。

技术要点：

由于扫掠不支持点，所以以尾部单独使用一个截面，沿两条逐渐缩小的曲线扫掠来完成尾部。

10 单击"合并"按钮 ，弹出"合并"对话框。

11 单击任意实体为目标，单击刀具"选择体"按钮，选择其他实体为刀具。

12 单击"确定"按钮，退出"合并"对话框，如图 22-23 所示。

图 22-23

22.4 样式扫掠

样式扫掠通过沿一条或两条引导线串扫掠一组截面线串，生成更高质量的自由曲面。样式扫掠的特点如下：最多指定150条截面线串；控制截面沿引导线串扫掠时的方位；重新定位扫掠而不移动截面线串或引导线串；旋转、缩放或限制扫掠甚至使用接触曲线或方位曲线定义曲面形状。

执行"插入"|"扫掠"|"样式扫掠"命令，弹出"样式扫掠"对话框，如图 22-24 所示。

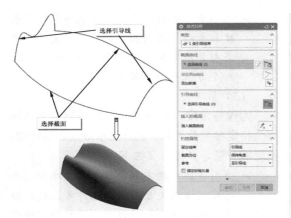

图 22-24

"样式扫掠"对话框的相关含义比较多，选项卡包括类型、截面、引导线、扫掠属性等，按照各选项卡排列，含义分别如下。

技术要点：

"截面曲线"和"引导曲线"与艺术曲面、通过曲线网格等对话框中的相同，就不再详解了。

1．"类型"

指定样式扫掠的引导线串的数目和类型，如图 22-25 所示。其中指定的最大截面线串数，会根据所指定的引导线数目而变化。

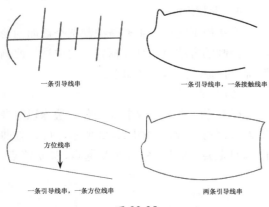

图 22-25

➢ 一条引导线串：使用一条引导线串，无接触线串或方位线串创建曲面。选择此类型时，最多可以指定 150 条截面线串。

➢ 一条引导线串，一条接触线串：使用一条引导线串和一条接触线串创建曲面。

选择此类型时，只能指定一条截面线串。

➢ 一条引导线串，一条方位线串：使用一条引导线串和一条方位线串创建曲面。

➢ 两条引导线串： 两条引导线串，无接触线串或方位线串创建曲面。选择此类型时，最多可以指定 150 条截面线串。

2．"插入的截面"

插入的截面曲线是在截面曲线之后插入的，主要用来控制扫掠过程中各截面中的形状，如图 22-26 所示。

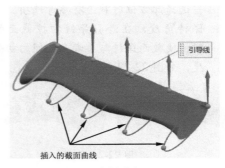

图 22-26

3．扫掠属性

扫掠属性包含过渡控制、固定线串、截面方位、参考，如图 22-27 所示。具体的参数含义如下。

图 22-27

（1）固定线串

指定扫掠与引导线串、截面线串或两者保持接触。包含引导线、截面线和引导线截面线（综合）3 个选项，如图 22-28 所示。

图 22-28

技术要点：

如果选择引导线和截面线，则枢轴点位置和旋转形状控件将不可用。

（2）截面方位

截面方位和参考参数一起定义在沿引导线扫掠时软件如何为截面定向，包含平移、保持角度、设为垂直、用户定义、圆弧长。具体含义如下。

➢ 平移：通过沿引导线平移截面来创建扫掠，同时保持截面的全局方位。注意，当选择此方位时将没有参考选项。

➢ 保持角度：在沿引导线扫掠截面的同时，使截面保持与参考面之间的初始角度，如图22-29所示。

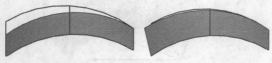

图22-29

➢ 设为垂直：将截面置于在沿引导曲线的每个点上都垂直于参考面的平面上，如图22-30所示。

图22-30

➢ 用户定义：使用定位算法自动定向扫掠，其中截面垂直于引导线。方位是通过引导线串的起点和终点连线的局部相切法向来定义的，如图22-31所示。

图22-31

➢ 圆弧长：沿引导曲线的弧长所指定的长度拉长扫掠的曲面。此选项可用于，两条引导线串和一个截面；一条引导线串、一个方位和一个截面。

（3）参考

为保持角度、设为垂直于和用户定义截面方位指定参考几何体。包含至引导线、至脊线、至脊线矢量。具体含义如下。

➢ 至引导线：指定引导线串作为参考。此时指定铰链矢量激活，允许截面绕铰链线旋转，并在扫掠过程中保持相对于引导线的角度。指定矢量激活，将添加矢量构造器按钮和自动判断的矢量。

➢ 至脊线：指定脊线充当参考。此时选择曲线激活，将"脊线"按钮添加到对话框中，并让用户选择目标脊线。要取消选择曲线，单击此按钮并通过按鼠标中键选择目标曲线。

➢ 至脊线矢量：指定矢量方向充当参考。软件将显示自动判断的矢量菜单。此时矢量激活，且软件将矢量构造器按钮 和自动判断的矢量菜单添加到对话框。

4．形状控制

形状控制的作用主要是控制某个截面的形状，控制的方法有3种：枢轴点的位置、比例和部分扫掠。具体含义如下。

（1）部分扫掠

在 U 和 / 或 V 向从扫掠的任意边缘以等参数方式修剪扫掠，如图22-32所示，可设置曲面％U 起点、％U 终点、％V 起点、％V 终点。

图22-32

%U 输入 50 与 0 的曲面，如图 22-33 所示。

图 22-33

（2）枢轴点位置

通过沿截面和／或引导线串指定两个参数位置更改扫掠位置。指定固定引导线串或固定线串时，此选项呈激活状态，如图 22-34 所示。具体参数含义如下。

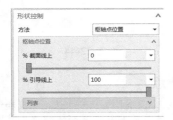

图 22-34

➢ ％ 截面线上：介于 0 到 100 之间的百分比值，即按指定的百分比将扫掠从截面线移动位置，整体的形状不变，如图 22-35 所示。

图 22-35

➢ ％ 引导线上：介于 0 到 100 之间的百分比值，即按指定的百分比将扫掠的截面在引导线上移动，整体保持不变，如图 22-36 所示。

图 22-36

（3）缩放

比例可以更改给定截面的曲线深度。在图形窗口或列表中单击某个截面，并根据实际的需要适当调整"缩放"值，如图 22-37 所示。具体参数含义如下。

图 22-37

➢ 值：指定介于 10 和 500 之间的正缩放因子。软件将保持曲线末端处于其当前位置，并根据所指定的值缩放曲线，如图 22-38 所示。

图 22-38

➢ 深度：更改比例曲线的深度。滑块值的范围是 –10000 ～ 10000。可输入负值以反转深度方向，如图 22-39 所示。

图 22-39

➢ 位置百分比：以介于 0 到 100 的百分比形式沿截面曲线定位缩放手柄。

➢ 列表：列出可编辑的输入值。 ⬆ ⬇ 在列表中上移或下移线串。

动手操作——手柄造型

操作步骤

01 打开源文件 22-3.prt，如图 22-40 所示。

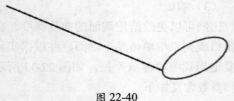

图 22-40

02 执行"插入"|"扫掠"|"样式扫掠"命令，弹出"样式扫掠"对话框。

03 选择"一条引导线串"类型，然后选择截面和引导线，并显示曲面预览，如图 22-41 所示。

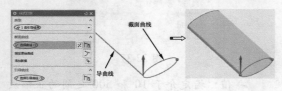

图 22-41

04 在"插入的截面"选项区激活"插入截面曲线"命令，然后在引导线终点指定插入截面曲线的第一点，指定点后会显示截面曲线，如图 22-42 所示。

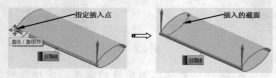

图 22-42

05 在引导线内依次指定 3 个点来插入截面曲线，如图 22-43 所示。

06 在对话框的"形状控制"选项区选择"缩放"方法，然后手动控制截面曲线上的"深度"控制点，使预览的曲面产生局部缩放，如图 22-44 所示。

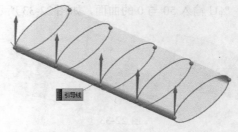

图 22-43

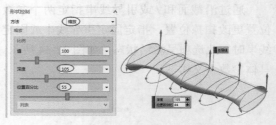

图 22-44

技术要点：

截面曲线上有 3 个控制点——值、深度和位置百分比。要想使截面曲线位置整体缩放，就输入值；要想变宽或变窄，就手动控制深度；要想缩放到具体位置，就输入位置百分比，缩放仅在缩放点上产生。

07 最后单击"确定"按钮，完成样式扫掠曲面的创建，如图 22-45 所示。

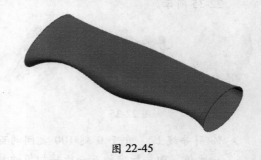

图 22-45

22.5 变化扫掠

"变化扫掠"命令可以创建沿路径有变化地扫掠主横截面的实体或片体特征。

可以定义路径上的草图部分或全部几何体，以便用作扫掠的主横截面。变化扫掠特点如下。

➤ 主横截面无须保持恒定。

➤ 受约束要与交点重合的主横截面，应该产生一个边界与对应轨迹重合的曲面。

➤ 只要参与操作的轨迹没有明显偏离，扫掠就将跟随整个路径。如果轨迹偏离过多，则系统能通过轨迹和路径之间的最后一个可用的交点确定路径长度。

➤ 系统可根据需要延伸轨迹。

在"曲面"组的"更多"命令库中单击"变化扫掠"按钮，弹出"变化扫掠"对话框，如图 22-46 所示。

图 22-46

"变化扫掠"对话框的相关选项含义如下。

1. 截面

➤ 绘制截面：打开草图生成器，以便创建内部草图。已指定基于轨迹绘制草图类型后，草图生成器打开，并提示指定路径的草图平面。在退出草图生成器时，草图被自动选作要用于扫掠路径上的草图。

➤ 选择曲线：用于为从使用基于轨迹绘制草图选项创建的草图指定主截面。

仅可从"基于轨迹绘制草图"选择曲线或边缘，而不能从原位上的草图选择曲线或边缘。它们不必相连，但它们必须是路径上的相同草图部分。

2. 限制

用于设置变化扫掠的定位方法，有 3 种选项——% 圆弧长、圆弧长和通过点，如图 22-47 所示。

图 22-47

3. 辅助截面

变化的扫掠可以创建调整扫掠尺寸的辅助截面，辅助截面是主截面的副本。而且能更改辅助截面的尺寸，但不能更改形状。NX 会自动为辅助截面尺寸创建新表达式，并将每个尺寸设置为等于主截面中的对应变量。要显示辅助截面尺寸，可以在列表框中单击该截面。编辑尺寸可以用以下方法实现。

➤ 在处理变化的扫掠时，在图形窗口中编辑。

➤ 在表达式对话框中编辑。

➤ 在部件导航器的详细信息窗格中编辑。

4. 设置

设置选项卡的功能与其他命令相同，包含常见的公差、体类型等，其中变化的扫掠还有尽可能合并面，具体的含义如下。

➤ 尽可能合并面：使面数最少，如果可能，可通过沿路径方向合并面来实现。如果关闭，则特征有多个面，每个面均与基本曲线的一段对应。

➤ 体类型：允许指定在截面封闭时，变化的扫掠是实体，还是片体。默认值取自"建模首选项"的体类型设置。

动手操作——果盘造型

本实例主要练习变化的扫掠，并设计果盘的造型，如图 22-48 所示。果盘需要变化的扫掠、缝合倒圆角命令等才能完成，具体的步骤如下。

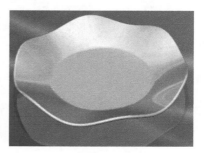

图 22-48

操作步骤

01 打开源文件 22-4.prt。

02 执行"工具"|"表达式"命令，弹出"表达式"对话框。

技术要点：

a为正弦线的振幅；b为正弦线的周期；t则是系统的变量。

03 在名称输入 t，公式输入 1。单击"完成"按钮✅，完成 t=1 公式。依次类推完成如图 22-49 所示的变量。

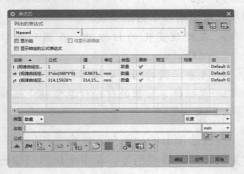

图 22-49

04 在"曲线"选项卡的"曲线"组中单击"规律曲线"按钮⤴，弹出"规律曲线"对话框。

05 在"规律曲线"对话框中选择"根据方程"规律类型。在"X 规律"选项区选择"根据规律"类型，参数为 t，函数为 xt，完成"X 规律"的设定。按照相同的步骤完成 Y 的变量定义，置如图 22-50 所示。

图 22-50

06 在 Z 规律选项区，选择"恒定"规律类型，输入规律为 0，

07 单击"点构造器"按钮🔲，弹出"点"对话框。默认坐标系值都为 0，单击"确定"按钮，完成正弦线的定位。单击"确定"按钮正弦线绘制完成，如图 22-51 所示。

图 22-51

08 执行"插入"|"来自曲线集的曲线"|"缠绕/展开曲线"命令，弹出"缠绕/展开曲线"对话框。

09 单击曲线组的"选择曲线"按钮，选择曲线。单击面组的"选择面"按钮，选择要缠绕的曲面。单击平面组的"选择对象"按钮，选择要曲线所在的平面。

10 单击"确定"按钮，退出"抽取曲线"对话框，操作步骤如图 22-52 所示。

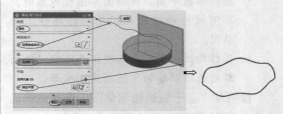

图 22-52

11 执行"插入"|"扫掠"|"变化扫掠"命令，弹出"变化扫掠"对话框。

12 选择圆作为主横截面沿路径扫掠时的引导线，弹出"创建草图"对话框。

13 设置草图平面所在曲线的位置圆弧长的百分比为 0。单击"确定"按钮，进入草图界面，如图 22-53 所示。

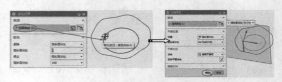

图 22-53

14 在草图环境下，执行"插入"｜"来自曲线集的曲线"｜"交点"命令，弹出"交点"对话框。先单击需要成为可选轨迹的正弦线，创建交点，再经过两交点创建一条直线作为截面。具体的操作步骤如图22-54所示。

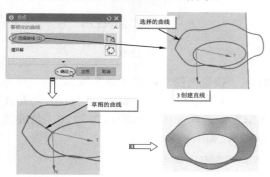

图 22-54

15 单击"完成草图"按钮 _{完成草图}，退出草图回到"变化扫掠"对话框。单击"确定"按钮，退出"变化扫掠"对话框。

技术要点：

第一个交点是进入草图后软件自动在轨迹上创建的。

16 执行"插入"｜"曲面"｜"有界平面"命令，弹出"有界平面"对话框，如图22-55所示。

图 22-55

17 移动鼠标到绘图区，选择底部的空缺边缘。

18 单击"确定"按钮，退出"有界平面"对话框。

19 利用"缝合"工具，缝合所有曲面。如图22-56所示。

图 22-56

20 单击"加厚"按钮 _■，弹出"加厚"对话框。在"厚度偏置1"文本框中输入2，注意加厚的方向向上，选择缝合的片体，如图22-57所示。单击"确定"按钮，退出"加厚"对话框。

图 22-57

21 最后对果盘进行"边圆角"操作，完成后的结果，如图22-58所示。

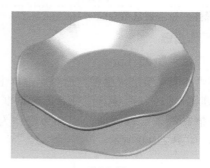

图 22-58

22.6　条带构建器

"条带构建器"是指选择曲线、边等轮廓，按指定的矢量偏置后而生成的带状曲面。在"曲面"组的"更多"命令库中单击"条带构建器"按钮 _■，弹出"条带"对话框，如图22-59所示。

图 22-59

该对话框中的各选项含义如下。

➢ 配置文件：即定义条带曲面形状的轮廓，如曲线、边等。

➢ 偏置视图：查看偏置轮廓的视图。此视图一定与轮廓偏移方向垂直。

➢ 距离：轮廓偏移的距离。

➢ 反向：单击此按钮，矢量方向更改为相反方向。

➢ 角度：在文本框内输入值，轮廓将与矢量呈一定角度进行偏移。

➢ 距离公差：偏移距离时产生的误差。

➢ 角度公差：呈一定角度进行偏移时所产生的误差。

下面以一实例来说明"条带构建器"工具的应用方法。

动手操作——创建条带曲面

操作步骤

01 打开源文件 22-5.prt。

02 在"曲面"组的"更多"命令库中单击"条带构建器"按钮，弹出"条带"对话框。

03 按信息提示，选择曲面底部边缘作为条带轮廓，如图 22-60 所示。

图 22-60

04 在"偏置视图"选项区中选择 ZC 轴矢量方向上的视图作为查看轮廓偏移的视图，然后在"偏置"选项区中输入距离值为 20，角度值为 –25，如图 22-61 所示。

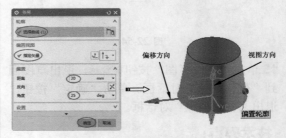

图 22-61

05 保留对话框其余选项的默认设置，单击"确定"按钮，完成条带曲面的创建，如图 22-62 所示。

图 22-62

22.7 综合实战——花篮造型

○ **源文件：无**

○ **结果文件：花篮.prt**

○ **视频文件：花篮造型.avi**

本节的花篮造型，主要应用到扫掠、管道、镜像特征和阵列等命令。花篮造型如图 22-63 所示。

图 22-63

操作步骤

01 新建命名为"花篮"的模型文件。

02 单击"草图"按钮，然后选择 *XC-YC* 基准平面作为草图平面，绘制如图 22-64 所示的同心圆草图。

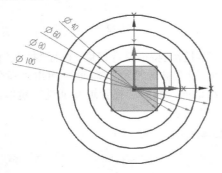

图 22-64

03 再利用"直接草图"命令，在 *YC-ZC* 基准平面上绘制如图 22-65 所示的草图曲线。

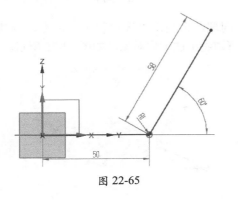

图 22-65

04 利用"基准平面"工具，在草图曲线的顶点位置新建基准平面，如图 22-66 所示。

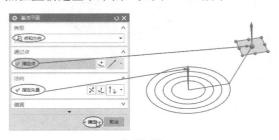

图 22-66

05 在"曲线"组中单击"圆弧/圆"按钮，弹出"圆弧/圆"对话框。然后按如图 22-67 所示的步骤，在新基准平面上创建整圆曲线。

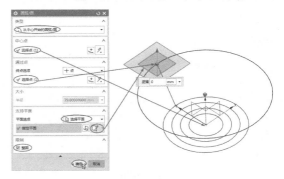

图 22-67

06 利用"直线"命令，在新建的基准平面上创建长度为 3 的直线，如图 22-68 所示。

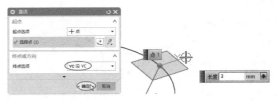

图 22-68

07 执行"插入"|"扫掠"|"扫掠"命令，弹出"扫掠"对话框。按要求先选择截面曲线（上一步创建的直线）和引导线（整圆曲线），然后在"截面选项"选项区中设置截面选项，最后单击"确定"按钮完成扫掠曲面的创建，如图 22-69 所示。

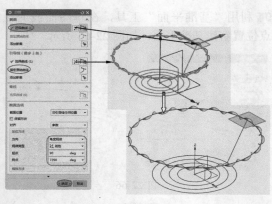

图 22-69

08 同理，利用"直线"命令在 *XC-YC* 基准平面上创建长度为 2 的直线，如图 22-70 所示。

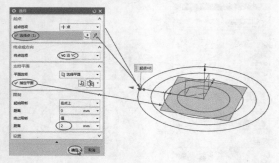

图 22-70

09 接着使用"扫掠"工具，选择直径为 100 的草图曲线作为引导线，创建出如图 22-71 所示的扫掠曲面。

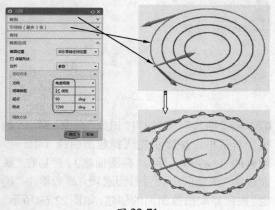

图 22-71

10 在"曲面"组的"更多"命令库中单击"管道"按钮 管道，弹出"管道"对话框。输入

横截面外径为 1.5，然后选择单条曲线创建管道，如图 22-72 所示。

图 22-72

技术要点：

一次性只能创建路径曲线为单条曲线或相切曲线的管道。

11 同理，继续创建其余管道特征，结果如图 22-73 所示。

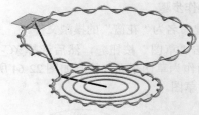

图 22-73

12 下面对管道特征进行镜像。执行"插入"|"关联复制"|"镜像特征"命令，弹出"镜像特征"对话框，然后选择管道特征进行镜像，如图 22-74 所示。

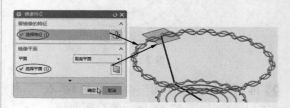

图 22-74

13 同理，再利用"镜像特征"命令，创建另一管道特征的镜像对象，如图 22-75 所示。

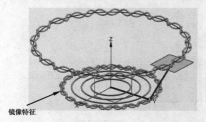

镜像特征

图 22-75

14 下面用 UG 的表达式来创建规律曲线。首先建立表达式，在"工具"选项卡的"实用程序"组中单击"表达式"按钮 ，打开"表达式"对话框。

15 在该对话框下方的"名称"栏输入 t，然后在"公式"栏中输入 1，单击"接受编辑"按钮 后，将表达式添加到上面的表达式列表中，如图 22-76 所示。

图 22-76

16 同理，依次添加其余表达式，添加完成的结果如图 22-77 所示。最后单击"确定"按钮关闭"表达式"对话框。

图 22-77

技术要点：

第一行a=7200t是在第2行t=1输入之后才输入的，如果先输入，会出现表达式错误提示。

17 执行"插入"|"曲线"|"规律曲线"命令，弹出"规律曲线"对话框。保留默认设置，单击"应用"按钮完成第一条规律曲线的创建，如图 22-78 所示。

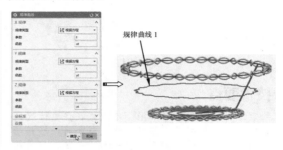

图 22-78

18 同理，在打开的"规律曲线"对话框中，直接在"函数"文本框 xt、yt、zt 之后分别添加数字 1，即可创建表达式中 XT1、YT1、ZT1 表达的规律曲线，如图 22-79 所示。

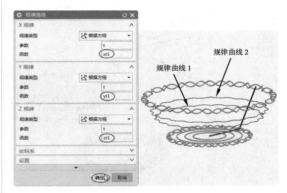

图 22-79

19 继续完成其余规律曲线的创建，最终结果如图 22-80 所示。

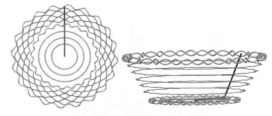

图 22-80

20 利用"草图"命令，在 XC-ZC 平面上绘制如图 22-81 所示的草图。

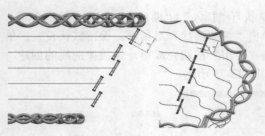

图 22-81

技术要点:

绘制这种倾斜的矩形草图,可以先在任意位置绘制矩形,然后利用"移动曲线"命令将矩形移动到指定点上,并将矩形旋转-30°即可。其余的倾斜矩形,可以按Ctrl+C快捷键复制,按Ctrl+V快捷键粘贴,然后将其移动到指定点,可以事先在规律曲线端点创建点。

21 在"曲面"组中单击"扫掠"按钮 ,打开"扫掠"对话框。然后创建如图 22-82 所示的扫掠特征。

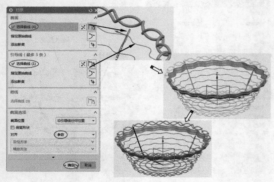

图 22-82

22 按此操作,创建其余扫掠特征,最终结果如图 22-83 所示。

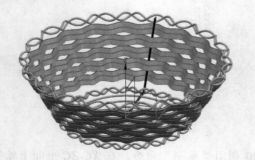

图 22-83

23 执行"插入"|"设计特征"|"球"命令,

弹出"球"对话框。选择管道截面的中心点作为球体的圆心,设置直径为4,单击"确定"按钮完成创建,如图 22-84 所示。

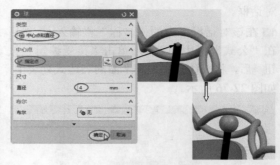

图 22-84

24 最后进行阵列。执行"插入"|"关联复制"|"阵列几何特征"命令,弹出"阵列几何特征"对话框,然后按如图 22-85 所示的操作步骤完成管道和球体的阵列操作。

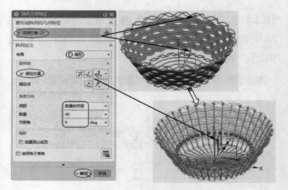

图 22-85

25 至此,完成了花篮的造型设计,如图 22-86 所示。最后将结果保存。

图 22-86

22.8 课后习题

1. 田螺造型

使用规律曲线、圆锥、投影曲线、扫掠等工具，创建如图 22-87 所示的田螺曲面模型。

图 22-87

2. 蛋托架造型

使用扫掠命令完成蛋托架的创建，如图 22-88 所示。

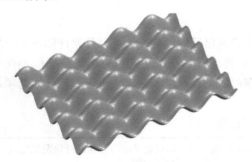

图 22-88

3. 冰淇淋盒造型

使用变化的扫掠命令完成冰淇淋盒的创建，如图 22-89 所示。

图 22-89

第 *23* 章 高级曲面指令四

本章我们将学习 UG NX 12.0 的曲面编辑、操作功能，包括曲面修剪与组合、关联复制、曲面的圆角及斜角操作等。

23.1 曲面的修剪与组合

曲面的修剪与组合工具都是曲面的编辑工具，是曲面的"布尔运算"。曲面造型过程中，这些工具作为后期处理工具，完成整个造型工作。

23.1.1 修剪片体

"修剪片体"命令能同时修剪多个片体，其命令的输出可以是分段的，并且允许创建多个最终的片体。修剪的片体在选择目标片体时，鼠标的位置同时也指定了区域点。如果曲线不在曲面上，可以不额外进行投影操作，修剪片体命令内部可以设置投影矢量，关于投影的具体选项，如表 23-1 所示。

表 23-1　投影选项

垂直于面	用于定义投影方向或将沿着面法向压印的曲线或边。如果定义投影方向的对象发生更改，则得到的修剪的曲面体会随之更新。否则，投影方向是固定的
垂直于曲线平面	用于将投影方向定义为垂直于曲线平面
沿矢量	用于将投影方向定义为沿矢量。如果选择 XC 轴、YC 轴或 ZC 轴作为投影方向，则当更改工作坐标系（WCS）时，应该重新选择投影方向
指定矢量	只对于投影方向方法的沿矢量类型可用 用于定义投影方向的矢量
反向	只对于投影方向方法的沿矢量类型可用 使选定的矢量方向反向
投影两侧	只对于投影方向方法的沿矢量和垂直于曲线平面类型可用 用于使矢量沿选定片体的两侧进行投影

执行"插入"｜"修剪"｜"修剪片体"命令，弹出"修剪片体"对话框。

移动鼠标到绘图区，选择要修剪的片体，单击边界对象的"选择对象"按钮，选择对象，例如：曲线、边缘、片体、基准平面等，单击"确定"按钮，退出"修剪的片体"对话框，操作步骤如图 23-1 所示。

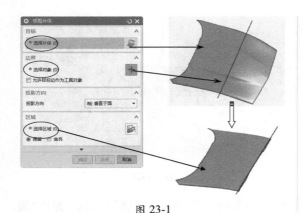

图 23-1

技术要点：

选择要修剪的片体，单击的位置就是保留或舍弃的区域点。

动手操作——轮毂制作

采用曲面命令绘制如图 23-2 所示的轮毂图形。

图 23-2

操作步骤

01 新建模型文件。

02 动态旋转 WCS。双击坐标系，弹出坐标系操控手柄和参数输入框，动态旋转 WCS，如图 23-3 所示。

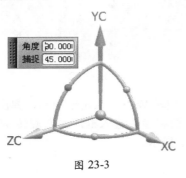

图 23-3

03 绘制直线。执行"插入"|"曲线"|"基本曲线"命令，弹出"基本曲线"对话框，选取类型为直线，输入直线端点分别为（245,70,0）和（245,-70,0），结果如图 23-4 所示。

图 23-4

04 绘制圆弧。在曲线工具栏中单击"圆弧"按钮，弹出"圆 / 圆弧"对话框，修改类型为整圆，设置支持平面，选取直线端点绘制，圆半径为 500，结果如图 23-5 所示。

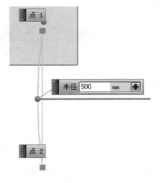

图 23-5

05 绘制直线，执行"插入"|"曲线"|"基本曲线"命令，弹出"基本曲线"对话框，选取类型为直线，长度分别为 15、7、8，结果如图 23-6 所示。

图 23-6

中文版UG NX 12.0完全实战技术手册

06 绘制直线。执行"插入"|"曲线"|"基本曲线"命令，弹出"基本曲线"对话框，选取类型为直线，先绘制水平过原点的直线，再绘制水平线的平行线，距离为50，最后绘制角度为168°的直线，结果如图23-7所示。

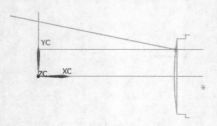

图 23-7

07 绘制圆弧，执行"插入"|"曲线"|"基本曲线"命令，弹出"基本曲线"对话框，选取类型为圆，圆心点为（0,-380,0），半径为500，结果如图23-8所示。

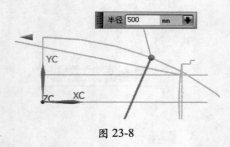

图 23-8

08 创建旋转曲面。单击"旋转"按钮，弹出"旋转"对话框，选取刚才绘制的直线，指定矢量和轴点，设置创建为片体，结果如图23-9所示。

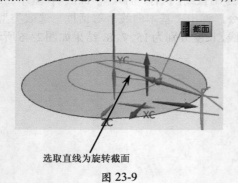

选取直线为旋转截面

图 23-9

09 创建旋转曲面。单击"旋转"按钮，弹出"旋转"对话框，选取刚才绘制的圆弧，指定矢量和轴点，设置创建为片体，结果如图23-10所示。

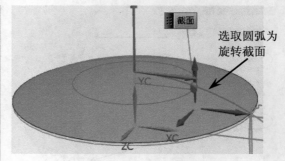

选取圆弧为旋转截面

图 23-10

10 创建旋转曲面。单击"旋转"按钮，弹出"旋转"对话框，选取先前绘制的曲线链，指定矢量和轴点，设置创建为片体，结果如图23-11所示。

缙逃

图 23-11

11 隐藏曲线。按 Ctrl+W 快捷键，弹出"显示和隐藏"对话框，单击曲线栏的"—"按钮，即可将所有的曲线隐藏。结果如图23-12所示。

图 23-12

12 动态旋转 WCS。双击坐标系，弹出坐标系操控手柄和参数输入框，动态旋转 WCS，如图23-13所示。

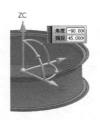

图 23-13

13 绘制草图。执行"插入"|"在任务环境中插入草图"命令，选取草图平面为 *XY* 平面，绘制草图如图 23-14 所示。

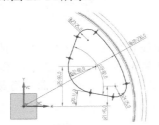

图 23-14

14 偏置曲线，单击"偏置"按钮，选取刚绘制的线，距离为 14，方向为向内，结果如图 23-15 所示。

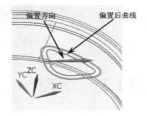

图 23-15

15 投影曲线。单击"投影曲线"按钮，选取刚绘制的曲线，指定投影矢量和投影对象，结果如图 23-16 所示。

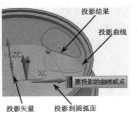

图 23-16

16 投影曲线。单击"投影曲线"按钮，选取刚绘制的偏置曲线，指定投影矢量和投影对象，结果如图 23-17 所示。

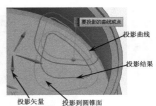

图 23-17

17 角度旋转复制。执行"编辑"|"移动对象"命令，选取要移动的对象，单击"确定"按钮，弹出"移动对象"对话框，设置运动变换类型为角度，指定旋转矢量和轴点，输入旋转角度和副本数，单击"确定"按钮完成移动，结果如图 23-18 所示。

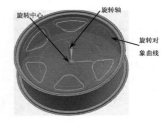

图 23-18

18 修剪片体。单击"修剪片体"按钮，弹出"修剪片体"对话框，选取曲面为目标片体，再选取投影曲线作为边界对象，投影方向为沿指定的矢量，单击"确定"按钮完成修剪，结果如图 23-19 所示。

图 23-19

19 修剪片体。单击"修剪片体"按钮 ，弹出"修剪片体"对话框，选取曲面为目标片体，再选取剩下的偏置曲线的投影线为边界对象，投影方向为沿指定的矢量，单击"确定"按钮完成修剪，结果如图 23-20 所示。

图 23-20

20 创建通过曲线组曲面。单击"通过曲线组曲面"按钮 ，弹出"通过曲线组曲面"对话框，依次选取修剪后的边界创建曲面，结果如图 23-21 所示。

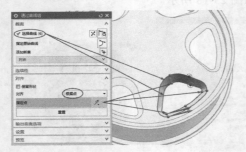

图 23-21

21 角度旋转。执行"编辑"|"移动对象"命令，选取上一步创建的曲面为要移动的对象，单击"确定"按钮，弹出"移动对象"对话框，设置运动变换类型为角度，指定旋转矢量和轴点，输入旋转角度和副本数，单击"确定"按钮完成移动，结果如图 23-22 所示。

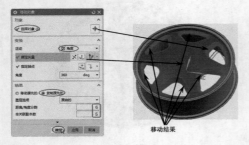

移动结果

图 23-22

22 曲面缝合。执行"插入"|"组合"|"缝合"命令，弹出"缝合"对话框，选取目标片体，再选取工具片体，单击"确定"按钮完成缝合，结果如图 23-23 所示。

图 23-23

23 隐藏曲线和草图。按 Ctrl+W 快捷键，弹出显示和隐藏对话框，单击曲线栏和草图栏的"—"按钮，即可将所有的曲线隐藏。结果如图 23-24 所示。

图 23-24

23.1.2 分割面

"分割面"命令可以通过曲线、边缘和面等，将现有实体或片体的面（一个或多个）进行分割。分割面通常用于模具、冷冲模上的模型的分型面上。实物本身的几何、物体特性都没有改变。分割对象不一定要紧贴着被分割的面，它可以直接对投影的表面进行分割。投影的方法有 3 种：垂直于面、垂直于曲线平面和沿矢量。具体含义如下。

> 垂直于面：指定分割对象的投影方向垂直于要分割的选定面。

> 垂直于曲线平面：如果选择多个曲线或边缘作为分割对象，软件会确定它们是否位于同一个平面内。如果是这种情况，

投影方向则自动设置为垂直于该平面。

> 沿矢量：指定用于分割面操作的投影矢量。

技术要点：

如果选择一个曲线或边缘作为分割对象，系统会区分曲线/边缘所位于的平面，并且投影方向会自动设为垂直于曲线平面，即垂直于这个平面。如果在同一个操作中选择位于不同平面内的其他曲线/边缘，则会保留先前设置的方向。如果要选择另一个方向，则必须用矢量构造器设置新的方向。

单击"曲面操作"组中的"分割面"图标，弹出"分割面"对话框。

选择要分割的面，在分割对象组中单击"选择对象"按钮，选择对象。单击"确定"按钮，退出"分割面"对话框，操作步骤如图23-25所示。

图 23-25

技术要点：

分割对象一定要大于分割的面，否则不能分割成功。

23.1.3 连结面

连结面命令和分割面命令是对立的，分割面后可以使用连结面进行连结。连结面有两个子类型：在同一个面上和转换为B曲面，具体含义如下。

> 在同一个面上：在选定片体和实体上移除多余的面、边缘和顶点
> 转换为B曲面：可以用这个选项把多个面连结到一个B曲面类型的面上。选定的面必须相邻，属于同一个实体，符合U-V框范围，并且它们连结的边缘必须是等参数的。

执行"插入"｜"组合"｜"连结面"按钮，弹出"连结面"对话框。

单击"在同一个面上"按钮，弹出"连结面"对话框，移动鼠标到绘图区，选择要连结的曲面或实体，操作步骤如图 23-26 所示。

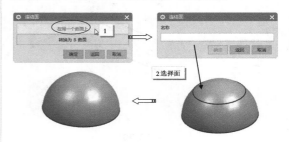

图 23-26

技术要点：

如果连结面命令未能完成任务，就会弹出"错误"对话框，如图23-27所示。如果完成任务则没有任何提示。

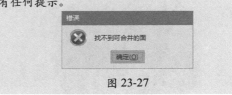

图 23-27

23.1.4 缝合曲面

该命令将两个或更多片体连接成一个片体。如果这组片体包围一定的体积，则创建一个实体。选定片体的任何缝隙都不能大于指定公差，否则将获得一个片体，而非实体。如果两个实体共享一个或多个公共（重合）面，还可以缝合这两个实体，如图 23-28 所示。

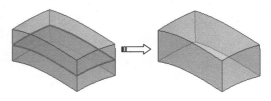

图 23-28

执行"插入"｜"组合"｜"缝合"命令，或者在"曲面操作"组的"更多"命令库中单击"缝合"按钮，弹出"缝合"对话框。

移动鼠标到绘图区，选择任意一个曲面为目标，其他所有的曲面为刀具，注意两个拉伸辅助面除外。单击"确定"按钮，退出"缝合"对话框，操作步骤如图23-29所示。

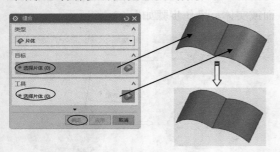

图 23-29

动手操作——多面体

采用曲面命令绘制如图23-30所示的图形。

图 23-30

操作步骤

01 新建模型文件。

02 绘制八边形。单击"曲线"组中的"多边形"按钮◎，在弹出的"多边形"对话框中输入边数为8，类型为外接圆半径，选取原点为中心，外接圆半径为100，方位角为0°，如图23-31所示。

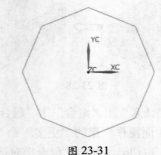

图 23-31

03 动态旋转坐标系。双击坐标系，弹出坐标系操控手柄和参数输入框，动态旋转WCS，如图23-32所示。

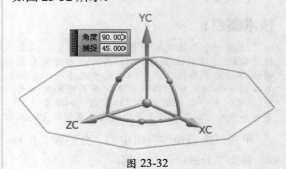

图 23-32

04 绘制圆，执行"插入"|"曲线"|"基本曲线"命令，弹出"基本曲线"对话框，选取类型为圆，选取原点为圆心，圆半径为100，结果如图23-33所示。

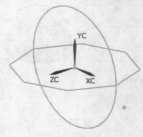

图 23-33

05 绘制直线。打开"基本曲线"对话框，选取类型为直线，选取原点和圆端点进行连接直线，结果如图23-34所示。

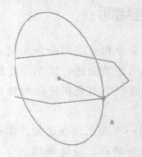

图 23-34

06 角度旋转。执行"编辑"|"移动对象"命令，选取要移动的对象，单击"确定"按钮，弹出"移动对象"对话框，设置运动变换类型为角度，指定旋转矢量和轴点，输入旋转角度和副

本数，单击"确定"按钮完成移动，结果如图23-35所示。

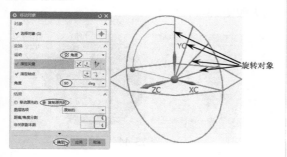

图 23-35

07 绘制水平线。打开"基本曲线"对话框，选取类型为直线，选取阵列的直线和圆交点为起点，然后单击 *XC* 绘制水平线，结果如图23-36所示。

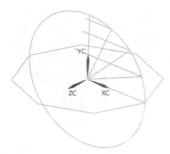

图 23-36

08 修剪。打开"基本曲线"对话框，在对话框中单击"修剪"按钮，弹出"修剪曲线"对话框，选取要修剪的曲线后，再选取修剪边界，结果如图23-37所示。

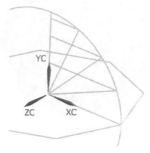

图 23-37

09 动态调整坐标系。双击坐标系，弹出坐标系操控手柄和参数输入框，动态旋转 WCS，如图23-38所示。

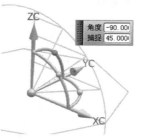

图 23-38

10 绘制圆。打开"基本曲线"对话框，选取类型为圆，选取直线左端点为圆心，选取直线右端点为半径，绘制结果如图23-39所示。

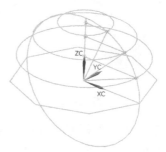

图 23-39

11 分割圆。执行"编辑"|"曲线"|"分割"命令，弹出"分割曲线"对话框，选取分割类型为等分段，选取圆为要分割对象，输入分割段数为8段，单击"确定"按钮完成分割，结果如图23-40所示。

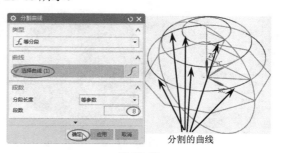

图 23-40

12 连线。打开"基本曲线"对话框，选取类型为直线，按如图23-41所示进行连接直线。

13 创建有界平面。执行"插入"|"曲面"|"有界平面"命令，弹出"有界平面"对话框，选取曲线，单击"确定"按钮完成曲面的创建，

结果如图 23-42 所示。

图 23-41

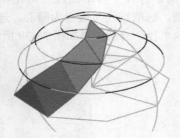

图 23-42

14 角度旋转。执行"编辑"|"移动对象"命令，选取要移动的曲面对象，单击"确定"按钮，弹出"移动对象"对话框，设置运动变换类型为角度，指定旋转矢量和轴点，输入旋转角度值和副本数，单击"确定"按钮完成移动，结果如图 23-43 所示。

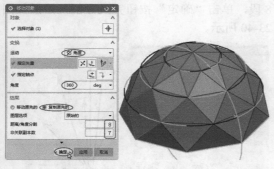

图 23-43

15 镜像变换。执行"编辑"|"变换"命令，选取要变换的对象，单击"确定"按钮，弹出"变换"对话框，选取变换类型为"通过一平面镜像"选项，指定平面为 XY 平面，变换类型为复制，结果如图 23-44 所示。

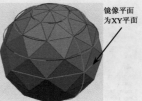

镜像平面
为 XY 平面

图 23-44

16 隐藏曲线。按 Ctrl+W 快捷键，弹出"显示和隐藏"对话框，单击曲线栏的"—"按钮，即可将所有的曲线隐藏，结果如图 23-45 所示。

图 23-45

17 缝合曲面。执行"插入"|"组合"|"缝合"命令，弹出"缝合"对话框，选取目标片体，再选取工具片体，单击"确定"按钮完成缝合，结果如图 23-46 所示。

图 23-46

23.2 偏置类型曲面

本节将介绍几种常用的偏置类曲面，包括偏置曲面、大致偏置、可变偏置、偏置面等。

23.2.1 偏置曲面

偏置曲面命令用于创建现有面的偏置，输入的对象可以是实体表面或片体。偏置时用沿选定面的法向偏置点的方法来创建的偏置曲面，原有的表面保持不变。甚至偏置曲面命令还能偏置出多个不同距离的偏置曲面，如图23-47所示。

图 23-47

在"曲面操作"组中单击"偏置曲面"按钮，弹出"偏置曲面"对话框，如图23-48所示。

图 23-48

动手操作——瓶子造型

采用曲面命令绘制如图23-49所示的瓶子图形。

图 23-49

操作步骤

01 新建模型文件。

02 动态旋转WCS。双击坐标系，弹出坐标系操控手柄和参数输入框，动态旋转WCS，如图23-50所示。

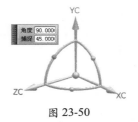

图 23-50

03 绘制草绘。执行"插入"|"在任务环境中绘制草图"命令，选取草图平面为XY平面，绘制草图如图23-51所示。

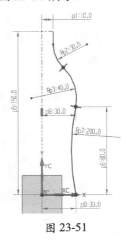

图 23-51

04 绘制旋转曲面。单击"旋转"按钮，弹出"旋转"对话框，选取刚才绘制的草图，指定矢量和轴点，设置创建为片体，结果如图23-52所示。

图 23-52

05 绘制草图矩形。执行"插入"|"在任务环境中绘制草图"命令,选取草图平面为XY平面,绘制草图如图23-53所示。

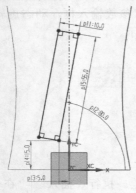

图23-53

06 拉伸曲面。单击"拉伸"按钮,弹出"拉伸"对话框,选取刚才绘制的草图,指定矢量,输入拉伸参数,结果如图23-54所示。

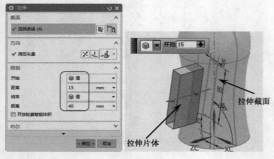

图23-54

07 偏置曲面。执行"插入"|"偏置/缩放"|"偏置曲面"命令,弹出"偏置曲面"对话框,选取要偏置的片体,输入偏置距离为5,单击"确定"按钮完成偏置,结果如图23-55所示。

图23-55

08 延伸与修剪。单击"修剪与延伸"按钮,弹出"修剪与延伸"对话框,类型为制作拐角,

选取目标片体后再选取工具片体,切换方向,结果如图23-56所示。

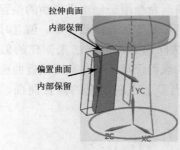

图23-56

09 倒圆角。单击"倒圆角"按钮,弹出"边倒圆"对话框,选取要倒圆角的边,输入倒圆角半径为5后,单击"确定"按钮,结果如图23-57所示。

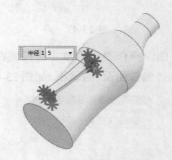

图23-57

10 倒圆角。单击"倒圆角"按钮,弹出"边倒圆"对话框,选取要倒圆角的边,输入倒圆角半径为2后,单击"确定"按钮,结果如图23-58所示。

图23-58

11 角度旋转复制。执行"编辑"|"移动对象"命令,弹出"移动对象"对话框。选取要移动的对象,单击"确定"按钮后,弹出"移动对象"

对话框，设置运动变换类型为角度，指定旋转矢量和轴点，输入旋转角度和副本数，单击"确定"按钮完成移动，结果如图 23-59 所示。

图 23-59

12 延伸与修剪。单击"修剪与延伸"按钮，弹出"修剪与延伸"对话框，类型为制作拐角，选取目标片体后再选取工具片体，切换方向，结果如图 23-60 所示。

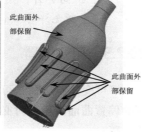

图 23-60

13 倒圆角。单击"倒圆角"按钮，弹出"边倒圆"对话框，选取要倒圆角的边，输入倒圆角半径为 5 后，单击"确定"按钮，结果如图 23-61 所示。

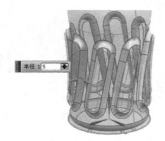

图 23-61

14 隐藏草图。按 Ctrl+W 快捷键，弹出"显示

和隐藏"对话框，单击曲线栏的"—"按钮，即可将所有的曲线隐藏，结果如图 23-62 所示。

图 23-62

技术要点：

在创建时逼近偏置曲面，不是用严格的定义来确定位置关系，允许计算过程中存在一些偏差，从而使偏置曲面特征的创建成功。

23.2.2 大致偏置

"大致偏置"命令使用大的偏置距离从一组实体面或片体创建一个没有自相交、锐边或拐角的偏置片体。这是偏置面命令和偏置曲面命令无法达到的偏置效果。

在"曲面操作"组的"更多"命令库中单击"大致偏置"按钮，弹出"大致偏置"对话框，如图 23-63 所示。

图 23-63

该对话框中各选项的含义如下。

➤ 偏置面/片体 ⊼：选择要偏置的面或片体。如果选择多个面，则不会使它们相互重叠。相邻面之间的缝隙应该在指定的建模距离公差内。如果存在重叠，则会偏置顶面。

➤ 偏置CSYS ⊠：使用户可以为偏置选择或构造一个坐标系（CSYS），其中Z方向指明偏置方向，X方向指明步进或剖切方向，Y方向指明步距跨越方向。默认的CSYS为当前的工作CSYS。

➤ 偏置距离：输入要偏置的距离。

➤ 偏置的偏差：表示允许的偏置距离范围，该值与"偏置距离"参数一起使用。如果偏置距离是10且偏差是1，则允许的偏置距离在9～11之间。一般偏差值应该远大于建模距离公差。

➤ 步距：指定步距跨越距离，在开启截面显示时可以观察步进，如图23-64所示。

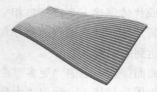

图23-64

➤ 云点：使用"点云"方式来创建曲面，构造的曲面逼近偏置后的点云，如图23-65所示。选择该方法将启用"曲面控制"选项，其用于指定曲面的补片数目。

图23-65

➤ 通过曲线组：使用偏置后的曲面流线并通过曲线组的形式构建曲面，如图23-66所示。如果使用该选项，"边界修剪"选项不可用。

图23-66

➤ 粗加工拟合：创建曲面的精度不高，但是在其他方法都无法创建曲面时可以使用。在偏置精度不太重要，且由于曲面自相交使其他方法无法生成曲面，或如果这些方法生成的曲面很糟糕时，可以使用"粗加工拟合"。

➤ 曲面控制：使用多少补片来建立片体，仅用于"点云曲面生成方法"。一共有两个选项：软件定义（在建立新的片体时软件自动添加经过计算数目的U向补片来给出最佳结果）、用户定义（启用U向补片，用于指定在建造片体过程中所允许的U向补片数目）。

23.2.3　可变偏置

"可变偏置"命令可以针对单个面创建可变的偏置曲面，偏置时必须指定4个点和对应的距离。

在"曲面操作"组的"更多"命令库中单击"可变偏置"按钮 ⊞，弹出"可变偏置"对话框，如图23-67所示。

图23-67

该对话框中各选项的含义如下。

➤ 要偏置的面：选取对象可以是实体或片体表面。

> 偏置：输入四点的偏置值。这 4 个偏置距离不应该相差太大，否则曲率变化突然会创建失败。
> 保持参数化：保持可变偏置曲面中的原始曲面参数。
> 方法：将插值方法指定为三次和线性。

动手操作——创建可变偏置曲面

采用曲面命令创建如图 23-68 所示的可变偏置曲面。

图 23-68

操作步骤

01 新建模型文件。

02 绘制圆，执行"插入"|"曲线"|"基本曲线"命令，弹出"基本曲线"对话框，选取类型为圆，选取原点为圆心，圆半径为 100 和 130，结果如图 23-69 所示。

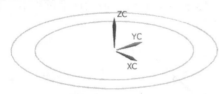

图 23-69

03 绘制直线。单击"直线"按钮 ，弹出"直线"对话框，绘制水平线并修改参数，如图 23-70 所示。

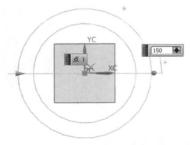

图 23-70

04 修剪。执行"插入"|"曲线"|"基本曲线"

命令，弹出"基本曲线"对话框，在该对话框中单击"修剪"按钮 ，弹出"修剪曲线"对话框，选取要修剪的曲线后，再选取修剪边界，结果如图 23-71 所示。

图 23-71

05 创建有界平面。执行"插入"|"曲面"|"有界平面"命令，弹出"有界平面"对话框，选取曲线，单击"确定"按钮完成曲面的创建，结果如图 23-72 所示。

图 23-72

06 创建可变偏置。执行"插入"|"偏置 / 缩放"|"可变偏置"命令，弹出"可变偏置"对话框，输入可变偏置的四点偏置值，并设置偏置方法为三次方，偏置结果如图 23-73 所示。

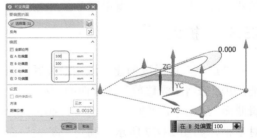

图 23-73

07 镜像特征。执行"插入"|"关联复制"|"镜像特征"命令，弹出"镜像特征"对话框，选取要镜像的曲面特征，再选取镜像平面，单击"确定"按钮完成，结果如图 23-74 所示。

图 23-74

08 隐藏部分曲面和曲线。选取先前绘制的有界平面和曲线，按 **Ctrl+B** 快捷键，即可将选取的曲线隐藏。如图 23-75 所示。

图 23-75

23.2.4 偏置面

偏置面与偏置曲面相比，偏置后的曲面取代原有曲面。偏置面命令可以根据正的或负的距离值偏置面，正的偏置距离沿垂直于面，而指向远离实体方向的矢量测量。

动手操作——创建偏置面

操作步骤

01 打开源文件 23-1.prt，

02 执行"插入"｜"偏置/缩放"｜"偏置面"命令，或单击"偏置曲面"按钮，弹出"偏置面"对话框。

03 选择要偏置实体或片体表面。在偏置文本框中输入偏置值，或者拖曳偏置值按钮。单击"确定"按钮，退出"偏置面"对话框，操作步骤如图 23-76 所示。

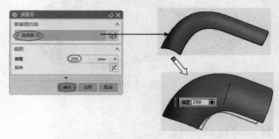

图 23-76

23.3 曲面编辑

"编辑曲面"组的曲面编辑工具主要用于曲面的重定义操作。在进行曲面造型过程中，利用这些功能可以使工作变得更简单。

23.3.1 扩大

"扩大"可通过创建与原始面关联的新特征，更改修剪或未修剪片体或面的大小。在"编辑曲面"组中单击"扩大"按钮，弹出"扩大"对话框，如图 23-77 所示。利用"扩大"命令扩大修剪的片体示例，如图 23-78 所示。

图 23-77

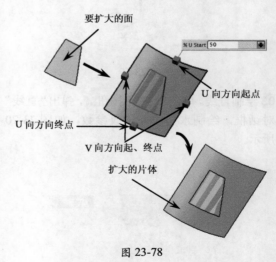

图 23-78

23.3.2 变换曲面

"变换曲面"命令可以在各坐标轴上对片

体进行缩放、旋转和平移，通过滑块能灵活、实时地编辑片体。注意：变换命令一次只能编辑一个单一片体。

在"编辑曲面"组中单击"变换曲面"按钮，弹出"变换曲面"对话框，如图23-79所示。

图 23-79

变换曲面可以变换原有曲面，也可以创建变换后的副本对象。当选择要变换的曲面后，会弹出"点"对话框，如图23-80所示。此对话框帮助定义曲面中变换的位置点，确定变换位置点后，将再次弹出"变换曲面"对话框，如图23-81所示。

图 23-80

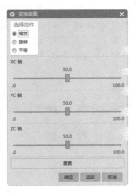

图 23-81

"变化曲面"对话框有3种曲面控制方法。

➢ 缩放：可以按一定比例来缩放原有曲面。

➢ 旋转：保持原有曲面大小，仅旋转曲面。

➢ 平移：保持原有曲面大小，仅平移曲面。

技术要点：

如果是先对曲面进行了缩放，然后才旋转或平移控制，同样也会更改曲面大小。

如图23-82所示为3种曲面变换的控制结果。

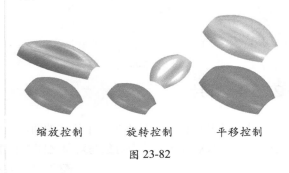

缩放控制　　　旋转控制　　　平移控制

图 23-82

23.3.3　使曲面变形

"使曲面变形"命令和"整体突变"命令能对片体的拉长、歪斜、扭曲等改变其外形。但是"整体突变"命令只能变形矩形片体。变形命令的参数有：拉长、折弯、歪斜、扭转、移位。控制选项有：水平、竖直、V低/H低、V高/H高、V中/H中。

技术要点：

变形命令一次只能编辑一个单一片体。此外，曲面编辑工具只针对利用曲面功能创建的曲面，而通过特征工具来创建的片体或曲面是不能进行编辑的。

执行"编辑"|"曲面"|"变形"命令，或单击"编辑曲面"组中的"使曲面变形"按钮，弹出"使曲面变形"对话框，如图23-83所示。

图 23-83

选择要编辑的片体，U、V方向被显示在绘图区。"使曲面变形"对话框中显示变形控制选项，如图 23-84 所示。

如图 23-85 所示为使曲面变形的 5 个控件的变形矢量示意图。

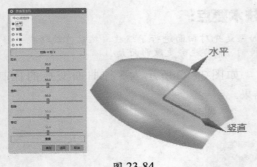

图 23-84

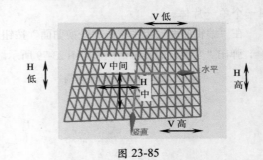

图 23-85

23.3.4 补片

实体或片体的面替换为另一个片体的面，从而修改实体或片体。还可以把一个片体补到另一个片体上，NX 12.0 中关于对象与对象之间结合主要的命令对比，如表 23-1 所示。

表 23-1　结合命令对比

类　型	目　标	刀　具	特　点
合并	实体	实体	实体间被结合
补片	实体	片体	实体与片体被结合或被修剪
缝合	片体	片体	片体结合
曲线来连接	曲线或边缘	曲线或边缘	曲线结合

动手操作——补片操作

操作步骤

01 打开源文件 23-2.prt。

02 执行"插入"|"组合"|"补片"命令，或者单击"补片"按钮，弹出"补片"对话框。

03 首先选择一个实体，再单击刀具的"选择片体"按钮，选择片体。单击"确定"按钮，退出"补片"对话框，操作步骤如图 23-86 所示。

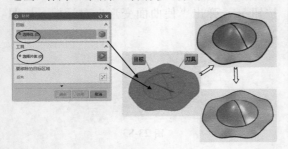

图 23-86

技术要点：

箭头的方向朝着实体才能向内部加材料。如果不是，选择工具面并单击"反向"图标╳调整。

技术要点：

修补命令如果没有成功，一般不能成功的原因有两种：一是片体的边界没有与实体面吻合，有多余或欠缺的部分，如图23-87所示；二是片体内部不封闭。

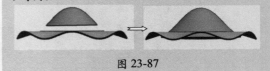

图 23-87

23.3.5 X 成形

"X 成形"是一种曲面变形工具，用于变换或按比例移动样条的选定极点或成行的 B 曲面极点。如果关联地修改 B 曲面，则可使用 X 成形的特征保存方法控制特征行为。

相对保存方法用于将曲面更改保存为增量移动，并在用户更新父项后自动将这些移动重新应用于输出曲面。绝对保存方法用于生成不受父曲面更改影响的特征。

在"编辑曲面"组中单击"X型"按钮，弹出"X型"对话框，如图23-88所示。

图 23-88

"X型"提供很多对象选择方法。可选对象包括极点和点的手柄，以及极点多义线。用户可以使用以下选择方式来选择极点/点手柄和多义线。

➢ 单选。
➢ 取消单选（Shift+单击）。
➢ 矩形选择。
➢ 取消矩形选择（Shift+拖曳矩形）。
➢ 选择成行或成列的极点手柄（单击极点手柄之间的多义线段）。
➢ 取消选择成行或成列的极点手柄（Shift+单击极点手柄之间的多义线段）。

在创建X变形曲面过程中，用户可以为样条或面的区域定义锁，这样在编辑样条或面时它们不受影响。如图23-89所示为在X成形编辑过程中的曲面，选中了一条极点多义线来变形曲面。

图 23-89

23.4 综合实战——吸尘器手柄造型

◎ **源文件：吸尘器.prt**

◎ **结果文件：吸尘器.prt**

◎ **视频文件：吸尘器手柄造型.avi**

本节将以一个工业产品——吸尘器手柄的壳体设计实例，介绍 UG 曲线、曲面及实体造型工具综合应用及构建技巧。吸尘器手柄壳体模型，如图23-90所示。

图 23-90

23.4.1 设计分析

一般情况下，设计一个有父子关系的模型，通常是先构建模型主体，接着构建主体上的其他小特征。在各个小特征之间没有父子关系的，可以不分先后顺序，只要便利即可。针对吸尘器模型，做出如下设计过程分析。

（1）主体部分：主体部分可以曲面建模也可以实体建模。为了简化操作，本例采用实体建模。

（2）方孔与侧孔：孔特征可以通过使用"孔"工具或者"拉伸"工具来构建。对于多个相同尺寸的孔系列，则使用"实例特征"工具阵列。

（3）加强筋：加强筋起增加壳体强度的作用，它的厚度通常比外壳厚度小。加强筋特征一般使用"拉伸"工具来构建。

（4）BOSS柱：BOSS柱是螺钉连接的固定载体。它可以使用"回转"工具或"拉伸"工具来构建。在其模具设计中，为了保证细长的BOSS柱在脱模运动过程中不被损毁，通常要进行拔模处理。

（5）槽：吸尘器手柄平底面中的槽特征，因其与外形走向相同，则可使用"拉伸"工具，进行偏置、布尔减运算设置即可构建。

在构建吸尘器手柄模型过程中，将按具有父子关系的先后顺序来构建主体及其他小特征。

23.4.2 构建主体

操作步骤

01 打开源文件"吸尘器.prt"，打开的手柄构造曲线如图23-91所示。

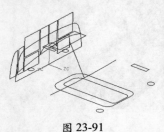

图 23-91

02 使用"拉伸"工具，选择如图23-92所示的曲线，创建出拉伸距离为65的实体特征。

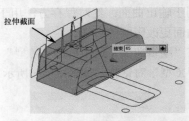

图 23-92

03 使用"扫掠"工具，选择如图23-93所示的截面曲线和引导线，创建出扫掠曲面特征。

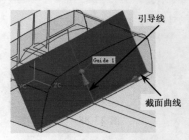

图 23-93

04 单击"修剪体"按钮，打开"修剪体"对话框。选择如图23-94所示的目标体和刀具面，创建修剪体特征。

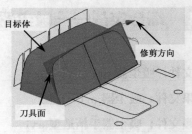

图 23-94

05 使用"拉伸"工具，选择如图23-95所示的曲线，创建出拉伸距离为153的实体特征。

图 23-95

06 使用"合并"工具，将修剪体特征和上一步创建的拉伸实体合并。

07 使用"边倒圆"工具，选择如图 23-96 所示的实体边，创建出圆角半径为 15 的圆角特征。

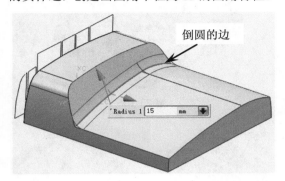

图 23-96

08 使用"投影曲线"工具，将如图 23-97 所示的草图曲线投影到拉伸实体的弧形面上。

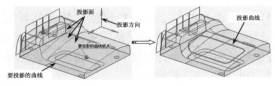

图 23-97

09 使用"镜像曲线"工具，以 *YC-ZC* 基准平面作为镜像平面，将投影曲线镜像至基准平面的另一侧，如图 23-98 所示。

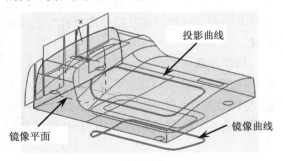

图 23-98

10 使用"通过曲线组"工具，按如图 23-99 所示的操作步骤，选择 3 个截面（投影曲线、草图曲线和镜像曲线）创建通过曲线组的曲面特征。

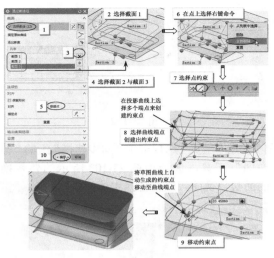

图 23-99

11 使用"修剪体"工具，选择如图 23-100 所示的目标体和刀具面，创建出修剪体特征。

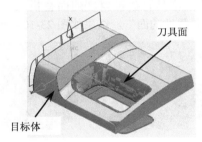

图 23-100

12 使用"拉伸"工具，选择如图 23-101 所示的实体边缘，创建出拉伸距离为 2、单侧偏置为 -2 的实体特征。

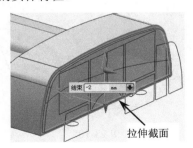

图 23-101

13 使用"拉伸"工具，在上一步创建的拉伸实体特征上选择边缘，创建出拉伸距离为 15、拔模角度为 5、单侧偏置为 -1.5 的实体特征，如图 23-102 所示。

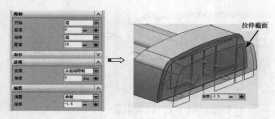

图 23-102

14 使用"主页"选项卡中"同步建模"组的"替换面"工具，选择如图 23-103 所示的要替换的面与替换面，进行替换实体面操作。

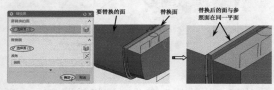

图 23-103

15 同理，将具有拔模斜度的面替换成上一步中的"要替换的面"，结果如图 23-104 所示。

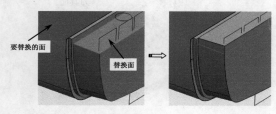

图 23-104

16 使用"边倒圆"工具，选择如图 23-105 所示的边，创建出圆角半径为 15 的圆角特征。

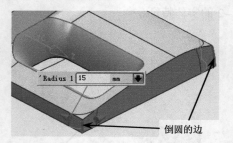

图 23-105

17 同理，再使用"边倒圆"工具，选择如图 23-106 所示的边，创建出圆角半径为 3 的圆角特征。

18 使用"抽壳"工具，选择手柄主体的水平面作为抽壳的面，且抽取厚度为 3，结果如图

23-107 所示。

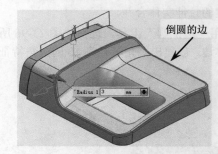

图 23-106

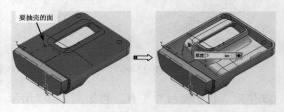

图 23-107

19 使用"合并"工具，将已创建的实体特征进行合并，得到吸尘器手柄的主体模型。

20 为了便于后续的设计操作，将已创建出特征的曲线和曲面隐藏。

23.4.3 构建方孔与侧孔

主体模型上方的孔可由"拉伸"工具创建。创建一个键槽特征后，再使用"实例特征"工具将其阵列。同样，侧孔将使用"孔"工具来构建。

操作步骤

01 将视图切换至右视图。

02 使用"拉伸"工具，选择如图 23-108 所示的草图曲线，创建出拉伸距离为 60 的减材料特征。

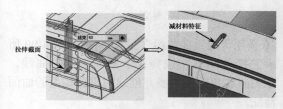

图 23-108

03 使用"阵列几何特征"工具，选择减材料

特征作为阵列对象，创建出 9 个矩形阵列对象，如图 23-109 所示。

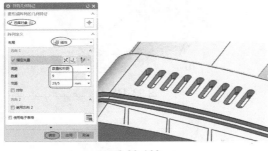

图 23-109

04 使用"边倒圆"工具，选择如图 23-110 所示的阵列对象特征的边缘，创建出圆角半径为 1 的圆角特征。

图 23-110

05 使用"孔"工具，在主体模型侧面上绘制一个点，然后在该点上创建一个直径为 36、深度为 30 的简单孔特征，如图 23-111 所示。

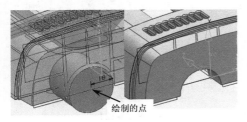

图 23-111

06 使用"拉伸"工具，选择手柄主体的另一侧面作为草图平面，进入草绘模式绘制如图 23-112 所示的草图后，再创建出拉伸距离为 5 的减材料特征。

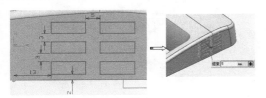

图 23-112

23.4.4 创建加强筋

加强筋特征的构建主要使用"拉伸"工具创建。

操作步骤

01 使用"拉伸"工具，选择如图 23-113 所示的草图曲线，创建出拉伸距离为 16 的减材料实体特征。

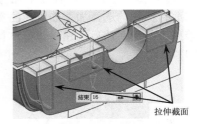

图 23-113

02 使用"拉伸"工具，选择如图 23-114 所示的草图曲线，创建出拉伸距离为 20 的减材料实体特征。

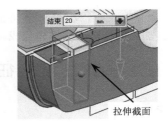

图 23-114

03 使用"拉伸"工具，选择如图 23-115 所示的草图曲线，创建出拉伸距离为 13 的减材料实体特征。

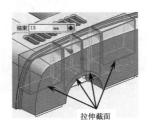

图 23-115

04 使用"拉伸"工具，选择如图 23-116 所示的草图曲线，创建出拉伸距离为 20，且两侧偏置为 2 的加材料实体特征。

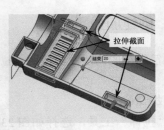

图 23-116

05 使用"修剪体"工具，选择 3 个加强筋特征作为修剪目标体，选择加强筋所在的实体表面作为修剪刀具面，然后创建出修剪体特征，如图 23-117 所示。

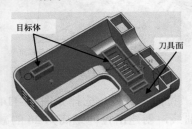

图 23-117

06 使用"合并"工具，将修剪体特征与手柄主体合并。加强筋特征全部构建完成。

23.4.5　创建 BOSS 柱和槽特征

操作步骤

01 使用"拉伸"工具，选择两个草图圆曲线创建出拉伸距离为 30，且两侧偏置为 -2.5 的拉伸实体特征，如图 23-118 所示。

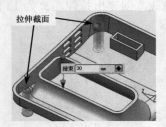

图 23-118

02 使用"修剪体"工具，选择如图 23-119 所示的目标体和刀具面，创建出修剪体特征。

03 使用"拔模"工具，以"从边"类型选择修剪体特征上边缘作为固定边，创建出拔模角度为 -2 的拔模特征，如图 23-120 所示。

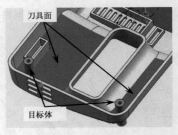

图 23-119

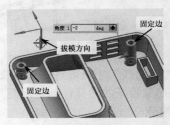

图 23-120

04 使用"合并"工具，将拔模后的修剪体特征与手柄主体合并。

05 使用"拉伸"工具，选择草图圆曲线作为拉伸截面，然后创建出拉伸开始距离为 5、结束距离为 30，且单侧偏置为 -1 的拉伸减材料特征，如图 23-121 所示。

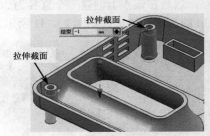

图 23-121

06 使用"边倒圆"工具，对拉伸减材料特征边缘创建圆角为 1 的圆角特征，如图 23-122 所示。

图 23-122

07 使用"拉伸"工具，选择如图 23-123 所示的主体模型边缘作为拉伸截面，创建出拉伸距离为 1.5，且两侧偏置的开始值为 1、结束值为 2 的减材料特征。

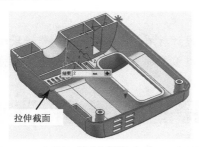

图 23-123

08 使用"拉伸"工具，选择如图 23-124 所示的孔边缘作为拉伸截面，并创建出拉伸距离为

1.5，两侧偏置的开始距离为 −1.5，结束距离为 4 的减材料实体特征。

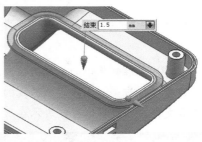

图 23-124

09 BOSS 柱特征与槽特征创建完成。至此，吸尘器手柄造型设计工作全部结束，最后将结果保存。

23.5 课后习题

1．加湿器造型

利用曲线、曲面及实体造型工具，创建如图 23-125 所示的加湿器模型。

图 23-125

2．水壶造型

利用曲线、曲面及实体造型工具，创建如图 23-126 所示的水壶模型。

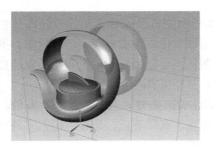

图 23-126

3．排球造型

利用"抽取""加厚""边倒圆"等工具，创建如图 23-127 所示的排球模型。

图 23-127

第24章 产品高级渲染

渲染是三维制作中的收尾工作，在进行了建模、设计材质、添加灯光或制作一段动化后，需要进行渲染，才能生成逼真的图像或动画。通过渲染场景对话框来创建渲染并将其保存到文件中，也可以直接表示在屏幕中。

24.1　UG 渲染概述

渲染是三维制作中的收尾工作，在进行了建模、设计材质、添加灯光或制作一段动画后，需要进行渲染，才能生成逼真的图像或动画。通过渲染场景对话框来创建渲染并将它保存到文件中，也可以直接表示在屏幕。

24.1.1　UG 渲染与后期处理

在 NX 12.0 中可以使用专门的渲染模块功能对三维模型进行渲染与后期处理。NX 渲染模块基于物理原理对真实环境的光照进行模拟，通过考虑光线对眼睛的刺激来计算光能强弱；模块中的光源可以通过光源的实际性质来定义，极大地扩展了用户的选择范围。

NX 渲染与后期处理设计基于实物和组件的方法来设计合理的外形与显示效果，能够使模型快速概念化，生成光照与颜色效果，生成逼真的渲染图片和创建动画等。设计的主要内容包括实体的渲染与后期处理的形象化、渲染图片的设置、光照设置及艺术图像、视觉效果、材料与纹理设置和光栅设置。用户可以导出图像文件、可视化图像和动画模拟等内容。如图24-1 所示为利用渲染功能对园椅作品进行渲染处理的效果图。

图 24-1

24.1.2　UG 的渲染方式

UG 渲染模块能够让工业设计人员快速实现模型概念化，生成光照、颜色效果，形成逼真的图片。可以为设计审查和市场宣传提供如同照片一样逼真的图像。

UG 的渲染方式有 5 种：一般着色、基础艺术外观、真实着色、光线追踪艺术外观和高级艺术外观。

技术要点：

其中，真实着色、光线追踪艺术外观和高级艺术外观同属于"艺术外观"，可以设置渲染环境、材料、背景和灯光等，这也是本章讲解的重点。

1．一般着色

产品的一般着色（产品的早期渲染）可以帮助评估产品的吸引力，并在产品原型推出前或产品原型中评估造型和美学的考虑事项。

在进行产品设计的过程中，通过 NX 而不是硬件的着色功能，可使用渲染样式来创建和显示片体、实体和图样的着色图像。如图 24-2 所示为普通的着色模式。

图 24-2

2．基础艺术外观

基础艺术外观由建模环境直接进入。基础艺术外观是进入高级渲染模式之前的基础渲染，本质上是在渲染环境中查看最基本的模型外观，如图 24-3 所示。

图 24-3

3．真实着色

在 UG NX 12.0 中，对于渲染程度要求不高、效果一般的模型，可以使用"真实着色"渲染工具。与"可视化形状"渲染工具所不同

的是，"真实着色"中的材料/纹理、阴影、灯光等效果不能进行参数编辑。

"真实着色"可实现在 NX 模型中创建逼真的视觉效果，这些效果包括阴影、反射、打光和材料。这些视觉效果对部件建模或配置装配时特别有效，可以用作视觉辅助。如图 24-4 所示为汽车模型在"真实着色"视觉环境中的着色效果。

图 24-4

4．光线追踪艺术外观

光线追踪艺术外观基于实时光线追踪的图像渲染，对计算机的图像显卡要求较高。高级艺术外观是复合着色器，可以设置纹理、喷漆、环境灯光和地板反射，也支持 3D 圆顶背景。如图 24-5 所示为光线追踪艺术外观渲染效果。

图 24-5

5．高级艺术外观

高级艺术外观是逼真的实时渲染显示，存在对象间的反射、折射和全局照明效果。光线追踪艺术外观比高级艺术外观的效果更加逼真。高级艺术外观与光线追踪艺术外观有相同的渲染设置。

高级艺术外观可帮助指定视图中对象的描述方式。可以对产品的材料类型、纹理、光顺性、粗糙度、打光和背景进行可视化，并为产品创建最为真实的渲染效果，如图 24-6 所示。

图 24-6

24.1.3　UG 的渲染环境与功能

UG 渲染将为用户提供更有效地表示设计概念所需的工具，能够减少原型样机成本并更快地将产品投放市场。

UG 渲染模块能够让工业设计人员快速实现模型概念化，生成光照、颜色效果，形成逼真的图片。可以为设计审查和市场宣传提供如同照片一样逼真的图像。

进入 UG 建模模式或外观造型设计模式，在"渲染"选项卡的"设置"组和"显示"组中单击"艺术外观任务""高级艺术外观"或"光线追踪艺术外观"按钮，就可以对已完成造型设计的产品进行渲染了。UG 渲染环境与渲染功能如图 24-7 所示。

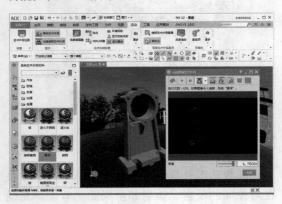

图 24-7

24.1.4　产品渲染的一般流程

在 UG NX 12.0 中，对产品进行照片级渲染的一般步骤如下。

（1）选择制作高质量图片的方法

在制作高质量照片级的图片时，渲染功能提供了 10 种决定图片质量的方法，如平面、哥拉得、范奇、改进、预览、照片般逼真的、光线追踪等。

（2）为几何输入材料

要渲染出真实环境下的效果，还需要输入与模型无关联的材料。

（3）采用纹理

利用材料与纹理功能，将材料和纹理赋予模型。在赋予了材料和纹理后，还可以预览 UG 提供的材料和纹理图案，以及组合后的效果。

（4）设置灯光

利用高级灯光功能，为视图设置光源。用户也可以预览加上光源后的效果。

（5）设置视觉效果的前景和背景

利用基本场景编辑器来设置视觉效果的前景与背景。

（6）一般着色参数设置

利用真实着色编辑器来设置着色参数。

（7）开始着色

完成各项渲染参数设置后，使用"开始着色"工具进行高质量图像的渲染。

（8）保存或打印

如果渲染效果达到设计要求，即可保存渲染效果，或者将其打印出图。

24.2　真实着色

在 UG NX 12.0 中，对于渲染程度要求不高、逼真效果一般的模型，可以使用"真实着色"渲染工具。"真实着色"中的材料 / 纹理、阴影、灯光等效果不能进行参数编辑。

24.2.1 "真实着色"工具

"真实着色"可实现在 NX 模型中创建逼真的视觉效果，这些效果包括阴影、反射、打光和材料。这些视觉效果对部件建模或配置装配时特别有效，可以用作视觉辅助。

在 UG NX 12.0 中用于模型的"真实着色"工具如图 24-8 所示。此工具条中包含用于真实着色的全局材料、特定于对象的材料、全局反射、背景、光源等工具。

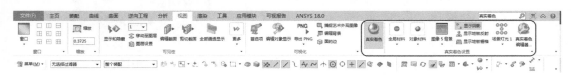

图 24-8

1. 全局材料

"全局材料"工具是用来设置产品中所有特征的材料，也就是当用户选择全局材料中的其中一种材料赋予产品时，则产品中所有特征将全部为该材料。UG 提供的全局材料列表，如图 24-9 所示。

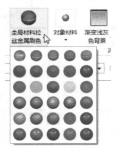

图 24-9

2. 特定于对象的材料

"对象材料"工具用于产品中单个特征的材料定义。UG 提供的特定于对象的材料列表，如图 24-10 所示。

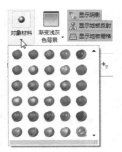

图 24-10

3. 全局反射

"全局反射"工具用于渲染对象的面反射效果设置。当选择一种全局反射图像，可以在渲染着色后的全局材料中反射该图像。"全局反射"的所有图像如图 24-11 所示。

图 24-11

4. 背景

真实着色中的"背景"类型仅有如图 24-12 所示的 8 种，用来设置着色图片的背景效果。

图 24-12

5．光源

在"真实着色"环境中，光源仅能设置为场景光源，且仅有如图 24-13 所示的 5 种基本光源。这 5 种光源可以通过"真实着色编辑器"工具来设置光源的强度。

图 24-13

24.2.2 "真实着色"的一般着色过程

使用"真实着色"工具条中的工具对产品进行着色渲染的一般过程如下。

（1）在"真实着色"工具条中单击"真实着色"按钮 ，对模型进行全局的真实着色。

（2）若要求着色对象为单一的材料，可使用"全局材料"工具进行全局材料定义；

（3）使用"特定于对象的材料"工具，按设计需要依次选择材料，逐一对产品特征进行材料定义。

（4）赋予材料后，用户可根据效果来设置反射图像、背景效果、灯光效果及地板反射等。

动手操作——烧水壶真实着色渲染

操作步骤

01 打开源文件 shuihu.prt，如图 24-14 所示。

图 24-14

02 在"视图"选项卡的"真实着色设置"组中单击"真实着色"按钮 ，进入真实着色模式，如图 24-15 所示。

图 24-15

03 首先设置全局材料。在全局材料下拉列表中选择"全局材料光亮金属刷色"，随后整个环境中的模型被自动着色，如图 24-16 所示。

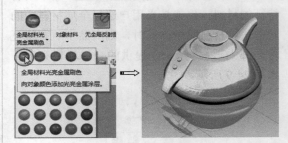

图 24-16

04 在图形区选中水壶的手柄，然后选择"对象材料"下拉列表中的"黑色亮泽塑料"材料，如图 24-17 所示。

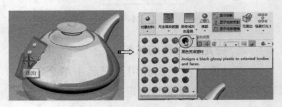

图 24-17

05 随后自动渲染手柄，如图 24-18 所示。

图 24-18

06 同理，为水壶盖的手柄部分选择相同的黑色光泽塑料，渲染结果如图 24-19 所示。

图 24-19

24.3 高级艺术外观

高级艺术外观在旧版本软件中（UG NX 12.0 以前）称为"可视化渲染"，可以渲染出较为逼真的真实环境及实物效果，本节详细介绍相关的渲染设置功能。

24.3.1 艺术外观任务

艺术外观任务是在精加工艺术外观环境中进行的高级艺术外观渲染，也就是艺术外观任务环境只能与高级艺术外观模式结合使用。艺术外观任务环境中也可以利用光线追踪艺术外观实时渲染功能进行渲染。

在"渲染"选项卡的"设置"组中单击"艺术外观任务"按钮 ，即可进入艺术外观任务环境中，并自动打开"光线追踪艺术外观"窗口，如图 24-20 所示。

图 24-20

艺术外观任务环境中的渲染操作工具与任务环境外的渲染工具是通用的。区别就是利用"艺术外观任务"环境进行渲染，只能采用全局光和系统场景，而不能使用自定义的高级光源、展示室环境，以及全景反锯齿等。

总体来说，在艺术外观任务环境中渲染模型，其效果不是最佳的。因此，鉴于其渲染操作与高质量图像渲染的操作一样，本节就不再过多详解。下面就高质量图像渲染做详细描述。

24.3.2 高质量图像

UG 高质量图像功能可以让用户制作出具有真24位颜色，类似于照片效果的图片。在"艺术外观设置"组中单击"高质量图像"按钮，弹出"高质量图像"对话框，如图24-21所示。

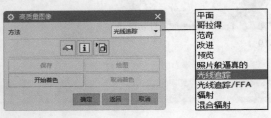

图 24-21

技术要点：

如果不使用"高质量图像"功能，那么在高级艺术外观渲染模式下渲染的效果也不是最好的。

通过"高质量图像"对话框，用户可以选择保证图像质量的渲染方法，可以设置图形尺寸、显示、图像大小并查看渲染信息，可以将渲染结果保存或打印出图，还可以进行高质量图像的着色或取消着色等操作。

1. 渲染方法

高质量图像的制作向用户提供了多达10种的渲染方法，介绍如下。

> 平面：最快的渲染方法，是将模型表面分成无数个平面。其表现是被删节的图像、无阴影、无反射、无纹理映射、无光照效果，如图24-22所示。

图 24-22

> 哥拉得：类似于"平面"方法，最快的方法、最少的功能，适用于快速检查。球形特征处理更光顺，如图24-23所示。

图 24-23

> 范奇：提高光照效果，很快处理，适于简单预览。使高亮区比哥拉得更光滑，如图24-24所示。

图 24-24

> 改进：标准的NX渲染着色模式。对有发亮与磨光表面的有益。支持光照效果，包括光散射，如图24-25所示。

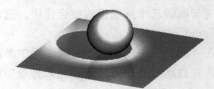

图 24-25

> 预览：稍好的图像质量，但需要更长的处理时间，比"改进"方法的图像质量好。
> 照片般逼真的：包含"改进"方法的所有特性，加入对反锯齿和透明的支持，生成时间是改进方法的2～3倍。
> 光线追踪：比"照片般逼真的"方法慢。但与其相比，反锯齿、渲染和纹理处理得更准确。
> 光线追踪\FEA：先寻找图像中的颜色突变处，然后开始在该特征处进行反锯齿处理，使图像尽可能渲染精细。该方法适合微小特征的着色。

技术要点：

"反锯齿"是一种通过在图像中减少锯齿形边缘或沿边缘阶梯效应去收进图像质量。反锯齿使直线与边缘看上去更光顺。

➢ 辐射：散光渲染。如果光照效果对生成的图像很重要，可以使用"辐射"方法。

➢ 混合辐射：包括辐射、光线追踪、照片般逼真的等多种渲染的结合，是最理想的渲染效果，特别适合微小特征的渲染。

如表 24-1 所示为各种渲染方法的着色效果比较。

表 24-1　各种渲染方法的着色效果比较

	渲染方法							
	平面	哥拉得	范奇	改进	预览	照片般	光线追踪	辐射
背景	√	√	√	√	√	√	√	√
圆形边		√	√	√	√	√	√	√
光滑反射			√	√	√	√	√	√
纹理				√	√	√	√	√
阴影					√	√	√	√
透明						√	√	√
反锯齿							√	√
纹理反锯齿								√

2．图像首选项

在高级图像渲染过程中，用户可以单击"高质量图像"对话框中的"图像首选项"按钮，并在随后弹出的"图像首选项"对话框（如图 24-26 所示）中设置图像格式、显示颜色、图像尺寸、阴影和分辨率。

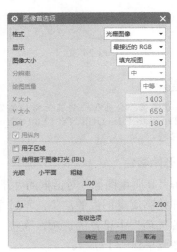

图 24-26

"图像首选项"对话框各选项和命令按钮的含义如下：

➢ 格式：该选项用于设置在产品表面的阴影质量。其下拉列表中包括 4 种选项：光栅图像、QTVR 全景、QTVR 对象（低）和 QTVR 对象（高）。

➢ 显示：该下拉列表中包含 8 种图案颜色。如图 24-27 所示为"单色"显示的模型。

图 24-27

➢ 图像大小：该选项用于设置高质量图像的尺寸。

➢ 分辨率：该选项用于设置高质量图片的分辨率。

➢ 绘图质量：该选项用于设置图片的精细度，若图片格式为 QTVR 全景、QTVR 对象（低）和 QTVR 对象（高）等，就需要对图片质量进行调整。其下拉列表包括精细、中等、较粗糙和粗糙这 4 种图片质量选项。

技术要点：

仅当图片"格式"为QTVR全景、QTVR对象（低）和QTVR对象（高）时，"分辨率"选项和"绘图质量"选项，以及"X大小""Y大小"选项才可用。

➤ 生成阴影：此选项用于设置阴影是否显示。该选项应与"高级光"工具中的"阴影"选项一起使用才可以在物体背后产生阴影效果。

➤ 用子区域：该选项可以定义一个特定的区域来制作图片，而不是将整个视图用作全部制作范围。其方法是用光标在需要制作图片的位置拖曳选择一个矩形区域。该选项仅当图片大小设置为"填充视图"时才被激活。

➤ 使用基于图像的灯光：选中此项，可以在物体背后使用打光，使其在强光照射下具有真实感。

➤ 渲染光滑度滑块：由滑块的拖曳来控制物体渲染的光滑度，拖曳到左边是光顺、中间为小平面、右边是粗糙。

➤ 高级选项：单击"高级选项"按钮，可弹出"高级图像选项"对话框，让用户设置更高级的渲染选项，如图24-28所示。

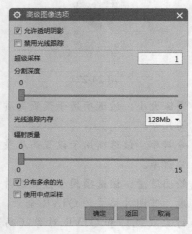

图 24-28

3. 信息

在"高质量图像"对话框中单击"信息"

按钮 ⓘ，会弹出"信息"窗口，如图24-29所示。通过该窗口可以查看设置信息、图像信息、视图信息和定时信息。

图 24-29

4. 从 LWK 文件导入

通过单击"从 LWK 文件导入"按钮 ⓖ，用户可以从打开的"从 LWK 文件导入纹理\材料\光源"对话框中打开 UG 提供的或者用户自定义的 *lwk 文件，如图 24-30 所示。

图 24-30

技术要点：

UG提供的玻璃、金属和一些其他材料的定义文件可在X:\Program Files\UGS\NX 12.0\UGII\materials 目录下找到。

5. 开始着色

单击"高质量图像"对话框的"开始着色"按钮，开始高质量图像的渲染，不过是渲染在"图像首选项"中设置的选项，为接下来渲染高质量图像搭建一个平台。

"开始着色"与完成所有渲染设置后直接在"艺术外观设置"组中单击"开始着色"按钮 ⬛ 所产生的渲染效果是一样的。

24.3.3　艺术图像

当要求渲染的对象为素描、水彩画或油画时，可使用 UG 提供的"艺术图像"功能。在"艺术外观设置"组中单击"艺术图像"按钮 ，弹出"艺术图像"对话框，如图 24-31 所示。

图 24-31

该对话框提供了 8 种艺术效果，包括卡通、颜色衰减、铅笔着色、手绘、喷墨打印、线条和阴影、粗糙铅笔和点刻。当选择其中一种艺术效果，并单击"开始着色"按钮 ，程序自动对视图中的模型进行渲染。如图 24-32 所示为"颜色衰减"的艺术图像。

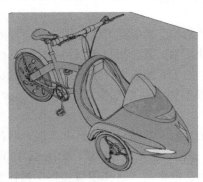

图 24-32

技术要点：

值得注意的是，"艺术图像"功能并非高质量图像的必选项，它只是渲染效果的一种参考方案。只有后面要介绍的材料/纹理、贴花、高级灯光、视觉效果、场景编辑器、阴影、展示室环境、系统材料、材料库等，才是高质量图像渲染的必选或备选方案。

24.3.4　材料 / 纹理

用户除了可以从 LWK 文件导入材料与纹理外，还可以使用 UG 提供的系统材料和材料库。

在资源条中单击"系统材料"按钮 ，则展开"系统材料"组，如图 24-33 所示。用户可从组中选择要添加的材料，并应用到部件模型中。

图 24-33

同理，也可以在资源条中单击"材料库"按钮 ，展开"材料库"组，如图 24-34 所示。

图 24-34

技术要点：

仅当单击"材料纹理"按钮 后，资源条中才会显示"材料库"组、"部件中的材料"组和"系统材料"组。

应用到模型中的材料及纹理将显示在资源条中的"部件中的材料"组中，如图 24-35 所示。

图 24-35

1．应用材料和纹理

在"艺术外观设置"组中单击"材料 / 纹理"按钮 ，弹出"材料 / 纹理"对话框，如图 24-36 所示。

图 24-36

在选择模型的面或实体后，才可以将"系统材料"或"材料库"中的材料应用到模型中。

2．材料编辑

要编辑应用的材料，则在"材料 / 纹理"对话框中单击"启动材料编辑器"按钮 ，弹出"材料编辑器"对话框，如图 24-37 所示。

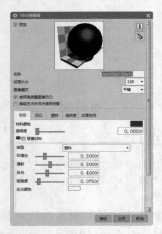

图 24-37

也可以在"部件中的材料"组中选中材料并右击，在弹出的快捷菜单中选择"编辑"命令，打开"材料编辑器"对话框，如图 24-38 所示。

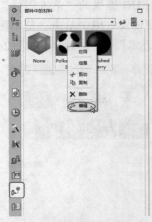

图 24-38

仅当向模型添加了材料以后，"材料 / 纹理"对话框中的各选项才被激活。

通过"材料编辑器"对话框，用户可以编辑材料和纹理，包括纹理大小、图像模式、材料类型、颜色、光源、透明度、纹理空间等。

24.3.5　贴花

"贴花"功能是 UG 提供的又一种外部图像文件粘贴工具。用户可以将 UG 贴花图像文件库中的 TIF 图像文件或自定义的图像文件粘贴到模型中。粘贴对象可以是面，也可以是实体。

在"艺术外观设置"组中单击"贴花"按钮 ，弹出"贴花"对话框，如图 24-39 所示。单击对话框中的"选择图像文件"按钮 ，则打开 UG 程序提供的"贴花图像"文件夹，该文件夹包含几十种纹理图像文件。选择贴花图像并选择要渲染的对象后，用户可以在模型表面指定一个图像放置点，该点可以通过点构造器来确定，最后设置贴花图像的缩放、透明度、照明效果等参数，便可将贴花图像应用到渲染对象中。如图 24-40 所示为贴花图像的示例。

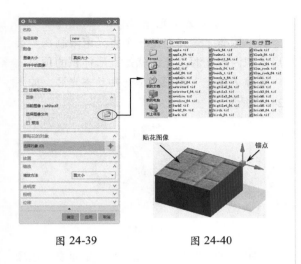

图 24-39　　　　　　　　图 24-40

24.3.6 高级光源

高级光源是一种能够真实地模拟环境中光线照明、反射和折射等效果的渲染技术。使用灯光渲染技术，不仅可以真实、精确地模拟场景中的光照效果，还提供了现实中灯光的光学单位和光域网文件，从而准确地模拟真实世界中灯光的各种效果。

在"艺术外观设置"组的"更多"组中单击"高级光"按钮，弹出"高级光"对话框，如图 24-41 所示。当在灯光列表中选择了一种光源后，对话框中会增加"阴影设置"选项区，如图 24-42 所示。

图 24-41

图 24-42

1. 灯光类型

在"高级光"对话框中，有 5 大类灯光类型供用户使用。它们是场景光、标准视线、标准 Z 点光源、平行光和标准 Z 聚光。

（1）场景光

场景光是向物体表面投射的一种均匀光源。按光源位置分，场景光分 6 种：场景环境、场景左上部、场景左下部、场景右上部、场景右下部和场景正前部。如图 24-43 所示。

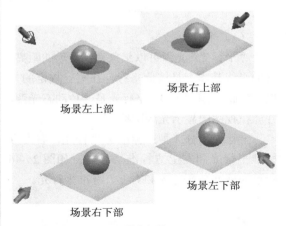

场景右上部

场景左上部

场景左下部

场景右下部

图 24-43

"场景环境"光源在所有方向相等发散，而与位置无关，它是一种默认光源，不能被删除，可以接通和关断。

"场景正前部"光源是在物体正前方位置，它是一组与屏幕垂直的光源，如图 24-44 所示。

图 24-44

（2）标准视线

"标准视线"光源是从观察者眼睛所反射出来的光，也是与屏幕中心相垂直的光，该种光源不能产生阴影。

场景光与标准视线光源是散射光源，因此是没有光源图标显示的。

（3）标准 Z 点光源

"标准 Z 点光源"是一个位置光源，它在所有方向发射光。标准 Z 点光源也是一种动态光源，用户可以旋转动态点来设置光源位置，如图 24-45 所示。

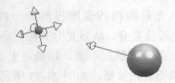

图 24-45

（4）平行光

"平行光"光源可以想象为无限远的距离，它的光线基本上是彼此平行，在某一规定的角度（例如：太阳光源）。平行光是一种动态光源，并能在视图中显示光源图标。

平行光也分 3 种：标准 Z 平行光、右上方标准平行光和左上方标准平行光。如图 24-46 所示为标准 Z 平行光和右上方标准平行光。

图 24-46

（5）标准 Z 聚光

"标准 Z 聚光"是一个将光束限制在一锥形体积内的光源，光源就是锥形体积的顶点。"标准 Z 聚光"光源也是一种动态光源，如图 24-47 所示。

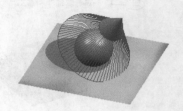

图 24-47

在"高级光"对话框的"灯光列表"选项区中，用户要选用何种光源，则必须使该类型光源在"开"选项组内。"开"选项组是可用的，"关"选项组是不可用的。若在"关"选项组选择一个光源，需要单击"打开光源"按钮 。同理，若在"开"选项组中选择一个光源，单击"关闭光源"按钮 后可将其移动至"关"选项组中。

2．阴影控制

在"高级光"对话框的"阴影设置"选项区中，选中"阴影"选项，即可让灯光下的物体参数真实效果的阴影显示。有两种灯光类型不可以产生阴影：场景环境光源和标准视线。

阴影的效果包括 5 种：粗糙、标准、精细、特精细和光线追踪。如图 24-48 所为粗糙和标准阴影效果的对比。另外，还可以通过"边"选项来设置阴影边缘的显示强度。"边"选项列表中也包括 4 种阴影边缘显示：硬、柔、特柔和与极柔和。

粗糙阴影　　　　　　　标准阴影

图 24-48

24.3.7　视觉效果

"视觉效果"可以设置不同的前景和背景、各种环境背景，以及产生类似照相机采用不同镜头拍摄的效果。

在"艺术外观设置"组中单击"视觉效果"按钮■，弹出"视觉效果"对话框，该对话框包括两种视觉效果设置类型：前景、背景。

1．前景

"前景"是产生在渲染对象之前的图像，例如雪景、雾景可以在物体前面。前景的选项设置如图 24-49 所示。前景视觉效果有 6 种类型无、雾、深度线索、雪、TIFF 图像和光散射。

图 24-49

2．背景

利用"背景"视觉类型，可以在物体后面产生简单、混合、光线立方体和两平面的视觉效果。背景的选项设置如图 24-50 所示。

图 24-50

24.3.8　系统场景

"系统场景"功能可以提供真实的现场环境。用户可以使用 UG 提供的系统可视化场景或自定义的场景来模拟真实环境。UG 提供的可视化场景在资源条的"系统场景"组中，如图 24-51 所示。该组中包含 UG 提供的 22 种可视化场景模式，每一种场景模式都可以编辑。

图 24-51

若用户要编辑或加载自定义的场景，则在"艺术外观设置"组中单击"场景编辑器"按钮■，将弹出"场景编辑器"对话框，如图 24-52 所示。

图 24-52

通过"场景编辑器"对话框，用户可以进行场景的背景、舞台、反射、光源、全局照明和阴影的灯光等选项的设置。

1．"背景"选项卡

"背景"选项卡主要用来设置场景中的背景图像。背景有3种模式：普通的、渐变和图像文件。

2．"舞台"选项卡

"舞台"选项卡用于渲染对象的放置面（地板面）及侧壁的渲染设置。地板与侧壁的定义是以平面指定的方式进行的，如图24-53所示。

图24-53

3．"反射"选项卡

"反射"选项卡用于设置渲染对象的反射效果。对象的反射图像可以是背景、舞台地板/壁、基于图像的灯光和用户指定的图像，如图24-54所示。

图24-54

4．"光源"选项卡

"光源"选项卡用于设置场景中的灯光效果，如光源类型、强度及阴影类型等。可供编辑的场景光源有场景环境光源、场景左上部和场景正前部，如图24-55所示。

图24-55

5．"全局照明"选项卡

"全局照明"选项卡用于指定基于图像打光的基础图像类型，包括2D背景、舞台、用户指定图像、仅打光图像及仅舞台打光图像等，如图24-56所示。

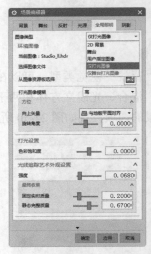

图24-56

6．"阴影"选项卡

"阴影"选项卡用于设置高级艺术外观的软阴影和高级艺术环境阴影的设置。

24.3.9　展示室环境

"展示室环境"可以创建一个环境立方体，并在立方体的各个面上定义所需的图像。

对比场景仅能对背景图像进行编辑，而展示室环境则可以对立方体的6个面进行编辑。UG提供了10种系统展示室环境，这些系统展示室环境则在资源条的"系统展示室环境"组中，如图24-57所示。

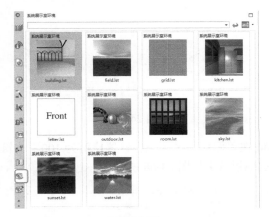

图24-57

在"艺术外观设置"组的"更多"命令组中的"展示室环境"工具是一个展示室环境编辑工具。单击"展示室环境"按钮，或者从"系统展示室环境"组中选择一个环境后，程序将弹出"展示室环境"对话框，如图24-58所示。同时，屏幕中显示立方体环境，如图24-59所示。

图24-58

图24-59

单击"展示室环境"对话框中的"编辑器"按钮，将弹出"编辑环境立方体图像"对话框，如图24-60所示。通过该对话框，用户可以定义立方体的6个面图像、图像可见性、渲染对象反射程度、地板平面等选项。

图24-60

立方体中的每一个面都可以通过"TIFF图像"选项来编辑，选中"可见性"复选框可以显示编辑的面。如图24-61所示为定义的立方体环境图像。

图24-61

技术要点：

用户自定义的展示室环境将会保存在资源条的"用户展示室环境"组中，通过该组，可以剪切、复制、粘贴、应用环境，也可以创建新的展示室工具。

动手操作——电灯泡高质量图像渲染

操作步骤

01 打开源文件 dengpao.prt。

02 在"渲染"选项卡中选择"高级艺术外观"渲染模式。暂时关闭"光线追踪艺术外观"渲染窗口。

03 在弹出的"艺术外观设置"组中单击"高质量图像"按钮，弹出"高质量图像"对话框。然后按如图 24-62 所示的操作步骤设置高质量图像。

图 24-62

技术要点：

要想使用"高质量图像"工具，需要在用户计算机的系统中设置环境变量名为NX_RTS_IRAY，变量值为0，重启UG软件即可。否则，不会显示此命令。

04 在"艺术外观设置"组中单击"材料/纹理"按钮，弹出"材料/纹理"对话框。先选中地板，然后在"材料库"组中选择 Checker black36 材料并赋予灯泡下面的地板，如图 24-63 所示。

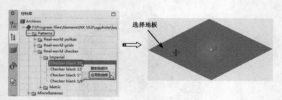

图 24-63

05 在"材料/纹理"对话框中单击"启动材料编辑器"按钮，弹出"材料编辑器"对话

框。在该对话框的"常规"选项卡中设置如图 24-64 所示的参数。

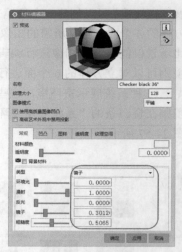

图 24-64

06 在"图样"选项卡中设置比例为 100，编辑的地板效果如图 24-65 所示。

图 24-65

07 将"系统材料"组的"金属"选项板中的 chromium（铬）材料赋予灯头，如图 24-66 所示。

图 24-66

08 通过材料编辑器对手机塑料外壳进行材料参数编辑。在"材料编辑器"对话框中编辑"常规"选项卡和"凹凸"选项卡中的参数，如图24-67所示。

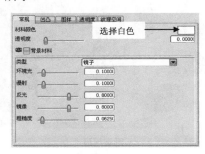

图 24-67

09 在"系统材料"组中将紫色材料赋予灯头斜锥面，选择该材料并进行编辑，在弹出的"材料编辑器"对话框中编辑如图24-68所示的材料参数。

图 24-68

技术要点：

在选择面时，需要在"选择条"工具条的"类型过滤器"列表中选择"面"选项，以便精确选择对象。

10 在"系统材料"组的"陶瓷玻璃"选项板中，将 clear glass（透明玻璃）材料或者 mirror（镜面）赋予灯泡球形部和内灯丝管，如图24-69所示。

选择球形部和内灯丝管

图 24-69

11 选择该材料并进行编辑，在弹出的"材料编辑器"对话框中编辑如图24-70所示的材料参数。

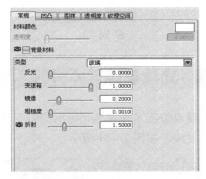

图 24-70

12 使用"高级光"工具，在原有光源（原有光源的强度均为10）的基础之上，再创建"场景顶部"和"标准Z聚光"两种灯光。"标准Z聚光"的光源强度为0.2，其余选项设置如图24-71所示。

聚光源方位

聚光源目标点

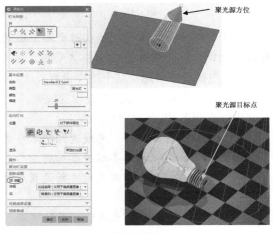

图 24-71

13 在设置"场景顶部"光源时，同样要进行阴影设置，且光源强度为 0。

14 再添加一个点光源，放置在地板上。点光源的选项设置，如图 24-72 所示。

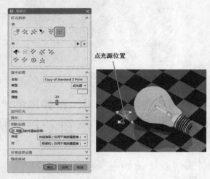

点光源位置

图 24-72

15 最后在"艺术外观设置"组中单击"开始着色"按钮，对电灯泡模型进行着色渲染，最终着色渲染的结果如图 24-73 所示。

图 24-73

16 最后将渲染结果保存，并输出 tif 或 gif 图片文件。

24.4 光线追踪艺术外观

光线追踪艺术外观是实时渲染的工具，每个操作都会在"光线追踪艺术外观"对话框中实时更新、渲染，如图 24-74 所示。

图 24-74

由于光线追踪艺术外观是实时更新渲染的操作，非常消耗计算机的 CPU，甚至拖累你的工作，一般情况下只是在某个渲染设置完成后，我们会使用这个功能来检验渲染设置效果。

下面介绍各按钮命令的含义。

➢ 高、中、低：光线追踪实时渲染的质量分高、中、低 3 个档次。

➢ 光线追踪艺术外观编辑器：单击此按钮，打开"光线追踪艺术外观编辑器"对话框。可以设置动态实时光线追踪、固定实时光线追踪、静态实时光线追踪和常规显示设置等，如图 24-75 所示。

➢ 更新：在编辑了"光线追踪艺术外观编辑器"对话框的参数并添加场景后，才显示此按钮，作用就是更新设置后的渲染。

➢ 开始：重新启动光线追踪实时渲染。

➢ 停止：单击关闭实时渲染。

图 24-75

➢ 启动静态图像 ⚡：单击此按钮，将不再实时光线追踪渲染图像。

➢ 擦除静态图像 ▨：单击此按钮，删除静态图像效果，重新变更为动态图像渲染。

➢ 保存 💾：单击此按钮，打开"保存图像"对话框。将实时渲染的图像保存为图片，如 PNG、JPG、TIFF 格式图片，如图 24-76 所示。

图 24-76

24.5　综合实战——篮球渲染

◎ 源文件：**篮球**.prt

◎ 结果文件：**篮球渲染**.prt

◎ 视频文件：**篮球渲染**.avi

对篮球产品渲染出如图 24-77 所示的效果。操作提示如下。

图 24-77

➢ 创建高质量图像（光线追踪）。

➢ 添加系统场景为"黑色艺术外观 1"。

➢ 创建新材料并赋予地板，编辑地板材料类型为"镜子"，且图样为"简单贴花"，选择木材、纹理空间比例为 128。

➢ 将系统材料的塑料赋予球体，且编辑该材料凹凸为"缠绕皮革"，比例值为 1，折叠幅值最小。

➢ 将黑色塑料赋予球面凹槽。

➢ 将所有场景光源的强度设为 0，设置聚光灯和点光源。点光源在球面上、无阴影。

操作步骤

01 打开源文件"篮球 .prt"。

02 在"渲染"选项卡中选择"高级艺术外观"渲染模式。暂时关闭"光线追踪艺术外观"渲染窗口。

03 在弹出的"艺术外观设置"组中单击"高质量图像"按钮 🖼，弹出"高质量图像"对话框。然后按如图 24-78 所示的操作步骤设置高质量图像。

图 24-78

04 添加系统场景为"黑色艺术外观 1"，如图 24-79 所示。

05 在"艺术外观设置"组中单击"材料 / 纹理"按钮 🖼，弹出"材料 / 纹理"对话框。先选中地板，然后在"系统材料"组中选择"木纹线"文件夹下的 Varnished Cherry 材料并赋予地板，如图 24-80 所示。

图 24-79

 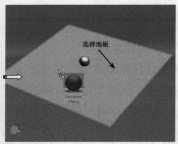

图 24-80

06 在"材料/纹理"对话框中单击"启动材料编辑器"按钮，弹出"材料编辑器"对话框。然后在该对话框的"常规"选项卡中设置如图24-81所示的参数。

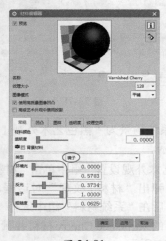

图 24-81

07 在"图样"选项卡中选择"缠绕的橡木地板"类型，并设置比例为100，单击"确定"按钮，如图 24-82 所示。

图 24-82

08 将"系统材料"组中"皮革"的红色皮革材料赋予整个球体，如图 24-83 所示。

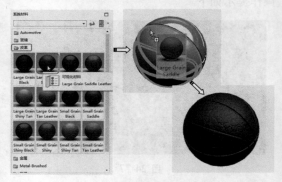

图 24-83

09 通过材料编辑器对皮革进行材料参数编辑。在"材料编辑器"对话框中编辑"凹凸"选项卡的参数选项，如图 24-84 所示。

图 24-84

10 在图形区中全选球体中的凹槽面，然后在"系统材料"组中将黑色塑料材料赋予它，如图 24-85 所示。

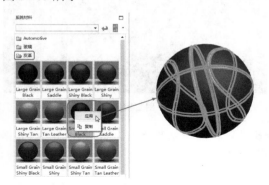

图 24-85

技术要点：

在选择面时，需要在"选择条"工具条的"类型过滤器"列表中选择"FACE（面）"选项，以便精确选择对象。

11 单击"高级光"按钮，打开"高级光"对话框。先将灯光列表"开"中的 3 个场景的光源强度均设为 0，如图 24-86 所示。

图 24-86

12 在"关"列表中将"标准 Z 聚光"选中，单击"打开光源"按钮 ◆，添加到上方的"开"列表中，如图 24-87 所示。

图 24-87

13 在"定向灯光"选项区中，分别利用"拖曳目标" ⊕、"绕目标旋转源" ⊙、"拖曳源" ⬚、"拖曳方向矢量" ⬚ 及"拉伸聚光锥" ⬚ 等工具，调整聚光灯在篮球上方的位置。再设置光源强度为 0.2，其余选项设置如图 24-88 所示。完成后单击"应用"按钮。

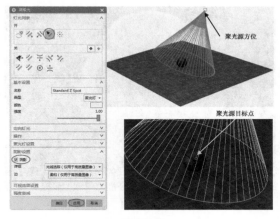

图 24-88

技术要点：

在设置"场景顶部"光源时，同样要进行阴影设置，且光源强度为0。

14 同理，再添加一个点光源，放置在球面上。大概在聚光灯投影的位置点，光源强度默认 0.5，无阴影显示，设置如图 24-89 所示。

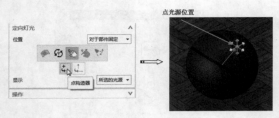

图 24-89

15 最后在"艺术外观设置"组中单击"开始着色"按钮 ，对电灯泡模型进行着色渲染，最终的着色渲染结果如图 24-90 所示。

图 24-90

16 最后将渲染结果保存，并输出 tif 或 gif 格式文件。

24.6 课后习题

1．水杯渲染

打开源文件 shuibei.prt，对水杯产品渲染出如图 24-91 所示的图片效果（在选择贴花图像文件时，先将 Ch24\xiyangyang.tif 文件粘贴到用户 UG NX 12.0 安装路径的 X:\Program Files\UGS\NX 10.0\UGSTUDIO 文件夹中）。

图 24-91

操作提示：

（1）创建高质量图像（照片般）。

（2）创建新材料并赋予地板，编辑地板材料类型为"镜子"，且图样为"简单贴花"，选择木材、纹理空间比例为 128。

（3）将系统的白色塑料赋予水杯，编辑该材料的类型为"镜子"。

（4）将新建材料赋予水杯圆柱面，且编辑该材料的图样为"简单贴花"，选择 xiyangyang.tif 图像文件，纹理类型为 Uv。

（5）背景为全黑色。

2．茶几渲染

茶几造型主要由上、下茶几有机玻璃面和金属架、腿构成。在对茶几做渲染处理过程中，将有机玻璃、金属材质赋予三维模型，并渲染出具有真实场景的理想效果。茶几渲染的效果图，如图 24-92 所示。

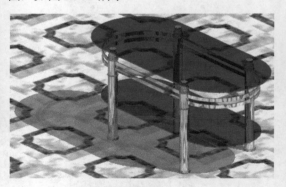

图 24-92

提示：

打开结果文件，凭自己的想象进行图像渲染。

第4篇 其他模块设计篇

第 25 章 模具设计

模具是人类社会发展到一定阶段所产生的生产工具，用模具成型制品与用别的方法成型制品相比具有效率高、质量好、原材料利用率高、加工费用低、操作简便等优点，当前无论是金属制品还是非金属制品，特别是以高分子材料为基础的各种塑料制品都广泛地采用各种模具来成型。

在本章中，将把 UG MoldWizard 自动分模设计相关的专业知识做详细介绍，希望大家用心学习！

知识要点与资源二维码

◆ UG模具设计准备工作
◆ MoldWizard注塑模工具
◆ 模具分型

第 25 章源文件　第 25 章课后习题　第 25 章结果文件　第 25 章视频

25.1 UG 模具设计准备工作

UG 模具设计准备工作包括应用 MlodWizard 对产品进行初始化、模型分析、模具坐标系的设定、毛坯工件的创建、型腔布局等操作，下面进行详解。

25.1.1 项目初始化

项目初始化过程是一个产品加载和模具装配体结构生成的过程，在进行项目初始化之前必须先加载产品模型。

1．加载产品模型

要设计模具，需要先创建一个用于存放模具文件的文件夹，并将要设计模具的产品文件置于其中。

然后启动 UG，将产品模型加载到 UG 基本环境或建模环境中，接下来就可以进行下一步的"初始化项目"操作了。

技术要点：

当用户没有先加载产品模型，而是直接执行了"初始化项目"命令，程序会弹出"初始化项目"信息提示对话框，如图25-1所示。

图 25-1

2．初始化项目

初始化项目是项目路径、名称，以及材料选择、收缩率更改、项目单位设置并最终生成模具装配体结构的过程。设计者随后在这个模具装配结构的引导和控制下逐一创建模具的相关部件。

在"注塑模向导"选项卡中单击"初始化项目"按钮，弹出"初始化项目"对话框，同时程序自动选择产品模型作为初始化项目的对象，如图25-2所示。

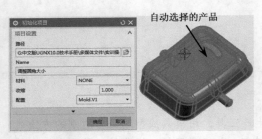

自动选择的产品

图 25-2

当初始化项目的进程结束后，在 UG 装配导航器中生成了模具装配体结构管理树，如图 25-3 所示。通过模具装配体结构管理树可对模具部件进行显示、隐藏及删除等操作。

图 25-3

导航器中模具装配体主要由 4 种结构组成——顶层装配、项目装配结构、产品子装配结构和零部件结构。在模具总装配体结构中，Top 为顶层文件，包含了所有的模具文件；Var 节点保留模架及标准件的表达式；Cool 节点包含了冷却系统组件；Fill 包含了流道和浇口组件；Misc 节点放置通用标准件；Layout 节点包含了模腔布局设计的相关文件；prod 节点则是产品子装配文件。

25.1.2 模具设计验证

"模具设计验证"工具是 UG NX 12.0 提供的、用于对产品进行初步诊断的工具。使用此工具，可以进行产品的质量检测（是否有缝隙、交叉或重叠）、底切检查、拔模面检测、拆分面检测等操作。

在"注塑模向导"选项卡中单击"模具设计验证"按钮，弹出"模具设计验证"对话框，如图 25-4 所示。

图 25-4

"模具设计验证"对话框中各选项的含义如下。

➢ "检查器"选项区: 该选项区提供 3 种可检测的验证类型。选择其中一种类型，可单独执行产品的检测。

➢ "参数"选项区: 用来设置检查器的对象、矢量及执行检查命令。

➢ "设置"选项区: 该选项区用以设置产品表面的缝合距离公差和拔模检测时的拔模角度。

技术要点：

当检测的缝合面公差在"距离公差"的设定安全值内，模型可通过质量检测。当检测的缝合面公差超过"距离公差"的值时，那么产品模型将不会通过质量检测。

"组件验证"类型用来验证模具零部件，在模具设计完成后进行检查。"产品质量"类型是模具设计前期的准备工作，需要先进行。

"分型验证"类型用来检查分型面。因此，本节主要讲解产品质量的检查。

选中"铸模部件质量"和"模型质量"复选框，再单击"执行 Check Mate"按钮 ，可以检查产品的质量是否符合模具设计要求。

1．模型质量检查

模型检查质量的结果将显示在资源条"HD3D 工具"组的"结果"选项区中，则图形区中显示产品的质量问题，如图 25-5 所示。

图 25-5

要想知道质量检查的结果所表示的含义，可展开 HD3D 组的"设置"选项区，再参考产品中显示的质量问题符号进行比对。

2．底切检查

确切地讲，"底切"就是产品中出现的侧孔或侧凹特征的区域，该区域因无法被 UG 判断出属于型腔区域或是属于型芯区域，所以称为"底切"。

当产品中有侧凹特征或侧孔特征时，产品中的底切区域将自动被检查出来，如图 25-6 所示。

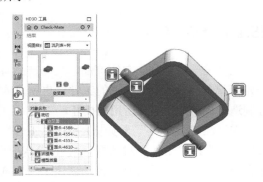

图 25-6

技术要点：

总体说来，底切包括3种情况：侧孔、外部侧凹和内部侧凹。侧孔和外部侧凹通常需要设计抽芯滑块来帮助产品脱模，而内部侧凹（也称"倒扣"）则是设计斜顶。

4．拔模角检查

拔模角检查是用于检查产品中的拔模面。通过设置拔模角度，执行检查操作后，产品中将显示所有符合设置的拔模面，如图 25-7 所示。该功能可使用户清楚产品中什么位置进行了拔模处理。

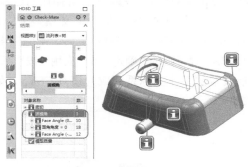

图 25-7

25.1.3　模具 CSYS

模具 CSYS 是用于在 MW 中进行模具设计的参考坐标系。模具 CSYS 在整个模具设计过程中起着非常重要的作用，它直接影响到模具模架的装配及定位，同时它也是所有标准件加载的参照基准。

技术要点：

在MW中规定：模具坐标系的ZC轴矢量指向模具的开模方向，前模（定模）部分与后模（动模）部分以XY基准平面为分界平面。

在"注塑模向导"选项卡中单击"模具 CSYS"按钮 ，弹出"模具 CSYS"对话框，如图 25-8 所示。

在该对话框的"更改产品位置"选项区中包含有 3 种位置定义方式：当前 WCS、产品实体中心和选定面的中心。

图 25-8

1. 当前 WCS

选择"当前 WCS"方式，可以利用当前工作坐标系的位置来定义模具坐标系。

模具 CSYS 的设置过程反过来讲，也就是建模环境中的"移动对象"变换操作过程，它是将产品沿矢量进行平移、旋转等操作的过程。

利用"当前 WCS"方式定义模具 CSYS 之前，可以对 WCS 进行平移和旋转。当单击"模具 CSYS"对话框的"确定"或"应用"按钮后，当前设置的工作坐标系便成为模具 CSYS，如图 25-9 所示，

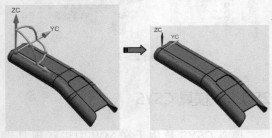

图 25-9

2. 产品实体中心

"产品实体中心"是指程序自动创建一个恰好能包容产品的假想体，并将该假想体中心位置作为模具坐标系的原点位置。单选"产品实体中心"选项后，对话框下方出现"锁定XYZ"选项区，如图 25-10 所示。

图 25-10

"锁定 XYZ"选项区中各选项含义如下。

➢ 锁定 X 位置：选中此复选框，工作坐标系的 XC 轴与产品的位置关系不发生变化，即产品在 XC 方向不产生移动。

➢ 锁定 Y 位置：选中此复选框，工作坐标系的 YC 轴与产品的位置关系不发生变化，即产品在 YC 方向不产生移动。

➢ 锁定 Z 位置：选中此复选框，工作坐标系的 ZC 轴与产品的位置关系不发生变化，即产品在 ZC 方向不产生移动。

3. 选定面的中心

"选定面的中心"是指在产品上选定一个面（可为任意类型的面），程序根据此面先创建一个假想的实体，并将假想体对角线的中点作为模具坐标系的原点。单选"选定面的中心"选项后，对话框下方将出现"锁定XYZ"选项区，如图 25-11 所示。

图 25-11

25.1.4 创建工件

工件是一个能完全包容产品，且与产品有一定距离的体积块。UG 中的工件，也就是实际制造过程中加工零件所用的模坯。

在"注塑模向导"选项卡上单击"工件"按钮，弹出"工件"对话框。同时，MW 程序参照产品的形状及大小，自动创建工件预览模型，如图 25-12 所示。预览模型中包括一个组合工件和一个产品工件。

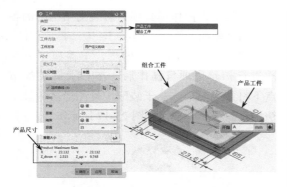

图 25-12

技术要点：

MW提供的安全工件，仅针对工件厚度作参考。一般情况下，用户要修改工件厚度参数，需要在安全工件的范围内进行修改。超过安全工件的厚度，将极大地浪费模具材料，毕竟型腔、型芯的材料要比模具模板的材料要昂贵得多。

从对话框中可以看出，工件的截面可以自定义，也可以在图形区中双击尺寸进行编辑。当用户选择"产品工件"类型时，图形区中的产品工件则处于编辑状态，若选择"组合工件"类型，图形区中的组合工件将被激活且处于编辑状态。

25.1.5 型腔布局

模腔就是模具闭合时用来填充塑料成型制品的空间。模腔总体布置主要涉及两个方面：模型数目的确定和模腔的排列。

在"注塑模向导"选项卡中单击"型腔布局"按钮，弹出"型腔布局"对话框，如图 25-13 所示。对话框中包括两种布局类型：矩形和圆形。默认情况下，模腔的布局类型为"矩形"。矩形布局类型又包括两种模腔的排列方式——平衡和线性。

"型腔布局"对话框中各选项含义如下。

➤ 选择体：激活此命令，在图形区选择工件作为布局的参考。

➤ 开始布局：单击此按钮，程序自动生成用户设置的模腔布局。

➤ 编辑插入腔：单击此按钮，可以在弹

出的"插入腔体"对话框中创建和编辑退刀槽。单击此按钮，随即弹出"刀槽"对话框，如图 25-14 所示，该对话框提供了 4 种退刀槽标准。

图 25-13

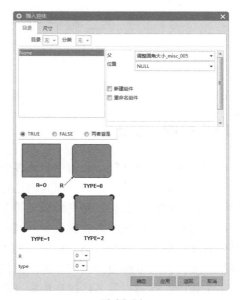

图 25-14

➤ 变换 单击此按钮，可以在弹出的"变换"对话框中进行模腔的平移、旋转或复制操作，如图 25-15 所示。

➤ 移除：单击此按钮，可以将选择的模腔删除。

图 25-15

➢ 自动对准中心⊞：单击此按钮，布局中
所有模腔将以模具 CSYS 的原点作为中
心对准，如图 25-16 所示。

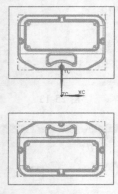

图 25-16

25.1.6 多腔模设计

所谓"多腔模设计"，是指一个或多个具
有某种相互联系的产品，在同一模具中进行布
局设计，例如 MP3、鼠标、塑料垃圾桶等工业
产品的上盖和下盖就属于多腔模设计。当一副
模具中有相同的多个产品，则此模具称为"多
腔模"。多件模与多腔模的相同点是一副模具
中有多个模腔，不同点是多件模是相同产品的
多个模腔设计。

当多个不同的产品分别进行初始化项目操
作后，MoldWizard 会将以不同产品来形成独
立的产品子装配。每个产品子装配在项目总装
配结构下可独立完成模腔设计。

"注塑模向导"选项卡中的"多腔模设计"

工具，是用来操作模具项目总装配结构下的各
个产品装配的。

例如，当 MP3 产品的上、下盖模型分两
次进行初始化项目操作后，在 Layout 装配节
点下将生成两个产品子装配，且图形区中显示
初始化的产品模型，如图 25-17 所示。

图 25-17

多腔模的产品模型初始化后，可使用"多
腔模设计"工具对两个产品模型的模具坐标
系、工件及模腔的布局等进行设置、操作。在
"注塑模向导"选项卡中单击"多腔模设计"
按钮⊞，将弹出"多腔模设计"对话框，如图
25-18 所示。

图 25-18

在"多腔模设计"对话框的"产品"选项
区中选择一个产品模型，单击"确定"按钮即
可激活该模型，用户即可在图形区中对激活的
产品模型进行产品收缩率、模具坐标系、模腔
布局等一系列操作。

同理，要操作另一个产品模型，打开"多
腔模设计"对话框激活另一个产品模型即可。

动手操作——鼠标上下盖多腔模的设计

操作步骤

01 打开源文件"鼠标上下盖 \mouse_top.
prt"。

02 在"应用模块"选项卡的"特定于工艺"
组中单击"模具"按钮▧，打开"注塑模向导"
选项卡。

03 在"注塑模向导"选项卡中单击"初始化项目"按钮🖳，然后按如图 25-19 所示的操作步骤对鼠标压圈产品进行模具项目的初始化。

图 25-19

技术要点：

在MoldWziard的初始化过程中，产品的名称不能命名为top，因为这与模具项目结构的名称相同，程序将误认产品的名称就是模具项目名称，实际上就不会生成模具总装配结构。

04 按如图 25-20 所示的操作步骤，对上盖产品的模具坐标系进行变换。

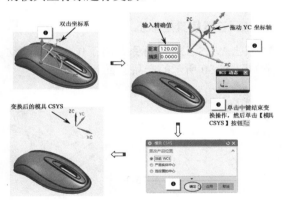

图 25-20

05 同理，在"注塑模向导"选项卡中单击"初始化项目"按钮🖳，然后将 mouse_down.prt 下盖模型进行初始化，如图 25-21 所示。

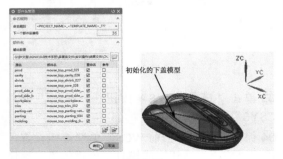

图 25-21

06 在"注塑模向导"选项卡中单击"多腔模设计"按钮🖸，并在弹出的"多腔模设计"对话框中选择 mouse_down，以此激活初始化的下盖模型，如图 25-22 所示。

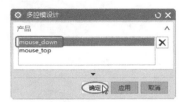

图 25-22

07 按如图 25-23 所示的操作步骤对下盖模型的模具 CSYS 进行平移变换。

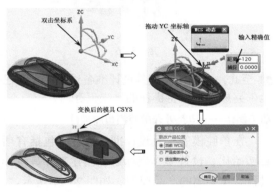

图 25-23

08 同理，按相同的操作步骤，对下盖模型的模具 CSYS 进行旋转变换，变换后的结果如图 25-24 所示。

图 25-24

09 使用"注塑模向导"选项卡中的"工件"工具，创建默认尺寸的下盖模型工件，如图 25-25 所示。

10 在"注塑模向导"选项卡中单击"多腔模设计"按钮🖸，然后激活 mouse_top.prt 上盖模型。使用"工件"工具创建出上盖模型的工件，如图 25-26 所示。

图 25-25

图 25-26

11 至此，多件模的模具设计准备过程的操作已全部完成，最后将操作的结果保存。

动手操作——塑料外壳单腔模布局设计

在单腔模的模具设计准备过程中包括有项目初始化、设置模具坐标系、创建工件等设计过程。本实例的产品模型，如图 25-27 所示。

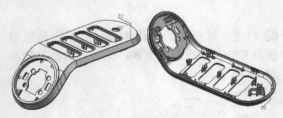

图 25-27

操作步骤

1. 项目初始化

01 在快速访问组中单击"打开"按钮，在弹出的"打开"对话框中将本例素材源文件 shanggai.prt 打开。

02 进入 MW 设计环境。单击"初始化项目"按钮，弹出"初始化项目"对话框。在此对话框中选择产品材料为 ABS，然后单击"确定"按钮，程序开始项目的初始化过程，如图 25-28 所示。

图 25-28

03 稍后程序完成模具装配体文件的克隆，初始化后的产品模型，如图 25-29 所示。

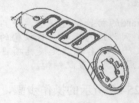

图 25-29

2. 设置模具坐标系

01 双击 WCS 工作坐标系，将工作坐标系移动至如图 25-30 所示的产品位置上。

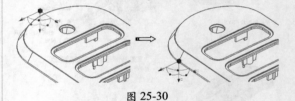

图 25-30

02 接着将工作坐标系绕 YC 轴旋转 −90°，如图 25-31 所示，单击鼠标中键结束此操作。

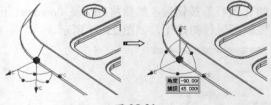

图 25-31

03 单击"模具 CSYS"按钮，弹出"模具 CSYS"对话框。

04 保留默认的"当前 WCS"单选按钮设置，单击"应用"按钮完成模具坐标系的第一次设置，如图 25-32 所示。

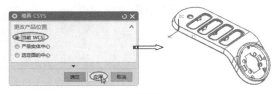

图 25-32

05 选中对话框中的"产品体中心"单选选项，接着选中"锁定 XYZ 位置"选项区的"锁定 Z 位置"复选框，最后单击"确定"按钮完成模具坐标系的第二次设置，如图 25-33 所示。

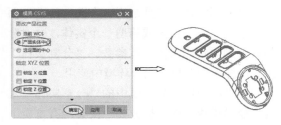

图 25-33

3. 创建工件

01 单击"工件"按钮，程序开始分析、计算产品形状与尺寸，随后自动创建出默认尺寸的工件，如图 25-34 所示。并弹出"工件"对话框，如图 25-35 所示。

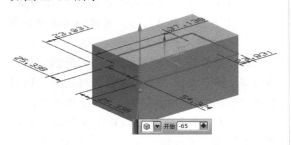

图 25-34

图 25-35

02 保留对话框中选项的默认设置，再单击"确定"按钮，完成工件的创建与编辑操作，创建完成的工件如图 25-36 所示。

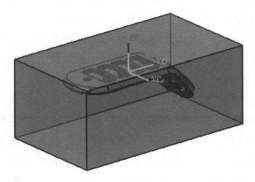

图 25-36

03 由于是单模腔设计，也就是创建一个工件即可。至此，单模腔模具布局设计完成了。

25.2 MoldWizard 注塑模工具

MoldWizard（MW）的注塑模工具具有强大的实体、片体的创建与编辑功能，用户可使用注塑模工具来帮助完成产品的靠破孔修补、模胚工件的分割等操作，极大地方便了用户进行模具设计，并有效地提高了工作效率。

MW 的注塑模工具与分型功能紧密结合，能完成各种复杂模具的设计工作。在"注塑模向导"选项卡中显示"注塑模工具"组，如图 25-37 所示。

图 25-37

25.2.1 实体修补工具

MW 的实体修补工具既用于 Mold Wizrard 模具设计环境，又可用于建模设计环境。使用实体修补工具，用户可以有效地结合建模模块和 MW 模块来设计模具，这极大地提高了模具设计效率。MW 的实体修补工具包括创建方块、实体分割和实体补片。

1. 创建方块

在 MW 中，通过"创建方块"工具所创建的规则加材料特征称为"方块"（在建模环境下称为"实体"）。"创建方块"工具适用于 MW 装配环境以外的特征创建。方块不仅可以作为模胚使用，还可用来修补产品的靠破孔。

创建方块时，参照对象可以是平面，也可以是曲面，程序会按标准的 6 个矢量方向（坐标系的 6 个矢量方向）来延伸方块。

在"注塑模工具"组上单击"创建方块"按钮，弹出"创建方块"对话框。该对话框中包含 3 种方块类型："有界长方体""有界圆柱体"和"中心和长度"。"有界长方体"类型的选项设置如图 25-38 所示；"有界圆柱体"类型的选项设置如图 25-39 所示；"中心和长度"的选项设置如图 25-40 所示。

图 25-40

2. 分割实体

"分割实体"工具是用一个面、基准平面或其他几何体去拆分或修剪一个实体，并对分割后得到的实体保留所有参数。"分割实体"工具同样不能在模具设计环境中使用。

在"注塑模工具"组中的"分割实体"工具与建模模块中的"拆分体"工具既有本质上的类似，也有应用方面的不同。

> 它们都是进行布尔减去运算。
> "拆分体"工具应用时，分割工具必须与分割目标体形成完整相交，而"分割实体"工具则没有这个限制。
> "分割实体"工具对分割后的实体保留所有的参数，包括父子关系。而"拆分体"工具在分割结束后，所得的实体中的参数被自动移除。

在"注塑模工具"组中单击"分割实体"按钮，程序弹出"分割实体"对话框。该对话框中包括两种分割类型——拆分和修剪。

"分割"类型的选项设置如图 25-41 所示。"修剪"类型的选项设置，如图 25-42 所示。

图 25-38　　　　　图 25-39

图 25-41　　　　　图 25-42

（1）"分割"类型

"分割"类型是将一个实体分割成两个部分，拆分后的实体将保留全设计参数，如图25-43所示。

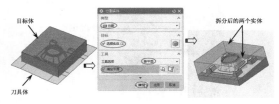

图 25-43

（2）"修剪"类型

"修剪"类型是将一个实体修剪，用户可以选择要保留的部分实体，修剪后的实体将保留参数，如图25-44所示。

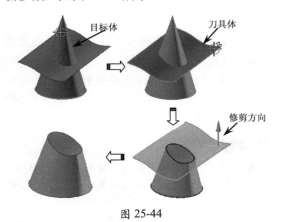

图 25-44

3．实体补片

当产品上有形状较简单的破孔、侧凹或侧孔特征时，可创建一个实体来修补破孔、侧凹或侧孔。然后使用"实体补片"工具，将这个实体定义为 MW 模具设计模式中默认的补片。这个实体在型芯、型腔分割后，按作用的不同即可以与型芯或型腔合并成一整体，或者作为抽芯滑块或成型小镶块。

"实体补片"工具只有在创建出一个实体后才可使用。在"注塑模工具"组中单击"实体补片"按钮，弹出"实体补片"对话框，如图25-45所示。

如图25-46所示为创建实体补片的范例。

图 25-45

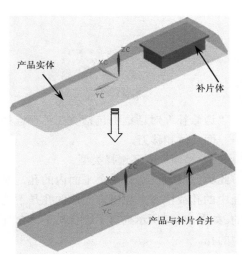

图 25-46

25.2.2　曲面修补工具

同实体修补工具的功能大致相同，曲面修补工具主要用来修补产品模型中复杂的和简单的靠破孔。"注塑模向导"选项向用户提供了5种曲面的修补和编辑工具，包括边缘修补、修剪区域补片、扩大曲面补片、编辑分型面、曲面补片及拆分面等。

1．边缘修补

"边修补"是通过选择闭环曲线，生成曲面片体来修补孔的。"边修补"工具应用范围较广，特别适合修补曲面形状特别复杂的孔，且生成的补面很光顺，适合机床加工。

"边修补"工具在 MW 设计模式和建模模式中都可使用。

在"注塑模工具"组中单击"边修补"按钮，弹出"边修补"对话框，如图 25-47 所示。

图 25-47

"边修补"对话框中包括有 3 种环选择类型——面、体和移刀。

（1）"面"的环选择类型

此类型仅适合修补单个平面内的孔，对于曲面中的孔或由多个面组合而成的孔是不能修补的。如图 25-48 所示列出了适合与不适合"面"类型的孔。

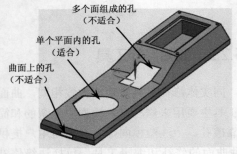

多个面组成的孔（不适合）

单个平面内的孔（适合）

曲面上的孔（不适合）

图 25-48

技术要点：

若是选择了"面"类型，无须用户来判断是否有不适合修补的孔，程序会自动进行判断。适合修补的则孔所在的面将高亮显示，不适合的则不能被光标选中

（2）"体"的环选择类型

"体"类型适合修补具有明显孔边线的孔。

但是当激活"选择体"命令后，程序所选择的孔边线不符合修补条件，也就无法以"体"类型来修补了。如果将产品模型进行了区域分析就可以修补，如图 25-49 所示。

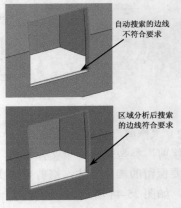

自动搜索的边线不符合要求

区域分析后搜索的边线符合要求

图 25-49

"体"类型的选项与"面"类型中的选项相同，这里就不重复介绍了。

（3）"移刀"的环选择类型

"移刀"类型仅适合修补经过"检查区域"后的产品模型。

技术要点：

"分型刀具"组中的"区域分析"工具，是针对产品进行区域分析的。也就是说，在建模模式中也可以使用该工具进行产品的区域分析。

"移刀"类型的选项设置如图 25-50 所示。

图 25-50

在经过区域分析后的产品中，选择孔的第一条边线，随后程序自动选择第二条边线，当自动选择的边线错误时，可单击"分段"选项组中的"循环候选项"按钮来搜索正确的边线，如图25-51所示。边线正确后，再单击"接受"按钮，继续选择其余的孔边线，直到完成所有孔边线的选择。

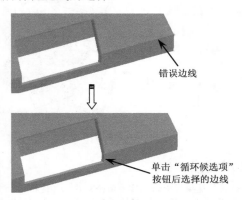

图 25-51

如果要返回到前一边线状态，可单击"上一个分段"按钮。如果孔为半封闭时，在最后的一条边线选择后单击"关闭环"按钮，可以封闭孔边线，如图25-52所示。

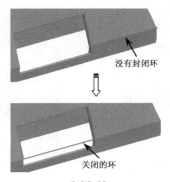

图 25-52

用户可以在搜索任意一边线时，单击"退出环"按钮，可以随时结束孔边线的搜索。

2. 修剪区域补片

"修剪区域补片"就是指通过用选定的修补实体的边线或产品边线来修剪修补实体，以此创建出补片。"修剪区域补片"工具适合于修补产品插破孔。

在"注塑模工具"组中单击"修剪区域补片"按钮，弹出"修剪区域补片"对话框，如图25-53所示。

图 25-53

如图25-54所示为使用"修剪区域补片"工具来修补产品的插破孔的范例。

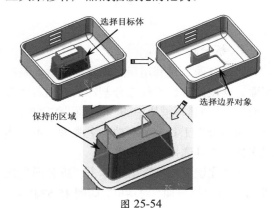

图 25-54

3. 扩大曲面补片

"扩大曲面"是通过扩大产品模型上的已有曲面而获取的面。通过控制获取面的U、V方向来扩充百分比，最后选取要保留或舍弃的修剪区域并得到补片。"扩大曲面"工具主要用来修补形状简单的平面、曲面上的破孔，也可用来创建平面主分型面。

在"注塑模工具"组中单击"扩大曲面补片"按钮，弹出"扩大曲面补片"对话框，如图25-55所示。如图25-56所示为扩大曲面预览。

图 25-55

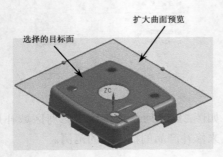

图 25-56

4. 拆分面

"拆分面"是利用用户创建的曲线、基准平面、交线或等斜度线来分割产品表面。"拆分面"工具与建模模块中的"分割面"作用相同，但"面拆分"工具分割面功能更强大，主要体现在拆分工具选择范围的增加。

在"注塑模工具"组中单击"拆分面"按钮，弹出"拆分面"对话框，如图 25-57 所示。

图 25-57

动手操作——MW 名片格分模

操作步骤

01 打开源文件"名片格 .prt"。

02 在"注塑模工具"组中单击"边修补"按钮，然后按如图 25-58 所示的操作步骤修补模型中的破孔。

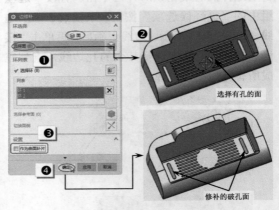

图 25-58

技术要点：

"设置"选项区中的"作为曲面补片"复选框的含义是：若选中，修补面将作为 MoldWizard 初始化后的组件之一。取消选中，修补面就是普通的建模环境下的曲面或片体。

03 在"注塑模工具"组中单击"扩大曲面补片"按钮，然后按如图 25-59 所示的操作步骤创建分型面。

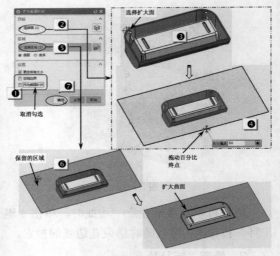

图 25-59

04 在"注塑模工具"组中单击"创建方块"按钮，然后按如图 25-60 所示的操作步骤创建模型工件。

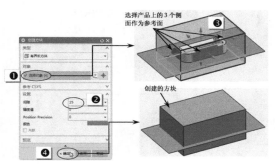

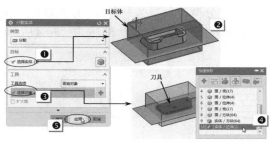

图 25-60

图 25-61

技术要点：

选择参考曲面时，只要所选的面能代表模型的长、宽和高即可。因此，参考面的数量是不固定的。

05 在"注塑模工具"组中单击"分割实体"按钮，然后按如图 25-61 所示的操作步骤首先将产品从工件中分割出来（即在工件内部形成产品的空腔）。

06 同理，按相同的操作步骤，用分型面作为分割的刀具，将工件分割成型腔和型芯部件，如图 25-62 所示。

07 至此，本例应用注塑模工具进行分模设计的工作已全部完成，最后将结果保存。

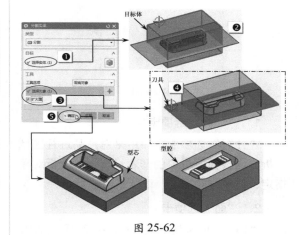

图 25-62

25.3 模具分型

在模具设计中，分离型芯和型腔、定义分型线以及创建分型面是一个比较复杂的设计流程，尤其是在处理复杂的分型线和分型面的情况下体现明显。MW 提供了一组简化分型面设计的功能，且当产品被修改时，仍与后续的设计工作相关联。

"注塑模向导"选项卡的"分型刀具"组，如图 25-63 所示。组上包含了所有具有模具自动分型功能的功能工具。分型工具的排列完全参照了自动分型设计顺序。

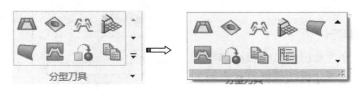

图 25-63

25.3.1 检查区域

"检查区域"是 MW 自动分型时用户分析产品的可模压性和可制造性的常用工具。

在"分型刀具"组中单击"检查区域"按钮，弹出"检查区域"对话框，如图25-64所示。

图 25-64

1．"计算"选项卡

"计算"选项卡主要用来对产品进行区域分析、面拔模分析前的基本设置，如分析对象指定、拔模方向指定，以及重新分析等。

2．"面"选项卡

"面"选项卡是用来进行产品表面分析的，分析结果为用户修改产品提供了可靠的参考数据，产品表面分析包括面的底切分析（又称倒扣面分析）和拔模分析，如图25-65所示。

图 25-65

3．"区域"选项卡

产品面的区域分析是用户进行自动抽取区域面的前提步骤，区域分析结果将直接影响到模具自动分型的成功与否。

"区域"选项卡的主要作用就是分析并计算出型腔、型芯区域面的个数，以及对区域面进行重新指派。"区域"选项卡如图25-66所示。

图 25-66

4．"信息"选项卡

"信息"选项卡用于显示产品分析后的属性，如面属性、模型属性和尖角等。

25.3.2　定义区域

"定义区域"是指定义型腔区域和型芯区域，并抽取出区域面。区域面就是产品外侧和内侧的复制曲面。

在"分型刀具"组中单击"定义区域"按钮，弹出"定义区域"对话框，如图25-67所示。

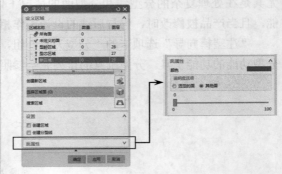

图 25-67

1．"定义区域"选项区

"定义区域"选项区的主要作用就是定义型腔区域和型芯区域。选项区的区域列表中列出的参考数据，也就是区域分析的结果数据。选项区中各选项含义如下。

> 所有面：包含产品中所有定义的和未定义的面。

> 未定义的面：MW无法判定是型腔区域还是型芯区域的面。

技术要点：

如果未定义的面（Undefined Faces）数量不为0，如图25-68(a)所示，则需要检验所有识别为型腔区域和型芯区域的面。对于那些计划作为滑块或者斜顶的曲面，并不需要都指定为型腔区域或者型芯区域，可以单独为这些面建立新区域。"！"标记，表明该区域的面不相连。图25-68(b)显示了所有的型腔和型芯区域面都已经识别。在这个产品中，未定义的面（Undefined Faces）数量为0，注意其标记为"√"。

区域名称	数量	图层
所有面	257	
！未定义的面	53	
型腔区域	75	28
！型芯区域	129	27
！新区域	0	29

(a)

区域名称	数量	图层
所有面	257	
√未定义的面	0	
型腔区域	157	28
型芯区域	100	27
！新区域	0	29

(b)

图 25-68

> 型腔区域：包含属于型腔区域的所有面。

> 型芯区域：包含属于型芯区域的所有面。

> 新区域：列出属于新区域的面。

> 创建新区域：激活此命令，可以创建新的区域，这为创建抽芯滑块和斜顶机构时提供了方便。

> 选择区域面：在区域列表中选择一个区域后，再激活"选择区域面"命令，即可为该区域添加新的面。

2. "设置"选项区

"设置"选项区包含两个复选框，其含义如下。

> 创建区域：选中此复选框，程序将抽取型腔区域面和型芯区域面。取消选中，则不会抽取区域面。

> 创建分型线：选中此复选框，抽取区域面后再抽取出产品的分型线，包括内部环和分型边。

25.3.3　设计分型面

"分型刀具"组上的"设计分型面"工具，主要用于模具分型面的主分型面设计。用户可以通过此工具来创建主分型面、编辑分型线、编辑分型段和设置公差等。

在"分型刀具"组中单击"设计分型面"按钮，程序弹出"设计分型面"对话框，如图25-69所示。"设计分型面"对话框有5个功能选项区，介绍如下。

图 25-69

1. 分型线设计

"分型线"选项区用来收集在"检查区域"过程抽取的分型线。如果先前没有抽取分型线，"分型段"列表中将不会显示分型线的分型段、删除分型面和分型线数量等信息。

技术要点：

如果要删除已有的分型线，可以通过分型管理器将分型线显示出来，然后在图形区中右键选择分型线并执行"删除"命令即可，如图25-70所示。

图 25-70

2. 创建分型面

仅当选择了分型线后，"创建分型面"选项区才显示。该选项区提供了几种主分型面的创建方法：拉伸、有界平面和条带曲面。不同的分型线，可能会产生不同的分型面创建方法。

技术要点：

分型面的创建方法是程序参考了产品的形状来提供的。简单产品的创建方法最多，产品越复杂，所提供的创建方法就越少。

> "拉伸"方法：该方法适合产品分型线不在同一平面中的主分型面的创建。"拉伸"方法的选项设置如图 25-71 所示。创建分型面的方法是手工选择产品一侧的分型线，在指定拉伸方向后，单击对话框的"应用"按钮，即可创建产品一侧的分型面，如图 25-72 所示。其余 3 侧的分型面按此方法创建即可。

图 25-71

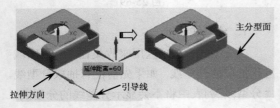

图 25-72

> "有界平面"方法："有界平面"就是以分型段（整个产品分型线的其中一段）、引导线及 UV 百分比控制而形成的平面边界，通过自修剪而保留需要的部分有界平面。当产品底部为平面，或者产品拐角处底部面为平面，可使用此方法来创建分型面。"有界平面"方法的选项设置如图 25-73 所示。其中，"第一方向"和"第二方向"为主分型面的展开方向，如图 25-74 所示。

图 25-73

图 25-74

> "条带曲面"方法："条带曲面"就是无数条平行于 XY 坐标平面的曲线，沿着一条或多条相连的引导线排列而生成的面。若分型线已设计了分型段，"条带曲面"类型与"扩大曲面补片"工具相同。若产品分型线全在一个平面内，且没有设计引导线，可创建"条带曲面"类型主分型面。"条带曲面"方法如图 25-75 所示。条带曲面的创建过程如图 25-76 所示。

图 25-75

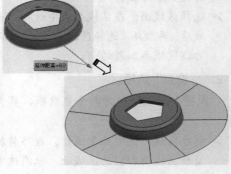

图 25-76

3. 编辑分型线

"编辑分型线"选项区的主要作用是手工选择产品分型线或分型段。该选项区的选项设置如图25-77所示。

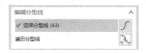

图 25-77

在选项区中激活"选择分型线"命令，即可在产品中选择分型线，单击该对话框中的"应用"按钮后，选择的分型线将列表于"分型线"选项区的"分型段"列表中。

若单击"遍历分型线"按钮，可通过弹出的"遍历分型线"对话框遍历分型线，如图25-78所示。这有助于产品边缘较长的分型线的选择。

图 25-78

4. 编辑分型段

"编辑分型段"选项区的功能是选择要创建主分型面的分型段，以及编辑引导线的长度、方向和删除等。

"编辑分型段"选项区的选项设置如图25-79所示。各选项含义如下。

图 25-79

> 选择分型和引导线：激活此命令，在产品中选择要创建分型面的分型段和引导线。引导线就是主分型面的截面曲线，如图25-80所示。

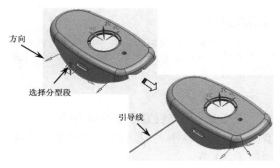

图 25-80

> 选择过渡曲线：过渡曲线就是要创建主分型面某一部分的分型线。过渡曲线可以是单段分型线，也可以是多段分型线，如图25-81所示。当选择了过渡曲线后，主分型面将按指定的过渡曲线进行创建。

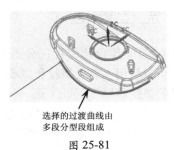

选择的过渡曲线由
多段分型段组成

图 25-81

> 编辑引导线：引导线是主分型面的截面曲线，它的长度及方向确定了主分型面的大小和方向。单击"编辑引导线"按钮，可以通过弹出的"引导线"对话框编辑引导线。如图25-82所示。

图 25-82

技术要点:

当需要创建插破分型面时,引导线的方向可以按一定角度倾斜,这使用户可以创建出具有倾斜角度的主分型面。

5. 设置

该选项区用来设置分型面缝合的公差、分型面的长度及拉伸、扫掠分型面的预览显示等,如图 25-83 所示。

图 25-83

25.3.4 定义型腔和型芯

当 MW 的模具设计流程在分型面完成阶段时,就可以使用"定义型腔和型芯"工具来创建模具的型腔和型芯零部件了。

在"分型刀具"组中单击"定义型腔和型芯"按钮,将弹出"定义型腔和型芯"对话框,如图 25-84 所示。

图 25-84

1. 分割型腔或型芯

若用户没有对产品进行项目初始化操作,而直接进行型腔或型芯的分割操作,这就要求用户手工添加或删除分型面。

若用户对产品进行了初始化项目操作,在"选择片体"选项区的列表中选择"型腔区域"选项,单击"应用"按钮,程序会自动选择并缝合型腔区域面、主分型面和型腔侧曲面补片。如果缝合的分型面没有间隙、重叠或交叉等问题,程序会自动分割出型腔部件,如图 25-85 所示。

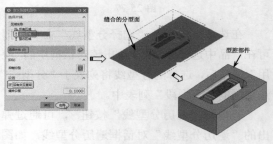

图 25-85

2. 分型面的检查

当缝合的分型面出现问题时,执行"分析"|"检查几何体"命令,通过弹出的"检查几何体"对话框,对分型面中存在的交叉、重叠或间隙等问题进行检查,如图 25-86 所示。

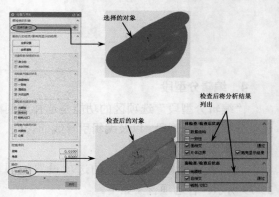

图 25-86

在"检查几何体"对话框的"操作"选项区中单击"信息"按钮,弹出"信息"窗口。通过该窗口,用户可以查看分型面检查的信息,如图 25-87 所示。

图 25-87

一般情况下，几何体检查的结果中若出现边界数为1，则说明该分型面没有问题。若出现多个边界数，则说明该分型面存在问题，需要修复。

25.4 综合实战——电气塑件后盖

◎ **源文件：电气塑件后盖.prt**

◎ **结果文件：电气塑件后盖_top_000.prt**

◎ **视频文件：电气塑件后盖分模.avi**

MoldWizard 具有强大的自动分型功能，它能很轻易地将简单到复杂结构的产品进行自动分模。

本章前面主要介绍了应用MW 的自动分型功能来创建模具的成型零件（主要是型腔和型芯），接下来以模具分模的典型案例来演示模具自动分型的全过程，让读者对整个自动分型设计流程有更深的理解。

电气塑件后盖为结构比较简单的产品。产品的分型线为最大投影的外环（并非完全是产品的边线，有可能需要找出最大投影外环）；机构，因此在分模时要注意分型线的选取（尽量将抽芯部分留在型芯，便于再次分型）；整个分模步骤将按MW 自动分型的流程进行。

本例中，模具项目初始化后的电气塑件后盖产品，如图 25-88 所示。

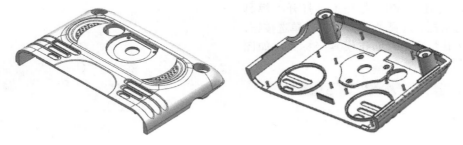

图 25-88

1. 项目初始化

要进行自动分型设计，必须创建模具总装配——即项目的初始化。下面详细介绍电气塑件后盖模型的项目初始化、模具坐标系、工件设计、型腔布局等操作。

操作步骤

01 打开源文件"电气塑体后盖.prt"。

02 在"注塑模向导"选项卡中单击"初始化项目"按钮，打开"初始化项目"对话框。

03 在对话框中选择产品材料及收缩率后，单击"确定"按钮，开始进行初始化，如图25-89所示。

图 25-89

04 从初始化项目后的产品模型与坐标系的关系可以看出，坐标系没有在合理的位置上。

技术要点：

此时的坐标系仅是工作坐标系，还算不上模具坐标系。模具坐标系的最佳位置是根据产品结构来定义的。本例产品最佳位置应该在产品的底平面的中心位置，且模具坐标系的Z轴指向产品外侧。

05 双击坐标系，重新为坐标系定义新位置，并且旋转坐标系，使Z轴指向产品外侧，如图25-90所示。

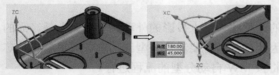

图 25-90

06 单击"模具CSYS"按钮，打开"模具CSYS"对话框。选择"当前WCS"单选按钮，单击"应用"按钮，创建模具坐标系，如图25-91所示。

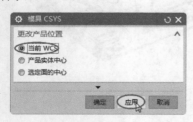

图 25-91

07 由于模具坐标系的Z轴柄在产品中间，因此还要继续定义。再选择"选定面的中心"单选按钮，然后选择如图25-92所示的产品底面作为参考。

图 25-92

08 单击"模具CSYS"对话框的"确定"按钮，完成模具坐标系的定义，结果如图25-93所示。

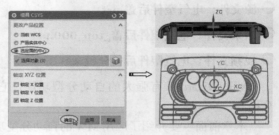

图 25-93

09 单击"工件"按钮，然后按默认的参数设置，单击"确定"按钮完成工件的创建，如图25-94所示。

图 25-94

2. 塑模部件验证

模具自动分型的第一步就是模具部件验证，做好这一步将使后面的设计变得更为顺利，操作步骤如下。

01 单击"分型刀具"组中的"分型管理器"按钮，同时在图形区显示"电气塑件后盖_parting_047"（分型部件）部件，如图25-95所示。

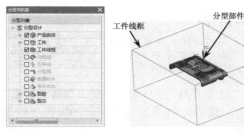

图 25-95

技术要点：

显示分型部件后的坐标系为建模环境中WCS（工作坐标系），并非模具坐标系CSYS。

02 在"分型导航器"对话框中取消选中"工件线框"选项，然后在"分型刀具"组中单击"检查区域"按钮，再单击"计算"按钮，如图 25-96 所示

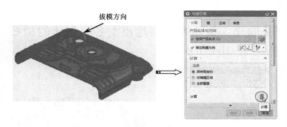

图 25-96

03 首先对产品进行面拔模分析，如图 25-97 所示。

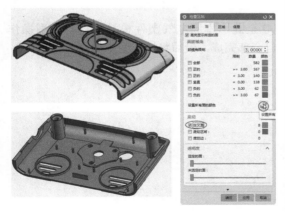

图 25-97

04 对产品进行区域分析，如图 25-98 所示。

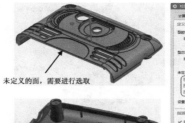

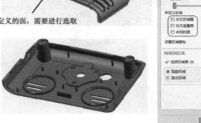

图 25-98

技术要点：

从区域分析来看，有8个交叉区域的面和13个交叉竖直面需要重新指派区域。指派的原则是：将孔的修补面留在型腔一侧，即将未定义的面全部指派给型腔区域。

3. 修补破孔、定义区域

01 在"分型刀具"组中单击"曲面补片"按钮，然后对产品中的破孔进行修补，结果如图 25-99 所示。

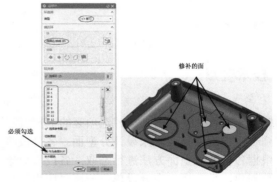

图 25-99

技术要点：

按照孔所在面的性质，可以将孔以"面"类型进行修补。当然也可以使用"注塑模工具"工具条上的"边缘修补"工具进行修补。

02 在"分型刀具"组中单击"定义区域"按钮，然后按如图 25-100 所示的操作步骤定义型芯和型腔区域。

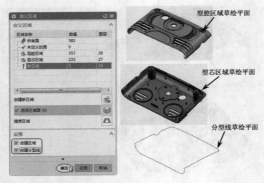

型腔区域草绘平面

型芯区域草绘平面

分型线草绘平面

图 25-100

4. 创建分型面、创建型腔和型芯

01 在"分型刀具"组中单击"设计分型面"按钮，首先编辑生成分型面的引导线，如图25-101 所示。

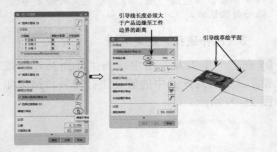

引导线长度必须大于产品边缘至工件边界的距离

引导线草绘平面

图 25-101

技术要点：

分型线需要重新选取。

02 生成分型面，在"分型线"选项区的"分型段"列表中依次选择分段来设计分型面。各分段将根据各自的分型面方法进行选取，各段需要单独创建，每选择一个分段单击一次"应用"按钮分段分型面，最终结果如图 25-102 所示。

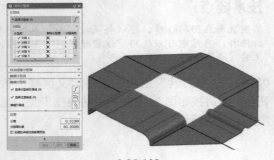

图 25-102

技术要点：

由于产品的边缘不规则，是不能完全依靠MW完成创建的，这需要用户手动选择分型线及拉伸方向。

03 在"分型刀具"组中单击"定义型腔和型芯"按钮，然后按如图 25-103 所示的操作步骤创建型腔。

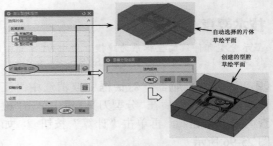

自动选择的片体草绘平面

创建的型腔草绘平面

图 25-103

04 同理，按此方法创建出型芯。创建的型芯如图 25-104 所示。

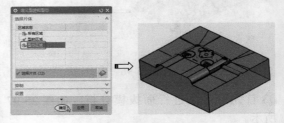

图 25-104

05 至此，本例电气塑件模具的自动分型操作已全部完成，最后将操作结果保存。

25.5 课后习题

1. 光盘支架模具的自动分型

练习模型如图 25-105 所示。

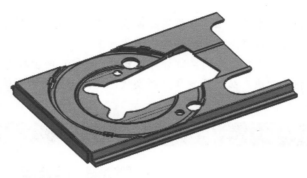

图 25-105

2. 分模设计

练习模型如图 25-106 所示。

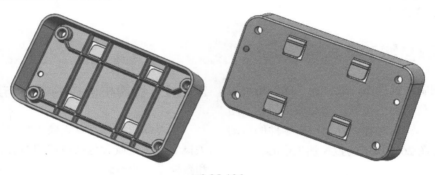

图 25-106

第 *26* 章　数控加工

在机械制造过程中，数控加工的应用可提高生产率、稳定加工质量、缩短加工周期、增加生产柔性、实现对各种复杂精密零件的自动化加工。

数控加工中心易于在工厂或车间实行计算机管理，还使车间设备总数减少、节省人力、改善劳动条件，有利于加快产品的开发和更新换代，提高企业对市场的适应能力并提高企业的综合经济效益。

知识要点与资源二维码

- ◆ 数控加工基本知识
- ◆ 面铣
- ◆ 表面铣
- ◆ 轮廓铣销
- ◆ 固定轴曲面轮廓铣
- ◆ 可变轴曲面轮廓铣

第 26 章源文件　第 26 章课后习题　第 26 章结果文件　第 26 章视频

26.1　数控加工基本知识

在机械制造过程中，数控加工的应用可提高生产率、稳定加工质量、缩短加工周期、增加生产柔性、实现对各种复杂精密零件的自动化加工，如图 26-1 所示的数控加工中心。

图 26-1

数控加工中心易于在工厂或车间实行计算机管理，还使车间设备总数减少、节省人力、改善劳动条件，有利于加快产品的开发和更新换代，提高企业对市场的适应能力并提高企业的综合经济效益。

26.1.1　计算机数控的概念与发展

学习数控编程，首先要了解数控技术的相关概念。这些概念包括数控的概念、数控机床和数控系统的概念。

➤ 数控：GB 8129—1997 中对 NC 的定义为：用数值数据的控制装置，在运行过程中不断引入数值数据，从而对某一生产过程实现自动控制。

➤ 数控机床：若机床的操作命令以数值数据的形式描述，工作还在改照规定的程序自动进行，则这种机床称为"数控机床"。

➤ 数控系统：数控系统是指计算机数字控制装置、可编程序控制器、进给驱动与主轴驱动装置等相关设备的总称。为区别起见，将其中的计算机数字控制装置称为"数控装置"。

计算机数控的发展，先后经历了电子管（1952 年）、晶体管（1959 年）、小规模集成电路（1965 年）、大规模集成电路及小型计算机（1970 年）和微处理机或微型计算机（1974 年）等 5 代数控系统。

前三代属于采用专用控制计算机的硬接线（硬件）数控装置，一般称为 NC 数控装置。第四代数控系统出现了采用小型计算机代替专用硬件控制计算机，这种数控系统称为"计算机数控系统"（Computerized Numrical Control，CNC）。自 1974 年开始，以微处理机为核心的数控装置（Microcomcuperized Numerical Control，MNC）得到迅速发展。

我国从 1958 年开始研制数控机床，20 世纪 60 年代中期进入实用阶段。自 20 世纪 80 年代开始，引进日本、美国、德国等国外著名数控系统和伺服系统制造商的技术，使我国数控系统在性能、可靠性等方面得到了迅速发展。经过"六五""七五""八五"及"九五"科技攻关，我国已掌握了现代数控技术的核心内容。目前我国已有数控系统（含主轴与进给驱动单元）生产企业 50 多家，数控机床生产企业百余家。

26.1.2　数控机床的组成与结构

采用数控技术进行控制的机床，称为"数控机床"（NC 机床）。

数控机床是一种高效的自动化数字加工设备，它严格按照加工程序，自动对被加工工件进行加工。数控系统外部输入的直接用于加工的程序（手工输入、网络传输、DNC 传输）称为"数控程序"。执行数控程序对应的是数控系统内部的数控系统软件，数控系统是用于数控机床工作的核心部分。主要由机床本体、数控系统、驱动装置、辅助装置等几部分组成。

> 机床本体：是数控机床的加工机械部分，主要包括支承部件（床身、立柱等）、主运动部分（主轴箱）、进给运动部件（工作台滑板、刀架）等。
> 数控系统：（CNC 装置）是数控机床的控制核心，一般是一台专用的计算机。

> 驱动装置：是数控机床执行机构的驱动部分，包括主轴电动机、进给伺服电动机等。
> 辅助装置：指数控机床的一些配套部件，包括刀库、液压装置、启动装置、冷却系统、排屑装置、换刀机械手等。

如图 26-2 所示为常见的立式数控铣床。

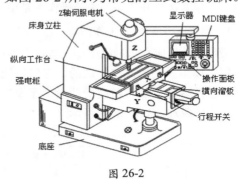

图 26-2

26.1.3　数控加工的特点

总体来说，数控加工有如下特点。

> 自动化程度高，具有很高的生产效率。除手工装夹毛坯外，其余全部加工过程都可由数控机床自动完成。若配合自动装卸手段，则是无人控制工厂的基本组成环节。数控加工减轻了操作者的劳动强度，改善了劳动条件；省去了画线、多次装夹定位、检测等工序及其辅助操作，有效地提高了生产效率。
> 对加工对象的适应性强。改变加工对象时，除了更换刀具和解决毛坯装夹方式外，只需重新编程即可，无须做其他任何复杂的调整，从而缩短了生产的准备周期。
> 加工精度高，质量稳定。加工尺寸精度在 $0.005 \sim 0.01$ mm 之间，不受零件复杂程度的影响。由于大部分操作都由机器自动完成，因而消除了人为误差，提高了批量零件尺寸的一致性，同时精密控制的机床上还采用了位置检测装置，更加提高了数控加工的精度。

易于建立与计算机间的通信联络，容易实现群控。由于机床采用数字信息控制，易于与计算机辅助设计系统连接，形成CAD/CAM一体化系统，并建立起各机床之间的联系，容易实现群控。

26.1.4　数控加工原理

当操作工人使用机床加工零件时，通常都需要对机床的各种动作进行控制，一是控制动作的先后次序，二是控制机床各运动部件的位移量。采用普通机床加工时，这种开车、停车、走刀、换向、主轴变速和开关切削液等操作都是由人工直接控制的。

1. 数控加工的一般工作原理

采用自动机床和仿形机床加工时，上述操作和运动参数则是通过设计好的凸轮、靠模和挡块等装置以模拟量的形式来控制的，它们虽能可以加工比较复杂的零件，且有一定的灵活性和通用性，但是零件的加工精度受凸轮、靠模制造精度的影响，且工序准备时间也很长。数控加工的一般工作原理，如图26-3所示。

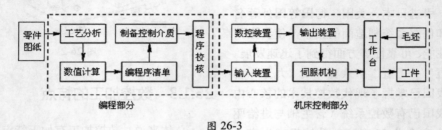

图 26-3

机床上的刀具和工件间的相对运动，称为表面成形运动，简称成形运动或切削运动。数控加工是指数控机床按照数控程序所确定的轨迹（称为数控刀轨）进行表面成形运动，从而加工出产品的表面形状。如图26-4所示为平面轮廓加工示意图。如图26-5所示为曲面加工的切削示意图。

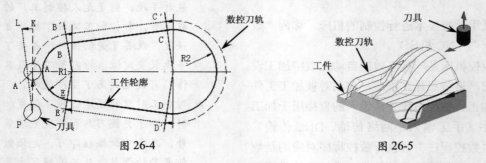

图 26-4　　　　　　　　　　　　　　　　　图 26-5

2. 数控刀轨

数控刀轨是由一系列简单的线段连接而成的折线，折线上的结点称为刀位点。刀具的中心点沿着刀轨依次经过每一个刀位点，从而切削出工件的形状。

刀具从一个刀位点移动到下一个刀位点的运动称为数控机床的插补运动。由于数控机床一般只能以直线或圆弧这两种简单的运动形式完成插补运动，因此数控刀轨只能是由许多直线段和圆弧段将刀位点连接而成的折线。

数控编程的任务是计算出数控刀轨，并以程序的形式输出到数控机床，其核心内容就是计算出数控刀轨上的刀位点。

在数控加工误差中，与数控编程直接相关的有两个主要部分。

➢ **刀轨的插补误差**：由于数控刀轨只能由直线和圆弧组成，因此只能近似地拟合理想的加工轨迹，如图 26-6 所示。

➢ **残余高度**：在曲面加工中，相邻两条数控刀轨之间会留下未切削区域，如图 26-7 所示，由此造成的加工误差称为残余高度，它主要影响加工表面的粗糙度。

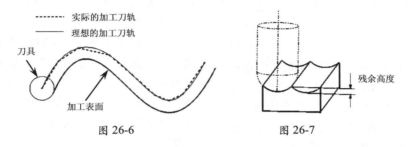

图 26-6　　　　　　　　　图 26-7

26.2　面铣

面铣削是通过选择面区域来指定加工范围的一种操作，主要用于加工区域为面且表面余量一致的零件。

面铣削是平面铣削模板中的一种操作类型。它不需要指定底面，加工深度由设置的余量决定。因为设置深度余量是沿刀轴方向计算的，所以加工面必须和刀轴垂直否则无法生成刀路。

26.2.1　面铣削加工类型

面铣削是平面铣削模板中的一种操作类型。它不需要指定底面，加工深度由设置的余量决定。如图 26-8 所示为面铣削的零件与加工刀路。

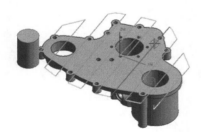

图 26-8

面铣削操作是从模板创建的，并且需要几何体、刀具和参数来生成刀轨。为了生成刀轨，UG 程序需要将面几何体作为输入信息。对于每个所选面，处理器会跟踪几何体，确定要加工的区域，并在不过切部件的情况下切削这区域。

面铣削有如下特点。

➢ 交互非常简单，原因是用户只需选择所有要加工的面，并指定要从各个面的顶部去除的余量。

➢ 当区域互相靠近且高度相同时，它们就可以一起进行加工，这样就因消除了某些进刀和退刀运动而节省了时间。合并区域还能生成最有效的刀轨，原因是刀具在切削区域之间的移动距离不太远。

➢ "面铣"提供了一种描述需要从所选面的顶部去除余量的快速简单的方法。余量是自面向顶，而非自顶向下的方式进行建模的。

➢ 使用"面铣"可以轻松加工出实体上的平面，例如通常在铸件上发现的固定凸垫。

➢ 创建区域时，系统将面所在的实体识别为部件几何体。如果将实体选为部件，则可以使用干涉检查来避免干涉此部件。

> 对于要加工的各个面，可以使用不同的切削模式，包括在其中使用"教导模式"来驱动刀具的手动切削模式。

> 刀具将完全切过固定凸垫，并在抬刀前完全清除此部件。

"面铣削"是用于面轮廓、面区域或面孤岛的一种铣削方式。它通过逐层切削工件来创建刀具路径，这种操作最常用于粗加工材料，为精加工操作做准备。在"应用模块"选项卡中单击"加工"按钮，进入加工制造环境。然后在"主页"选项卡的"刀片"组中单击"创建工序"按钮，弹出"创建工序"对话框。NX CAM 提供了 4 种用于创建面铣操作的子类型，如图 26-9 所示。

图 26-9

> 底壁加工 : 表面区域铣适用于在实体模型上使用"切削区域""壁几何体"等几何体类型，进行精加工和半精加工。操作中将包含部件几何体、切削区域、壁几何体、检查几何体和自动选择壁等几何体。

> 带 IPW 的底壁加工 : 与"底壁加工"方法相同，只是在模拟时有 IPW 残料。

> 使用边界面铣削 : 使用边界面铣削适用于在实体模型上使用"面边界"等几何体进行的精加工和半精加工。"使用边界面铣削"操作中包含部件几何体、面(毛坯边界)、检查边界和检查几何体。

> 手工面铣削 : 表面手工铣可以代替使用某一种可选择、预定义的切削模式。操作包含所有几何体类型，并且切削模式为"混合"。

26.2.2 面铣削加工几何体

使用"底壁加工"，只需选择部件几何体、切削区域几何体、壁几何体和检查几何体就可以创建工序。

在"创建工序"对话框的"工序子类型"选项区中选择"底壁加工"子类型，然后单击"应用"按钮，将弹出"底壁加工"对话框，如图 26-10 所示。在对话框的"几何体"选项区中包括用于指定面铣操作的几何体选项，介绍如下。

图 26-10

1. 几何体

"几何体"选项用于指定面铣操作的几何体父组对象，如果用户在创建工序之前没有创建几何体对象或者没有指定 CAM 默认几何体父组（MCS_MILL），可以单击"新建"按钮 ，在随后弹出的"新几何体"对话框中创建面铣的几何体父组，如图 26-11 所示。

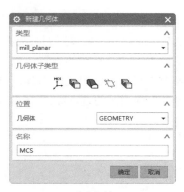

图 26-11

技术要点：

若用户没有创建几何体父组（对象）或没有指定默认的几何体父组时，"编辑"按钮 则灰显，反之则亮显。用户可以单击此按钮来重新定义几何体父组对象。

2．指定部件

"指定部件"选项用于指定面铣操作的部件几何体。单击"选择或编辑部件几何体"按钮 ，弹出"部件几何体"对话框。

"部件几何体"对话框只有一种用于指定部件几何体的过滤方法——"体"，即要作为部件几何体的对象必须是实体（一般是零件）。单击"全选"按钮，可以自动选择图形区中的所有实体，单击"移除"按钮，可以取消所选实体的选择。单击"全部重选"按钮，取消全部选择并重新进行选择。

当用户指定了部件几何体后，"操作模式"下拉列表中的选项变得可用。"附加"表示添加新的几何体为部件；"编辑"表示对添加的几何体可以进行移除或全部重选等操作，如图26-12 所示。

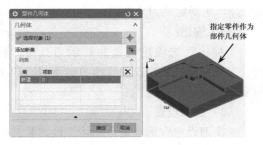

指定零件作为部件几何体

图 26-12

技术要点：

若用户没有指定部件，"显示"按钮灰显。反之则亮显。单击"显示"按钮 ，图形区中将以紫色边框显示所指定的部件几何体。

3．指定切削区域底面

"切削区域"用于定义要切削的面。单击"选择或编辑切削区域几何体"按钮 ，弹出"切削区域"对话框。

通过该对话框，可以选择面、片体和小平面体作为要切削的区域，对选择的切削区域可以进行编辑，也可以添加新的面作为切削区域，如图 26-13 所示。

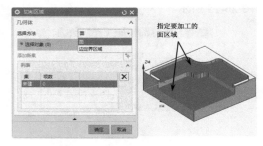

指定要加工的面区域

图 26-13

4．指定壁几何体

"壁几何体"是指面铣过程中，切削区域的侧壁面几何体。通过指定侧壁，可以设置壁余量。单击"选择或编辑壁几何体"按钮 ，将弹出"壁几何体"对话框。

通过该对话框，可以选择面、片体和特征（曲面区域）作为壁几何体，如图 26-14 所示。

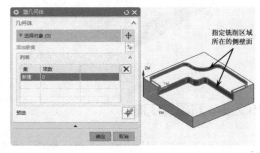

指定铣削区域所在的侧壁面

图 26-14

在"几何体"选项区选中"自动壁"复选框，

软件会自动选择与切削区域相邻的侧壁面作为壁几何体。

技术要点：

"指定切削区域"和"指定壁几何体"选项仅当在"表面区域铣"操作和"表面手工铣"操作时才可用。

5．指定检查体

"指定检查体"选项用于指定代表夹具或其他避免加工区域的实体、面、曲线。当刀轨遇到检查曲面时，刀具将退出，直至到达下一个安全的切削位置。单击"选择或编辑检查几何体"按钮，弹出"检查几何体"对话框，如图26-15所示。

图 26-15

如图26-16所示为表示装夹的实体。

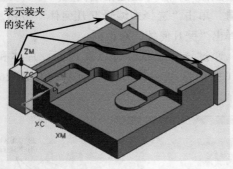

图 26-16

26.2.3　刀具和刀轴

面铣削操作的"底壁加工"对话框中，"工具"选项区和"刀轴"选项区用于设置切削加工的刀具和刀具相对于机床坐标系的方位。

1．刀具

"工具"选项区主要设置刀具类型、尺寸，以及手工换刀、刀具补偿等设置。在"刀具"下拉列表中选择先前已定义的刀具，以进行编辑。"工具"选项区的选项如图26-17所示。

图 26-17

（1）新建

单击"新建"按钮，可以创建新的刀具定义，并将其放在工序导航器的机床视图中以用于其他操作。弹出"新建刀具"对话框，如图26-18所示。

图 26-18

如果需要编辑刀具，可以单击"编辑/显示"按钮，重新定义刀具参数。

（2）输出

"输出"选项组设置并显示刀具号、补偿、刀具补偿、Z偏置及其相关继承状态的当前参数。

（3）换刀设置

"换刀设置"选项组显示手工换刀和文本状态的当前设置，还显示夹持器号和继承状态。

选中"手工换刀"复选框,将由人工来设置换刀。选中"文本"复选框,可在下方的文本框内输入换刀的文字描述。

2. 刀轴

刀轴可用于多个铣削操作,除了深度加工、5轴铣、可变轮廓操作、一般运动、探测和顺序铣。"轴"选项区控制刀具相对于机床坐标系的方位。

在"轴"下拉列表中包括4种轴的定义方法。

➢ +ZM轴:将机床坐标系的轴方位指派给刀具。

➢ 指定矢量:允许通过定义矢量指定刀轴。激活此命令后,将显示"指定矢量"选项,如图26-19所示。用户可以在下拉列表中选择矢量,也可以在图形区中指定矢量,还可以单击"矢量对话框"按钮,在弹出的"矢量"对话框中确定矢量,如图26-20所示。

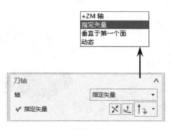

图 26-19

图 26-20

➢ 垂直于第一个面:将刀轴定向为垂直于第一个选定的面。主要用于面铣削操作。

动手操作——表面区域铣加工

表面区域铣适用于在实体模型上使用"切削区域""壁几何体"等几何体类型进行精加工和半精加工。表面区域铣可以选择高低不同的平面进行切削。本例表面区域铣削的加工模型,如图26-21所示。

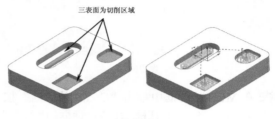

图 26-21

操作步骤

01 打开源文件 26-1.prt。

02 在"应用模块"选项卡中单击"加工"按钮,进入加工模块,如图26-22所示。

图 26-22

03 随后弹出"加工环境"对话框。在该对话框中保留默认的CAM会话设置,然后单击"确定"按钮进入加工环境,如图26-23所示。

图 26-23

04 在工序导航器中设置"几何视图",然后双击MCS或者右击,选择快捷菜单中的"编辑"命令,弹出MCS对话框,如图26-24所示。

图 26-24

05 在 MCS 对话框中单击"CSYS 对话框"按钮，弹出 CSYS 对话框。在该对话框的"类型"下拉列表中选择"对象的 CSYS"选项，然后选取待加工模型最高表面为工作坐标原点放置面，如图 26-25 所示。

图 26-25

06 自动返回 MCS 对话框，在该对话框中设置安全距离为 20 即可，最后的结果如图 26-26 所示。当然工作坐标原点在处理前后都可以重新编辑定义，然后再重新生成刀路轨迹。

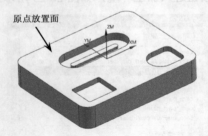

图 26-26

技术要点：

设置工作坐标原点在模型型最高平面，且在中心位置。这样便于加工时对刀，找准毛坯高度，以防止毛胚分中后，零件偏位，造成零件报废。

07 在"主页"选项卡的"插入"组中单击"创建工序"按钮，弹出"创建工序"对话框。并对其进行设置，完成后单击"确定"按钮，如图 26-27 所示。

图 26-27

08 在"几何体"选项区中单击"选择或编辑部件几何体"按钮，弹出"部件几何体"对话框。然后选取图形区的整个零件作为部件几何体，最后单击"确定"按钮完成部件几何体的选取，如图 26-28 所示。

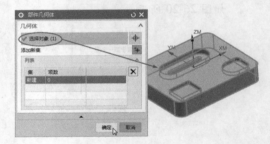

图 26-28

09 单击"选择或编辑切削区域几何体"按钮，弹出"切削区域"对话框。接着选取两凹槽底面为切削区域，最后单击"确定"按钮完成切削区域的选取，结果如图 26-29 所示。

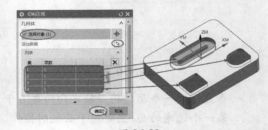

图 26-29

10 选中"几何体"选项区的"自动壁"复选框。

11 在"工具"选项区中单击"新建"按钮，

弹出"新建刀具"对话框，选择"立铣刀"类型并输入刀具名称，单击"确定"按钮，如图26-30所示。

12 在弹出的"铣刀参数"对话框中设置刀具参数，如图26-31所示。完成后单击"确定"按钮结束铣刀的设定。

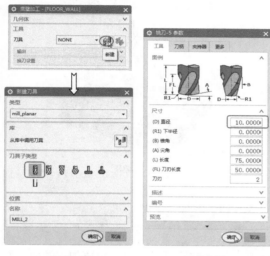

图 26-30　　　　　　图 26-31

13 在"刀轨设置"选项卡的切削模式下拉列表中选择"跟随周边"选项，设置"步进"为"刀具平直百分比"选项，其百分比为50%，结果如图26-32所示。

图 26-32

技术要点：

步进和每刀深度的设置与刀具的大小、工件表面要求有很大关系，步进和每刀深度设置与刀具的大小成正比例关系，而每刀深度与刀具的大小几乎成反比例关系，每刀深度越小，表面就越光滑，但加工时间会加长。

14 在"刀轨设置"选项区单击"切削参数"按钮，进入"切削参数"对话框，并在"余量"选项卡进行参数设置，如图26-33所示。最后单击"确定"按钮返回"底壁加工"对话框。

15 单击"进给和速度"按钮，弹出"进给率和速度"对话框。设置主轴转速为1200，切削速率为250，选中"在生成时优化进给率"复选框。其他参数默认不变，最后单击"确定"按钮完成设置，如图26-34所示。

图 26-33　　　　　　图 26-34

16 最后在"操作"选项区单击"生成"按钮，生成刀路轨迹，如图26-35所示。

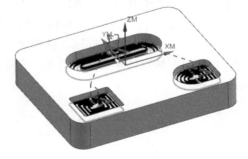

图 26-35

17 在"操作"选项区单击"确认"按钮，打开"刀轨可视化"对话框。在"3D动态"选项卡中单击"播放"按钮，会出现提示"验证时毛坯是必要的"，如图26-36所示。

图 26-36

18 单击"确定"按钮确认,进入"毛坯几何体"对话框。保留此对话框的默认设置,直接单击"确定"按钮即可生成如图26-37所示的毛坯图。

图 26-37

19 最后单击"播放"按钮 ▶ ,查看切削动态模拟,如图 26-38 所示。

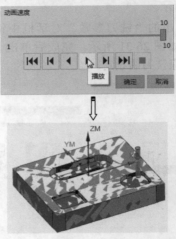

图 26-38

26.3 表面铣

平面铣中,创建几何体的过程要比表面铣复杂一些,因为它不再是选择一组要加工的面,而是指定部件边界(零件要加工的轮廓)、指定底面(加工的深度)、指定毛坯边界(加工时区域的毛坯)等。

26.3.1 平面铣操作类型

平面铣削类型在 mill_planar 模板内,它是基于水平切削层上创建刀路轨迹的一种加工类型。它的子类型比较多,如图26-39所示。按照加工的对象分类有:精铣底面、精铣壁、铣轮廓、挖槽等。按照切削模式分类有:往复、单向、轮廓等。

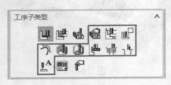

图 26-39

26.3.2 平面铣加工

平面铣的参数设置主要是几何体的创建和切削层的设置,其余参数与面铣削相同。

在平面铣中,"切削体积"是指要移除的材料。要移除的材料指定为"毛坯"材料(原料件、锻件、铸件等)减去"零件"(部件)材料,如图26-40所示。

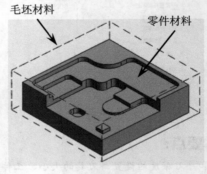

图 26-40

用户可以在"平面铣"中使用边界来定义"毛坯"和"部件"几何体,也可以在"型腔铣"

中通过选择面、曲线或实体来定义这些几何体。平面铣的参数设置主要是几何体的创建和切削层的设置，其余参数与面铣削相同。

在"插入"组中单击"创建工序"按钮 ，打开"创建工序"对话框，如图26-41所示。

在"创建工序"对话框的"工序子类型"选项区中单击PLANAR_MILL按钮 ，然后再单击对话框中的"确定"按钮，即可打开"平面铣"对话框，如图26-42所示。

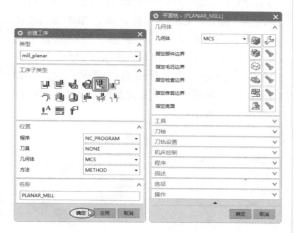

图26-41　　　　　　图26-42

26.3.3　平面铣切削层

切削层决定多深度操作的过程，切削层也称"切削深度"，如图26-43所示。"切削层"可以由岛顶部、底平面和输入值来定义。只有在刀具轴与底面垂直或者部件边界与底面平行的情况下，才会应用"切削层"参数。

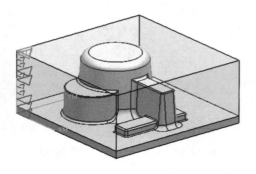

图26-43

在"刀轨设置"选项区单击"切削层"按钮 ，弹出"切削层"对话框，如图26-44所示。在"切削层"对话框中包含5种切削深度参数类型：用户定义、仅底部面、底部面、临界深度、临界深度和恒定。

图26-44

动手操作——平面铣削加工

如图26-45所示为某模具的零件和加工轨迹效果图，其中有5个凹槽，零件的材料为45#钢。通过对此机械零件的加工操作，以达到熟悉平面铣操作功能的目的。本零件加工时采用的D10平底刀对零件平面凹槽进行粗加工。平面主要加工与刀轴垂直的几何体，所以平面铣加工出来的是直壁垂直于底面的零件（如要加工斜壁可把侧面余量增量的值改为函数关系式），平面铣无须做出完整的造型只依据2D图形可直接产生刀路。

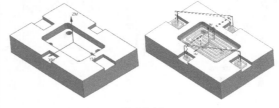

图26-45

操作步骤

01 打开源文件26-2.prt，如图26-46所示。

02 进入加工模块，如图26-47所示。

03 在弹出的"加工环境"对话框中，"CAM会话配置"默认为cam_general，如图26-48所示。

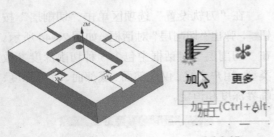

图 26-46   图 26-47

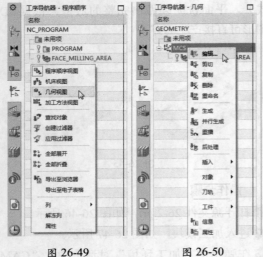

图 26-48

04 设置工作坐标系原点。在"工序导航器"的空白区域右击，在弹出的快捷菜单中选择"几何视图"命令，如图 26-49 所示。接着在几何视图中选择坐标系 MCS 进行编辑，如图26-50 所示。随后弹出 Mill Orient 对话框，如图 26-51 所示。

图 26-49   图 26-50

图 26-51

05 在 Mill Orient 对话框中单击"CSYS 对话框"按钮，弹出"CSYS"对话框，如图 26-52 所示。接着在其对话框的"类型"下拉列表中选择"对象的 CSYS"选项，然后选择待加工模型最高表面为工作坐标原点放置面，返回 Mill Orient 设置对话框，设置安全距离为 20 即可，如图 26-53 所示。

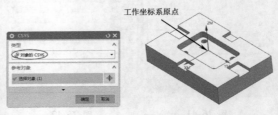

图 26-52   图 26-53

06 在工具条中单击"创建工序"按钮，弹出如图 26-54 所示的"创建工序"对话框，对其进行设置，完成后单击"确定"按钮，弹出"平面铣"对话框，如图 26-55 所示。

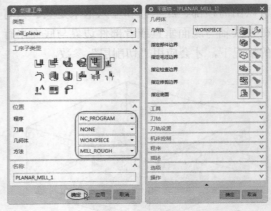

图 26-54   图 26-55

07 在"工具"选项区中单击"新建"按钮，弹出"新建刀具"对话框，在"刀具子类型"选项区中选择"立铣刀"，单击"确定"按钮，如图 26-56 所示。接着弹出"铣刀-5 参数"对话框，如图 26-57 所示。设置刀具直径为 10，完成后单击"确定"按钮，结束铣刀参数的设置。

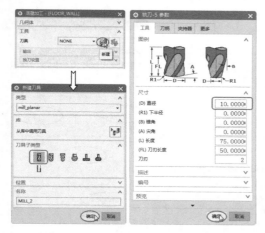

图 26-56　　　　　图 26-57

08 在"刀轨设置"选项区的"切削模式"下拉列表中选择"跟随周边"选项，设置"步距"为"刀具平直百分比"，其百分比为 50%，如图 26-58 所示。

09 在"刀轨设置"选项区中单击"切削层"按钮，弹出如图 26-59 所示的"切削层"对话框。在该对话框中设置每刀深度为 1。其他参数保留默认，完成后单击"确定"按钮，返回"平面铣"对话框。

图 26-58　　　　　图 26-59

10 在"平面铣"对话框的"几何体"选项区中单击"选择或编辑部件几何体"按钮，弹出"边界几何体"对话框，如图 26-60 所示。

11 选择"材料侧"为"外部"，保留其余选项

的默认设置，然后选择零件中间的凹槽底面，程序自动识别其边界，如图 26-61 所示。

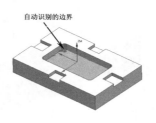

图 26-60　　　　　图 26-61

12 单击"确定"按钮，弹出"编辑边界"对话框。设定"平面"选项为"用户定义"，如图 26-62 所示。接着选取零件上表面作为部件边界参考面，最后单击"确定"按钮完成部件边界的选取。最终选取凹槽边界的结果如图 26-63 所示。

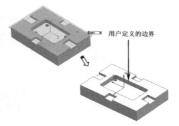

图 26-62　　　　　图 26-63

13 在"编辑边界"对话框中单击"附加"按钮，弹出"边界几何体"对话框，更改"模式"为"曲线/边"，如图 26-64 所示。接着选取其中一个凹槽的 3 条边，单击"创建下一个边界"按钮完成其他 3 个凹槽边的选取，如图 26-65 所示。

图 26-64　　　　　图 26-65

14 最后单击"确定"按钮，边界选取的最终结果如图 26-66 所示。

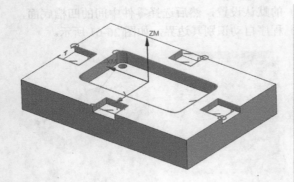

图 26-66

15 在"几何体"选项区中单击"指定底面"按钮，弹出"平面"对话框，如图 26-67 所示。接着选取凹槽底部为底面，单击"确定"按钮完成底面的选取，如图 26-68 所示。

图 26-67

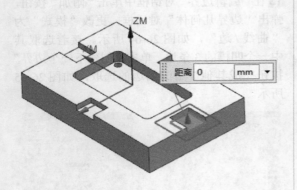

图 26-68

16 设置切削参数。在"刀轨设置"选项区中单击"切削参数"按钮，弹出"切削参数"对话框，再单击"余量"标签，进入"余量"选项区进行参数设置，最后单击"确定"按钮

返回"平面铣"对话框，如图 26-69 所示。

17 设置进给参数。在"刀轨设置"选项区中，单击"进给率和速度"按钮，弹出"进给率和速度"对话框。设置"主轴速度"为1200，"切削速率"为250，选中"在生成时优化进给率"复选框。其他参数默认不变，最后单击"确定"按钮完成设置，如图 26-70 所示。

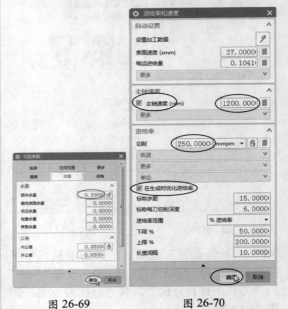

图 26-69　　　　图 26-70

18 在"平面铣"对话框中单击"生成"按钮，生成刀路轨迹，如图 26-71 所示。

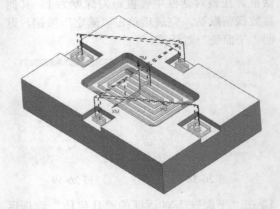

图 26-71

26.4 轮廓铣削

轮廓铣的加工过程与平面铣类似，都是用平面的切削层（垂直于刀轴）去除大量材料。不同的是定义几何体的方法，平面铣使用边界定义加工几何体，而轮廓铣则可以使用边界、面、曲线和实体，并且常用实体来定义模具的型腔和型芯。

平面铣用于切削具有竖直壁的部件，以及垂直于刀轴的平面岛和底部面。适合平面铣的零件如图26-72所示。轮廓铣用于切削具有带锥度的壁以及轮廓底部面的部件。适合轮廓铣的零件，如图26-73所示。

图 26-72

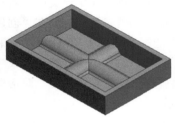

图 26-73

26.4.1 轮廓铣削类型

廓粗铣、深度加工铣及其他去除残料的铣削方法都在 mill_contour 轮廓铣削模板中，如图26-74所示。

图 26-74

在轮廓铣削模板中，按加工方法不同，可以将轮廓铣削类型分成4个部分：型腔铣、深度加工、固定轴曲面轮廓铣和3D轮廓加工。本节主要讲解除固定轴曲面轮廓铣外的其余3种加工类型。

型腔铣主要用于粗加工，插铣用于深壁粗加工或半精加工，拐角粗加工铣用于半精加工，深度加工主要用于凸起零件（模具凸模零件）的外形半精加工或精加工。3D轮廓加工则主要用于平面的3D轮廓加工，其实也是平面铣削的一种特殊类型。

26.4.2 型腔铣

使用型腔铣操作可移除大体积的材料。型腔铣对于粗切部件，如冲模、铸造和锻造，是理想选择。在如图26-75所示中，给出了部件几何体、毛坯几何体和切削区域几何体的定义。

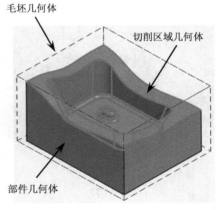

图 26-75

在"创建工序"对话框的"工序子类型"选项区中选择"型腔铣"子类型，再单击"确定"按钮，将弹出如图26-76所示的"型腔铣"对话框。

图 26-76

26.4.3 深度铣

ZLEVEL_PROFILE（深度轮廓铣）也称"等高轮廓铣"，是一个固定轴铣削操作，是刀具逐层切削材料的一种加工类型。它适用于零件陡壁的精加工，例如凸台、角落的二轴半加工。因为切削区域的壁可以不垂直刀轴，所以等高铣削的对象包含曲面形状的零件，如图 26-77 所示。

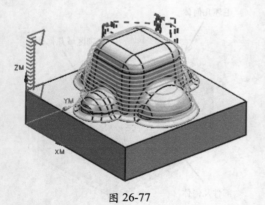

图 26-77

1．深度铣介绍

深度铣常用于精加工陡峭区域。它有一个关键特征，可以指定陡峭角度，通过陡峭角把整个零件几何分成陡峭区域和非陡峭区域，使用深度铣操作可以先加工陡峭区域，而非陡峭

区域，可使用后面将要学习的固定轴曲面轮廓铣来进行。

在某些情况下，使用型腔铣可以生成类似的刀轨。由于深度铣是为半精加工和精加工而设计的，因此使用深度铣代替型腔铣会有一些优点。

➢ 深度铣不需要毛坯几何体。

➢ 深度铣具有陡峭空间范围。

➢ 当首先进行深度切削时，"深度铣"按形状进行排序，而"型腔铣"按区域进行排序。这就意味着岛部件形状上的所有层都将在移至下一个岛之前进行切削。

➢ 在封闭形状上，深度铣可以通过直接斜削到部件上在层之间移动，从而创建螺旋线形刀轨。

➢ 在开放形状上，深度铣可以交替方向进行切削，从而沿着壁向下创建往复运动。

2．创建深度加工轮廓操作

许多在深度铣操作中定义的参数与型腔铣操作中所需的那些参数相同。在"创建工序"对话框中选择 ZLEVEL_PROFILE（深度加工轮廓）子类型，然后单击"应用"或"确定"按钮，将弹出"深度轮廓加工"对话框，如图 26-78 所示。

图 26-78

动手操作——型腔铣加工

要加工的零件模型形状如图 26-79 所示。

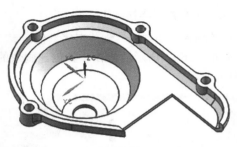

图 26-79

操作步骤

3. 型腔铣（粗加工）

01 打开源文件 26-3.prt，然后进入 CAM 加工环境中。

02 在工序导航器中切换为"几何视图"。双击 MCS_MILL 项目，然后按如图 26-80 所示的操作步骤，移动加工坐标系。

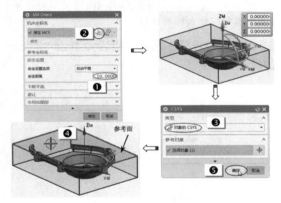

图 26-80

03 双击 WORKPIECE 子项目，然后通过弹出的"铣削几何体"对话框指定部件（零件模型）和毛坯（矩形实体）。

04 使用"创建刀具"工具，创建用于粗加工、半精加工和精加工的两把立铣刀。D8R1.5 刀具的刀具参数为：直径为 8、下半径为 1.5、长度为 50、刃长为 30；D40.5 的刀具参数为：直径为 4、下半径为 0.5、长度为 50、刃长为 30；D2.5 的刀具参数为：直径为 2.5、长度为 50、刃长为 30。

05 在"插入"组中单击"创建工序"按钮 ，然后按如图 26-81 所示的操作步骤创建型腔铣操作并指定加工几何体。

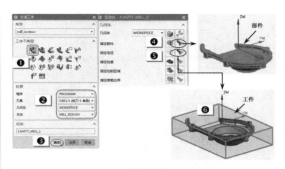

图 26-81

技术要点：

在"几何体"选项区中无须指定切削区域，因为这里加工的是整个零件（包括切削零件外的毛坯），而不是加工某部分面。

06 在"刀轨设置"选项区设置如图 26-82 所示的参数。

图 26-82

07 单击"切削参数"按钮 ，然后在弹出的"切削参数"对话框中设置余量为 1，如图 26-83 所示。

图 26-83

08 单击"进给率和速度"按钮 ，然后在弹出的"进给率和速度"对话框中设置如图 26-84 所示的参数。

图 26-84

09 保留其余参数的默认设置，最后在"操作"选项区单击"生成"按钮▣，生成型腔粗铣的加工刀路，如图 26-85 所示。

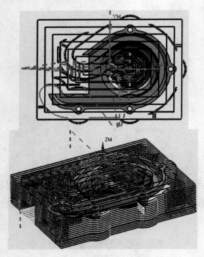

图 26-85

10 在"操作"选项区单击"确认"按钮▣，然后通过弹出的"刀轨可视化"对话框对粗加工刀路进行 IPW 模拟，如图 26-86 所示。

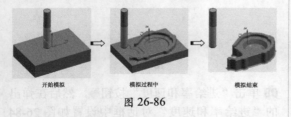

开始模拟　　模拟过程中　　模拟结束

图 26-86

11 完成刀路模拟后，关闭"型腔铣"对话框。

4. 剩余铣（半精加工）

01 在"插入"组单击"创建工序"按钮▣，然后按如图 26-87 所示的操作步骤创建剩余的铣操作。

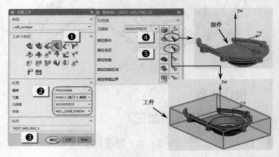

图 26-87

技术要点：

在"创建工序"对话框的"位置"选项区中，"几何体"必须选择为WORKPIECE，否则将无法加工型腔铣余留的残料。

02 在"刀轨设置"选项区设置如图 26-88 所示的参数。

图 26-88

03 单击"切削参数"按钮▣，然后在弹出的"切削参数"对话框中设置余量为 0.01，如图 26-89 所示。

图 26-89

04 单击"进给率和速度"按钮 ，在弹出的"进给率和速度"对话框中设置如图 26-90 所示的参数。

图 26-90

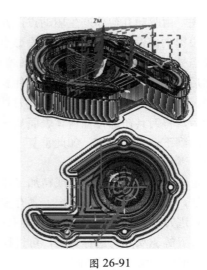

图 26-91

05 保留其余参数的默认设置，最后在"操作"选项区单击"生成"按钮 ，生成剩余铣的半精加工刀路，如图 26-91 所示。

06 在"操作"选项区单击"确认"按钮 ，通过弹出的"刀轨可视化"对话框对剩余铣加工刀路进行 3D 状态模拟，如图 26-92 所示。

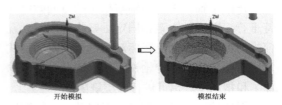

开始模拟   模拟结束

图 26-92

07 完成刀路模拟后，关闭"剩余铣"对话框。

26.5 固定轴曲面轮廓铣

固定轴曲面轮廓铣（Fixed Contour）简称为固定轴铣，是用于精加工由轮廓曲面形成的区域的加工方法，并允许通过精确控制和投影矢量，以使刀具沿着复杂的曲面轮廓运动。

26.5.1 固定轴铣类型

如图 26-93 所示为固定轴铣的铣削原理图，固定轴铣的铣削原理如下。

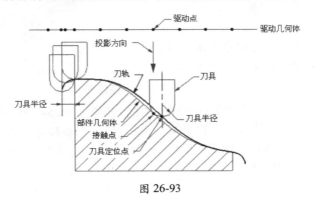

图 26-93

首先，由驱动几何体产生驱动点，并按投影方向投影到部件几何体上，得到投影点。刀具在该点处与部件几何体接触，故又称为接触点。然后，程序根据接触点位置的部件表面曲率半径、刀具半径等因素，计算得到刀具定位点。最后，将刀具在部件几何体表面从一个接触点移动到下一个接触点，如此重复，就形成了刀轨。

固定轴铣是用于半精加工或精加工曲面轮廓的方法，其特点是：刀轴固定，具有多种切削形式和进刀退刀控制，可投射空间点、曲线、曲面和边界等驱动几何进行加工，可进行螺旋线切削、射线切削及清根切削。

在固定轴铣中，刀轴与指定的方向始终保持平行，即刀轴固定。固定轴铣将空间驱动几何投射到零件表面上，驱动刀具以固定轴形式加工曲面轮廓。固定轴铣主要用于曲面的半精加工和精加工，也可进行多层铣削。

固定轴铣削子类型包括固定轴铣、轮廓区域铣、轮廓面积铣、流线、轮廓区域非陡峭铣和轮廓区域方向陡峭铣，如图 26-94 所示。

图 26-94

26.5.2　固定轴铣加工工序

部件几何体是各种驱动方法中都要指定的元素；切削区域几何体则根据驱动方法不同，可以指定也可以不指定。

在"创建工序"对话框选择 mill_contour 类型，然后选择 FIXED_CONTOUR（固定轴曲面轮廓铣）操作子类型，单击"确定"按钮后将弹出"固定轮廓铣"对话框，如图 26-95 所示。

图 26-95

在"固定轮廓铣"对话框的"几何体"选项区中，几何体的指定或编辑方法与前面所讲的型腔铣削操作是相同。

动手操作——固定轴轮廓铣加工

本例是针对一个定模仁的零件，利用其"曲线或点"进行"固定轮廓铣"加工，通过对此定模仁零件的加工操作，以达到熟悉"固定轮廓铣"操作功能的目的。在本例中将采用 D6 的球刀对定模仁的零件进行加工。动手操作效果，如图 26-96 所示。

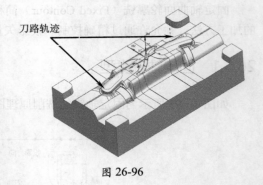

刀路轨迹

图 26-96

操作步骤

01 打开源文件 26-4.prt，然后进入加工模块。

02 设置工作坐标系原点。设置工作坐标原点在模型的最高平面，且在中心位置，结果如图 26-97 所示。

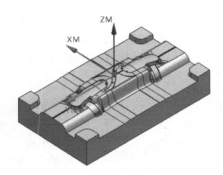

图 26-97

03 在"插入"组中单击"创建工序"按钮<img>，
打开如图 26-98 所示的"创建工序"对话框，
并对其进行设置，完成后单击"确定"按钮，
弹出"固定轮廓铣"对话框，如图 26-99 所示。

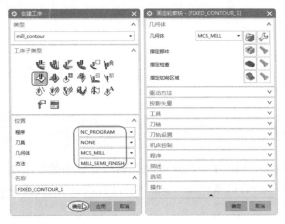

图 26-98　　　　　　图 26-99

04 在"驱动方法"选项区中，选择驱动方法为"曲
线/点"。单击"曲线/点"按钮<img>，在弹出的"曲
线/点"对话框中激活"选择曲线"命令，并
选取如图 26-100 所示的曲线，最后单击"确定"
按钮完成曲线选取。

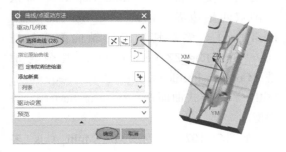

图 26-100

05 在"工具"选项区单击"新建"按钮
<img>，弹出"新建刀具"对话框。然后选择
CHAMFER_MILL 圆角铣刀，单击"确定"按钮，
则弹出"铣刀-5 参数"对话框。设置完成的
铣刀参数，如图 26-101 所示。

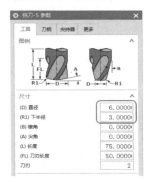

图 26-101

06 单击"选择或编辑部件几何体"按钮<img>，指
定如图 26-102 所示的零件为部件几何体。

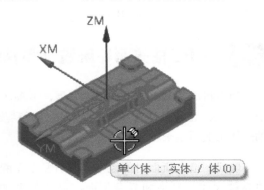

图 26-102

07 在"刀轨设置"选项区单击"切削参数"
按钮<img>，弹出"切削参数"对话框，然后设置
如图 26-103 所示的加工余量。

图 26-103

08 单击"进给和速度"按钮，设置"主轴转速"为1200，"切削速率"为250，选中"在生成时优化进给率"复选框，其他参数默认不变，如图26-104所示。

图 26-104

09 对话框中的其他参数按默认值进行设置，完成对话框中所有项目的必要设置后，单击"生成"按钮生成刀路轨迹，如图26-105所示。

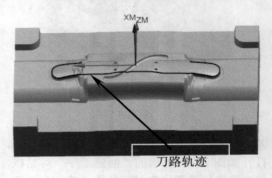

刀路轨迹

图 26-105

26.6 可变轴曲面轮廓铣（多轴铣）

随着机床等基础制造技术的发展，多轴（3 轴及 3 轴以上）机床在生产制造过程中的使用越来越广泛。尤其是针对某些复杂曲面或者精度非常高的机械产品，加工中心的大面积覆盖将多轴的加工变得越来越普遍。

现代制造业所面对的经常是具有复杂型腔的高精度模具制造和复杂型面产品的外型加工，其共同特点是以复杂三维型面为结构主体，整体结构紧凑，制造精度要求高，加工成型难度极大。适用于多轴加工的零件如图26-106所示。

图 26-106

26.6.1 多轴铣操作类型

多轴铣削（Mill_Multi_Axis）指刀轴沿刀具路径移动时可不断改变方向的铣削加工，包括可变轴曲面轮廓铣（Variable_Contour）、多层切削变轴铣（VC_Multi_Depth）、多层切削双四轴边界变轴铣（VC_Boundary_ZZ_Lead_Lag）、多层切削双四轴曲面变轴铣（VC_Surf_Reg_ZZ_Lead_Lag）、型腔轮廓铣（Contour_Profile）、顺序铣（Sequential_Mill）和往复式曲面铣（Zig_Zag_Surface）等类型。

如图26-107所示为在 Mill_Multi_Axis（多轴铣削）模板中的多轴铣削加工类型。

图 26-107

26.6.2 刀具轴矢量控制方式

UG多轴加工主要通过控制刀具轴矢量、投影方向和驱动方法来生成加工轨迹。加工关键就是通过控制刀具轴矢量在空间位置的不断变化，或使刀具轴的矢量与机床原始坐标系构成空间某个角度，利用铣刀的侧刃或底刃切削加工来完成。

刀轴是一个矢量，它的方向从刀尖指向刀柄，如图 26-108 所示。可以定义固定的刀轴，相对也能定义可变的刀轴。固定的刀轴和指定的矢量始终保持平行，固定轴曲面铣削的刀轴就是固定的，而可变刀轴在切削加工中会发生变化，如图 26-109 所示。

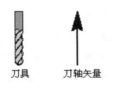

图 26-108

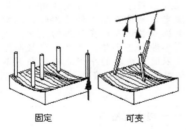

图 26-109

使用"曲面区域驱动方法"直接在"驱动曲面"上创建刀轨时，应确保正确定义"材料侧矢量"。"材料侧矢量"将决定刀具与"驱动曲面"的哪一侧相接触。"材料侧矢量"必须指向要移除的材料（与"刀轴矢量"的方向相同），如图 26-110 所示。

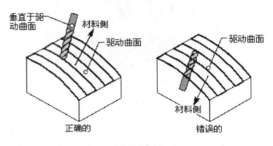

图 26-110

26.6.3 多轴机床

传统的三轴加工机床只有正交的 X、Y、Z轴，则刀具只能沿着此三轴做线性平移，使加工工件的几何形状有所限制。因此，必须增加机床的轴数来获得加工的自由度，即 A、B 和 C 轴 3 个旋转轴。但是一般情况下只需两个旋转轴便能加工出复杂的型面。

用增加机床的轴数来获得加工的自由度，最典型的就是增加两个旋转轴，成为五轴加工机床（增加一个轴便是四轴加工机床，这里针对五轴的来说明多轴加工的能力和特点）。五轴加工机床在 X、Y、Z 正交的三轴驱动系统内，另外加装倾斜的和旋转的双轴旋转系统，在其中的 X、Y、Z 轴决定刀具的位置，两个旋转轴决定刀具的方向。如图 26-111 所示为普通五轴数控机床加工零件的情况。

图 26-111

如图 26-112 所示为近年来国内某厂家开发的新型五轴并联数控机床。

图 26-112

并联机床又称虚拟轴机床，是近年来世界上逐渐兴起的一种新型结构机床，它能实现五坐标联动，被称为 21 世纪的新型加工设备，被誉为"机床结构的重大革命"。它与传统机床相比，具有结构简单、机械制造成本低、功能灵活性强、结构刚度好、积累误差小、动态性能好、标准化程度高、易于组织生产等一系列优点，与进口的同类机床相比，具有明显的性价比优势。

26.6.4　多轴加工的特点

多轴数控加工的特点如下。

➢ 加工多个斜角、倒勾时，利用旋转轴直接旋转工件，可减少夹具的数量，并可以省去校正的时间，如图 26-113 所示。

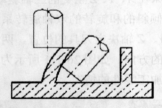

图 26-113

➢ 利用五轴加工方式及刀轴角度的变化，并避免静电摩擦，以延长刀具寿命，如图 26-114 所示。

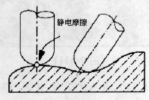

图 26-114

➢ 使用侧刃切削，减少加工道次，获得最佳质量，提升加工效能，如图 26-115 所示。

图 26-115

➢ 当倾斜角很大时，可降低工件的变形量，如图 26-116 所示。

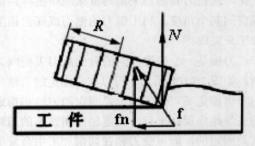

图 26-116

➢ 减少使用各类成型刀，通常以一般的刀具完成加工。
➢ 通常在进行多轴曲面铣削规划时，以几何加工方面误差来说，路径间距、刀具进给量和过切是三大主要影响因素。

技术要点：

在参数化加工程序中，通常是凭借刀具接触点的数据来决定刀具位置及刀轴方向的，而曲面上刀具接触数据点最好可以在加工的允许误差范围内随曲面曲率做动态调整，也就是路径间距和刀具进给量可以随着曲面的平坦或陡峭来做不同疏密程度的调整。这些都能在UG多轴加工中充分体现出来。

动手操作——可变轮廓铣

本例的零件模型如图 26-117 所示。利用可变轴曲面轮廓铣分别对模型上的两个部位进行加工——小圆形凸起面（4 个）和流线凹形面。可以利用"可变流线"驱动方式进行半精加工和精加工。如图 26-118 所示为加工刀路。

图 26-117

图 26-118

操作步骤

01 打开源文件 26-5.prt，打开"加工环境"对话框。

02 在此对话框中选择 mill_multi-axis 的 CAM 设置，并单击"确定"按钮进入 CAM 加工环境。

03 使用"创建刀具"工具，创建两把直径为10mm、长为 200mm（T10）和直径为 4、长为150mm（T4）的球头铣刀。

技术要点：

刀具长度根据零件高度来确定。

04 单击"创建工序"按钮 ，按如图 26-119 所示的操作步骤创建"可变流线"工序并指定加工几何体。

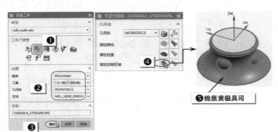

图 26-119

05 在"可变流线"对话框的"驱动方法"选项区中单击"编辑"按钮 ，将弹出"流线驱动方法"对话框，然后按如图 26-120 所示的步骤来选择流曲线。

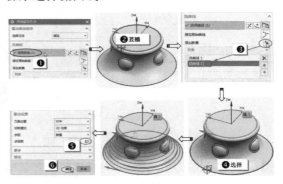

图 26-120

技术要点：

首次设置流曲线驱动，程序会自动选择流曲线供用户确认，如果正确，则无须设置流曲线。多个流曲线的方向必须是一致的，可单击"反向"按钮 进行调整。

06 在"刀轴"选项区中选择"垂直于驱动体"选项。

07 单击"切削参数"按钮 ，在弹出的"切削参数"对话框中设置切削参数，如图 26-121所示。

图 26-121

08 单击"进给率和速度"按钮 ，然后在弹出的"进给率和速度"对话框中设置如图 26-122所示的参数。

09 保留其余参数的默认设置，最后在"操作"选项区中单击"生成"按钮 ，生成流线半精加工刀路，如图 26-123 所示。

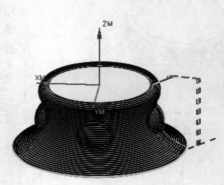

图 26-122   图 26-123

10 完成刀路模拟后，关闭"可变流线"对话框。

26.7　综合实战——凸模零件加工

◎ **源文件：凸模零件.prt**

◎ **结果文件：凸模零件.prt**

◎ **视频文件：凸模零件加工.avi**

　　在本节中，将以一个模具后模仁零件的编程进行练习，重点介绍从粗加工到精加工、从平面铣削到曲面铣削的加工过程。

　　要加工的模具后模仁零件为一模两腔的模具布局，如图 26-124 所示。

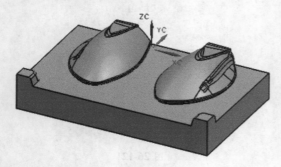

图 26-124

26.7.1　数控编程工艺分析

　　结合数控加工工艺，模具后模仁零件需要依次经过粗加工、半精加工和精加工三道工序才能完成编程。

　　由于后模仁对表面精度要求不高，因此加工的工序将对于前模仁来说就要少很多。具体的加工工艺分析如下。

> 创建"型腔铣"操作粗加工零件。
> 创建"剩余铣"操作半精加工零件。
> 创建"面铣削"操作精加工零件上的平面区域。
> 创建"固定轴曲面轮廓铣"操作精加工曲面区域。
> 创建"深度轮廓加工"操作精加工陡峭区域。
> 创建"单刀路清根"操作精加工拐角区域。

表 26-1 列出了加工刀具所采用的切削参数。

表 26-1　刀具切削参数表

加工方法	刀具	直径 （mm）	步距 （mm）	主轴转速 （rpm）	切削进给率 （mmpm）	每刀深度 （mm）	最终底面余量 （mm）
粗加工	立铣刀	φ20R4	刀具直径的 65%	2500	3000	0.5	0.5
半精加工	立铣刀	φ8R1	刀具直径的 40%	2500	2500	0.1	0.1
精加工	立铣刀	φ16R0.8	刀具直径的 25%	3000	1000	0.1	0
		φ6R1		3000	2000		
		φ3		3000	500		
	球头刀	φ4	刀具直径的 15%	3000	2000		

26.7.2　粗加工

后模仁的粗加工过程只有一次型腔铣开粗操作。

操作步骤

01 打开源文件，执行"加工"命令，在弹出的"加工环境"对话框中选择 mill_cintour 的 CAM 设置，并单击"确定"按钮进入 CAM 加工环境。

02 在工序导航器的几何视图中双击 WORKPIECE 子项目，然后通过弹出的"铣削几何体"对话框指定部件和毛坯，如图 26-125 所示。

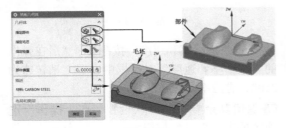

图 26-125

03 使用"创建刀具"工具，按"工艺分析"中的切削参数列表中提供的参数创建刀具。

04 在"插入"组中单击"创建程序"按钮 ，弹出"创建程序"对话框。通过此对话框依次创建出名为 ROUGH、SEMI_FINISH 和 FINISH 的 3 个程序父组。

05 在"插入"组中单击"创建工序"按钮 ，然后按如图 26-126 所示的操作步骤创建型腔铣工序。

06 在"刀轨设置"选项区设置如图 26-127 所示的参数。

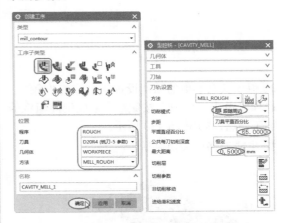

图 26-126　　　　　　图 26-127

07 单击"切削参数"按钮 ，然后在弹出的"切削参数"对话框中设置如图 26-128 所示切削参数。

图 26-128

技术要点：

由于后模仁的表面多数为复杂曲面，因此需要在拐角处设置刀轨形状为"光顺"。

08 单击"进给率和速度"按钮，然后在弹出的"进给率和速度"对话框中设置主轴转速为2500、进给率为3000，如图26-129所示。

图 26-129

09 保留其余参数的默认设置，最后在"操作"选项区单击"生成"按钮，生成型腔粗铣的加工刀路，如图26-130所示。

10 生成刀路后关闭对话框。

图 26-130

26.7.3 半精加工

后模仁的半精加工使用"剩余铣"切削类型来完成。

操作步骤

01 在"插入"组中单击"创建工序"按钮，然后按如图26-131所示的操作步骤创建剩余铣操作。

02 在"剩余铣"对话框的"刀轨设置"选项区中设置如图26-132所示的参数。

图 26-131　　　　图 26-132

03 单击"切削参数"按钮，然后在弹出的"切削参数"对话框中设置切削参数，如图26-133所示。

图 26-133

04 单击"进给率和速度"按钮，然后在弹出的"进给率和速度"对话框中设置主轴转速为2500、进给率为2500。

05 保留其余参数的默认设置，在"操作"选项区单击"生成"按钮，生成剩余铣的半精加工刀路，如图26-134所示。

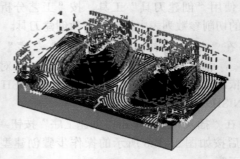

图 26-134

06 生成刀路后，关闭"剩余铣"对话框。

26.7.4 精加工

后模仁精加工过程包括创建"面铣削"操作精加工零件上的平面区域；创建"固定轴曲面轮廓铣"操作精加工曲面区域；创建"深度轮廓加工"操作精加工陡峭区域；创建"单刀路清根"操作精加工拐角区域。

操作步骤

1. 创建"表面区域铣"操作精加工平面

01 在"插入"组中单击"创建工序"按钮 ，然后按如图 26-135 所示的操作步骤，创建表面区域铣操作并指定加工几何体。

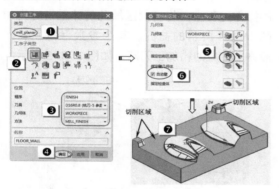

图 26-135

02 在"刀轨设置"选项区中按如图 26-136 所示的操作步骤设置刀轨参数。

图 26-136

03 设置主轴转速为 3000、进给率为 1000，如图 26-137 所示。

图 26-137

04 在"底壁加工"对话框的"操作"选项区中单击"生成"按钮 ，生成表面区域铣精加工刀路，如图 26-138 所示。

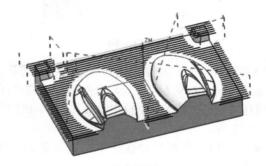

图 26-138

05 生成刀路后关闭"底壁加工"对话框。

2. 创建"固定轴曲面轮廓铣"精加工曲面区域

01 在"插入"组中单击"创建工序"按钮 ，然后在"创建工序"对话框中创建"固定轴曲面轮廓铣"操作，如图 26-139 所示。

图 26-139

02 在随后弹出的"深度加工轮廓"对话框的"几何体"选项区中，单击"选择或编辑切削区域几何体"按钮，然后在零件中选择如图26-140所示的曲面作为切削区域几何体。

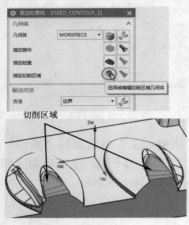

图 26-140

03 在"驱动方法"选项区选择"区域铣削"方法，然后单击"编辑"按钮，在随后弹出的"区域选项驱动方法"对话框中设置如图26-141所示的参数。

04 在"切削参数"对话框中设置如图26-142所示的参数。

图 26-141　　　　图 26-142

05 设置主轴转速为3000、进给率为2000。

06 在"操作"选项区中单击"生成"按钮，生成固定轴曲面轮廓铣精加工刀路，如图26-143所示。

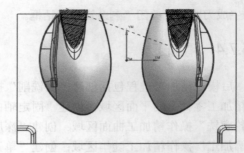

图 26-143

07 生成刀路后关闭对话框。

3．利用"固定轴曲面轮廓铣"精加工其余曲面

在工序导航器的程序顺序视图中，复制、粘贴"固定轴曲面轮廓铣"操作。在编辑粘贴的操作过程中，将切削区域几何体重指定为如图26-144所示的曲面，其余参数保持默认，最终重生成的精加工刀路，如图26-145所示。

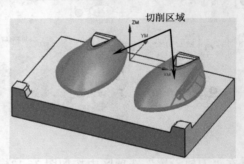

图 26-144

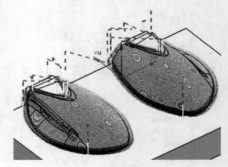

图 26-145

技术要点：

在"非切削移动"对话框中将进刀和退刀的类型设置为"插削"。

4. 创建"深度轮廓加工"操作精加工陡峭侧壁

01 在"插入"组中单击"创建工序"按钮 🛠，然后在"创建工序"对话框中创建深度轮廓加工操作，然后单击"确定"按钮，如图26-146所示。

图26-146

02 在随后弹出的"深度加工轮廓"对话框的"几何体"选项区中单击"选择或编辑切削区域几何体"按钮 🛠，然后在凸模零件中选择侧壁面作为切削区域几何体，如图26-147所示。

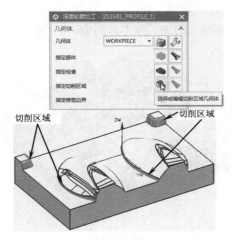

图26-147

03 在"刀轨设置"选项区中设置如图26-148所示的参数。

04 单击"进给率和速度"按钮 🛠，然后在弹出的"进给率和速度"对话框中设置主轴转速为3000、进给率为2000。

图26-148

05 保留其余参数的默认设置，最后在"操作"选项区单击"生成"按钮 🛠，生成深度加工轮廓的精加工刀路，如图26-149所示。

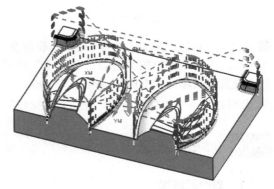

图26-149

06 生成刀路后，关闭"深度加工轮廓"对话框。

5. 创建"单刀路清根"操作

01 在"插入"组中单击"创建工序"按钮 🛠，然后在"创建工序"对话框中创建"单刀路清根"操作，如图26-150所示。

图26-150

02 在"几何体"选项区单击"选择或编辑切削区域几何体"按钮，然后指定如图 26-151 所示的零件表面作为切削区域。

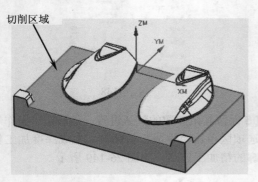

图 26-151

03 在"刀轨设置"选项区单击"进给率和速度"按钮，然后在弹出的"进给率和速度"对话框中设置主轴转速为 3000、进给率为 500。

04 保留其余参数的默认设置，最后在"操作"

选项区单击"生成"按钮，生成单刀路清根刀路，如图 26-152 所示。

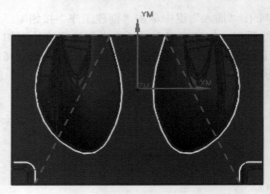

图 26-152

05 生成刀路后关闭对话框。

06 至此，后模仁零件的编程已全部完成。最后单击"保存"按钮，保存操作结果。

26.8 课后习题

1．表面区域铣

本练习的加工模型如图 26-153 所示。

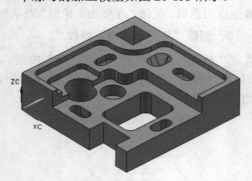

图 26-153

练习要求：

01 创建 mill_planar 的 CAM 加工环境。

02 将加工坐标系向 +Z 方向移动至零件顶面，并设置安全距离为 0.5mm。

03 创建用于铣削加工的 φ0.5 刀具。

04 创建"表面区域铣"操作精加工零件所有表面。

05 设置切削模式为"往复"。

2．平面铣

本练习的加工模型如图 26-154 所示。

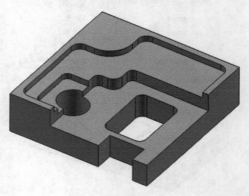

图 26-154

练习要求：

01 创建 mill_planar 的 CAM 加工环境。

02 创建用于铣削加工的 φ0.5 的刀具。

03 创建"面铣"操作，精加工零件模型中所有平面。

04 指定面几何体（所有平面）。

05 设置切削模式为"往复"。

3. 型腔铣

本练习的加工模型如图 26-155 所示。

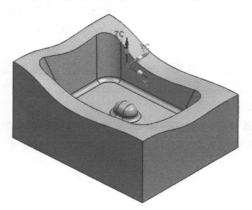

图 26-155

练习要求：

01 创建 mill_contour 的 CAM 加工环境。

02 创建用于铣削加工的 $\phi 6$ 刀具。

03 创建"型腔铣"操作粗加工零件模型。

4. 等高轮廓铣

本练习的加工模型如图 26-156 所示。

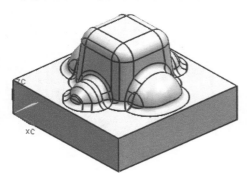

图 26-156

练习要求：

01 创建 mill_contour 的 CAM 加工环境。

02 创建用于铣削加工的 $\phi 14$ 的刀具。

03 创建"深度加工轮廓铣"操作,加工陡峭曲面。

5. 轮廓区域铣

本练习的加工模型如图 26-157 所示。

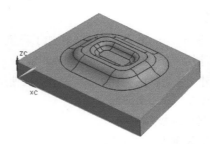

图 26-157

练习要求：

01 创建 mill_contour 的 CAM 加工环境。

02 创建用于铣削加工的 $\phi 0.375$ 刀具。

03 创建"轮廓区域铣"操作，加工曲面。

6. 固定轴曲面轮廓铣

本练习的加工模型如图 26-158 所示。

图 26-158

练习要求：

01 创建 mill_contour 的 CAM 加工环境。

02 创建用于铣削加工的 $\phi 0.5$ 的刀具。

03 创建"固定轴曲面轮廓铣"操作，并使用"区域铣削"驱动方法加工曲面。

7. 可变轴曲面轮廓铣

本练习的加工模型如图 26-159 所示。

图 26-159

练习要求：

01 创建 mill_multi-axis 的 CAM 加工环境。

02 创建用于铣削加工的 φ5 刀具。

03 创建"可变轴曲面轮廓铣"操作，并使用"流线"驱动方法加工曲面。

04 设置步距数为30。

05 投影矢量设为"刀轴"。

06 刀轴设为"垂直于驱动体"。

07 使用"曲面"驱动方法加工两个扭曲特征底部曲面。

8. 可变轴曲面轮廓铣

本练习的加工模型如图 26-160 所示。

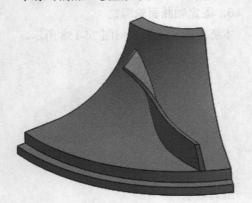

图 26-160

练习要求：

01 创建 mill_multi-axis 的 CAM 加工环境。

02 创建用于铣削加工的 φ6 和 φ2 刀具。

03 创建"可变轴曲面轮廓铣"操作，并使用"流线"驱动方法加工叶轮曲面。设置步距数为30，投影矢量设为"刀轴"，刀轴设为"垂直于驱动体"。

04 使用"曲面"驱动方法加工叶片侧曲面，投影矢量设为"垂直于驱动体"，刀轴设为"侧刃驱动体"。

05 使用"曲面"驱动方法加工叶片顶曲面，其投影矢量和刀轴都设置为"垂直于驱动体"。

附录一　学习 UG 软件的方法

在了解与掌握 UG NX 12.0 软件之前，不妨先了解下学习软件的方法。只有掌握了学习软件的方法，我们才能更轻松地学习和使用软件。

我从事计算机教学已有多年了，经常会有学员问我："老师，学习计算机软件有什么技巧或方法吗？"现在，我结合教学经验及自己的学习经验，谈谈计算机软件的学习方法！在讲学习方法之前，敬请各位记住一句话："天才就是重复最多的人！"

要想真正将计算机技能学好，就要转变自己的学习观念，跳出传统的学习方式，实现知识学习向技能训练的有效过渡。要想实现以上观念的转变，就要分清"能力"和"知识"这两个词的区别。

在多年从事计算机教学的过程中，我经常发现，很多学生把软件技能当成知识来学习，而不是当成技能在训练。我们知道，知识的学习和技能的训练是有很大的区别的，举个例子：我们都会骑自行车，但我想不会有人是这么学的——先从书店买一本《骑行宝典》回家，将自己关在书房，辛苦研读 3 个月，记下厚厚一本笔记。3 个月后，走出房间，拿到自行车，骑上就走了，而且，骑得非常熟练。同样，我们也不会看到哪个想学游泳的人，会先请一个游泳教练在水里游，但自己不下水，只负责在岸上记笔记，将教练游泳的动作一一记录下来，两个月过后，自己记下了一本厚厚的笔记。待教练走后，他自己跳入水中就会游泳了。

我们可以从以上两个例子中看出，技能的训练与知识的学习是有很大区别的。大多数的技能都要经过大量的实践才能熟练掌握。

人一旦掌握了某种技能是不容易忘记的，如会骑自行车的人，就算 10 年没有骑过了，再拿到自行车也同样会骑；会游泳的人，就算 20 年没游过了，当有一天跳入水中时，也绝对不会被淹死。但我们反观我们中学学过的物理、化学，我们还能记得多少？所以说，大量的重复练习之后，才能做到熟能生巧，通过大量的实践训练，才能将软件中的知识转化为一种操作能力。就像疯狂英语的创始人李阳老师说的："所谓天才，就是重复最多的人"。再反观我们很多同学学习电脑的方法，老师上课时，他们经常忙于记笔记，下课后，又不去温习，不写上机计划，也不上机对照自己的笔记，照猫画虎地把老师上课讲的案例草草做一遍就以为自己都会了。

在机房辅导时，我也经常会遇到这样的同学，上机时不能按老师的要求，一遍一遍地把课上的案例操作熟练。一问他："为什么不做老师课上讲的案例啊？"他的第一回答就是："老师，我做完了，我都会了。"遇到这样的情况时，我往往会现场检查他，让他再做一遍。一般，同学的第一反应就是把笔记本拿过来，对照着笔记一步一步地做出来。之后，我会要求他说："同学，既然你都会了，就请把笔记本合起来，再做一遍"。这时，他们往往是无法再把案例做出来的。

我经常会对这些同学说："同学，这不叫会了，这只能说明你了解了，但这个知识还不是你的，它还是属于你的笔记本的，你并没有把它转化为你的能力。毕业之后，你就面临找工作，老板面试你时，不可能让你背上一大堆笔记本的。在面试现场无法熟练操作时，你也不可能说：'对不起，老板，我今天没带笔记本过来'"。所以，作为一名计算机技能培训院校的学生，要想学会计算机，先要懂得技能训练的规律，要静下心来，经过几十遍，甚至上百遍的操作后，才能将书本上和老师在课堂上讲的软件知识转化为自己的一种操作能力。同学都很羡慕我们的老师，觉得他们的操作是那么熟练，对软件快捷键的运用是那么娴熟，而且，几分钟就能完成一幅作品，但在看到这些场景的同时，你有没有想过他们已经将这个案例操作过多少遍了啊！而你们希望一两遍就能掌握，那现实吗？所以，很多同学会感叹："老师，你上课讲的我都能听懂，你演示的我也都能看懂，可就是不能自己做出来"，而且，很多同学在学习一个新软件时，就会忘记上一个已学过的软件。毕业时，就只记得最后学习的一个软件了。我想，这都与是否能懂得技能与知识的学习方式的差异有关。

要记得"少就是多，慢就是快"，不要贪多求全。学习一个软件后，如果老师布置了5个案例，那么，与其匆忙地把5个案例都做一遍，还不如将一个案例操作10遍以上，这样，至少可以将其中一个案例掌握得非常熟练。如果一天上机做一个案例，那么，一个软件学下来，至少有一个月的时间，那就能至少掌握30个案例了。有多少同学在学完一个软件后，会做30个案例呢？我想，你们应该明白什么叫"少就是多，慢就是快"了吧！

最后，再送大家一句话："技能＝模仿＋重复"，只要你有恒心，坚持训练，大量地重复，你们都能成为软件高手。

请记住："天才就是重复最多的人"。

附录二　UG NX 12.0 快捷键命令及说明

快捷键命令	说　明	快捷键命令	说　明
Ctrl+N	新建	Shift+1	比例
Ctrl+O	打开	Shift+2	抽壳
Ctrl+S	保存	Shift+3	偏置区域
Ctrl+P	绘图	Shift+4	偏置曲面
Ctrl+9	导入	Shift+5	条带构建器
Ctrl+G	图形交互编程	Shift+6	曲面修补
Ctrl+U	执行 NX Open	Shift+F	设置为绝对 WCS
Ctrl+Z	撤销列表	Shift+J	设置为 WCS
Ctrl+X	修剪	Shift+K	阴影设置
Ctrl+C	复制	Shift+W	移动至图层
Ctrl+V	粘贴	Shift+E	复制至图层
Ctrl+D	删除	Shift+A	WCS- 原点
Ctrl+A	全选	Shift+Q	重设面的大小
Ctrl+B	隐藏	Shift+S	WCS- 旋转
Ctrl+T	变换	Shift+D	WCS- 方位
Ctrl+J	对象显示	Shift+G/W	WCS- 显示
Ctrl+R	旋转	Shift+M	信息点
Ctrl+H	剖面	Shift+Z	分析距离
Ctrl+F8	重设方位	Shift+X	分析角度
Ctrl+K	合并面	Shift+C	分析最小半径
Ctrl+L	图层的设置	Shift+V	分析几何属性
Ctrl+E	表达式	Shift+B	塑模部件验证
Ctrl+Q	创建边界盒	Shift+T	带边着色
Ctrl+I	信息对象	Shift+Y	着色
Ctrl+M/M	建模	Shift+R	变暗边的线框
Ctrl+W	基本环境	Shift+U	艺术外观
Ctrl+F	适合窗口	Shift+I	面分析
Ctrl+Alt+T	俯视图	Alt+1	分割曲线
Ctrl+Alt+F	前视图	Alt+2	曲线长度
Ctrl+Alt+R	右视图	Alt+3	桥接

快捷键命令	说　明	快捷键命令	说　明
Ctrl+Alt+L	左视图	Alt+4	长方体
Ctrl+Alt+M	加工	Alt+5	圆柱体
Ctrl+Shift+A	另存为	Alt+6	圆锥
Ctrl+Shift+G	调试	Alt+7	孔
Ctrl+Shift+B	反向隐藏全部	Alt+8	面倒圆
Ctrl+Shift+K	取消隐藏所选的	Alt+9	软倒圆
Ctrl+Shift+U	显示部件中所有的	Alt+0	桥接曲面
Ctrl+Shift+Z	缩放	Alt+Z	基本曲线
Ctrl+Shift+N	布局（L）-新建	Alt+C	艺术样条
Ctrl+Shift+O	布局（L）-打开	Alt+X	投影
Ctrl+Shift+F	布局充满所有视图	Alt+N	N 边曲面
Ctrl+Shift+H	高质量图像	Alt+B	有界平面
Ctrl+Shift+V	视图中的可见层	Alt+Q	轮廓分割
Ctrl+Shift+C	分析-曲线	J	拔模
Ctrl+Shift+J	首选项对象	Q	替换面
Ctrl+Shift+T	首选项选择	V	变化的扫掠
Ctrl+Shift+D	制图	Y	移动区域
1	通过曲线组	2	通过曲线网格
3	已扫掠	4	扩大曲面
5	曲面延伸	6	修剪与延伸
T/7	修剪的片体	8	曲面边界
9	更改边缘	0	移除参数
B	全部曲线	N	修剪曲线
U	面	O	简化
S	草图	C	合并
Z	抽取	X	拉伸
R	回转	P	抽取
F	补片	I	分割面
E	偏置面	D	加厚片体
K	边倒圆	L	倒斜角

附录三　常用塑料收缩率表

序　号	塑料名称	缩水率	备　注
01	PETG（乙二醇改性 - 聚对苯二甲酸乙二醇酯）	4/1000	新透明工程塑料
02	Z-MAK	4/1000	
03	Z-ALLOY	4/1000	
04	ABS（丙烯 - 丁二烯 - 苯乙烯共聚物）	5/1000	
05	C-ABS	5/1000	
06	SHIPS	5/1000	不碎胶
07	AIM4800	5/1000	防弹胶
08	STYRON	5/1000	
09	BS	5/1000	K 胶
10	HIS	5/1000	
11	ARCYLIC	5/1000	
12	AS（苯乙烯 - 丙烯共聚物）	6/1000	又名 SAN
13	PMMA（聚甲基丙烯酸甲酯）	6/1000	亚克力（压克力）
14	PC（聚碳酸酯）	7/1000	又名 LAXEN
15	KR（01～03）	8/1000	又名 BDS
16	KRATON	8/1000	人造橡胶
17	GP	8/1000	
18	PU	15/1000	
19	HYTREL	15/1000	
20	TPE	15/1000	
21	PP-CO	20/1000	百折胶
22	POM（聚甲醛）	20/1000	又名 DELRIN
23	AC	20/1000	又名 A-CELCON
24	AYLON	20/1000	尼龙（又名 PAS66）
25	PVC（聚氯乙烯）	20/1000	
26	C-PVC	20/1000	
27	PE（聚乙烯）	20/1000	
28	LDPE	20/1000	（低度）

续表

序　号	塑料名称	缩水率	备　注
29	SINGAPREN	20/1000	
30	TPE+HIPS（SBS）	20/1000	
31	EVA	20/1000	
32	HDPE	30/1000	孖力士（高度）

注：本表数据仅供参考，请参照产品外形尺寸与胶位的厚薄做最后的决定。